"创新设计思维"
数字媒体与艺术设计类新形态丛书

夏豪◎主编

Rhino+KeyShot 产品设计

·全彩微课版·

人民邮电出版社
北京

图书在版编目（CIP）数据

Rhino+KeyShot 产品设计 : 全彩微课版 / 夏豪主编.
北京 : 人民邮电出版社, 2025. -- (“创新设计思维”
数字媒体与艺术设计类新形态丛书). -- ISBN 978-7
-115-65504-2

Ⅰ. TB472-39

中国国家版本馆 CIP 数据核字第 2024WS5839 号

内 容 提 要

本书可帮助读者掌握使用 Rhino 进行产品建模，并利用 KeyShot 渲染软件将设计成果逼真展示出来的方法。全书共 10 章。第 1～4 章介绍 Rhino 的基础运用以及 Rhino 中线、曲面和实体的创建与编辑工具；第 6～9 章介绍 KeyShot 渲染软件的使用方法；第 5 章和第 10 章是综合案例，通过讲解投影仪、吸尘器和小恐龙故事机的建模和渲染案例，进一步帮助读者巩固所学的知识，掌握 Rhino 和 KeyShot 在实际项目中的应用技巧。

本书可作为本科院校、高职院校数字媒体、工业设计、产品设计、机电、汽车等专业的计算机辅助绘图课程的教材，也可作为广大工程技术人员及计算机爱好者的自学用书。

◆ 主　　编　夏　豪
　责任编辑　韦雅雪
　责任印制　胡　南

◆ 人民邮电出版社出版发行　　北京市丰台区成寿寺路 11 号
　邮编　100164　　电子邮件　315@ptpress.com.cn
　网址　https://www.ptpress.com.cn
　临西县阅读时光印刷有限公司印刷

◆ 开本：787×1092　1/16
　印张：14　　　　　　　　2025 年 5 月第 1 版
　字数：417 千字　　　　　2025 年 5 月河北第 1 次印刷

定价：79.80 元

读者服务热线：(010)81055256　印装质量热线：(010)81055316

反盗版热线：(010)81055315

前言

在当今的设计和创意行业中，建模和渲染技术的应用无处不在。Rhino是一款高级建模软件，具有功能强大、交互简易等特点，受到产品设计人员的广泛认可。KeyShot是一款互动型的光线追踪与全域光渲染软件，不需要经过复杂的设定即可生成逼真的渲染影像，是目前比较流行的渲染软件之一。很多产品设计、工业设计相关专业都开设了“Rhino+KeyShot产品设计”课程。党的二十大报告中提到：“教育、科技、人才是全面建设社会主义现代化国家的基础性、战略性支撑。”为了帮助各类院校快速培养优秀的产品设计人才，本书力求通过多个实例由浅入深地讲解用Rhino进行产品建模，并用KeyShot渲染软件将设计成果逼真地展示出来的方法和技巧，帮助教师开展教学工作，同时帮助读者掌握实战技能、提高设计能力。

编写理念

本书体现了“基础知识+案例实操+强化练习”三位一体的编写理念，理实结合，学练并重，帮助读者全方位掌握使用Rhino+KeyShot进行产品设计的方法和技巧。

基础知识：讲解重要和常用的知识点，分析归纳使用Rhino+KeyShot进行产品设计的操作技巧。

实例操作：结合行业热点，精选典型的商业案例，详解使用Rhino+KeyShot进行产品设计的思路和操作方法；通过综合案例，全面提升读者的实际应用能力。

强化练习：精心设计有针对性的课后练习，拓展读者的应用能力。

教学建议

本书的参考学时为64学时，其中讲授环节为40学时，实训环节为24学时。各章的参考学时可参见下表。

章序	课程内容	学时分配	
		讲授环节	实训环节
第1章	认识Rhino	2学时	1学时
第2章	创建线与编辑线的常用工具	2学时	2学时
第3章	创建曲面与编辑曲面的常用工具	4学时	2学时
第4章	创建实体与编辑实体的常用工具	4学时	3学时
第5章	建模综合案例	4学时	3学时
第6章	认识KeyShot	2学时	2学时
第7章	产品渲染的常规“十步流程”	6学时	3学时
第8章	材质详解	4学时	2学时
第9章	节点材质图	6学时	3学时
第10章	渲染综合案例	6学时	3学时
学时总计		40学时	24学时

配套资源

本书提供了丰富的配套资源，读者可登录人邮教育社区（www.ryjiaoyu.com），在本书页面中下载。

微课视频： 本书配有微课视频，扫码即可观看，支持线上线下混合式教学。

素材文件和效果文件： 本书提供了案例需要的素材文件和效果文件，素材文件和效果文件均以案例名称命名。

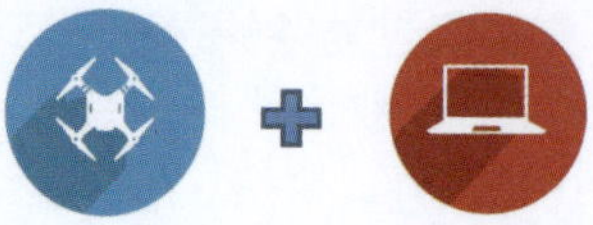

素材文件　　效果文件

教学辅助文件： 本书为用书教师提供PPT课件、教学大纲、教学教案等。

PPT课件　　教学大纲　　教学教案

编者

2025年2月

目录

第1章 认识Rhino

第 2 章 创建线与编辑线的常用工具

第 3 章 创建曲面与编辑曲面的常用工具

第4章 创建实体与编辑实体的常用工具

第5章 建模综合案例

第6章 认识 KeyShot

第7章 产品渲染的常规“十步流程”

第8章 材质详解

第9章 节点材质图

第10章 渲染综合案例

第1章 认识Rhino

本章导读

Rhino是一款强大的3D建模软件，广泛应用于3D动画制作、工业制造、科学研究及机械设计等领域，支持输出OBJ、DXF、IGES、STL、3DM等不同格式的文件。

Rhino提供了NURBS建模功能，用它建模的过程非常流畅。从设计稿、手绘图到实际产品，或者只是一个简单的构思，使用Rhino提供的工具可以精确地制作出渲染效果、动画、工程图或生产用的模型。

在Rhino中可以建立、编辑、分析和转换NURBS曲线、曲面和实体，不受复杂度、阶数及尺寸的限制。Rhino也支持网格和点云，让用户可以建立任何想象到的造型，并且这些造型完全符合设计、工程、分析和制造所需的精确度。

Rhino早些年一直应用于工业设计领域，擅长产品的造型与建模，但随着相关插件的开发，Rhino的应用范围变得越来越广，近些年在建筑设计领域应用较多。Rhino配合Grasshopper参数化建模插件使用，可以快速做出各种有优美曲面的建筑造型，其简单的操作方法、可视化的操作界面深受广大设计师的青睐。另外，Rhino在珠宝、家具、鞋模设计等行业也应用广泛。

本章学习Rhino的界面、物件类型、基础设置等基本知识，为后续构建3D模型打好基础。

1.1 Rhino的特点

Rhino可以对NURBS曲线、曲面、实体、细分（SubD）几何图形、点云和网格进行创建、编辑、分析、记录、渲染、动画制作与转换等。

Rhino具有以下特点。

（1）自由性：Rhino不受约束，可以建立任何用户能想象到的造型。

（2）精确性：完全符合设计、工程、分析和制造等所需的精确度。

（3）兼容性好：Rhino可以与其他设计、制图、CAM（Computer-Aided Manufacturing，计算机辅助制造）、工程、分析、渲染、动画制作以及插画软件兼容，可轻松读取与修复网格及复杂的IGES文件。

（4）易学易用：非常容易学习和使用，让用户可以专注于设计与想象而不必分心研究软件的操作。

（5）高效率：不需要特别的硬件设备，即使在一般的笔记本电脑上也可以运行。

（6）低成本：价格实惠，无维护费用。

（7）跨平台：Rhino是通用的 3D 建模软件，在Windows和macOS上都适用。

1.2 Rhino的界面

在使用Rhino之前，需要了解Rhino的界面。Rhino的界面主要包括标题栏、菜单栏、指令视窗、指令提示、工具列分组、常用工具列、工作视窗、工作视窗标题、工作视窗标签、物件锁点控制、状态栏、面板区这12个区域，如图1-1所示。

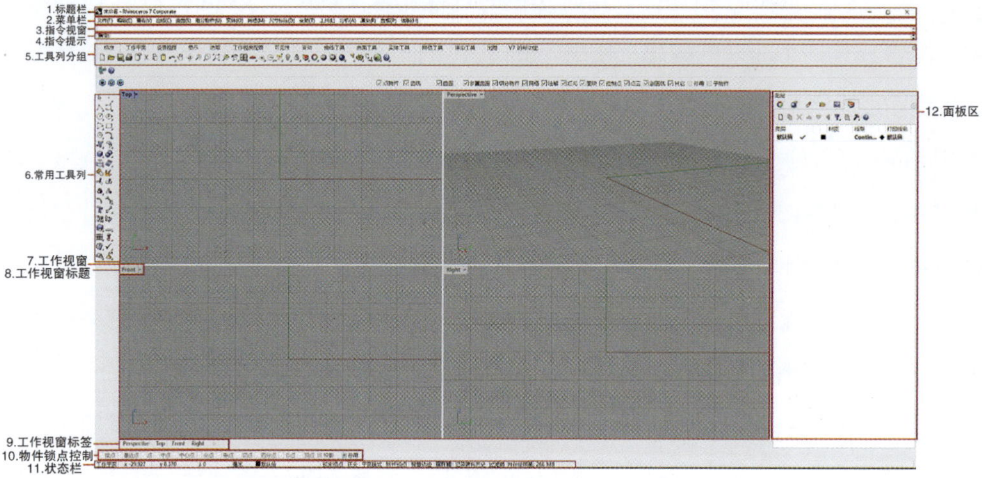

图1-1

1.2.1 标题栏

标题栏用于显示当前模型的文件名称与大小等，如图1-2所示。

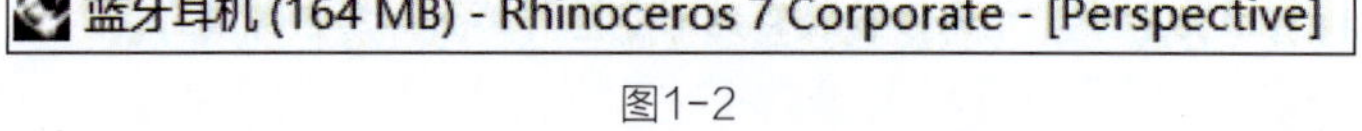

图1-2

1.2.2 菜单栏

Rhino的菜单栏按照功能对Rhino指令进行了分组，该部分涵盖了建模会用到的所有工具。因为常用的工具都可以在工具列分组中找到，所以这个部分可以当作“工具词典”，找不到需要的工具时，可以来此处寻找。将鼠标指针悬停在“曲面”菜单上，则会出现有关曲面的所有工具，如图1-3所示。

图1-4所示为“文件”菜单，下面介绍其中较为常用的指令。

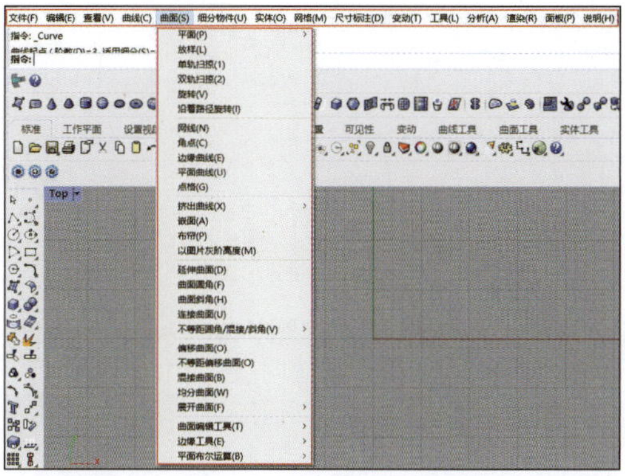

图1-3

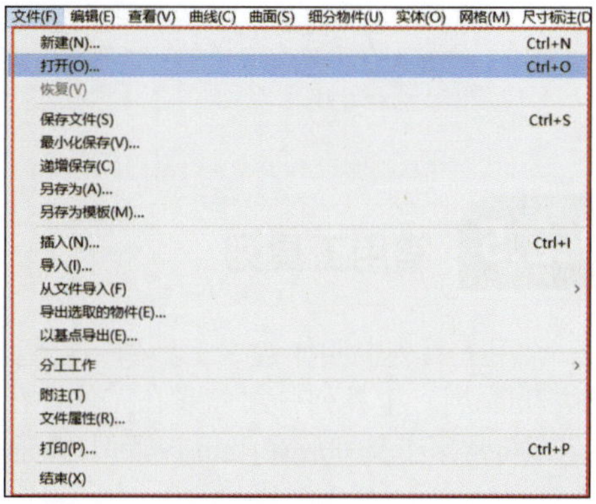

图1-4

· 新建：用于创建一个全新的Rhino文件，快捷键为Ctrl+N。执行“新建”指令，会弹出相应的对话框，用于设定新文件的基本信息，如图1-5所示。

· 保存文件：用于保存当前的Rhino文件，快捷键为Ctrl+S。执行“保存文件”指令会弹出一个对话框，在此处可以设定文件名称、文件类型以及保存路径，如图1-6所示。

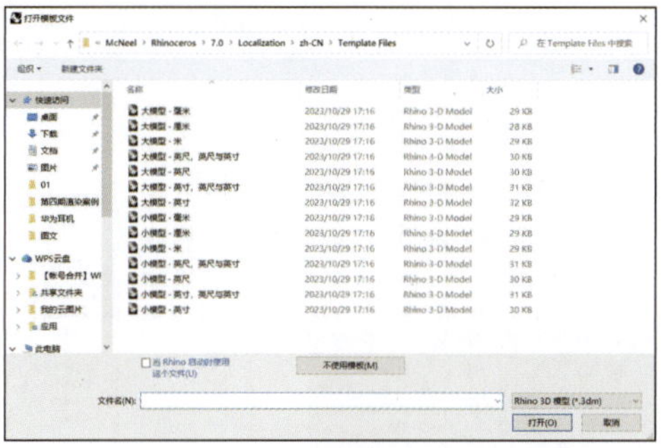

图1-5

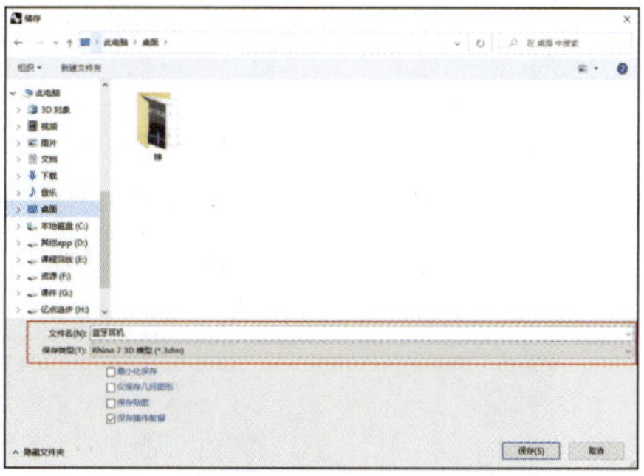

图1-6

· 另存为：用于备份当前的Rhino文件。

· 导出选取的物件：用于导出当前选中的模型部件。

1.2.3 指令视窗与指令提示

指令视窗用于显示指令记录，指令提示即指令可编辑的选项。例如使用“曲线工具”，指令视窗中会显示曲线的英文单词“_Curve”，而指令提示处会出现该工具可编辑的选项，包括“阶数”“适用细分”“持续封闭”，如图1-7所示。

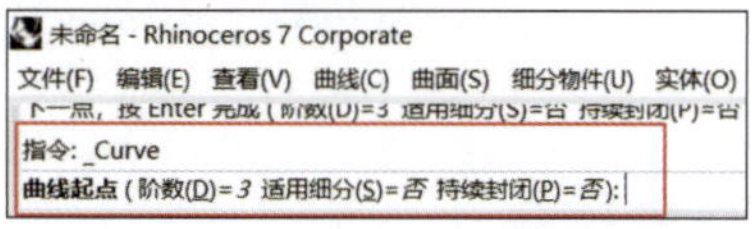

图1-7

通常，在使用Rhino建模的过程中都是先调用工具，然后根据指令提示来修改对应的选项，以实现需要的效果。

输入指令后，单击鼠标右键或按Enter键即可执行该指令。此外，建模过程中有时需要进行许多重复的建模操作，可以在指令执行完之后单击鼠标右键，以快速调用该指令。

1.2.4 工具列分组

工具列分组包含多组工具，它是菜单栏的“图文版”展示，如图1-8所示。菜单栏中的“文件→保存文件”与工具列分组中的“标准→储存文件”的功能一致。这里可以单击相应的工具列分组，以查找要使用的工具。

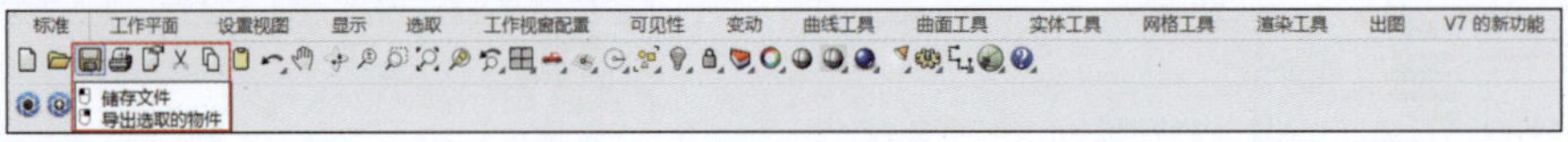

图1-8

1.2.5 常用工具列

常用工具列也叫作边栏工具列，它包含用于启动常用指令的按钮，如图1-9所示。启动Rhino后，工具列分组停靠在工作视窗的上方，常用工具列停靠在左侧边栏，用户也可以将常用工具列放在Rhino界面中的任何位置。

图1-9

1.2.6 工作视窗与工作视窗标题

Rhino的工作视窗显示了Rhino的工作环境，包括工作视窗标题、背景、工作平面网格线、世界坐标轴图标等。

工作视窗是图形区域中的窗口，用于显示模型的各个视图，Rhino默认提供顶视图、透视图、前视图和右视图4个视图，如图1-10所示，用户可在不同的视图中观察和编辑模型。

工作视窗标题显示在工作视窗的左上角，双击某一标题可以快速最大化该工作视窗。使用鼠标右键单击工作视窗标题或单击工作视窗标题旁的箭头图标，可以打开有关工作视窗的常用工具或进行相关操作。其中，最常用的就是不同显示模式的切换，如图1-11所示。

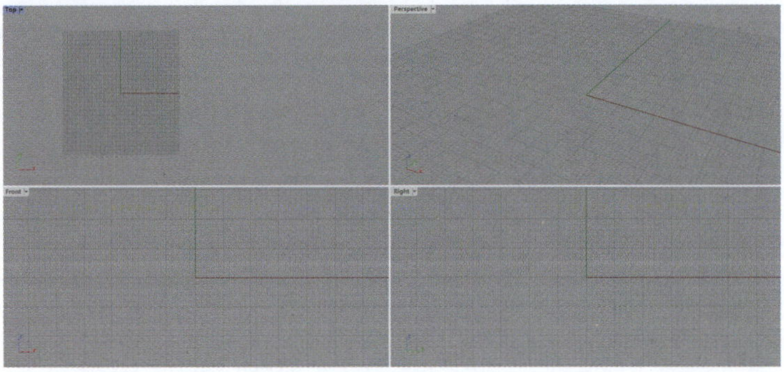

图1-10

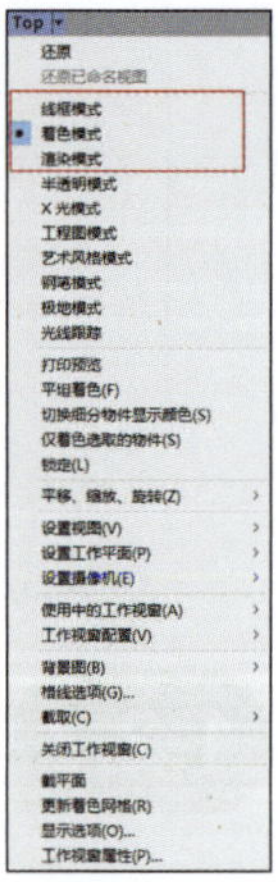

图1-11

1.2.7 工作视窗标签

工作视窗标签在工作视窗的左下角，其中也显示了各工作视窗的标题，高亮显示的标签代表正在使用的工作视窗。最大化工作视窗时，单击工作视窗标签可以快速地在各个视图之间转换，如图1-12所示。

图1-12

1.2.8 物件锁点控制

物件锁点控制包含切换持续性物件锁点的复选框。使用它需要开启右下方的“物件锁点”功能，并勾选需要的锁点类型，如图1-13所示。物件锁点控制主要用于辅助用户在物件上绘制新造型。例如，绘制了一个圆，为了以圆心为端点绘制直线段，这里开启了“物件锁点”功能，并且勾选了“中心点”复选框，此时将鼠标指针悬停在圆上，会提示“中心点”并快速定位中心点的位置，如图1-14所示，圆心将作为绘制直线段的起点。

图1-13

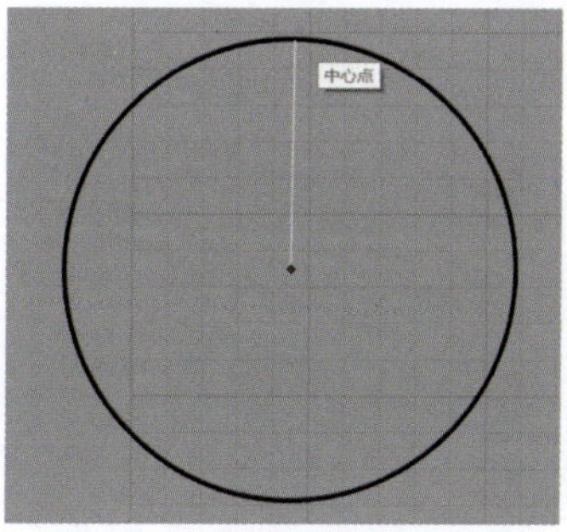

图1-14

1.2.9 状态栏

状态栏位于Rhino界面的底部，不仅显示了当前的坐标系统、鼠标指针所在的位置等信息，还包含“锁定格点”“正交”“平面模式”“物件锁点”“智慧轨迹”“操作轴”“记录建构历史”“过滤器”等功能，如图1-15所示。

图1-15

按 Alt 键可切换状态栏的可见性。

1.2.10 面板区

默认情况下，面板区在Rhino界面的右侧。面板区顶部从左往右依次为“属性”“图层”“渲染”“材质”“材质库”“说明”这6个标签，单击标签可以切换至相应面板。

其中使用频率最高的就是“图层”面板，如图1-16所示，该面板可以将不同属性的物件归类到不同的图层中。

新建图层：单击新建图层的图标，即可建立一个全新的空白图层，如图1-17所示。

重命名图层：在建立一个新图层的同时，新图层的名称处于可编辑状态，此时可以完成图层的重命名操作；若此时未完成图层的重命名，之后可以双击图层名称，对图层进行重命名，如图1-18所示。

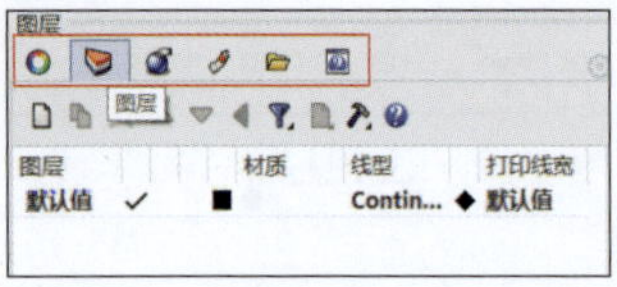

图1-16

图1-17

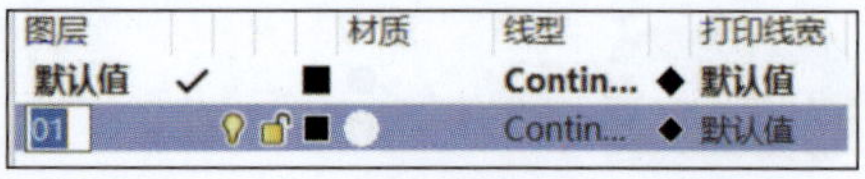

图1-18

删除图层：使用鼠标右键单击图层，在弹出的快捷菜单中选择“删除图层”，即可完成图层的删除，如图1-19所示。

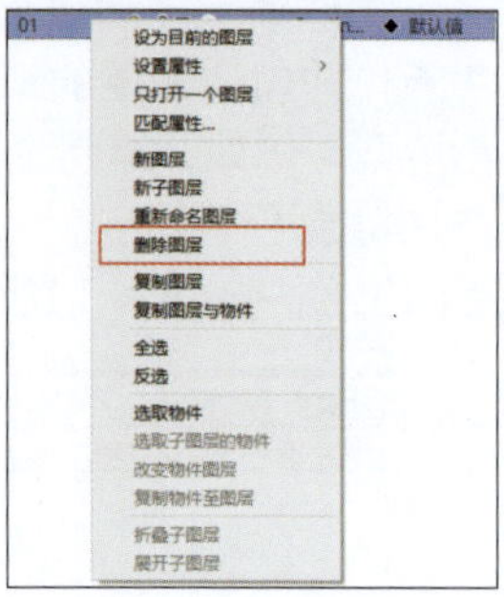

图1-19

隐藏与锁定图层：每一个图层的后方都有一个“小灯泡”图标与“锁”图标，分别用于隐藏和锁定该图层。隐藏图层之后，该图层中的物件均不可见，再次单击“小灯泡”图标可恢复为可见状态；锁定图层之后，该图层中的物件均不可被选中和编辑，再次单击“锁”图标即可恢复可选和编辑状态。

切换图层：双击图层名称后方的空白区域，即可完成图层的切换，新的物件将建立在有“对钩”图标的图层中。

改变物件图层：选中需要更换图层的物件，使用鼠标右键单击对应的图层，在弹出的快捷菜单中选择“改变物件图层”，即可改变物件所在的图层，如图1-20所示。

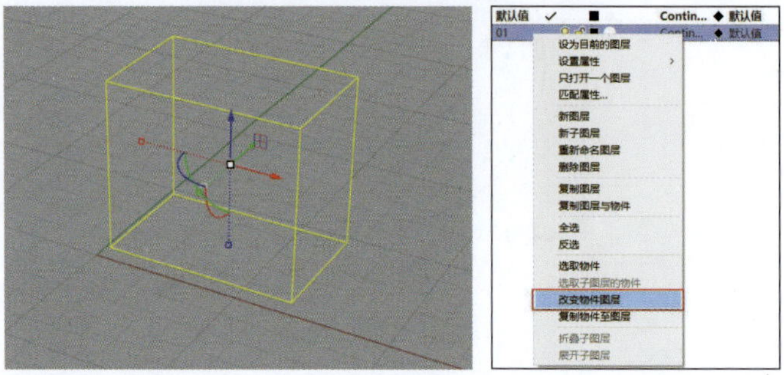

图1-20

修改图层颜色：每个图层的后方都有一个色块，默认为黑色，单击该色块，可以更改图层颜色，如图1-21所示。

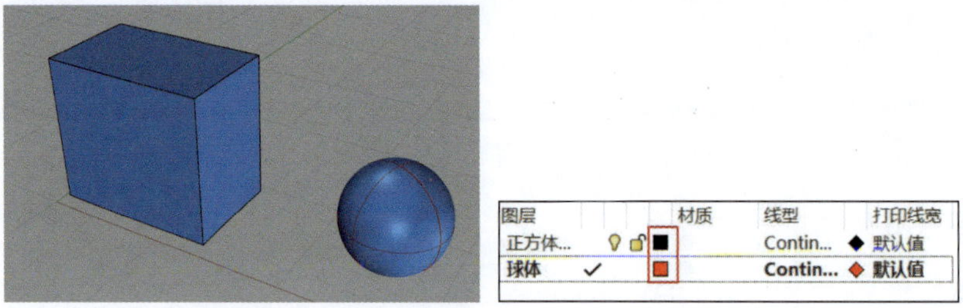

图1-21

提示 对不同的物件进行分图层管理是非常有必要的，一方面可以使物件的分类更加清晰，便于检索物件，另一方面可以使错误操作的修正更容易。

1.3 Rhino中的物件类型

Rhino中有各种工具，用于创建和编辑各种类型的物件，下面介绍其中常见的物件类型。

1.3.1 曲面

Rhino中的曲面是指一种可无限薄、无限柔软，具有数学定义的数字膜。

曲面由一些轮廓曲线和一些内部曲线（称为结构线）来表示，图1-22和图1-23所示分别为曲面在线框模式和着色模式下的效果。

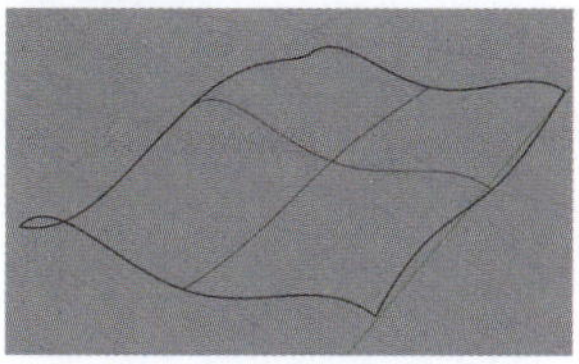
图1-22

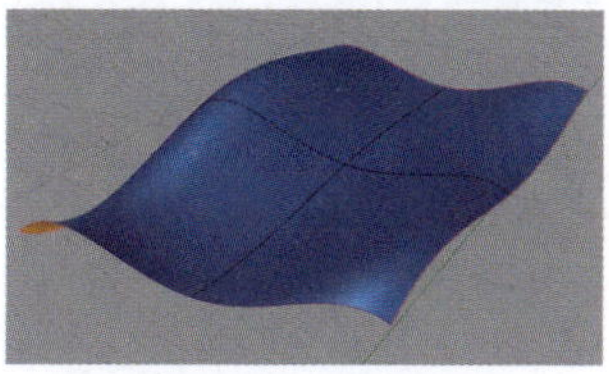
图1-23

1.3.2 多重曲面

Rhino中的多重曲面是指由两个或者多个曲面组合在一起所形成的物件。图1-24和图1-25所示分别为多重曲面在线框模式和着色模式下的效果。

1.3.3 实体

在Rhino中可以直接建立实体，如球体、柱体等，也可以对单一曲面进行封闭以形成一个实体。图1-26所示为球体在着色模式下的效果。

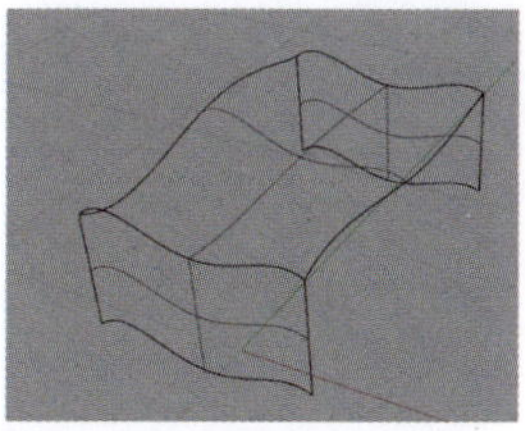
图1-24

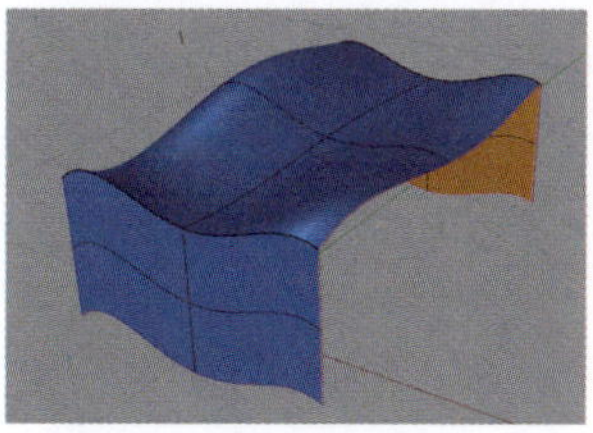
图1-25

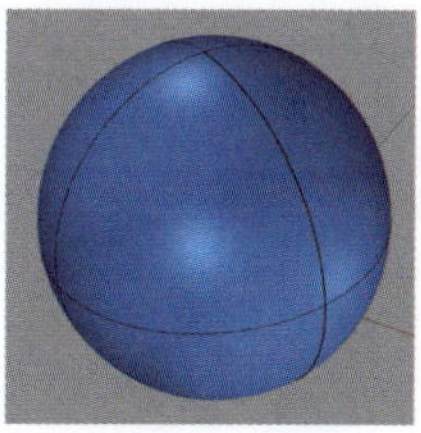
图1-26

1.3.4 曲线

在 Rhino的相关术语中，“曲线”（Curve）一词包括直线段、多重直线（一系列首尾相连的直线段）、圆弧、椭圆、圆、自由曲线等含义。

曲线通常是用来创建和编辑曲面的。例如，可以使用曲线修剪一个物件，也可以使用曲线制作3D模型的2D图纸或者将曲线作为建模参考线。从曲面可以提取并分离出曲线，所有曲面都有边缘，因此提取曲面的边缘曲线是可行的。除了可以提取边缘曲线之外，还可以提取曲面的内部结构线。图1-27所示为曲线在着色模式下的效果。

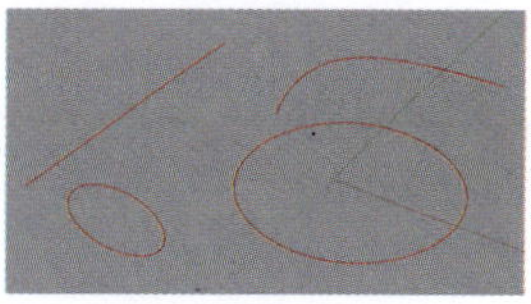
图1-27

1.3.5 轻量级挤出物件

与多重曲面和实体相关的另一种物件类型是轻量级挤出物件。轻量级挤出物件是由轮廓、挤出方向和挤出距离定义的。与多重曲面相比，轻量级挤出物件占用更少的内存，具有更密的网格，生成的文件也会更小。图1-28所示为轻量级挤出物件在着色模式下的效果。

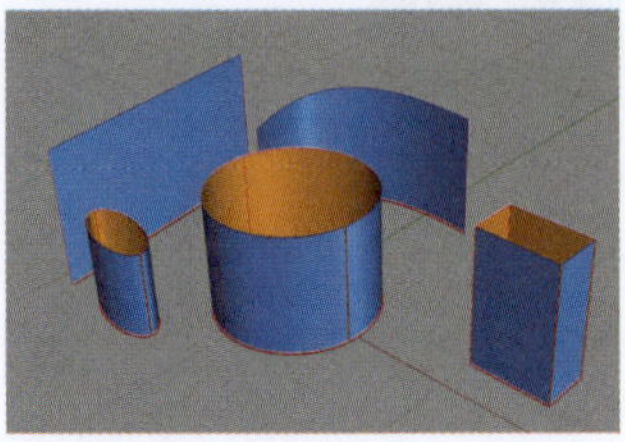

图1-28

1.4 建模前的基础设置

为了辅助后续的建模操作，这里进行一些基础设置，这些基础设置都在“Rhino选项”对话框中，单击“选项”图标（见图1-29）可打开该对话框。

图1-29

1.4.1 线框模式

在“Rhino选项”对话框中将“物件”的“控制点的型式”修改为“中心为白色的正方形”，“控制点大小”修改为5，如图1-30所示。

在“Rhino选项”对话框中将“曲线”的“曲线线宽”修改为3，如图1-31所示。

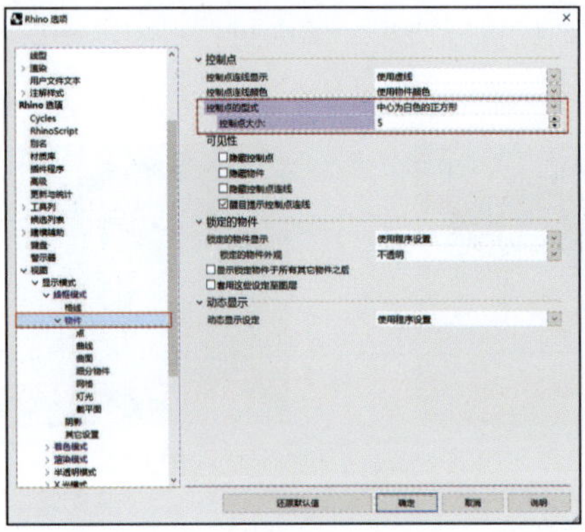

图1-30

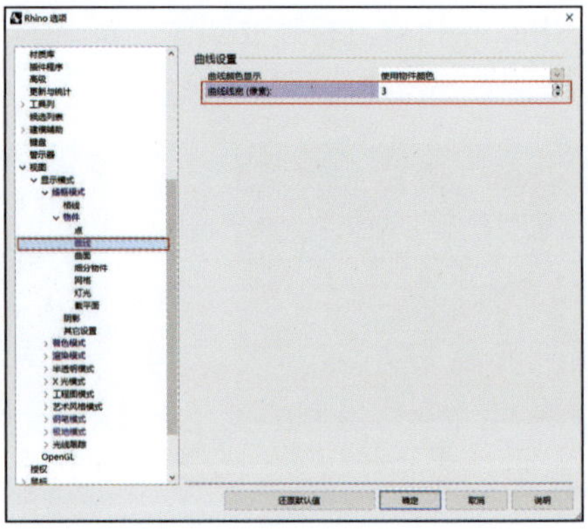

图1-31

提示 进行这些基础设置是为了在不同模式下更方便地观察物件，在Rhino中，修改过的参数的底色为紫色，这些参数可以根据个人需求适当调整。

1.4.2 着色模式

在“Rhino选项”对话框中将“着色模式→着色设置→颜色&材质显示”修改为“全部物件使用单一颜色”，将颜色设置为蓝色。

在“Rhino选项”对话框中将“着色模式→着色设置→背面设置”修改为“全部背面使用单一颜色”，将颜色设置为橙色，如图1-32所示。

在“Rhino选项”对话框中将“物件”的“控制点的型式”修改为“中心为白色的正方形”，“控制点大小”修改为5，如图1-33所示。

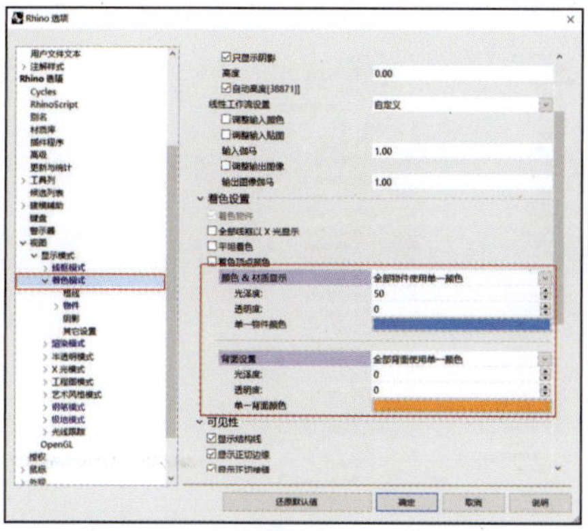

图1-32

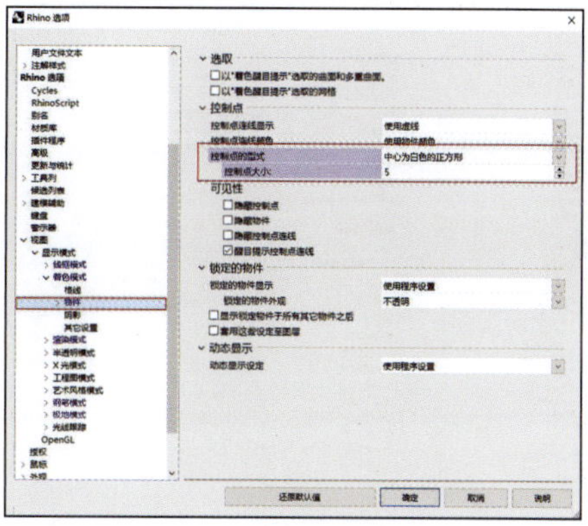

图1-33

将“曲线”的“曲线线宽”修改为3，如图1-34所示。

“曲面→外露边缘设定”中的设置如图1-35所示。这里十分重要，它可以帮助用户判断物件是否有外露边缘，若物件有洋红色线条，则证明该物件存在外露边缘，也就是并非实体。在图1-36中，在渲染模式下无法判断该立方体是否为实体，但在着色模式下，立方体出现了外露边缘，则可以证明它并未闭合，即并非实体。

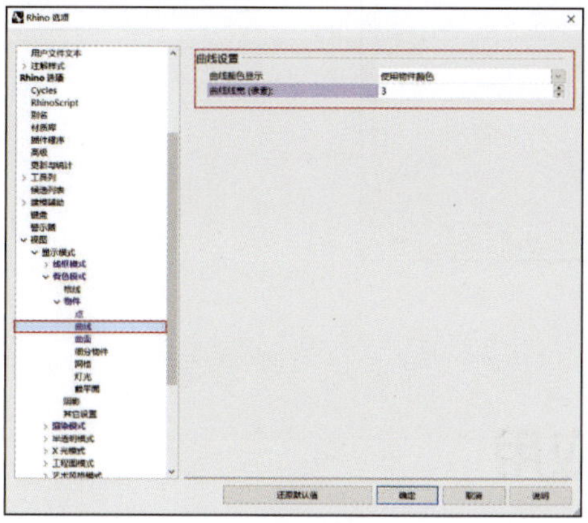

图1-34

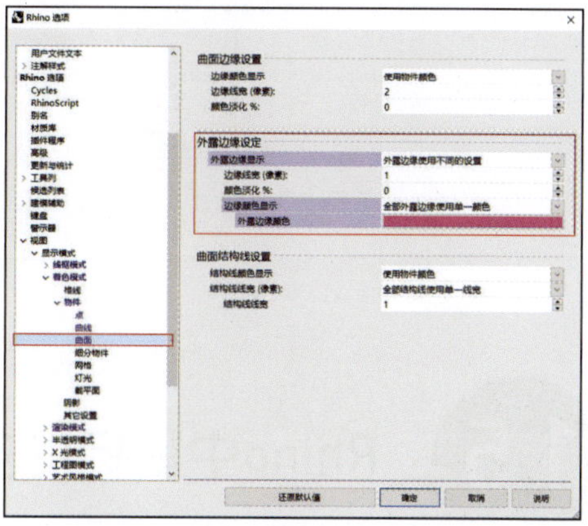

图1-35

提示 将着色模式下的正反面颜色设置为对比色，是为了更容易区分物件的法线。

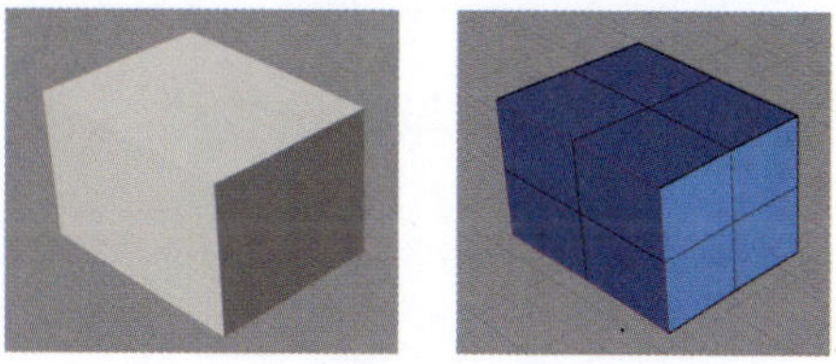

图1-36

1.4.3 渲染模式

将“渲染模式→工作视窗设置→背景”修改为“使用程序设置”，如图1-37所示。

将“渲染模式→照明配置→照明方式”修改为“默认照明”，如图1-38所示。

取消勾选“启用阴影”复选框，如图1-39所示。

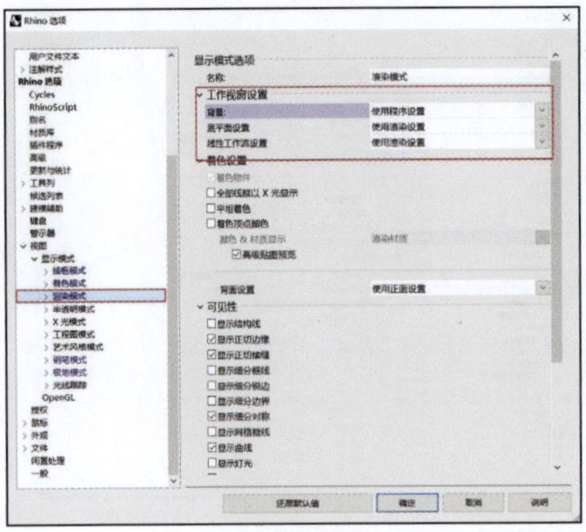

图1-37

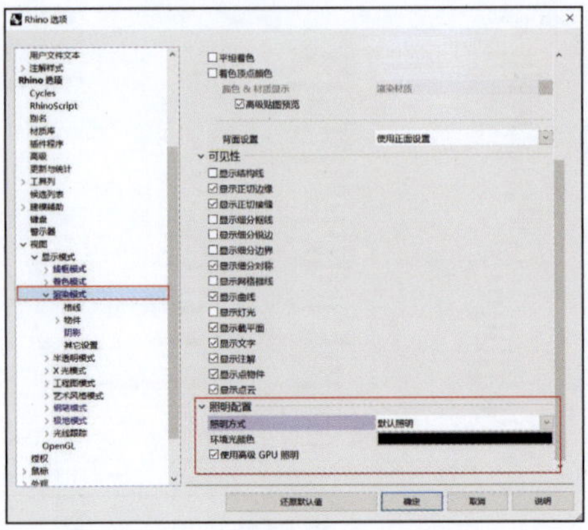

图1-38

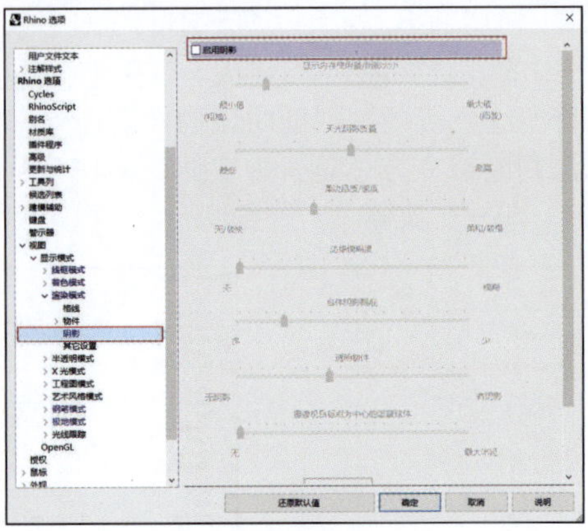

图1-39

1.5 Rhino中鼠标的多种应用

在Rhino的工作视窗中，利用鼠标可以完成多种基础操作。

1.5.1 点选与框选物件

点选：单击物件。

全选框选：从左往右拖曳鼠标框选物件，若物件全部在框中则该物件被选中。

半选框选：从右往左拖曳鼠标框选物件，拖曳出的方框碰到的物件会被选中。

提示　不同的物件选择方式适用于不同的场景。

1.5.2 视图的常见操作

放大视图：往前滚动鼠标滚轮即可放大视图。

缩小视图：往后滚动鼠标滚轮即可缩小视图。

旋转视图：按住鼠标右键不放进行拖曳即可旋转当前视图。

1.5.3 中键设置

图1-40

单击鼠标中键会弹出一个常用工具框，如图1-40所示，里面默认提供了许多常用工具，用户可以将自己常用的工具放到该工具框中，以后调用这些工具时会更加高效。

将工具放入常用工具框的操作流程如下。

单击鼠标中键调出常用工具框，拖曳常用工具框上方的浅灰色区域，如图1-41所示。可将其停放在界面中的任意位置，如图1-42所示。

图1-41

使用同样的方法将“建立曲面”工具列也停放在界面中的任意位置，效果如图1-43所示。

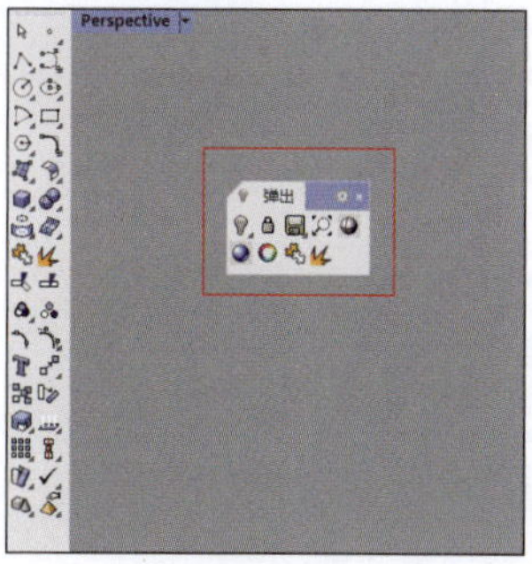

图1-42

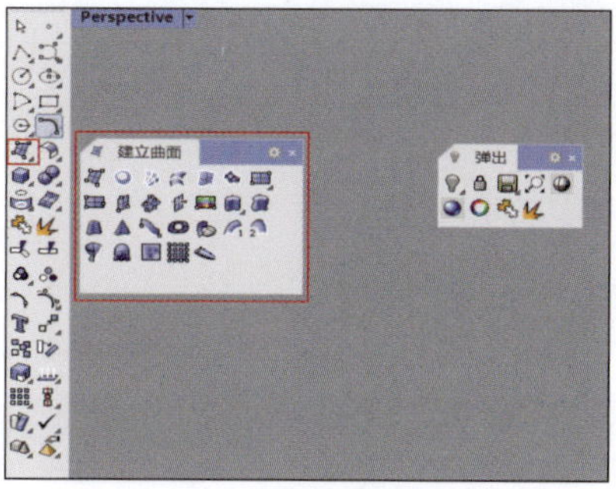

图1-43

按住Ctrl键，将鼠标指针悬停在工具的图标上，会显示“复制”字样，此时拖曳该图标至常用工具框中，如图1-44所示。

单击常用工具框右上角的关闭图标，如图1-45所示，后续单击鼠标中键调出常用工具框，然后单击图标，即可快速调用该工具。

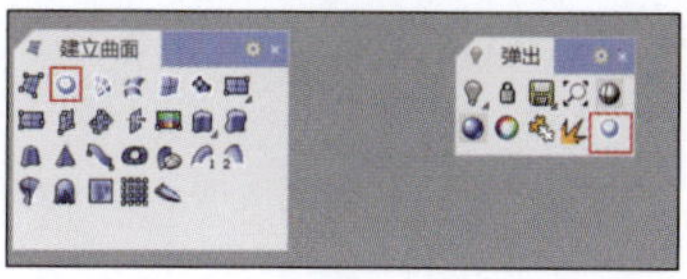

图1-44

图1-45

提示 设置常用工具框是为了创建一个自定义的、高频使用的工具列分组。在建模的过程中，可以根据个人使用情况将自己最常用的那一批工具放在常用工具框中。要从常用工具框中删除工具，可以按住Shift键，拖动要删除的工具的图标至常用工具框之外，在弹出的提示框中单击“是”按钮。

图1-46

1.6 认识Rhino中的操作轴

Rhino中的操作轴用于进行物件的移动、旋转和缩放。在状态栏中单击“操作轴”可以启用或关闭操作轴，如图1-46所示。启用操作轴之后，选中物件，物件中就会出现操作轴，如图1-47所示。

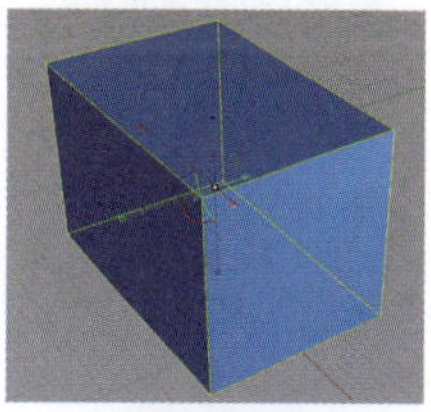
图1-47

1.6.1 物件的移动、旋转和缩放

操作轴中的红、绿、蓝3种颜色的轴线分别代表x、y、z轴。其中，箭头标识用于移动物件，弧线标识用于旋转物件，方块标识用于缩放物件。

两轴移动：若要同时朝两个轴向移动物件，可以拖曳操作轴中的“双色方块”，例如拖曳“红绿方块”，可以让物件同时朝x和y两个轴向移动，如图1-48所示。

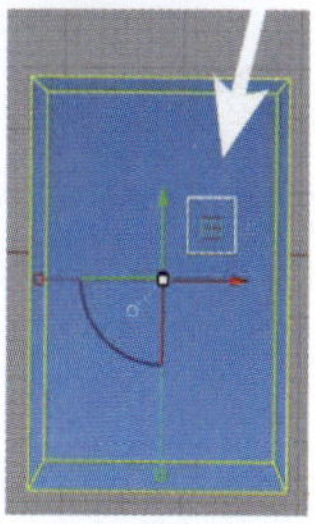
图1-48

三轴缩放：若需要沿3个轴向等比缩放物件，可以在拖曳其中一个轴向上的方块的同时按住Shift键。

1.6.2 精确移动、旋转和缩放物件

单击任意轴向上的箭头、弧线或方块标识，输入数值后按Enter键，可完成物件的精确移动、旋转或缩放，如图1-49所示。

> **提示** 物件的精确移动、旋转和缩放可用于记录物件的位置和角度，方便还原操作。例如，物件最终造型为绕x轴旋转45°，输入数值之后，若造型错误或需要重新调整，可输入相同数值以还原该造型。

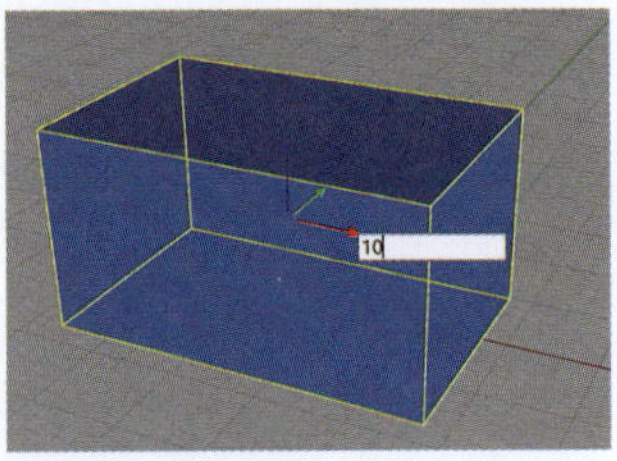

图1-49

1.6.3 快速复制物件

按住Alt键的同时拖曳物件，即可完成物件的移动复制，如图1-50所示。

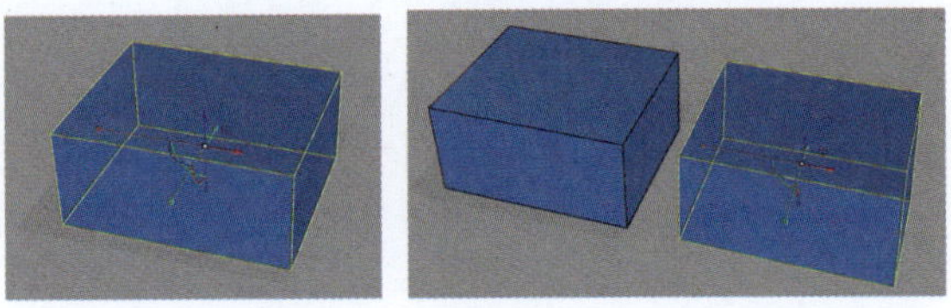
图1-50

1.6.4 快速挤出物件

当物件为单一曲面或曲线时，x、y、z轴的箭头标识上会多出一个圆点标识，该标识用于快速挤出物件。图1-51和图1-52所示分别为挤出前后的造型。

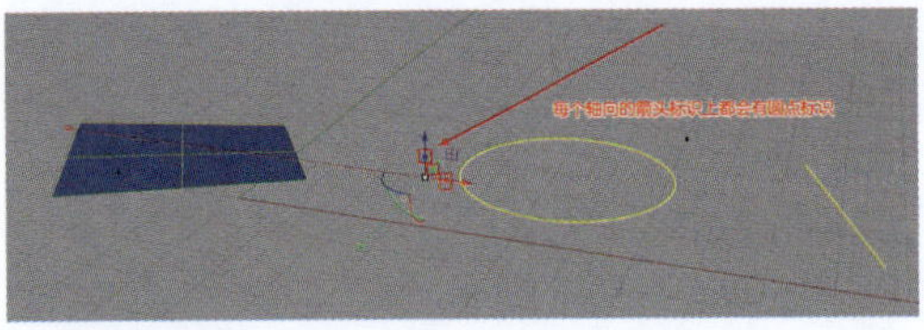

图1-51

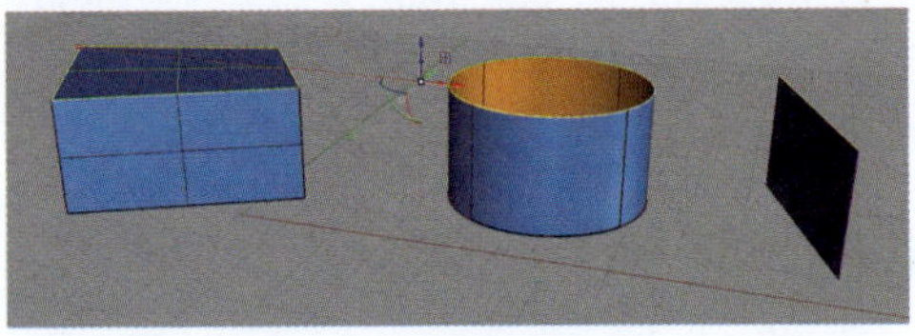
图1-52

1.7 物件的常用操作

1.7.1 物件的创建和删除

创建物件的例子如下。

单击“立方体：角对角、高度”工具，如图1-53所示。

根据指令提示，确定“底面的第一角”的位置，这里以中心点为顶点进行绘制，单击“中心点”，如图1-54所示。

根据指令提示，在“底面中心点”输入框中输入0，如图1-55所示，按Enter键，将以坐标原点为立方体对角线的交点创建立方体的底面。

移动鼠标指针，单击确定“底面的另一角”的位置，移动鼠标指针，单击确定立方体的高度，完成物件的创建，效果如图1-56所示。

图1-53

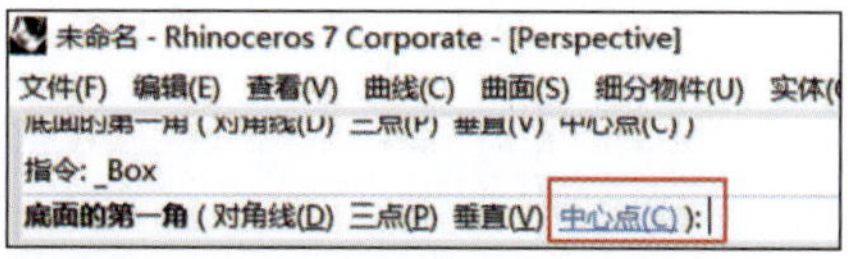

图1-54

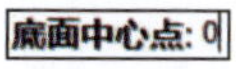

图1-55

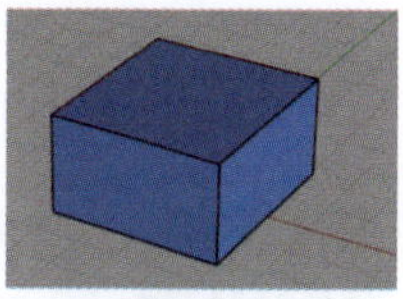

图1-56

物件的删除：选中物件，按Delete键即可完成当前物件的删除。

1.7.2 物件可见性

除了隐藏和显示图层之外，也可以对单个物件进行隐藏和显示操作。物件可见性在“可见性”工具列中进行设置，如图1-57所示。以下3种为常用的物件可见性操作。

隐藏选中物件：选中物件后，单击第1个“小灯泡”图标，如图1-58所示，即可隐藏当前选中的物件。

显示所有物件：选中物件后，使用鼠标右键单击第1个“小灯泡”图标，如图1-58所示，即可显示所有物件。

隔离物件：选中物件后，单击第4个“小灯泡”图标，如图1-59所示，即可实现当前选中物件的单独显示。

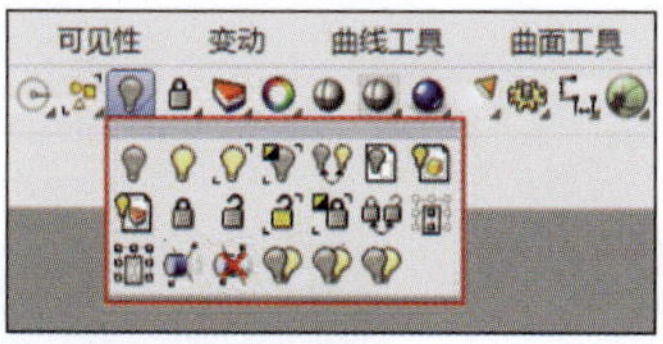

图1-57

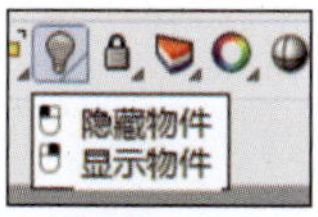

图1-58

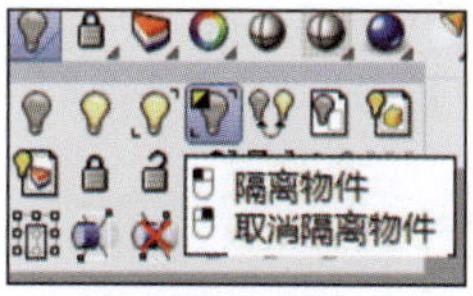

图1-59

1.7.3 物件的锁定与解锁

除了锁定和解锁图层之外，也可以对单个物件进行锁定和解锁操作，如图1-60所示。

选中物件后，单击“锁”图标即可完成当前物件的锁定。

使用鼠标右键单击“锁”图标，即可解锁场景中已锁定的物件。

图1-60

提示 锁定图层中的物件不可被选中和编辑。

1.8 建模辅助功能

建模辅助功能在Rhino界面的状态栏中，除了前面讲的“物件锁点”和“操作轴”之外，还包括“锁定格点”“正交”“平面模式”“智慧轨迹”“记录建构历史”等功能，如图1-61所示。

图1-61

1.8.1 锁定格点

开启“锁定格点”功能可约束鼠标指针捕捉网格线的交叉点，如图1-62所示。

按F9键，或者在指令提示处输入S并按Enter键，可以切换“锁定格点”功能的开启和关闭状态。

按 F7 键可以在当前工作视窗中隐藏或者显示网格。

1.8.2 正交

在正交模式下绘制曲线时，鼠标指针的移动方向会被限制在前一个点的指定角度上，预设值是90°，如图1-63所示。

按F8键或者长按Shift键可以切换“正交”功能的开启和关闭状态。

1.8.3 平面模式

平面模式是一个与“正交”类似的建模辅助功能。它可以帮助用户创建平面物件，开启后，会将新输入的点限制在与上一个点所在工作平面高度相同的工作平面上。

在指令提示处输入P并按Enter键，可以切换“平面模式”功能的开启和关闭状态。

1.8.4 智慧轨迹

智慧轨迹Rhino的建模辅助系统。开启“智慧轨迹”功能后，在绘制曲线的第三点时，浅灰色线条会帮助用户识别与第一点高度相同的位置，如图1-64所示。

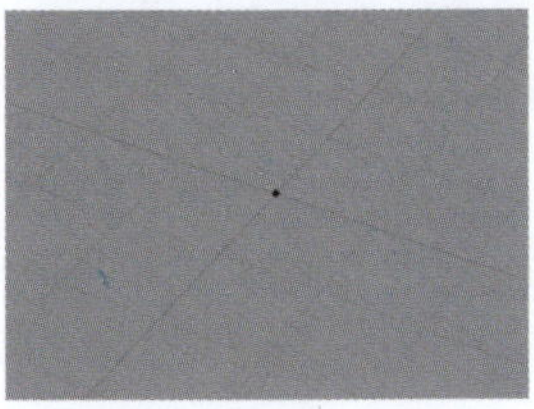

图1-62

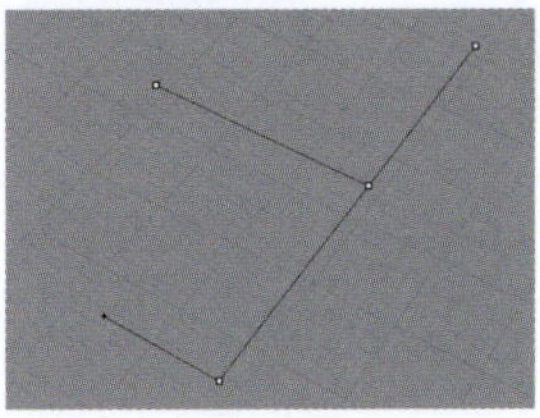

图1-63

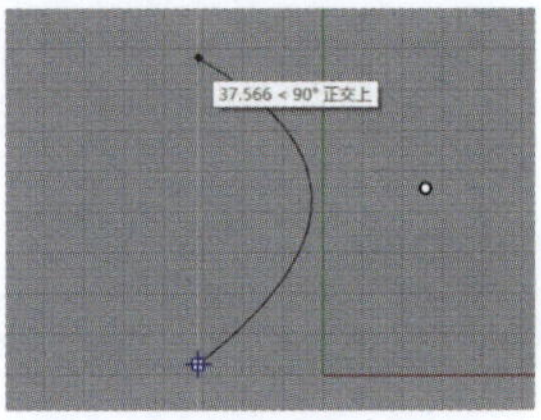

图1-64

1.8.5 记录建构历史

“记录建构历史”功能用于记录一个指令的输入物件与结果物件之间的连接关系。例如，开启“记录建构历史”功能，在挤出曲线前调整其控制点，挤出的面也会跟着改变。

1.9 课后练习：创建基本体并分图层管理

微课视频

创建基本体并分图层管理，如图1-65和图1-66所示。

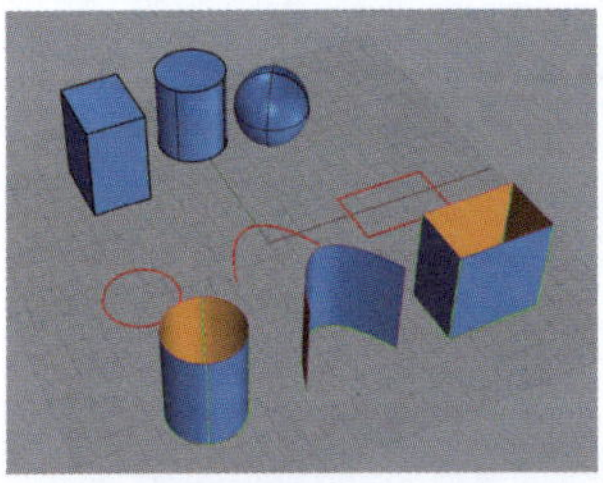

图1-65

图1-66

第2章 创建线与编辑线的常用工具

本章导读

在Rhino中，常用工具列中的分类是有规律的，除了第一排的选择工具和创建点的工具，往下依次是创建线与编辑线的工具、创建曲面与编辑曲面的工具、创建实体与编辑实体的工具。在Rhino中，建模基本遵循绘制曲线、线与线成面、面与面成体的工作流程。本章学习创建线与编辑线的常用工具。

2.1 物件的创建

在学习创建线与编辑线的常用工具之前，需要了解如何调用工具以及修改指令。在Rhino中，许多工具的右下角都有一个三角形图标，单击该图标可以看到与这些工具关联的其他工具。图2-1所示为“点”工具列，拖曳顶部的浅灰色区域，可将该工具列停放在界面的任意位置，效果如图2-2所示。

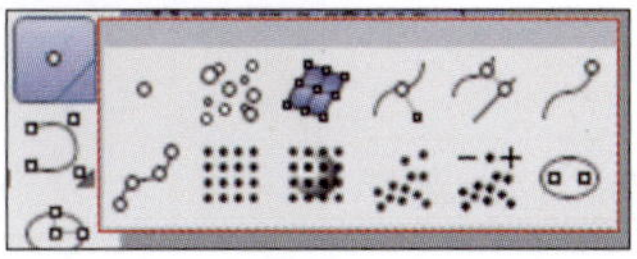

图2-1

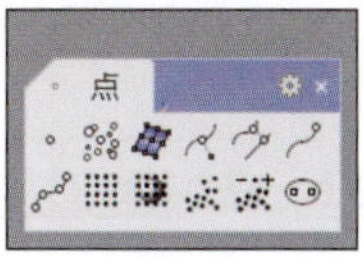

图2-2

2.1.1 创建物件

在Rhino中，将鼠标指针悬停在工具上，会显示单击和使用鼠标右键单击可以调用的不同工具。例如，在“点”工具上单击可调用“单点”工具，使用鼠标右键单击可调用“多点”工具，如图2-3所示。

创建单点的方法如下。

单击“单点”工具，指令提示如图2-4所示。

在指令提示处输入0，按Enter键后即可在坐标原点创建单点，如图2-5所示。

图2-3

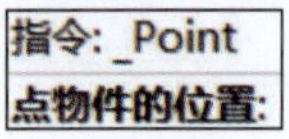

图2-4

图2-5

创建多点的方法如下。

使用鼠标右键单击“多点”工具，在工作视窗中单击多次即可创建多个点，如图2-6所示。使用鼠标右键单击工作视窗或按Enter键以结束指令。

> **提示** 一个指令结束之后，在工作视窗中再次使用鼠标右键单击工作视窗的任意位置，即可重新调用该指令（与按Enter键的效果一样）。

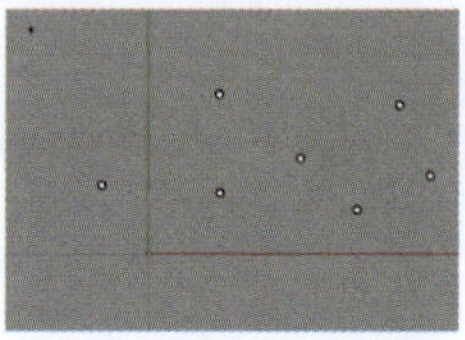

图2-6

2.1.2 修改指令

一个工具的指令提示中往往有多个选项可以编辑和修改，以实现更多的效果。这里以“多重直线”工具为例，如图2-7所示。

单击“多重直线”工具，根据指令提示选择多重直线的起点，这里输入0，如图2-8所示，使用鼠标右键单击或按Enter键确定。

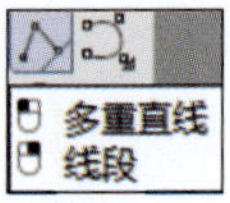

图2-7

图2-8

指令提示为“多重直线的下一点”，其后方有4个选项，这里单击“直线”以切换为“圆弧”，如图2-9所示。

在工作视窗中单击，确定第二点的位置，如图2-10所示。

在指令提示处单击“圆弧”以切换回“直线”，在工作视窗中单击，确定第三点的位置，如图2-11所示。

单击鼠标右键结束指令，最终绘制出的多重直线如图2-12所示。

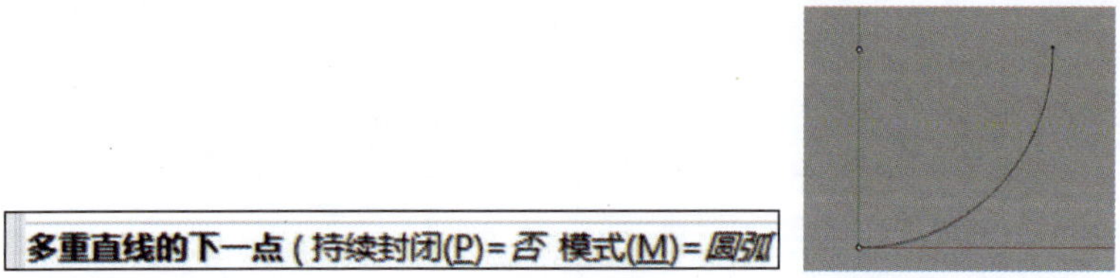

图2-9

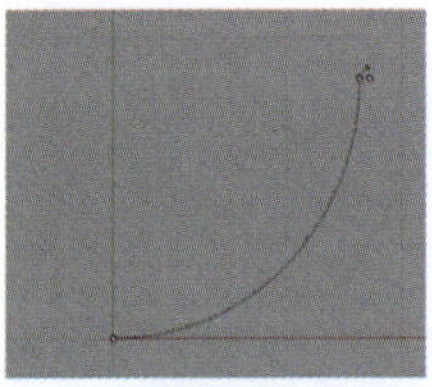

图2-10

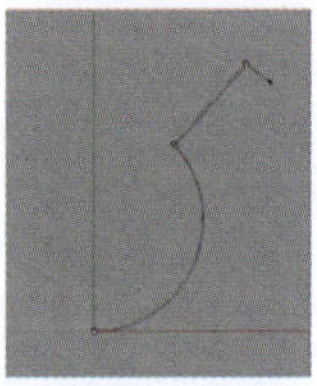

图2-11

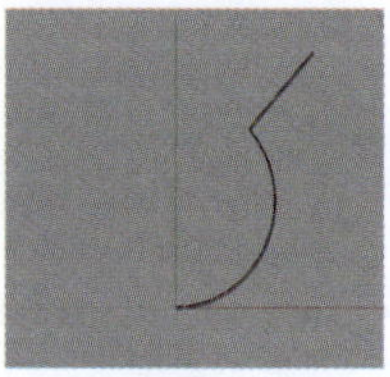

图2-12

2.2 创建线的常用工具

Rhino中一共有7个创建线的工具列，分别是“直线”工具列、“曲线”工具列、“圆”工具列、“椭圆”工具列、“圆弧”工具列、“矩形”工具列以及“多边形”工具列，第8个为编辑线的工具列，如图2-13所示。

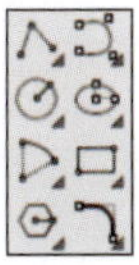
图2-13

2.2.1 “直线”工具列

将“直线”工具列单独悬挂出来，可以看到其中有非常多的工具，如图2-14所示。

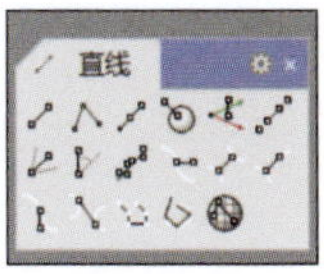

图2-14

其中最常用的是“单一直线”“多重直线”“直线：从中点”工具，具体介绍如下。

1. 单一直线

该工具用于绘制一条笔直的线段。

单击“单一直线”工具，如图2-15所示。

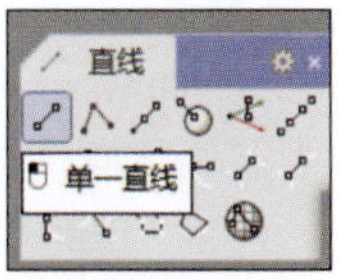

图2-15

根据指令提示确定单一直线的起点，再确定单一直线的终点，如图2-16所示。

单击鼠标右键结束指令，即可完成单一直线的绘制，如图2-17所示。

用户可以通过指令提示修改单一直线的绘制方法，单击“两侧”，如图2-18所示。

此时在工作视窗中单击以确定直线中点，移动鼠标指针，将以中点向两侧绘制单一直线，如图2-19所示，单击完成单一直线的绘制。

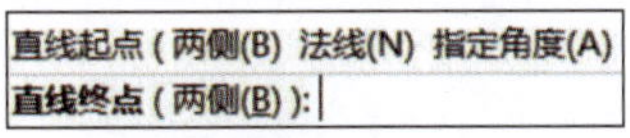

图2-16

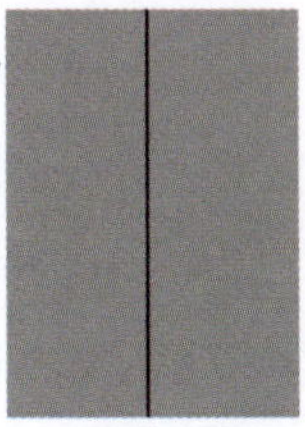
图2-17

图2-18

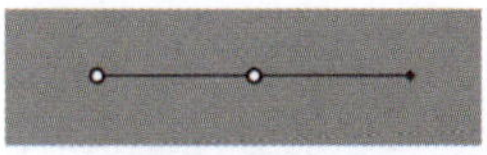
图2-19

2. 多重直线

该工具用于绘制多段直线。

单击“多重直线”工具，如图2-20所示。

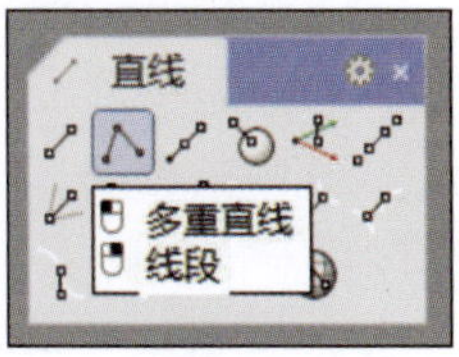

图2-20

根据指令提示确定多重直线的起点，再确定多重直线的下一点，可进行多次绘制，如图2-21所示。

单击鼠标右键结束指令，即可完成多重直线的绘制，如图2-22所示。

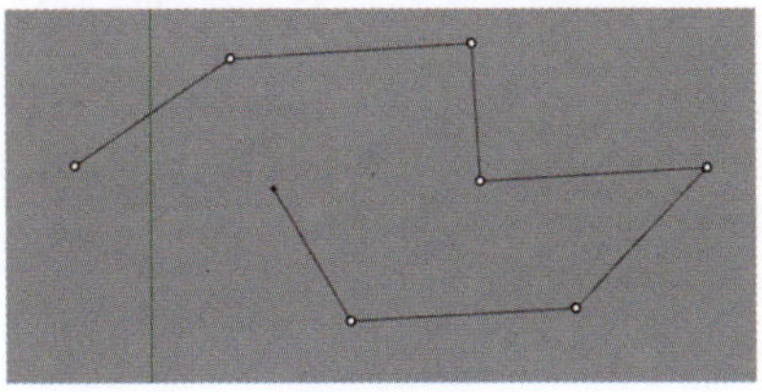
图2-21

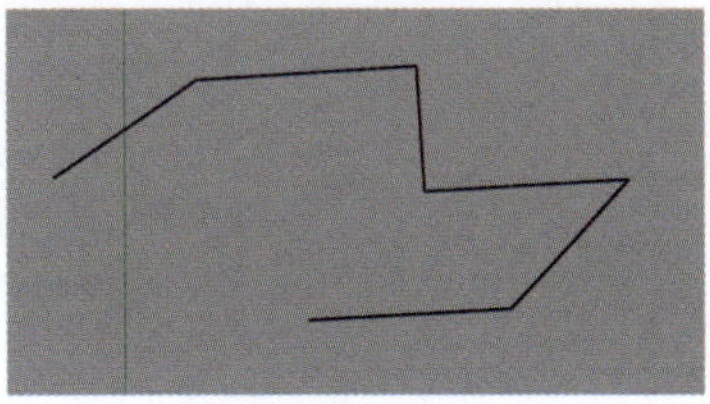
图2-22

3. 直线：从中点

该工具先确定直线段的中点位置，再向两侧绘制该直线段。

单击“直线：从中点”工具，如图2-23所示。

根据指令提示确定直线段的中点，再确定直线段的终点，如图2-24所示。

单击鼠标右键结束指令，即可完成从中点向两侧绘制一段直线的操作，如图2-25所示。

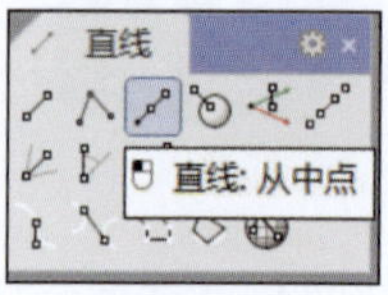

图2-23

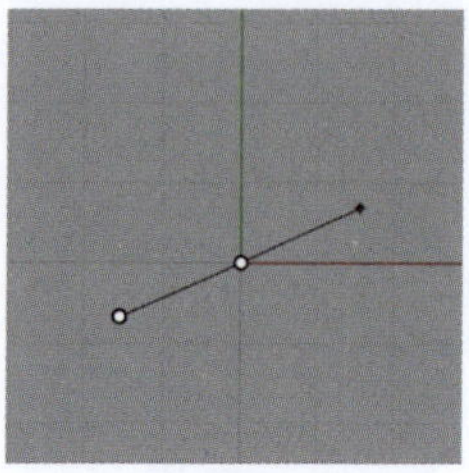

图2-24

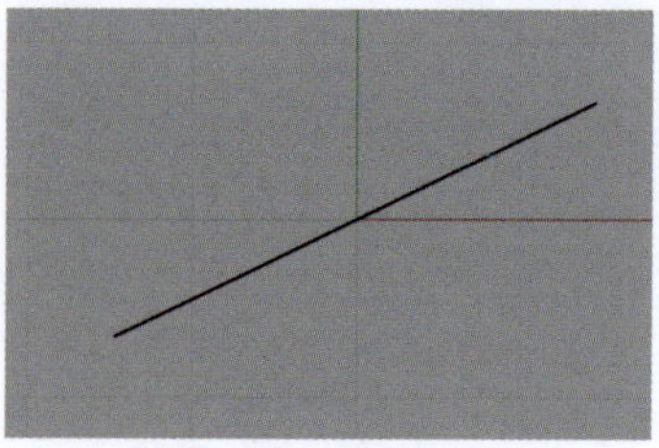

图2-25

2.2.2 “曲线”工具列

“曲线”工具列中最常用的分别是“控制点曲线”“弹簧线”“在两条曲线之间建立均分曲线”工具，如图2-26所示。

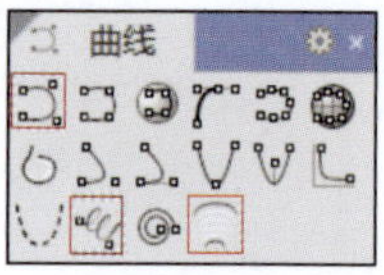

图2-26

1. 控制点曲线

该工具用于绘制通过控制点决定形状的曲线。

单击“控制点曲线”工具，如图2-27所示。

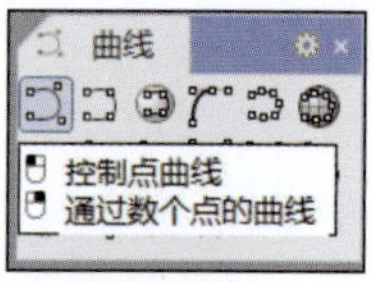

图2-27

根据指令提示依次绘制4个点，完成一条有4个控制点的曲线的绘制，如图2-28所示。

单击鼠标右键结束指令，即可绘制一条控制点曲线，如图2-29所示。

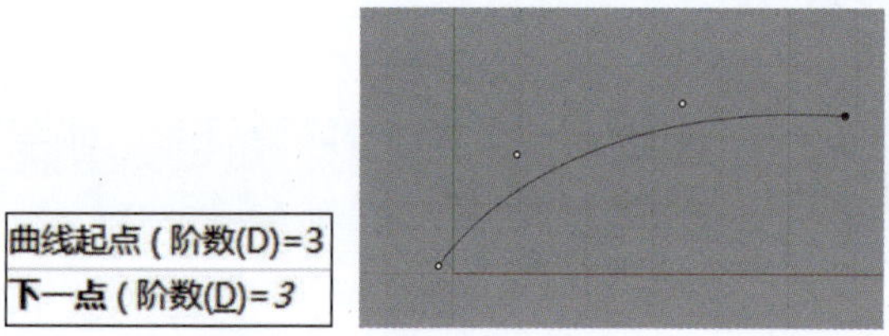

图2-28

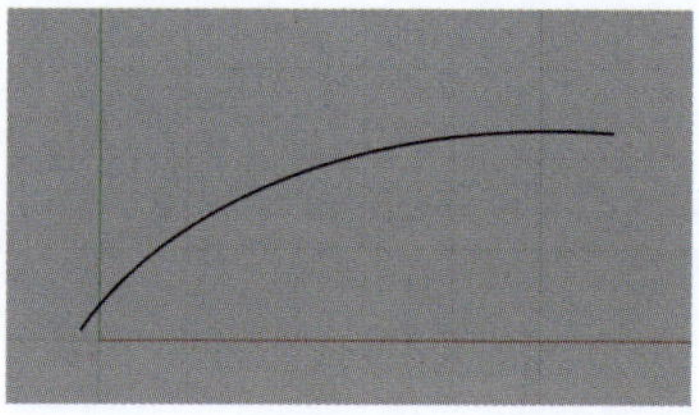

图2-29

选中该曲线，在常用工具列中找到并单击“显示物件控制点”工具，如图2-30所示。

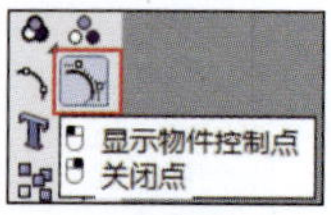

图2-30

此时可以选择一个或多个控制点，并进行拖曳以改变曲线造型，如图2-31所示。

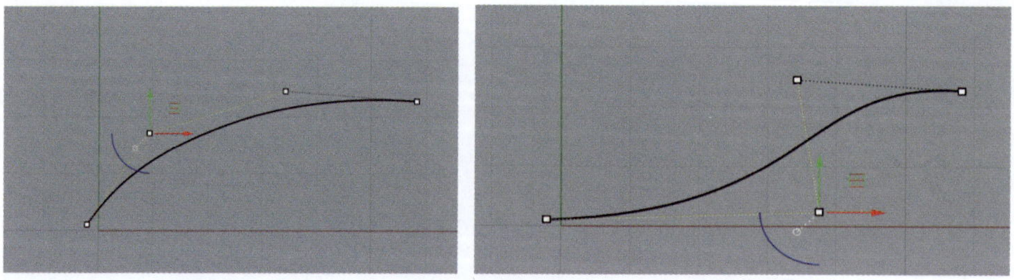

图2-31

2. 弹簧线

该工具用于绘制一段弹簧线造型的曲线。

单击“弹簧线”工具，如图2-32所示。

根据指令提示确定轴的起点，再确定轴的终点，按住Shift键可快速开启“正交”功能，以绘制一段竖直的线条，最后确定弹簧线的半径，如图2-33所示。

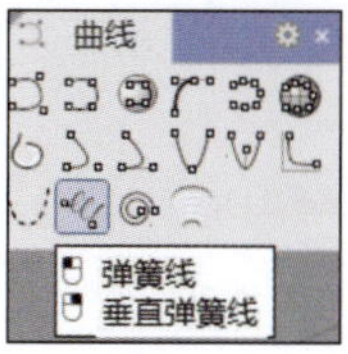

图2-32

轴的起点 (垂直(V) 环绕曲线(A)): 0
轴的终点
半径和起点 <1.438> (直径(D) 模式(M)=*圈数* 圈数(T)=*10* 螺距(P)=*4.46461* 反向扭转(R)=*否*):

图2-33

单击鼠标右键结束指令，即可绘制一段弹簧线，如图2-34所示，左为前视图，右为透视图。

在指令提示处可以设置弹簧线是否以直径来绘制，弹簧线的模式、圈数、螺距，以及弹簧线是否反向扭转。

3. 在两条曲线之间建立均分曲线

该工具用于在两条曲线的中间均等地添加曲线。

使用该工具前需要建立两条曲线。在顶视图中建立两条有4个控制点的曲线，如图2-35所示。

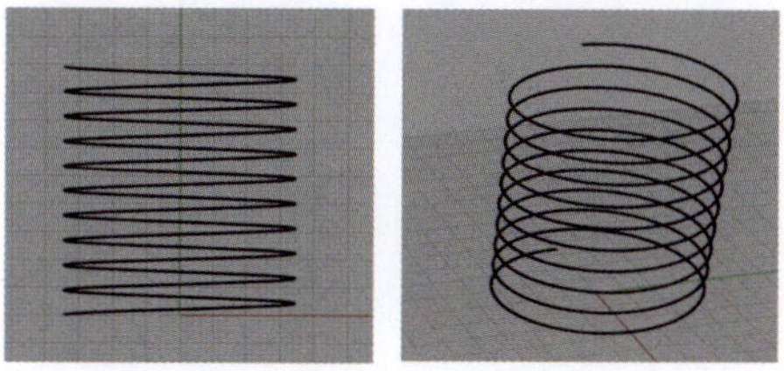
图2-34

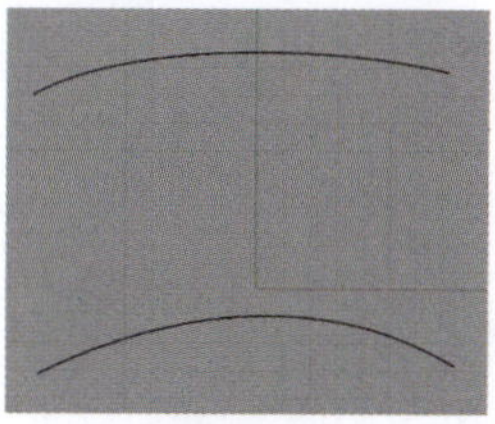
图2-35

单击“在两条曲线之间建立均分曲线”工具，如图2-36所示。

根据指令提示直接框选两条曲线，如图2-37所示。

根据指令提示，可修改中间曲线的均分数量，这里为3，如图2-38所示，单击鼠标右键确定。

此时两条曲线之间就均等地增加了3条曲线，如图2-39所示。

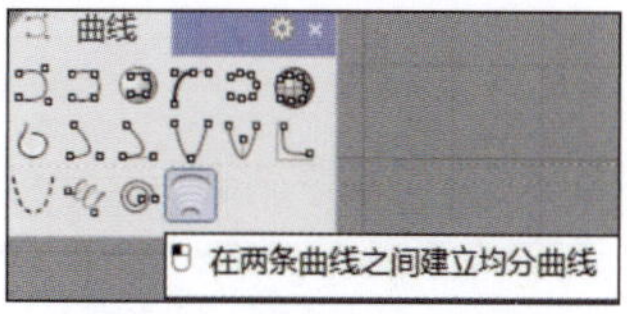

图2-36

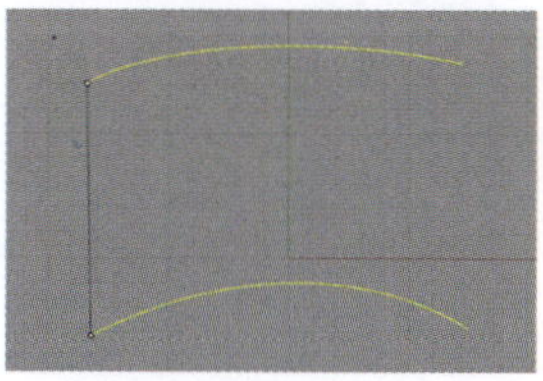
图2-37

按 Enter 接受设置 (数目(N)=*3*

图2-38

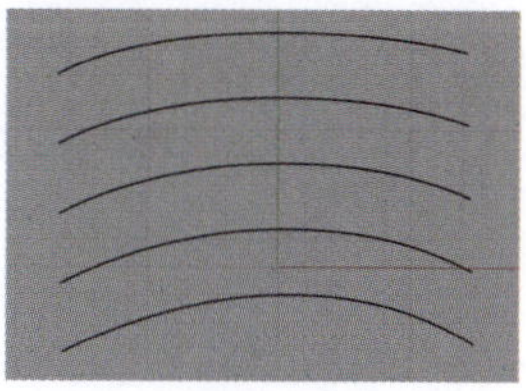
图2-39

2.2.3 “圆”工具列与“椭圆”工具列

因为圆与椭圆的绘制方法非常类似，所以这里将它们合并起来介绍。“圆”工具列和“椭圆”工具列提供了不同的工具来绘制圆和椭圆。其中较为常用的是“圆：中心点、半径”“圆：直径”“椭圆：从中心点”这3个工具，如图2-40所示。

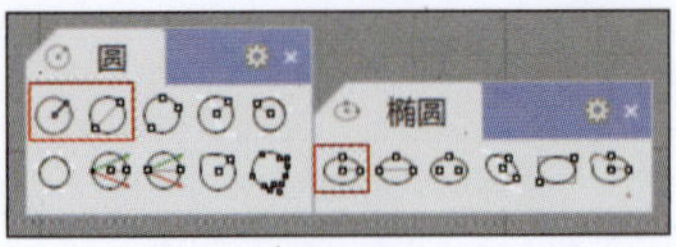

图2-40

1. 圆：中心点、半径

该工具用于以指定圆心和半径的方式绘制圆。

单击“圆：中心点、半径”工具，如图2-41所示。

根据指令提示确定圆心位置，这里输入0，单击鼠标右键确定，如图2-42所示。

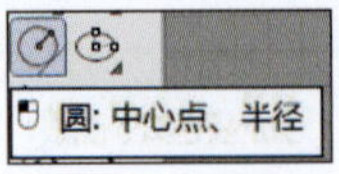

图2-41

图2-42

根据指令提示确定圆的半径，如图2-43所示。

单击鼠标右键结束该指令，以坐标原点为中心点绘制一个圆，如图2-44所示。

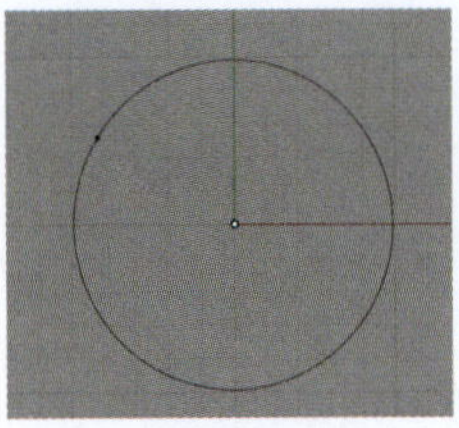
图2-43

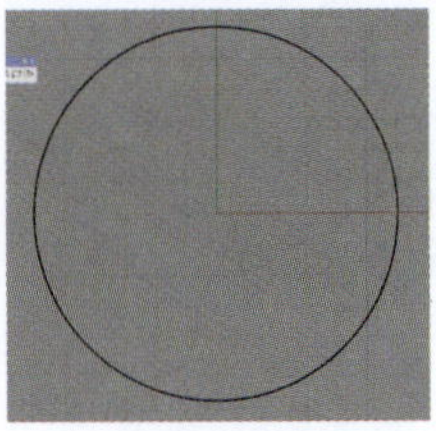
图2-44

2. 圆：直径

该工具用于以指定直径的方式绘制圆。

单击“圆：直径”工具，如图2-45所示。

根据指令提示确定圆的直径起点，再确定圆的直径终点，如图2-46所示，即可绘制一个圆。

3. 椭圆：从中心点

该工具用于以指定中心点的方式绘制椭圆。

单击“椭圆：从中心点”工具，如图2-47所示。

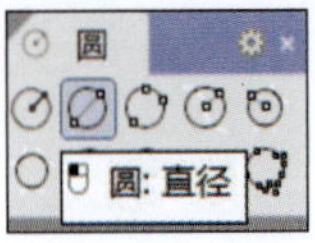

图2-45

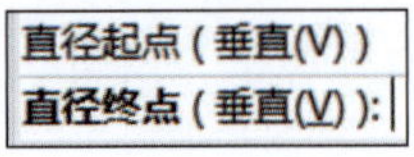

图2-46

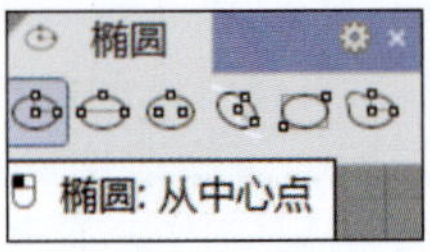

图2-47

根据指令提示确定椭圆的中心点。这里输入0，单击鼠标右键确定，如图2-48所示。

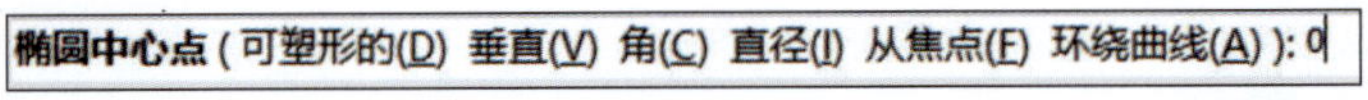

图2-48

根据指令提示确定第一轴终点，再确定第二轴终点，即可绘制一个椭圆，如图2-49所示。

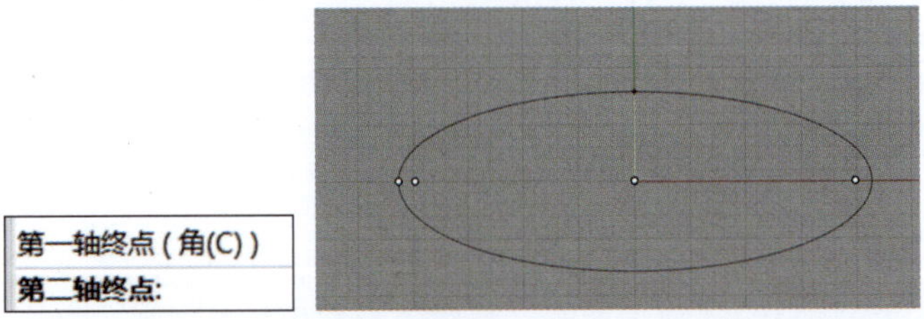

图2-49

2.2.4 “圆弧”工具列

“圆弧”工具列中常用的两种工具分别是“圆弧：中心点、起点、角度”和“圆弧：起点、终点、通过点”，如图2-50所示。

1. 圆弧：中心点、起点、角度

单击“圆弧：中心点、起点、角度”工具，如图2-51所示。

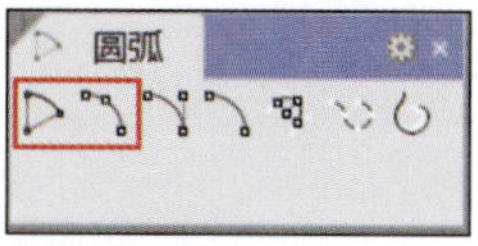

图2-50

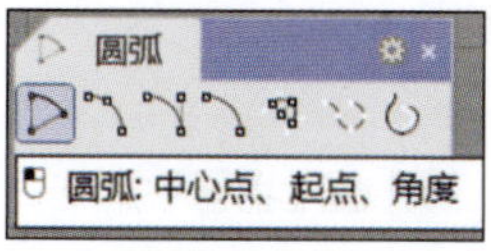

图2-51

根据指令提示确定圆弧的中心点、起点和角度（或终点），如图2-52所示。

单击鼠标右键结束指令，即可绘制一段圆弧，如图2-53所示。

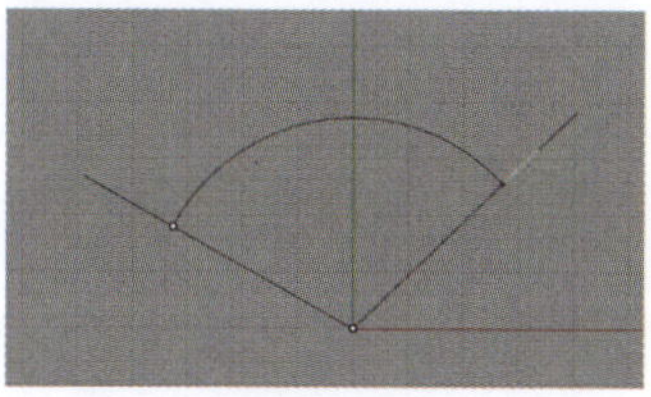
图2-52

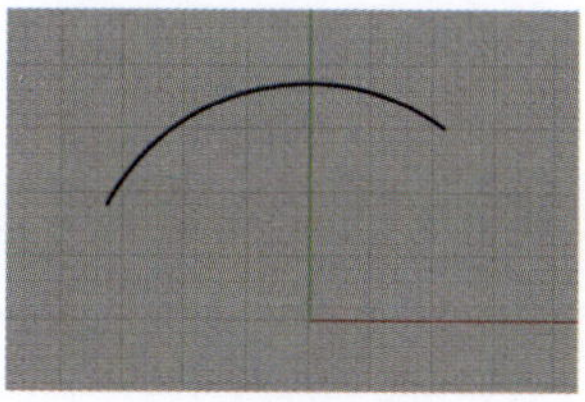
图2-53

2. 圆弧：起点、终点、通过点

单击“圆弧：起点、终点、通过点”工具，如图2-54所示。

根据指令提示确定圆弧的起点、终点和通过点，即可绘制一段圆弧，如图2-55所示。

图2-54

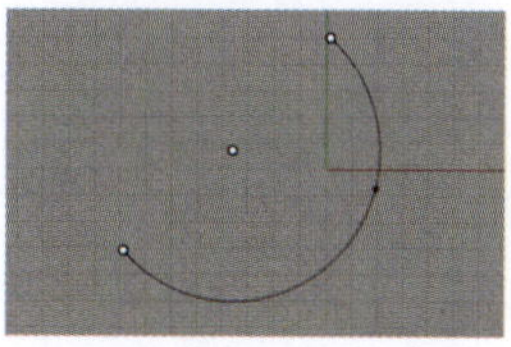
图2-55

2.2.5 “矩形”工具列

“矩形”工具列中一共有5种绘制矩形的工具，下面介绍前两种，分别是“矩形：角对角”和“矩形：中心点、角”工具，如图2-56所示。

图2-56

1. 矩形：角对角

该工具将以矩形对角线的两个端点的位置确定矩形大小。

单击“矩形：角对角”工具，如图2-57所示。

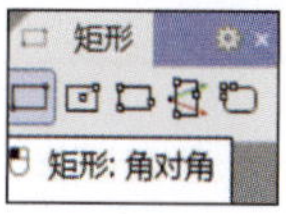

图2-57

在指令提示处的选项中，可以更改为以中心点绘制矩形或者单击“圆角”以绘制圆角矩形，如图2-58所示。

矩形的第一角（三点(P) 垂直(V) 中心点(C) 环绕曲线(A) 圆角(R)）:

图2-58

这里根据指令提示确定矩形的第一角的位置和另一角的位置，即可完成矩形的绘制，如

图2-59所示。在确定矩形的另一角的位置时按住Shift键，可绘制正方形。

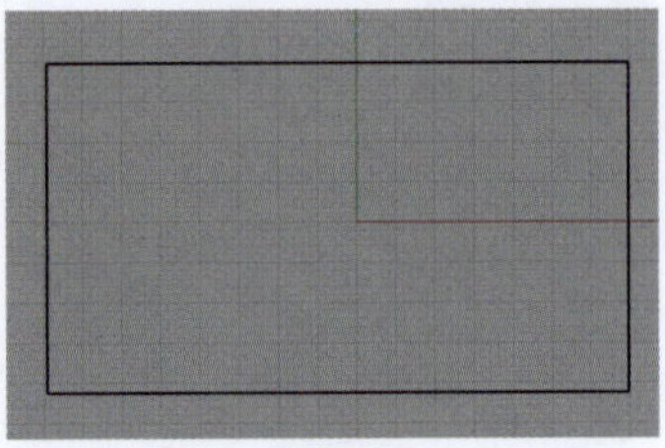

图2-59

2. 矩形：中心点、角

该工具用于以指定矩形的中心点的方式绘制矩形。其功能与“矩形：角对角”工具的“中心点”选项的功能一样。

单击“矩形：中心点、角”工具，如图2-60所示。

根据指令提示确定矩形中心点的位置，这里输入0，单击鼠标右键确定，如图2-61所示。

根据指令提示确定矩形另一角的位置，即可完成矩形的绘制，如图2-62所示。

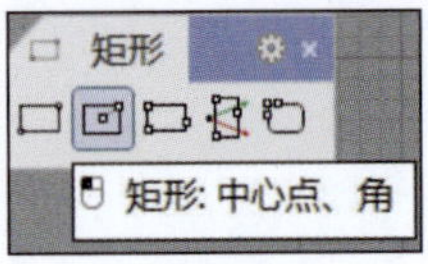

图2-60

图2-61

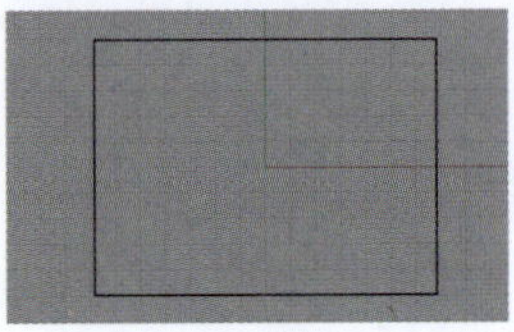

图2-62

2.2.6 “多边形”工具列

“多边形”工具列提供了7种绘制多边形的工具，常用的是“多边形：中心点、半径”和“多边形：星形”工具，如图2-63所示。

1. 多边形：中心点、半径

该工具将以多边形的中心点绘制多边形。

单击“多边形：中心点、半径”工具，如图2-64所示。

根据指令提示将“边数”修改为6，单击鼠标右键确定，再确定内接多边形的中心点的位置，如图2-65所示。

图2-63

图2-64

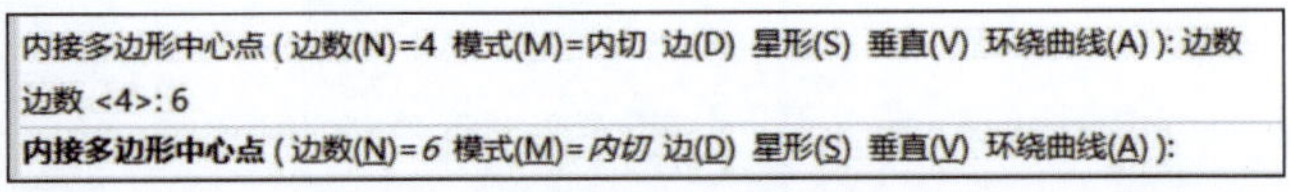

内接多边形中心点 (边数(N)=4 模式(M)=内切 边(D) 星形(S) 垂直(V) 环绕曲线(A)): 边数
边数 <4>: 6
内接多边形中心点 (边数(N)=6 模式(M)=内切 边(D) 星形(S) 垂直(V) 环绕曲线(A)):

图2-65

绘制多边形的同时按住Shift键开启“正交”功能，在合适的位置单击，完成多边形的绘制，如图2-66所示。

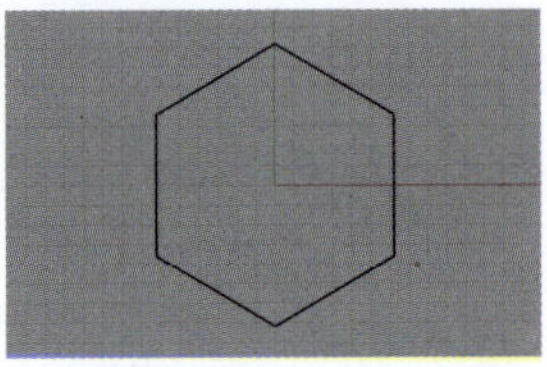

图2-66

2. 多边形：星形

该工具将建立一个星形。

单击“多边形：星形”工具，如图2-67所示。

根据指令提示确定星形中心点、星形的角，以及星形的第二个半径的大小，如图2-68所示。

图2-67

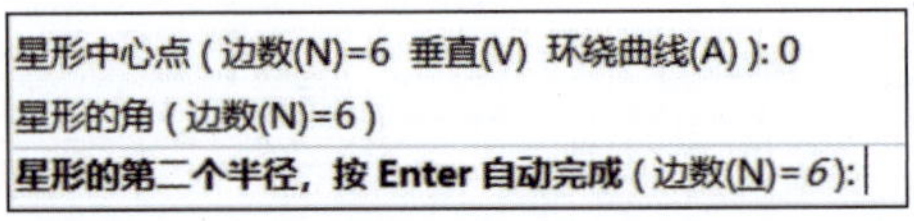

图2-68

绘制星形时按住Shift键开启“正交”功能，在合适的位置单击，即可完成星形的绘制，如图2-69所示。

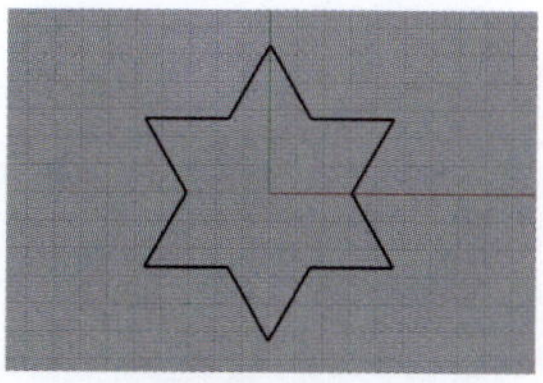

图2-69

微课视频

2.2.7 案例2-1：绘制图案

在顶视图中完成图2-70所示图形的绘制，熟悉前面所学工具的使用和指令的修改。

第1步：单击“添加一个图像平面”工具，在顶视图中以指定中心点的方式绘制该图像平面，并将其锁定，如图2-71所示。

图2-70

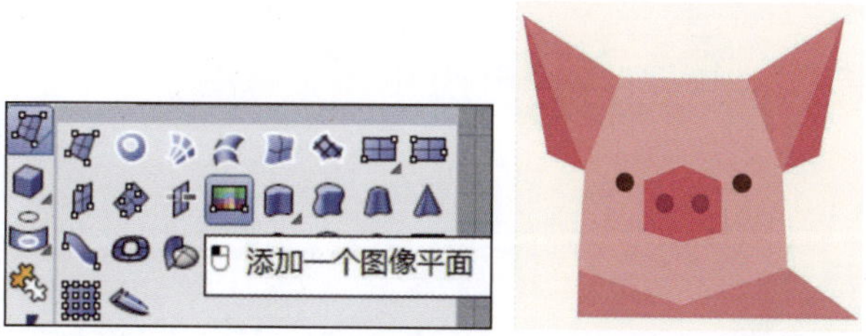

图2-71

第2步：单击“多边形：中心点、半径”工具，绘制鼻子部分，如图2-72所示。

第3步：选择该曲线，单击“显示物件控制点”工具，打开该曲线的控制点，并根据参考图调整控制点的位置，如图2-73所示。

图2-72

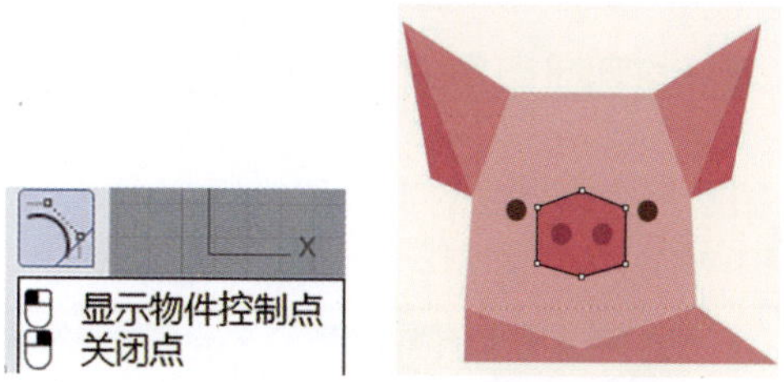

图2-73

第4步：使用“多边形：中心点、半径”工具绘制头部形状，这里将“边数”修改为7，如图2-74所示。

第5步：打开该曲线的控制点，并根据参考图调整控制点的位置，如图2-75所示。

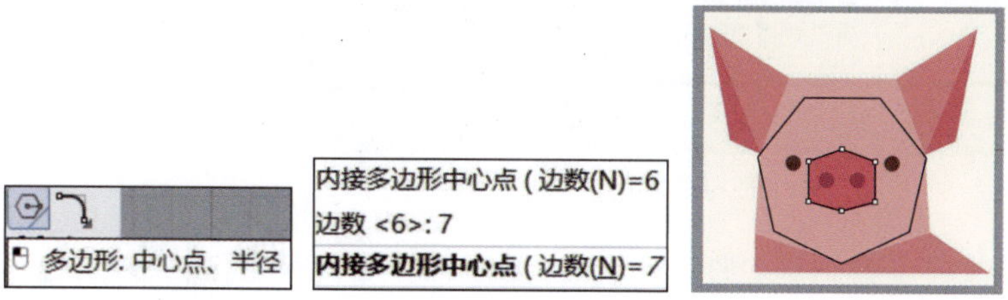

图2 -74

图2-75

第6步：单击“多重直线”工具，根据参考图绘制耳朵部分，如图2-76所示。

第7步：单击“镜像”工具，镜像复制之前绘制的耳朵部分，如图2-77所示。

图2-76

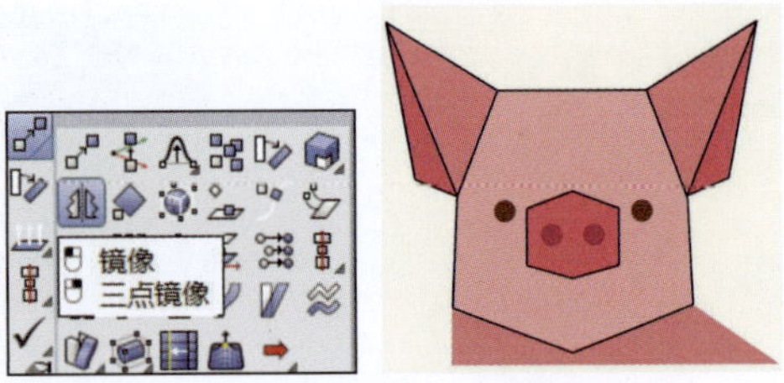

图2-77

第8步：单击“圆：中心点、半径”工具，绘制眼睛和鼻孔部分，如图2-78所示。

第9步：单击“多重直线”工具，完成剩余线条的绘制，如图2-79所示。

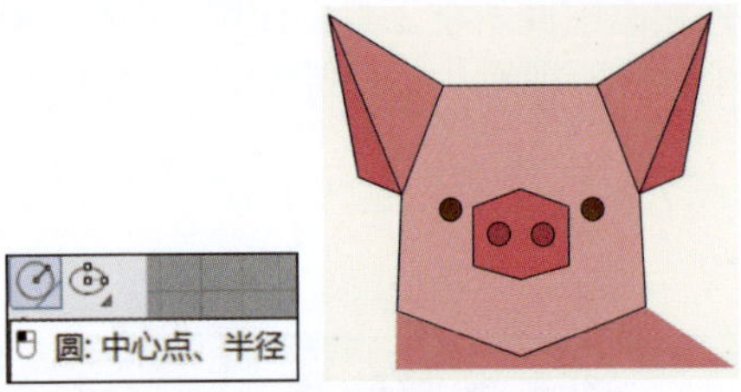

图2-78

图2-79

2.3 物件控制点和曲线编辑点

Rhino中有关曲线的编辑，其中使用频率最高的就是物件控制点和曲线编辑点，相应的工具在常用工具列的中间部分，如图2-80所示。

图2-80

2.3.1 物件控制点的打开与关闭

前面介绍的所有创建线的工具创建的线或图形均可打开物件控制点，通过调整控制点的位置可以修改物件的造型，如图2-81所示。

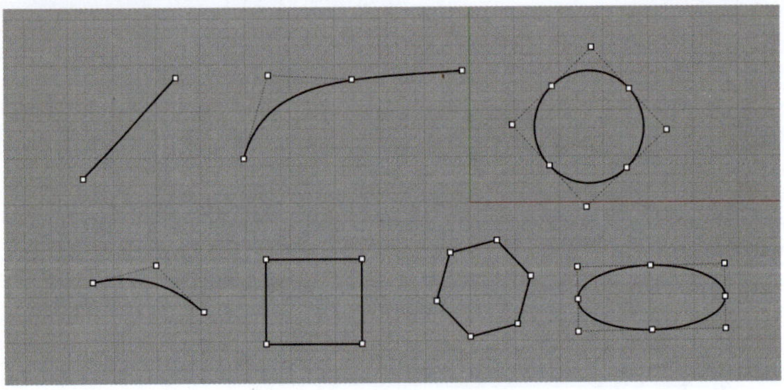
图2-81

打开物件控制点：选中需要打开控制点的曲线，单击“显示物件控制点”工具，即可打开曲线的控制点，如图2-82所示。

关闭物件控制点：使用鼠标右键单击图2-82中的“关闭点”工具可以关闭物件控制点，也可以按Esc键来快速关闭物件控制点。

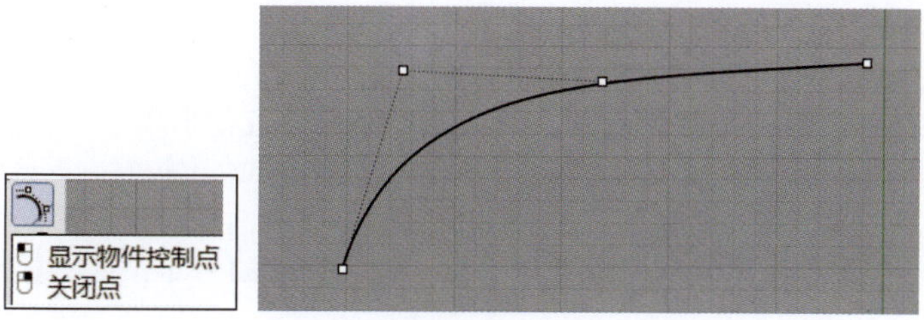

图2-82

2.3.2 物件控制点和曲线编辑点的区别

曲线除了可以打开物件控制点之外，还可以打开曲线编辑点，如图2-83所示。

曲线编辑点与物件控制点的区别在于，曲线编辑点在曲线上，并且调整曲线的某一个编辑点，整条曲线的造型都将产生柔性变化。图2-84和图2-85所示为调整曲线上某一编辑点前后的效果。图2-86和图2-87所示为调整曲线上某一控制点前后的效果。

图2-83

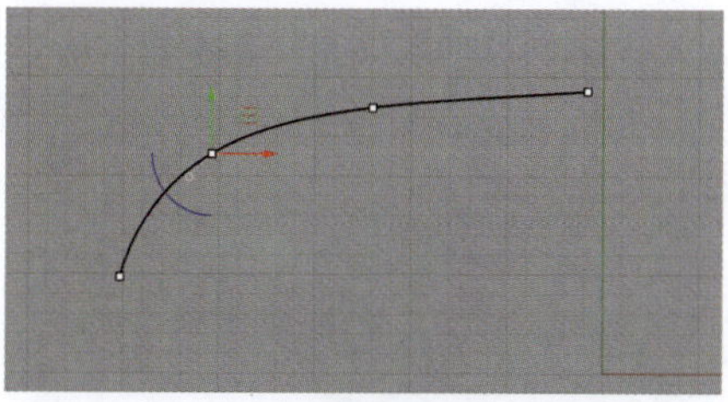

图2-84

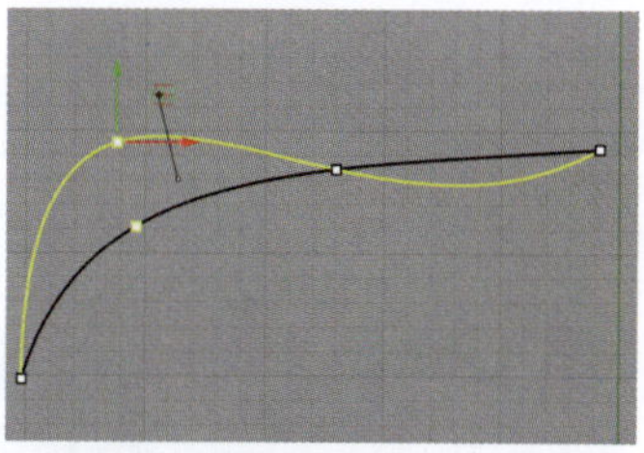

图2-85

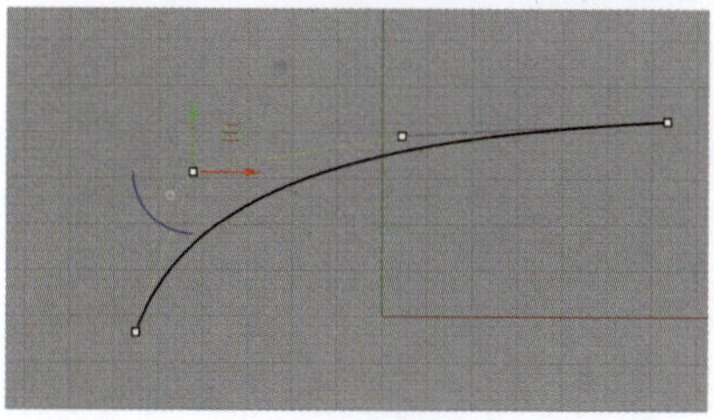

图2-86

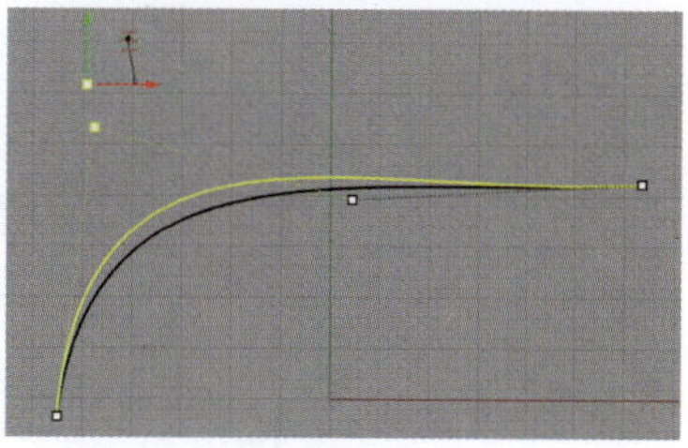

图2-87

2.4 绘线的重要概念

因为Rhino中的建模基本遵循线成面、面成体的规律，所以线的造型和属性十分重要，会影响其形成的体的质量。下面讲解有关绘线的重要概念。

2.4.1 点数与阶数的关系

在使用曲线工具、圆和椭圆工具绘制曲线时，指令指示中都会出现“阶数”或“点数”选项，如图2-88和图2-89所示。

图2-88

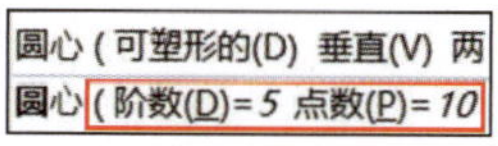

图2-89

那么点数和阶数究竟存在怎样的关系呢？

Rhino中的点数就是曲线控制点的数量，而阶数会影响曲线的顺滑程度。一般情况下，理想的曲线应满足阶数=点数-1的条件。所以，Rhino中常会用到4点3阶曲线、6点5阶曲线、8点7阶曲线、10点9阶曲线或*n*点5阶曲线［若点数特别多，建议使用5阶比较好，即*n*点5阶（$n>10$）］。

绘制3条曲线，分别是4点3阶曲线、6点3阶曲线和6点5阶曲线，如图2-90所示。

选中这3条曲线，找到常用工具列中的“打开曲率图形”工具并单击该工具，如图2-91所示。

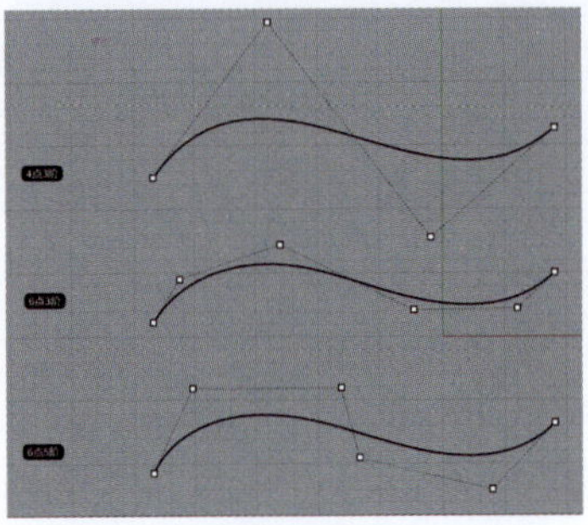

图2-90

图2-91

为了方便观察，可适当增大缩放比，将显示这3条曲线的曲率图形，可以看到4点3阶曲线和6点5阶曲线的曲率图形都相对顺滑，而6点3阶曲线的曲率图形上出现了两个很尖锐的拐点，这将影响该曲线成面后的曲面质量，如图2-92所示。

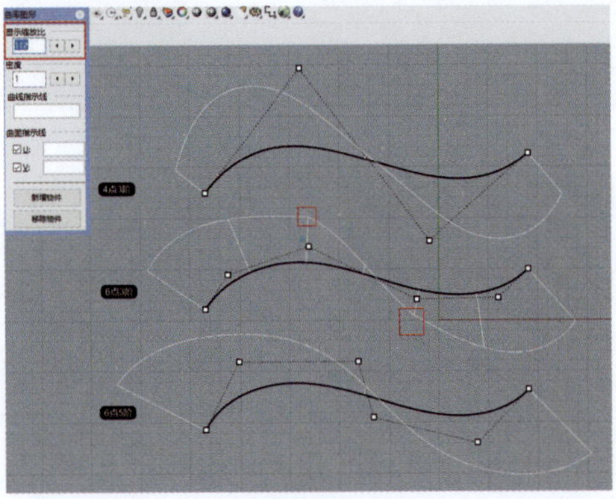

图2-92

提示　6点3阶曲线的曲率图形上为何出现了两个尖锐的拐点？因为前面讲到理想的曲线应满足阶数=点数-1的条件，而6点的理想状态是5阶，此曲线仅有3阶，所以出现了两个尖锐的拐点。

2.4.2 有理线与无理线

学习有关有理线与无理线的概念之前，需要搞清楚Rhino中的曲线为何称为“非均匀有理B样条”。

为了理解相关概念，可以将“非均匀有理B样条”拆开来看。

非均匀（Non-Uniform）：指曲线的控制点的控制力能被改变，所以曲线的变化可以有密有疏，自由、灵活。

有理（Rational）：指每条曲线都可以用数学表达式来定义（适用于计算机编程）。

B样条（B-Spline）：指曲线由多段曲线首尾相接而成，自由度更高。

这3个部分的英文的首字母组合在一起正是Rhino中的NURBS（Non-Uniform Rational B-Spline，非均匀有理B样条）。

这里以圆为例，在顶视图中创建两个圆，分别是默认绘制的圆和可塑性圆（即绘制圆时在指令提示处单击“可塑性”），打开其控制点。可以看到默认绘制的圆（也称为有理圆或工程圆）的控制点是均匀分布的，而可塑性圆（也称为无理圆）的控制点是不均匀分布的，如图2-93所示。

默认创建的曲线。例如，圆、矩形、多边形等都是有理线，通常它们的阶数为1阶或2阶，升高为3阶及以上之后，有理线将变成无理线，也就是默认圆（有理线）与可塑性圆（无理线）的区别。拖动无理线的控制点不会产生尖锐的造型。

那么在实际建模时应该选择哪种圆呢？

这里分别拖曳两圆上的某一控制点，观察两个圆造型的变化，可以看到有理圆出现了尖锐的部分，而无理圆依旧保持圆滑，如图2-94所示。

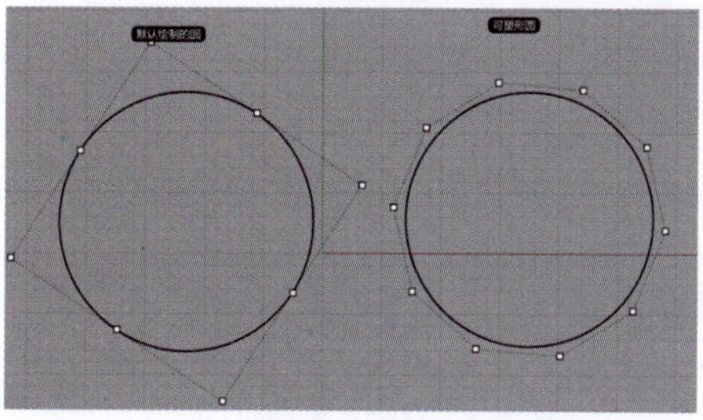

图2-93

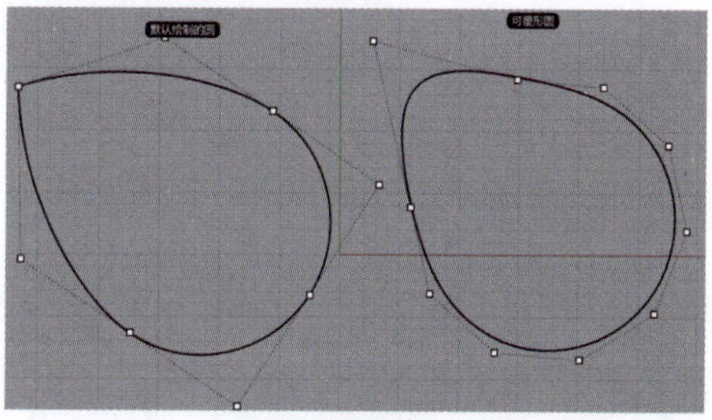

图2-94

提示 在实际建模中，若需要调节圆的造型，则使用无理圆；若只是制作一些简单的按钮或孔洞等无须二次编辑控制点的圆，则使用有理圆。

2.4.3 线的连续性

建模时经常需要制作对称造型，而这类造型往往会涉及线的连续性问题。线的连续性包括位置、正切和曲率3种关系。

在顶视图中，使用“多重直线”工具输入坐标原点，按住Shift键，向上绘制一条直线段作为参考线，如图2-95所示。

单击“控制点曲线”工具，打开物件锁点，先捕捉直线段顶部端点，绘制一条4点3阶的曲线，如图2-96所示。

图2-95

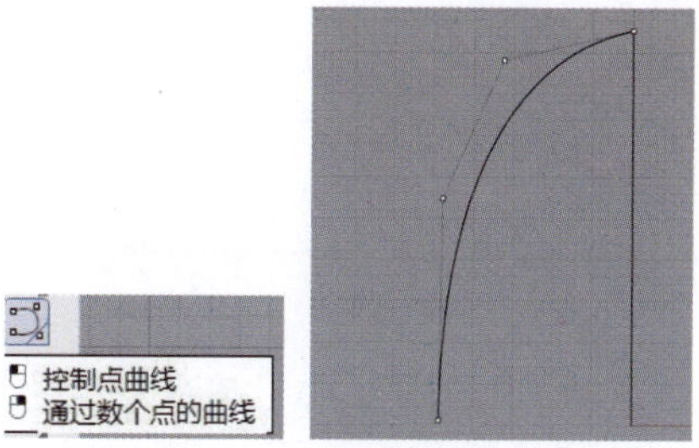

图2-96

单击“镜像”工具，根据指令提示，先选取参考线左侧要镜像的曲线，并单击鼠标右键确定，然后根据指令提示，选取镜像平面起点，这里直接选取*y*轴，即可完成曲线的镜像，如图2-97所示。

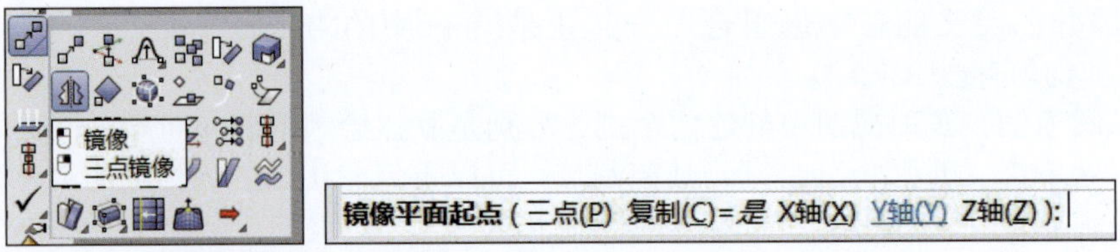

图2-97

最后删除中间的参考线，得到的曲线如图2-98所示。

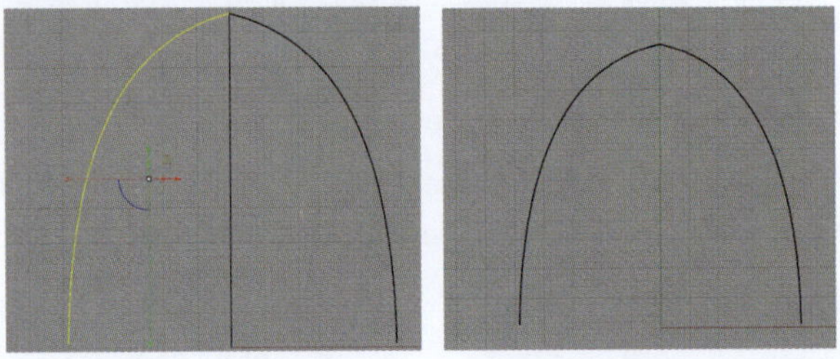

图2-98

框选所有曲线，按住Alt键向右移动并复制一份，打开复制得到的两条曲线的控制点，框选第二排控制点，单击“设置XYZ座标”工具，仅勾选“设置Y”单击确定，让两条曲线的第二排控制点与中间最高控制点的高度对齐，此时我们便得到了具有正切关系的两条曲线，如图2-99所示。

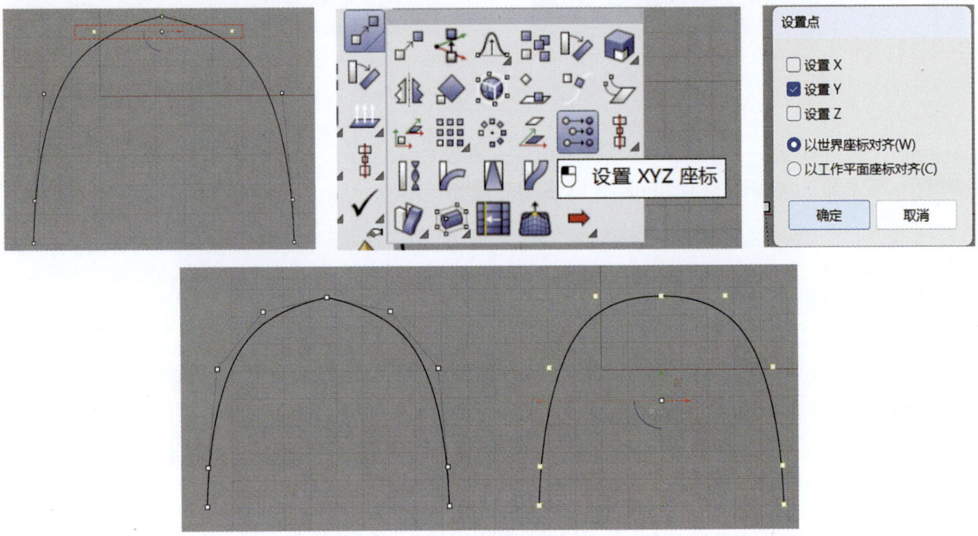

图2-99

框选具有正切关系的两条曲线，按住Alt键向右移动，复制一份，打开复制得到的曲线的控制点，框选第二排控制点，单击“设置XYZ座标”工具，仅勾选“设置Y”单击确定，对齐到中间控制点的高度，此时我们便得到了具有曲率关系的两条曲线，如图2-100所示。

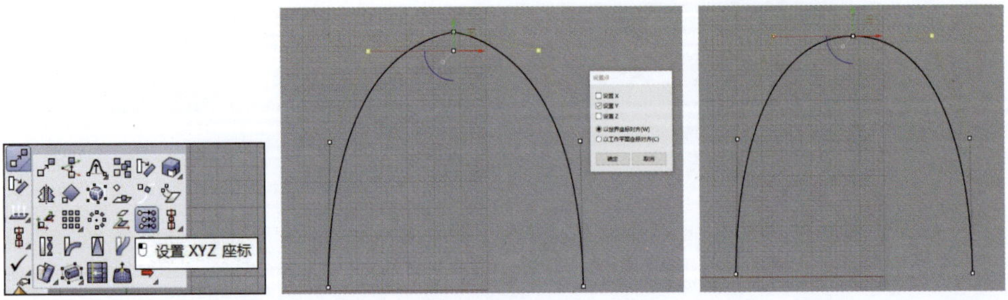

图2-100

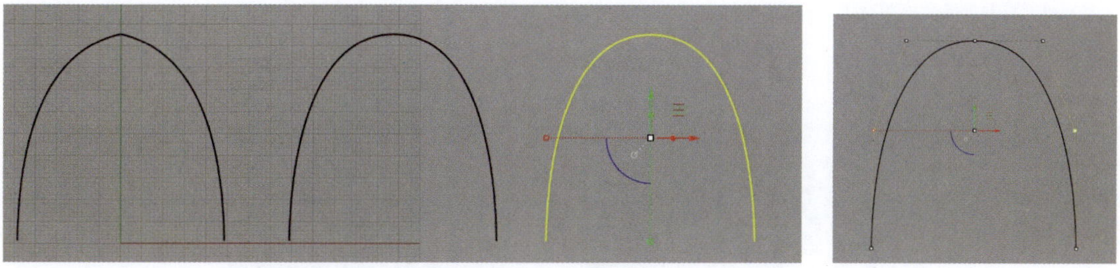

图2-100（续）

两条曲线的顶部端点在同一位置的情况下，两条曲线为位置关系；两条曲线的顶部三个点在同一高度情况下，两条曲线为正切关系；两条曲线的顶部五个点在同一高度情况下，两条曲线为曲率关系，如图2-101所示。

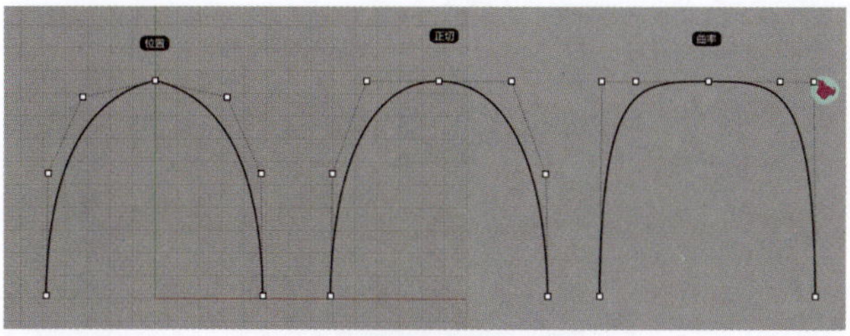

图2-101

在顶视图中绘制3组对称线，它们的连续性关系分别是位置关系、正切关系和曲率关系，如图2-102所示。

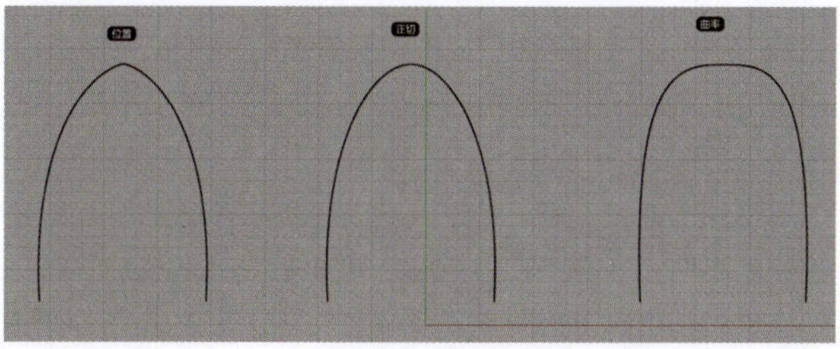

图2-102

将这些线全部选中，挤出成曲面并在透视图的渲染模式中观察，可以看出线的连续性关系将影响最终生成的曲面的平滑程度，如图2-103所示。

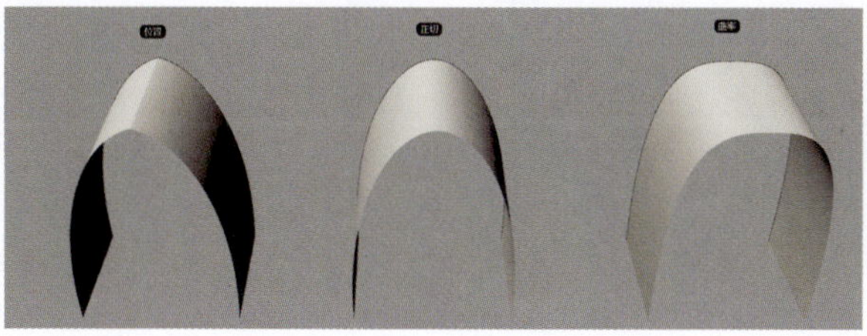

图2-103

2.4.4 设置XYZ坐标

调整曲线上的控制点的共线关系离不开“设置XYZ坐标”工具，该工具在“变动”工具列中，如图2-104所示。

下面介绍具体的操作步骤。

使用“控制点曲线”工具绘制一段4点3阶曲线，如图2-105所示。

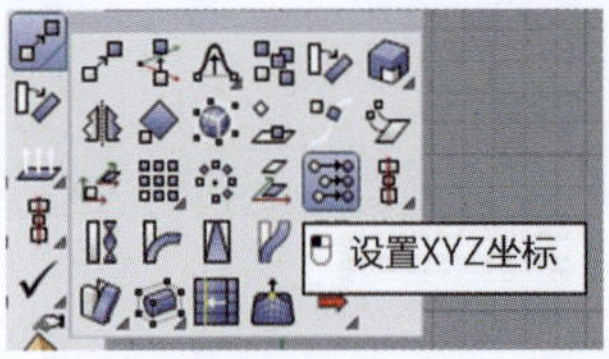

图2-104

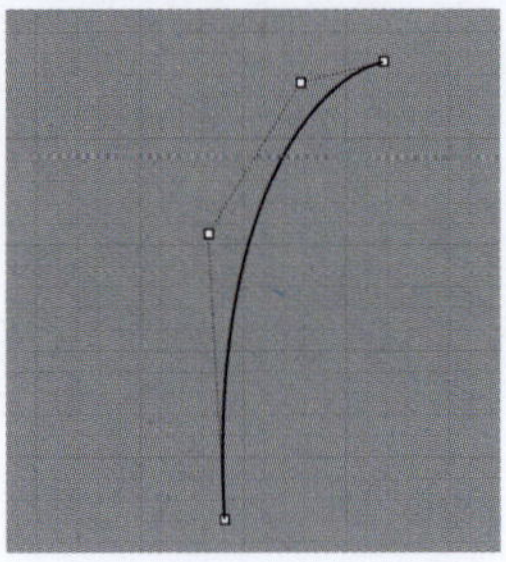

图2-105

单击“变动”工具列中的“镜像”工具，如图2-106所示，按住Shift键，以顶部中心的控制点为参考点将曲线镜像一份，如图2-107所示。

选中左右两边要调整位置的控制点，如图2-108所示。

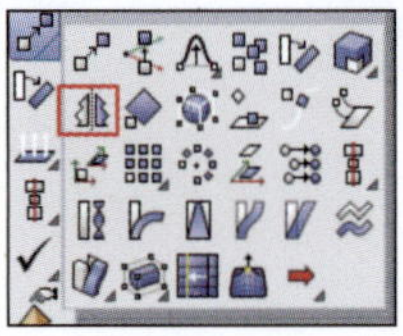

图2-106

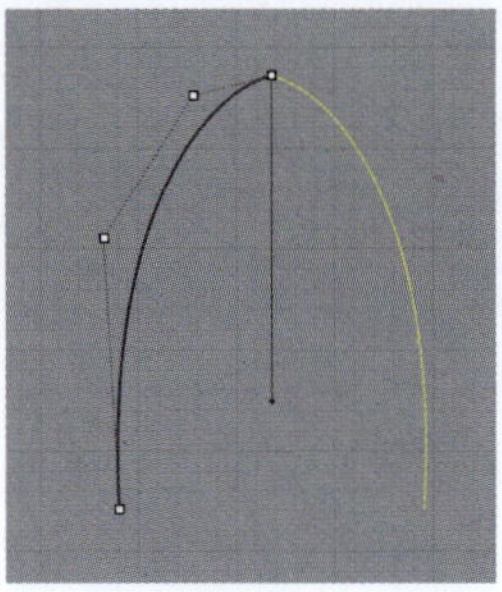

图2-107

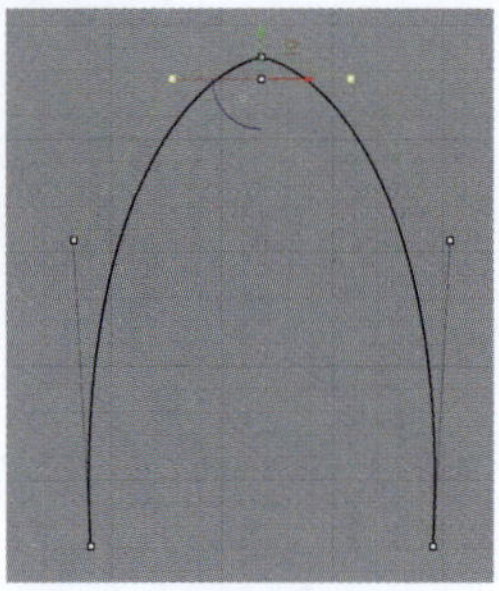

图2-108

单击“设置XYZ坐标”工具，观察工作视窗左下角的坐标系图标，判断需要在哪个轴向上完成控制点共线的操作，这里是控制点y轴的高度需要一致，所以勾选“设置Y”复选框，单击“确定”按钮，如图2-109所示。

此线两条线的连续性关系为正切关系，如图2-110所示。

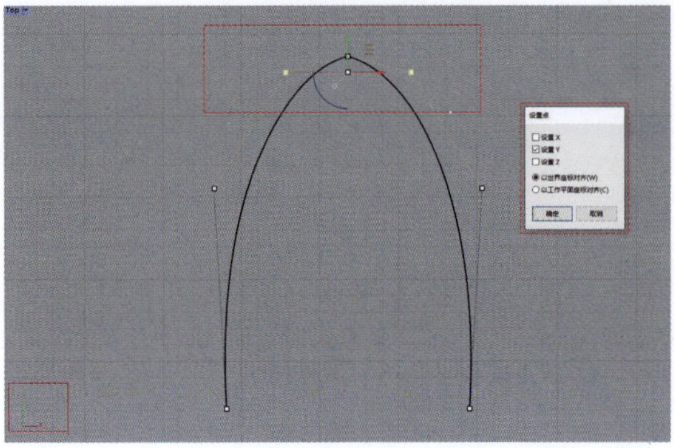

图2-109

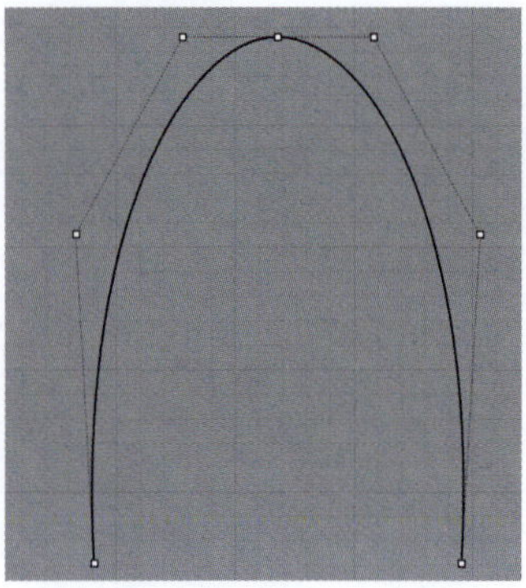

图2-110

提示 执行以上操作时记得开启状态栏中的“物件锁点”功能，方便捕捉控制点的位置。

2.4.5 案例2-2：手提灯建模

微课视频

为了帮助读者巩固所学知识点，本案例将制作一款手提灯的模型。该造型相对简单，利用与曲线的绘制、调整控制点、挤出物件、“旋转成形”

工具相关的知识点便可完成该造型的建模，渲染后的效果如图2-111所示。

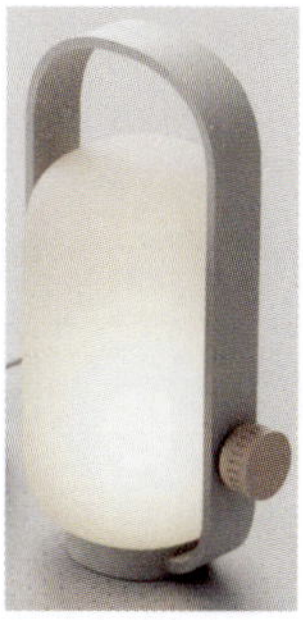

图2-111

1. 提手部分建模

第1步：在前视图中，使用“多垂直线”工具输入坐标原点，向z轴方向绘制一条直线段，绘制完成之后，将直线段向下移动一点，并将其锁定，如图2-112所示。

第2步：根据参考图，使用“控制点曲线”工具绘制一条8点7阶曲线，如图2-113所示。

第3步：调整该曲线的控制点的位置，让其造型更符合参考图的效果，并且使用“设置XYZ坐标”工具调整控制点的z轴，使上下两排控制点保持至少两点共线的关系，如图2-114所示。

第4步：使用“变动”工具列中的“镜像”工具完成另一半曲线的绘制，如图2-115所示。

第5步：在透视图中选中前面绘制的两段曲线，拖曳操作轴上的绿色圆点，挤出该曲线，如图2-116所示。

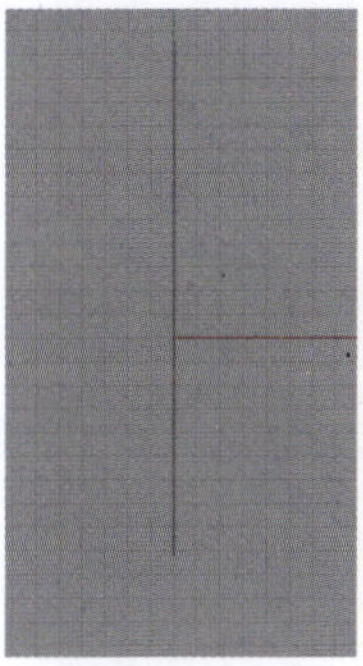

图2-112

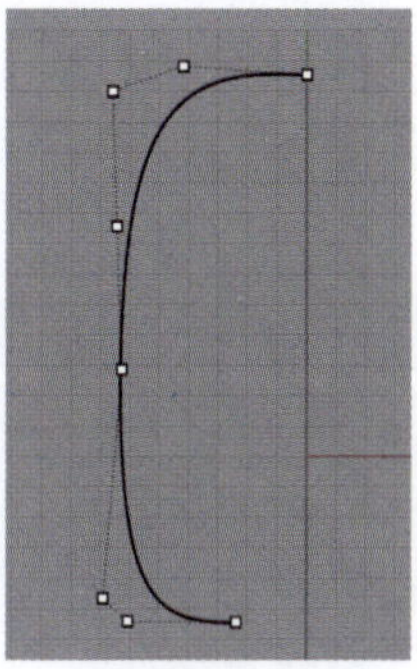

图2-113

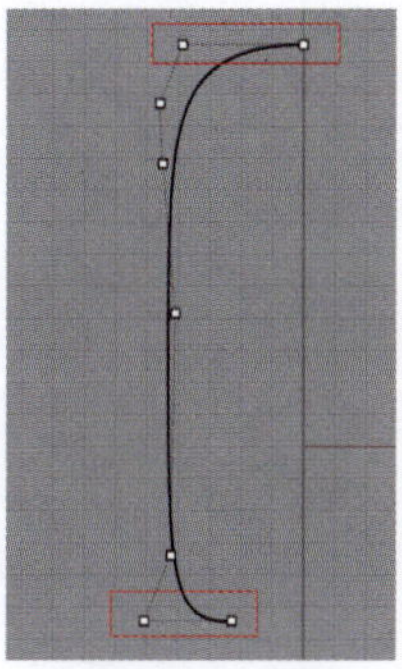

图2-114

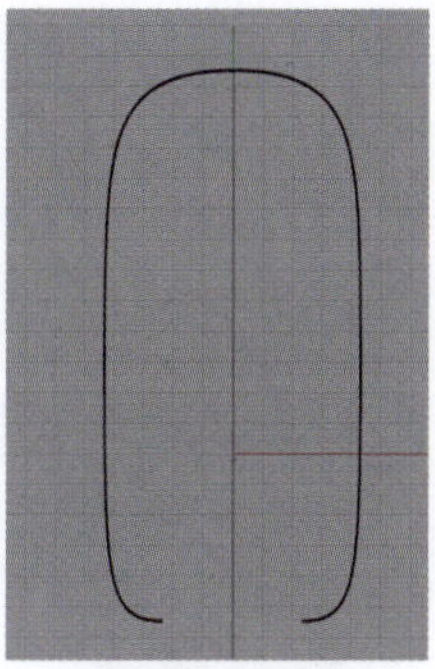

图2-115

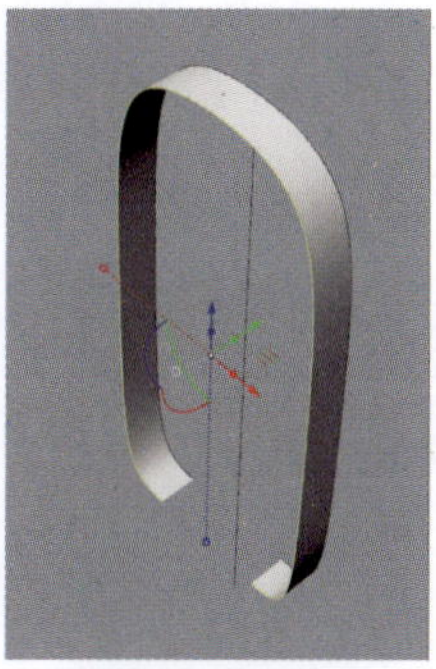

图2-116

第6步：框选两侧的曲面，单击常用工具列中的“组合”工具，组合这两个曲面，如图2-117所示。

图2-117

第7步：使用“偏移曲面”工具将曲面向内偏移合适的距离，使其具有厚度，变成实体，如图2-118所示。

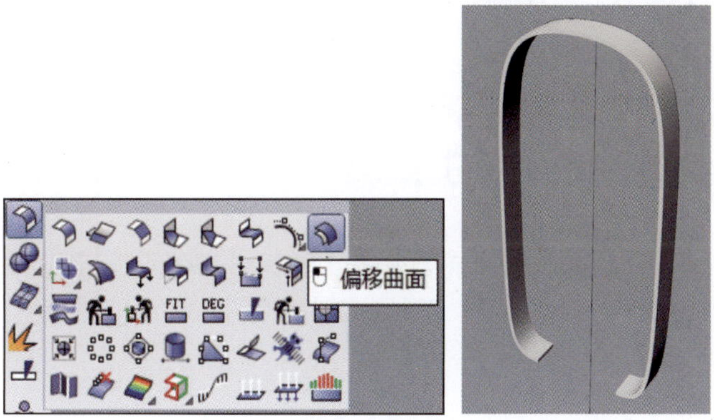

图2-118

提示 如果进行了误操作，按快捷键Ctrl+Z可以撤回到上一步，按快捷键Ctrl+Y可以还原一步。

2. 底座部分建模

第1步：在顶视图中，在提手底部的中心点位置绘制一个圆柱体，如图2-119所示。

第2步：在透视图中调整圆柱体的位置，并将其缩放至合适的大小，如图2-120所示。

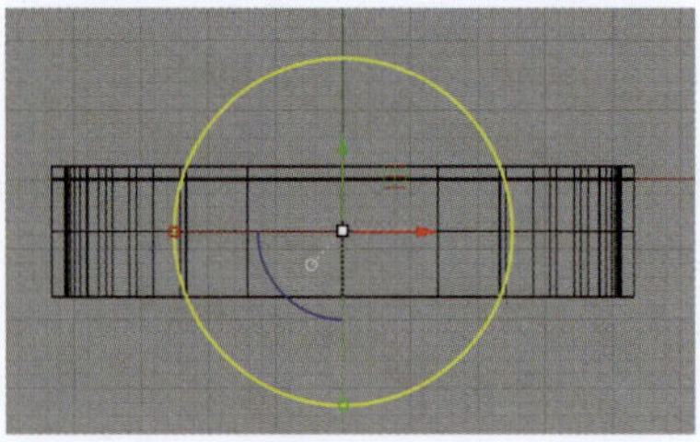

图2-119

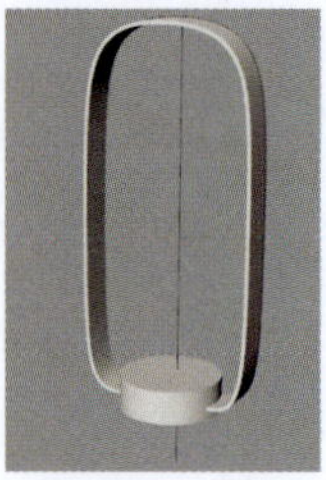

图2-120

3. 灯罩部分建模

第1步：在前视图中绘制一段8点7阶曲线，如图2-121所示。

第2步：根据参考图调整该曲线的控制点的位置，并使其上下两排的控制点保持3点共线的关系，如图2-122所示。

第3步：单击“旋转成形”工具，如图2-123所示，根据指令提示，将曲线旋转成体。在使用“旋转成形”工具之前，可以开启“记录建构历史”功能，这样在使用“旋转成形”工具之后，可以通过调整曲线的控制点来调整实体的造型。

第4步：在透视图中调整灯罩的位置和大小（在调整灯罩的位置时，会提示当前操作破坏了记录建构历史，但这并不会影响后续的操作），效果如图2-124所示。

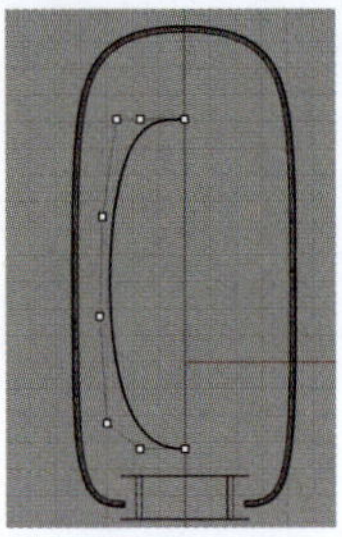

图2-121

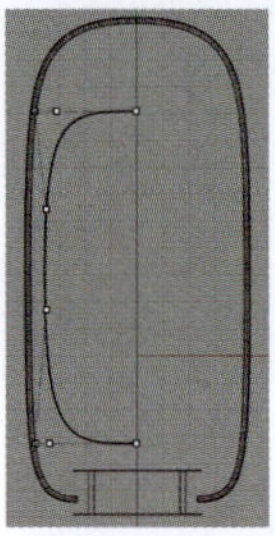

图2-122

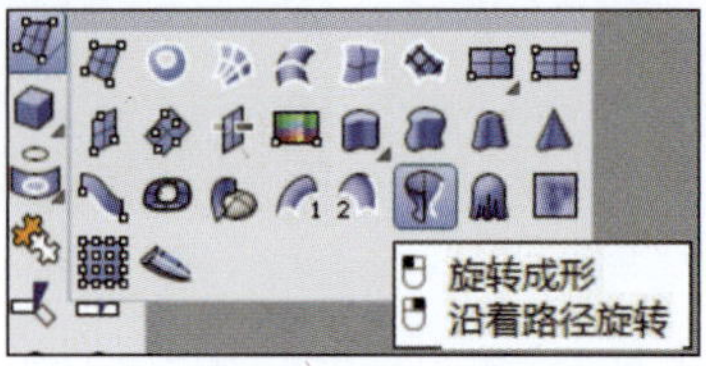

图2-123

图2-124

此时，该手提灯的大致造型已经制作完成，可以微调每个部件的高度、厚度以及位置。

提示 以上操作中使用到的“镜像”“偏移曲面”“旋转成形”等工具在后续内容中将会详细讲解。

2.5 编辑线的常用工具

Rhino提供了很多用于编辑曲线的工具，其中较为常用的是“曲线圆角”“曲线斜角”“全部圆角”“可调式混接曲线”和“重建曲线”这5个工具，如图2-125所示。

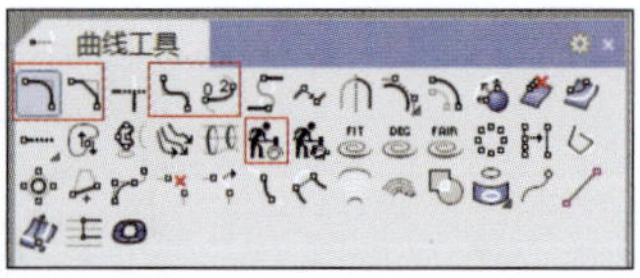

图2-125

2.5.1 曲线圆角与曲线斜角

在顶视图中绘制图2-126所示的多重直线。

1. 曲线圆角

单击“曲线圆角”工具，如图2-127所示。

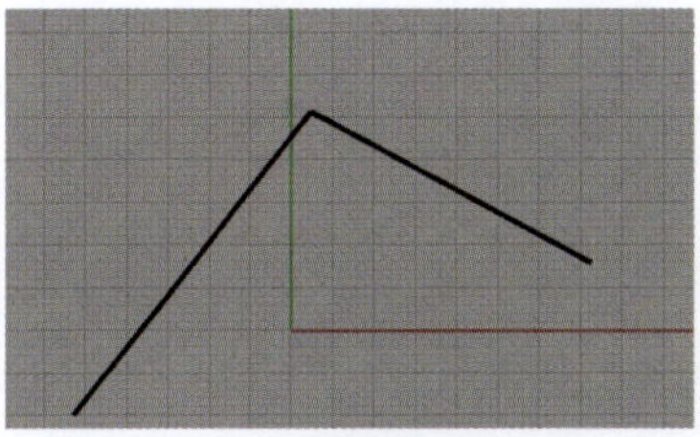

图2-126

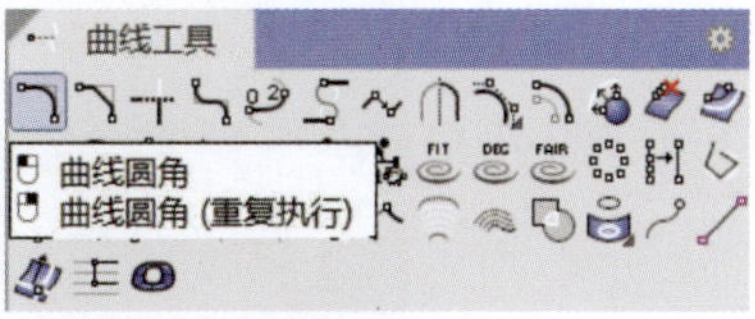

图2-127

根据指令提示，先选取要建立圆角的第一条曲线（左侧），再选取要建立圆角的第二条曲线（右侧），这里将“半径”修改为2（若“半径”数值太小，需要将视图放大才能观察到圆角效果，并非无圆角效果），如图2-128所示。

选取要建立圆角的第一条曲线 (半径(R)=2 组合(J)=否)

图2-128

此时该多重直线便具有了圆角效果，如图2-129所示。

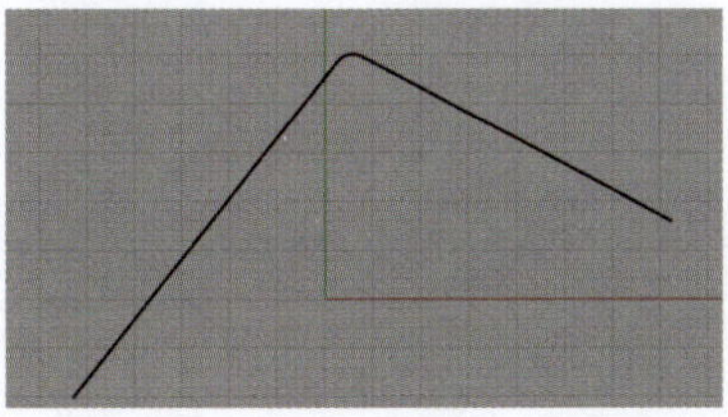

图2-129

2. 曲线斜角

单击“曲线斜角”工具，如图2-130所示。

根据指令提示，先选取要建立斜角的第一条曲线（左侧），再选取要建立斜角的第二条曲线（右侧）。此时，该多重直线便具有了斜角效果，如图2-131所示。

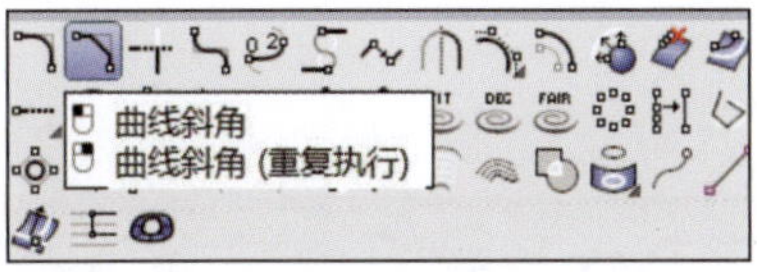

图2-130

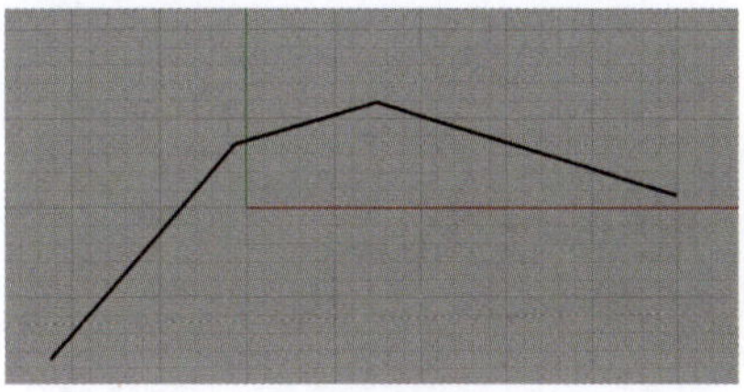

图2-131

2.5.2 全部圆角

在顶视图中绘制一个矩形，如图2-132所示。

单击“全部圆角”工具，如图2-133所示。

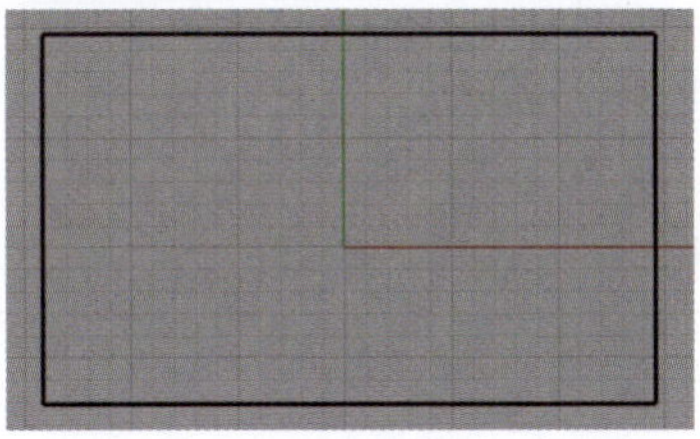

图2-132

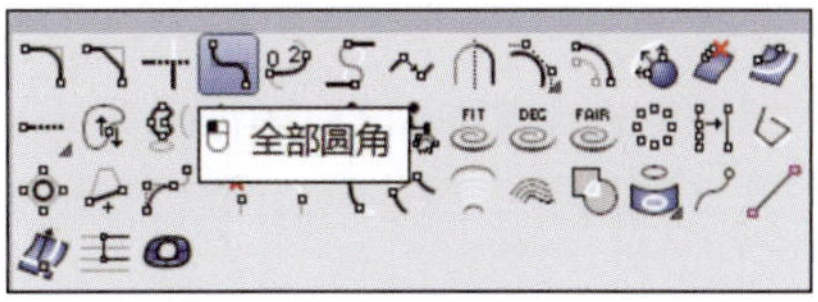

图2-133

根据指令提示选取要建立圆角的多重直线，这里可以直接框选整个矩形，如图2-134所示。

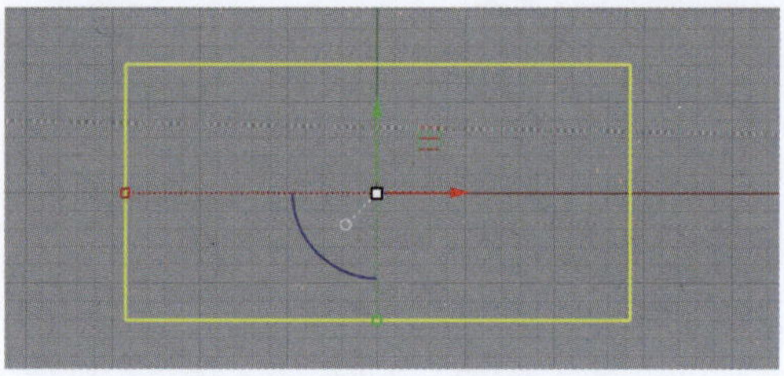

图2-134

选取矩形之后，单击鼠标右键确定，根据指令提示设置圆角半径，如图2-135所示。

单击鼠标右键结束指令，此时矩形实现了全部圆角效果，如图2-136所示。

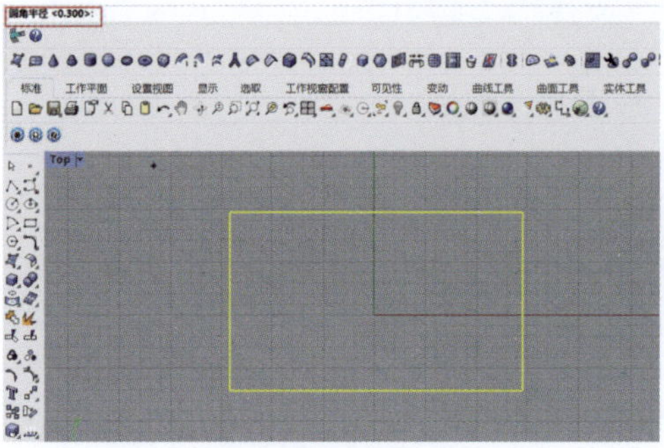

图2-135

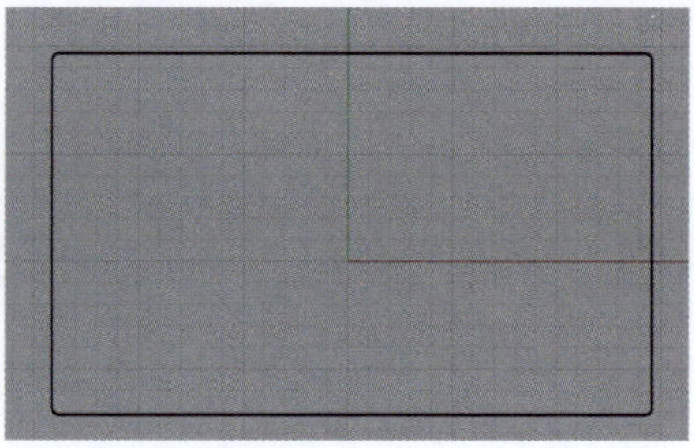

图2-136

2.5.3 可调式混接曲线

在顶视图中绘制两条控制点曲线，如图2-137所示。

单击“可调式混接曲线”工具，如图2-138所示。

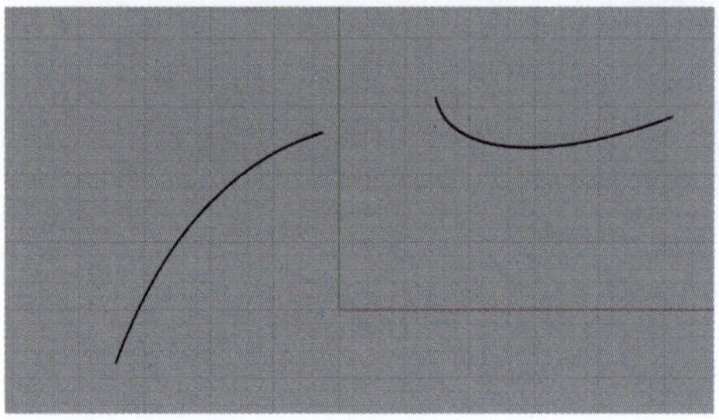

图2-137

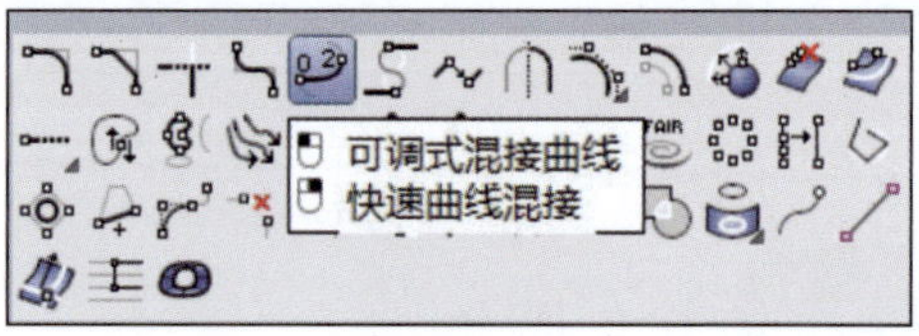

图2-138

根据指令提示选取要混接的第一条曲线（左侧），再选取要混接的第二条曲线（右侧），如图2-139所示。

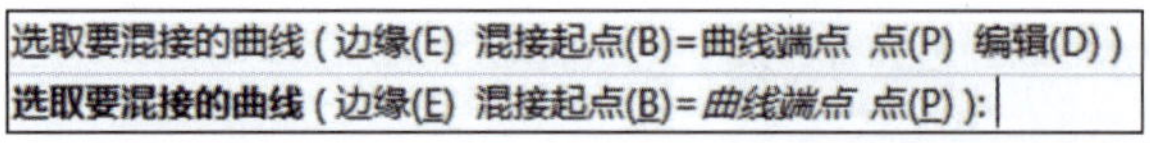

选取要混接的曲线(边缘(E) 混接起点(B)=曲线端点 点(P) 编辑(D))
选取要混接的曲线(边缘(E) 混接起点(B)=曲线端点 点(P)):

图2-139

此时，工作视窗中两条曲线的中间混接了一条曲线，并且可以调整该曲线的连续性（单击控制点即可调整其位置，按住Shift键可整体调整控制点位置以修改曲线的造型），如图2-140所示。

若在指令提示中单击了“点”，则只能调整该曲线一端的连续性。

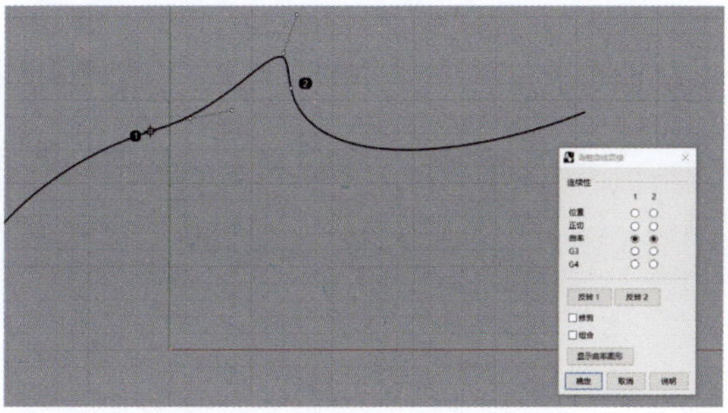

图2-140

2.5.4 重建曲线

在顶视图中绘制一条8点7阶曲线，如图2-141所示。

选中要重建的曲线，单击“重建曲线”工具，如图2-142所示。

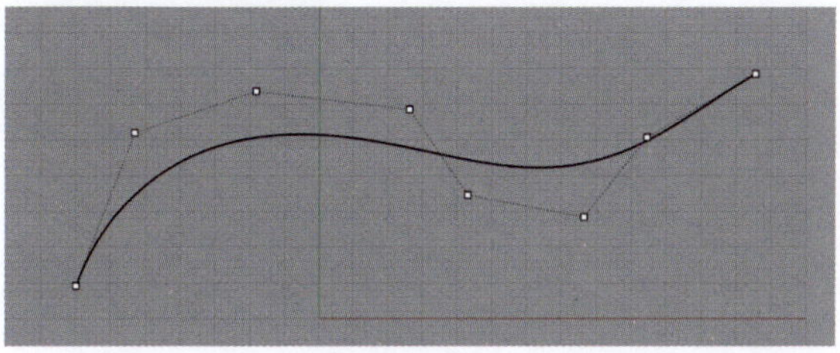

图2-141

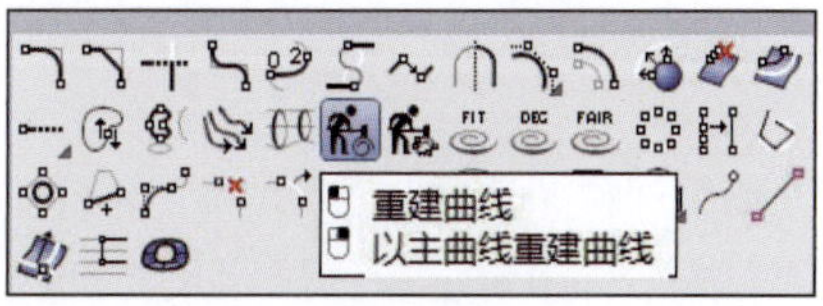

图2-142

在弹出的对话框中，可以更改曲线的点数和阶数，这里更改为4点3阶，如图2-143所示。

单击鼠标右键结束指令，此时曲线便由原来的8点7阶更改为现在的4点3阶，如图2-144所示。

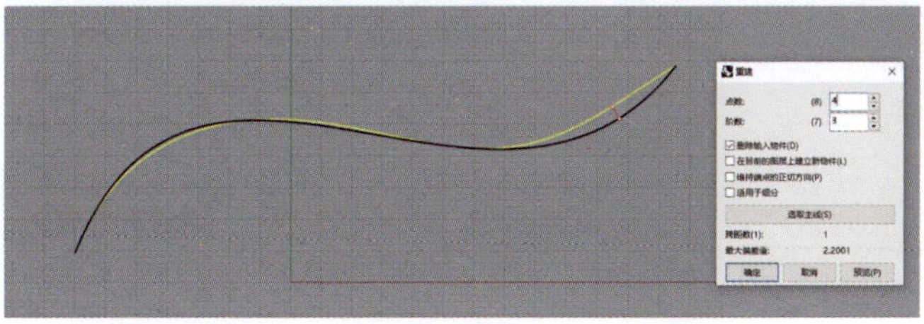

图2-143

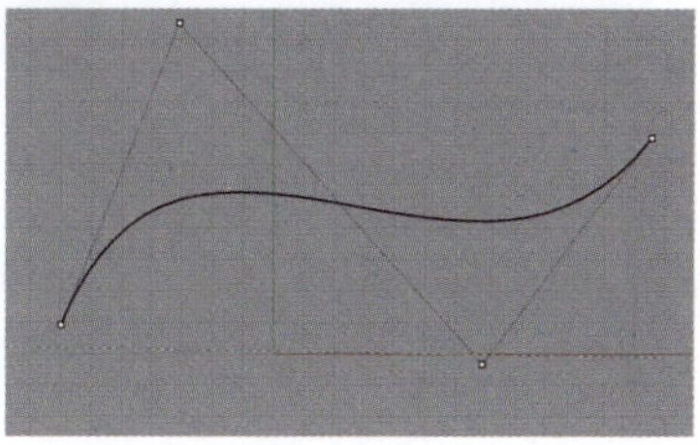

图2-144

2.6 组合与炸开

“组合”和“炸开”是两个非常常用的工具，如图2-145所示。“组合”工具用于将多个单一曲面合并，“炸开”工具用于将某个实体或连接对象分散为多个单一的曲面。它们不仅可以通过常用工具列调用，也可以通过鼠标中键调用。

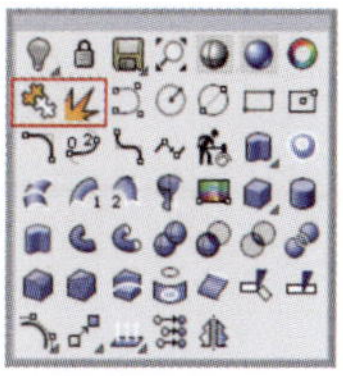

图2-145

2.6.1 组合

“组合”工具能否起作用与“Rhino选项”对话框中的“绝对公差”值相关，此数值决定了多个单一曲面能否组合。默认的公差设置如图2-146所示。

当两个相邻单一曲面的间距小于此数值时，使用“组合”工具可以将两个曲面组合；反之，则不能组合。具体说明如下。

为了方便观察，这里将选项设置公差修改为一个较大的数值，例如2。

单击“指定三或四个角建立曲面”工具，如图2-147所示，在顶视图中绘制一个四边面（按住Shift键可以绘制竖直的边线），如图2-148所示。

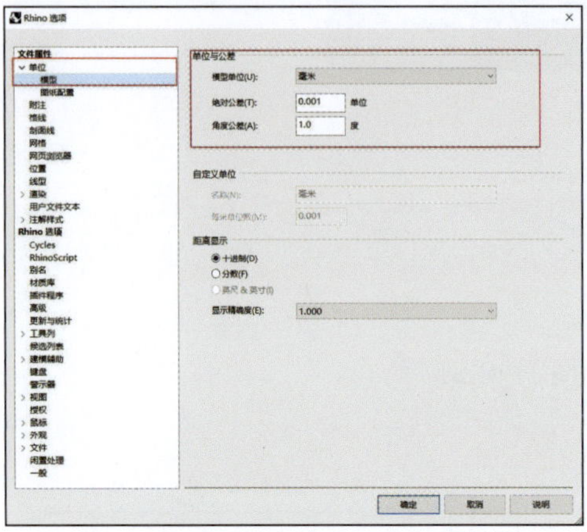

图2-146

图2-147

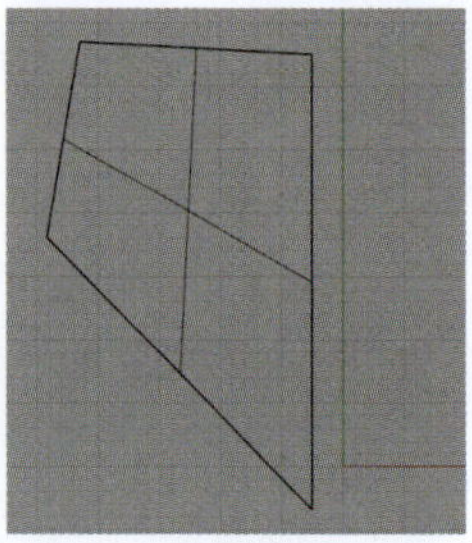

图2-148

单击“标准”工具列中的“直线尺寸标注”工具，先捕捉尺寸标注的第一点，再输入数值1.90，按住Shift键，单击确定尺寸标注的第二点的位置，如图2-149所示。

同上，再次使用“直线尺寸标注”工具进行标注，这次输入的数值为2.10，如图2-150所示。

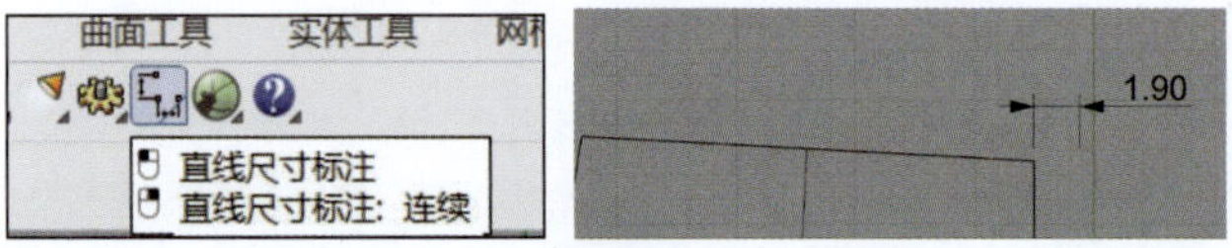

图2-149

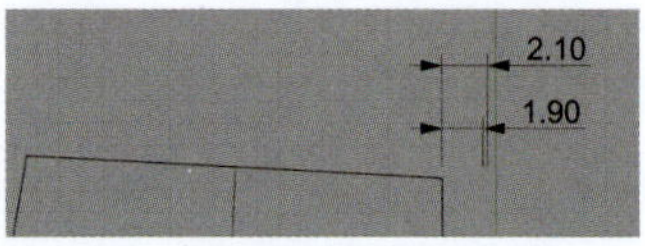

图2-150

以尺寸标注1.90的距离绘制第二个四边面，效果如图2-151所示。

框选两个单一曲面，单击“组合”工具，可以看到因为两个曲面的间距小于前面设置的公差值，即使视觉效果上存在很大的缝隙，也能顺利完成组合，如图2-152所示。

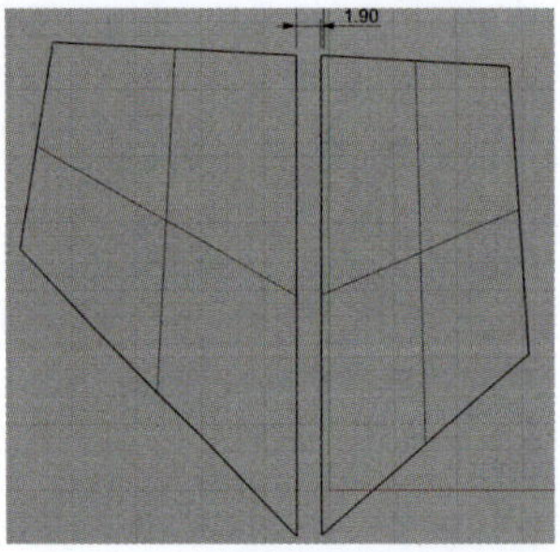

图2-151

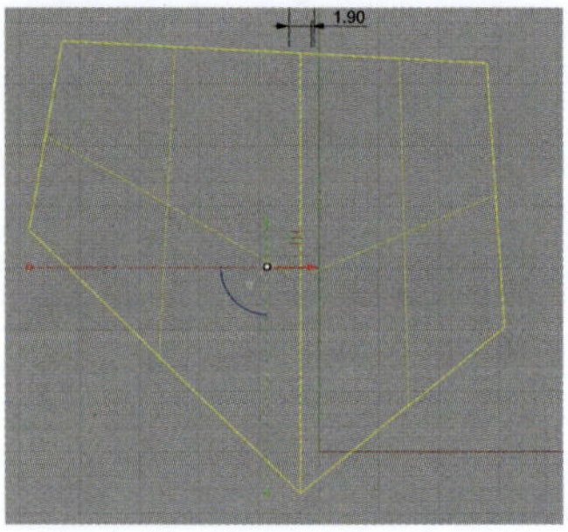

图2-152

而若以尺寸标注2.10的距离去绘制第二个四边面，使用“组合”工具则不能将两个曲面组合，因为它们的间距大于前面设置的公差值。

提示 此处更改公差值是为了更清晰地解释组合的原理，请勿随意更改公差值，尽量保持默认设置。

2.6.2 炸开

无论是多重曲面还是实体，都可以使用“炸开”工具，将其分成多个单一曲面。

透视图中有一个多重曲面和一个立方体，如图2-153所示。

框选这两个物件，单击“炸开”工具，然后就可以选中并编辑每一个独立的面，如图2-154所示。

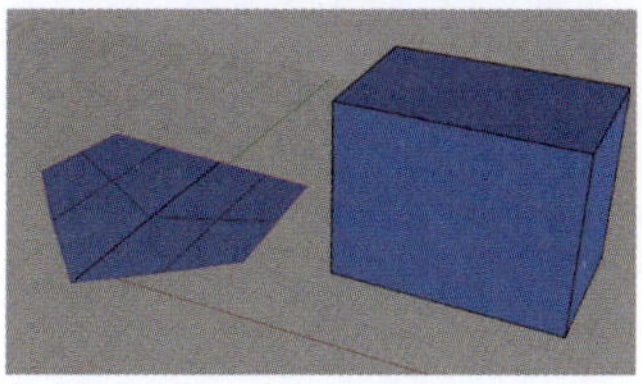
图2-153

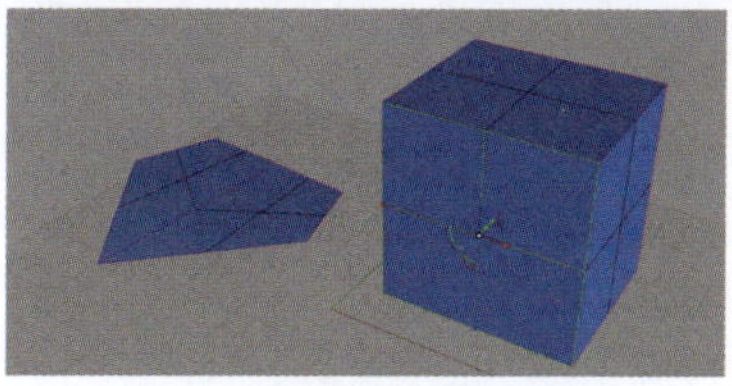
图2-154

提示 使用“炸开”工具后，曲面看起来仍紧挨在一起。由于前面进行了外露边缘设置，所以这里可以判断出炸开的物件并非实体，已经成为多个单一曲面。

2.7 修剪与分割

“修剪”工具与“分割”工具如图2-155所示。

图2-155

2.7.1 修剪

在顶视图中，使用“多重直线”工具与“圆：中心点、半径”工具绘制图2-156所示的物件。

单击“修剪”工具，如图2-157所示。

图2-156

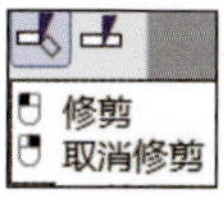

图2-157

根据指令提示选择需要修剪的物件，这里可以直接框选所有物件，如图2-158所示。

单击鼠标右键确定已选择好要修剪的物件，此时单击相应线段可将其修剪掉，对圆和多重直线的交叉部分进行修剪，效果如图2-159所示。

修剪完相应线段之后，单击鼠标右键结束指令，完成修剪，效果如图2-160所示。

图2-158

图2-159

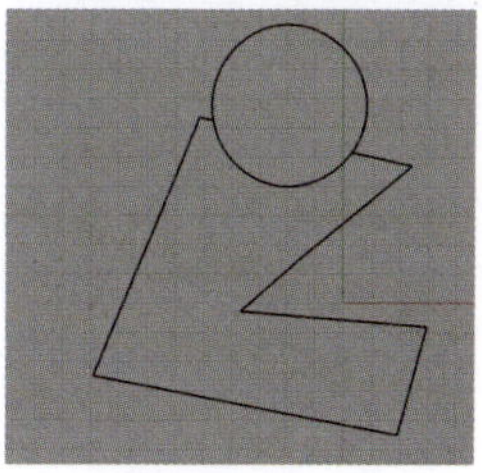
图2-160

2.7.2 取消修剪

“取消修剪”工具一般应用于布尔运算，相关内容将在第4章中详细讲解，下面简单介绍一下。

“布尔运算差集”工具可以实现用大的物件减去小的物件的效果。在透视图中，有一个大立方体和一个小立方体，并且小立方体穿插在大立方体中，如图2-161所示。

单击“布尔运算差集”工具，如图2-162所示。

根据指令提示选择大物件，单击鼠标右键确定；再选择小物件，单击鼠标右击确定。此时，立方体便实现了布尔运算差集的效果，如图2-163所示。

若该“孔洞”的位置错误，或大小不合适，则可以使用“取消修剪”工具进行处理。

使用鼠标右键单击“取消修剪”工具。

根据指令提示，单击需要取消修剪的边缘，这里选择洞口顶部4条边中的任意一条，即可完成“孔洞”的复原，效果如图2-164所示。

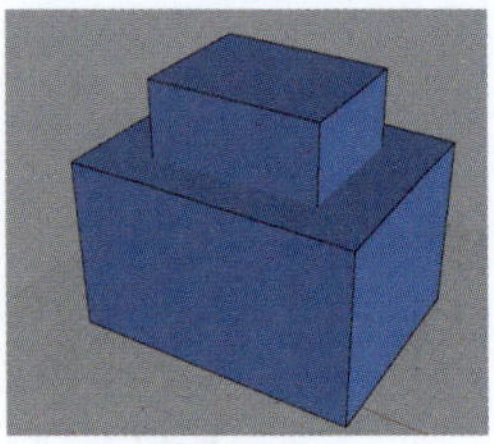

图2-161

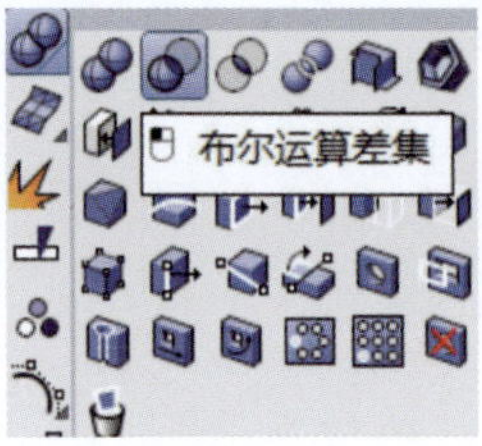

图2-162

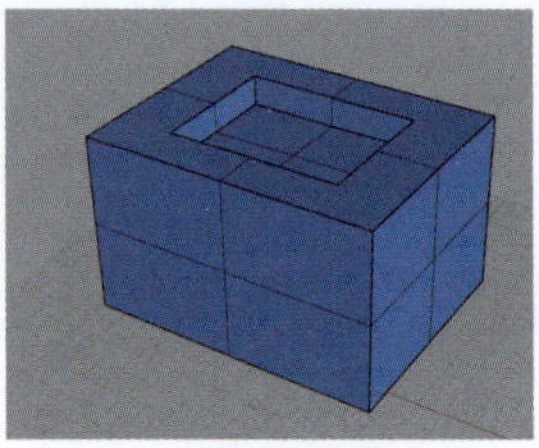

图2-163

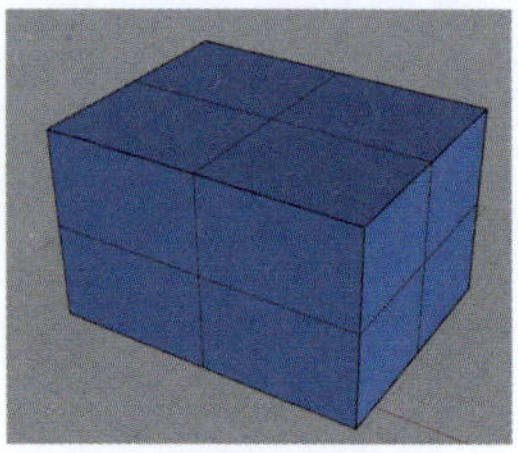

图2-164

2.7.3 分割

“分割”工具与“修剪”工具类似，区别在于，使用“修剪”工具将直接删除被修剪的线段，而使用“分割”工具会将分割部分保留。

顶视图中有一个矩形和圆形，并且两者有交叉部分，如图2-165所示。

单击“分割”工具，如图2-166所示。

根据指令提示选取要分割的物件，若此处需要分割矩形，便先选取矩形，单击鼠标右键确定。再根据指令提示选取切割用物件，即选取圆形，单击鼠标右键结束指令。

此时矩形已被分成了两个部分，但并未删除其中任何一部分，如图2-167所示。

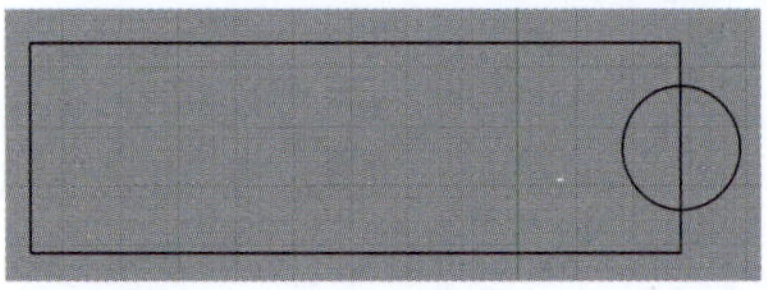

图2-165

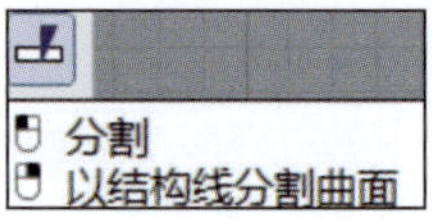

图2-166

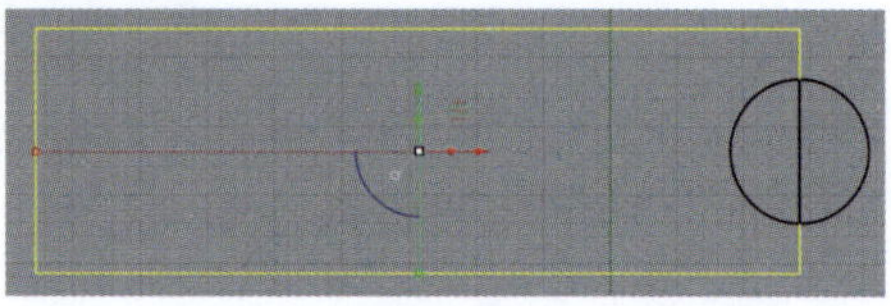

图2-167

2.7.4 以结构线分割曲线

“以结构线分割曲面”工具用于提取曲面上的一条结构线，以此来直接分割该曲面。

在透视图中绘制一个曲面，如图2-168所示。

使用鼠标右键单击“以结构线分割曲面”工具。

根据指令提示选取要分割的物件，也就是该曲面，单击鼠标右键确定，如图2-169所示。

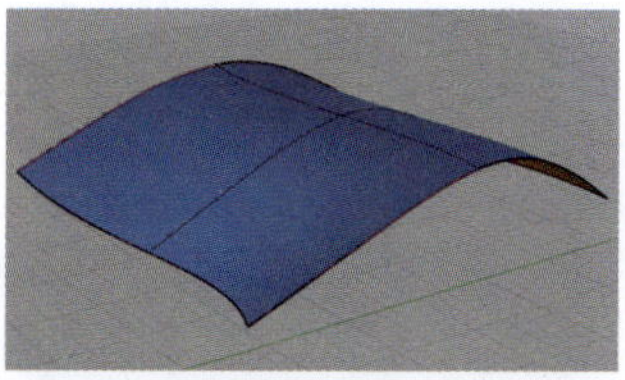

图2-168

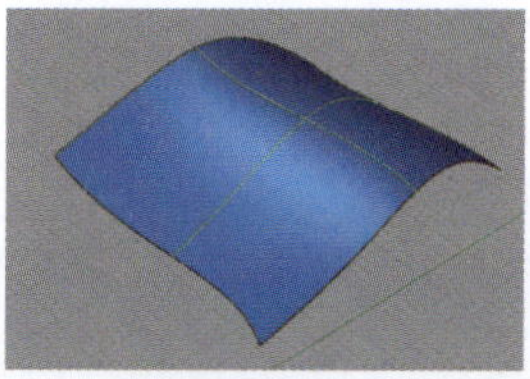

图2-169

此时曲面上会多出一条结构线，该结构线随着鼠标指针的移动而移动。此处也可以修改指令提示中的选项，切换结构线的方向，如图2-170所示。

单击添加一条结构线之后，单击鼠标右键结束指令，可以看到此时曲面便以该结构线为基准，被分成了两个部分，如图2-171所示。

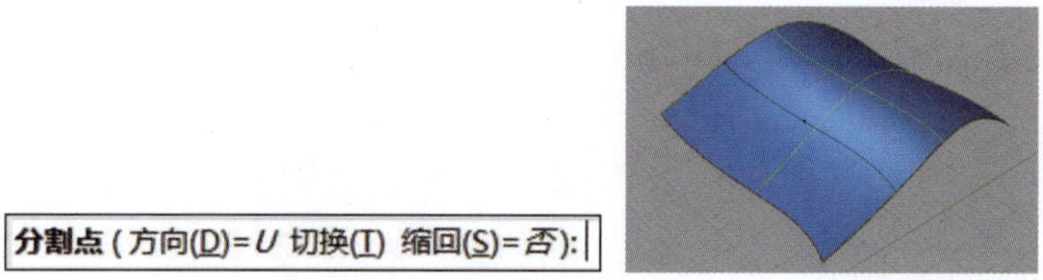

图2-170

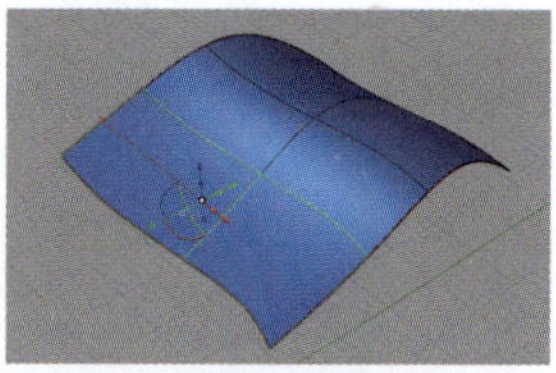

图2-171

2.7.5 案例2-3：U盘建模

微课视频

为了帮助读者巩固所学知识，下面制作一款简易U盘的模型，效果如图2-172所示。

1. 制作主体模型

单击“圆角矩形”工具，以坐标原点为中心绘制一个圆角矩形，如图2-173所示。

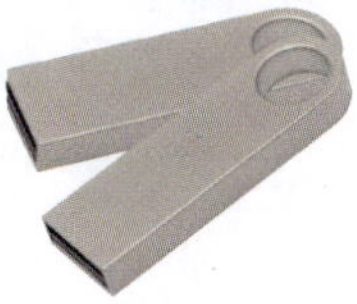

图2-172

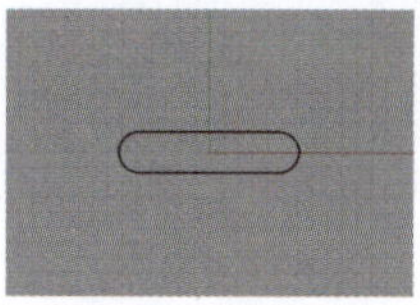

图2-173

单击“矩形：角对角”工具，以圆角矩形左侧端点为中心绘制矩形（该矩形用于切割圆角矩形），如图2-174所示。

框选两个图形，单击“修剪”工具，修剪多余线条，效果如图2-175所示。

单击“组合”工具，将剩余线条组合。单击“挤出封闭的平面曲线”工具，在透视图中对线条进行挤出（注意在指令提示中将“实体”设置为“是”），如图2-176所示。

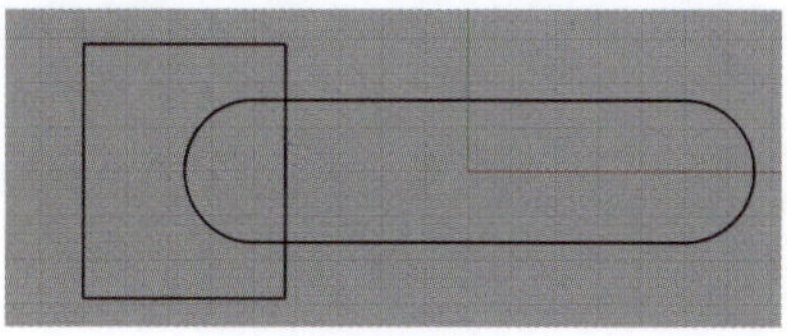

图2-174

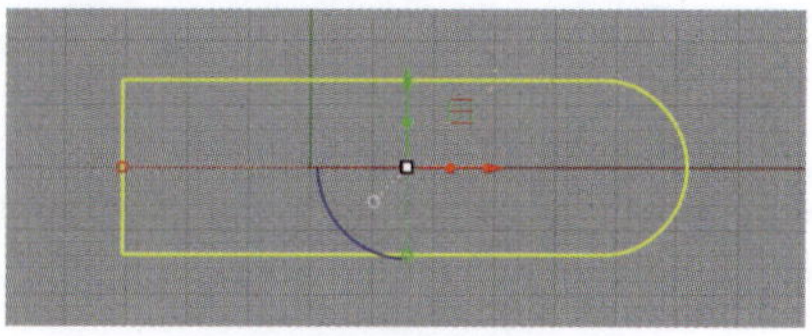

图2-175

图2-176

2. 制作孔洞

切换到顶视图，以左侧中点和右侧端点为基准，绘制两条参考线，如图2-177所示。

单击“圆柱体”工具，以两条参考线的交点为圆心绘制圆柱体的底面，如图2-178所示。

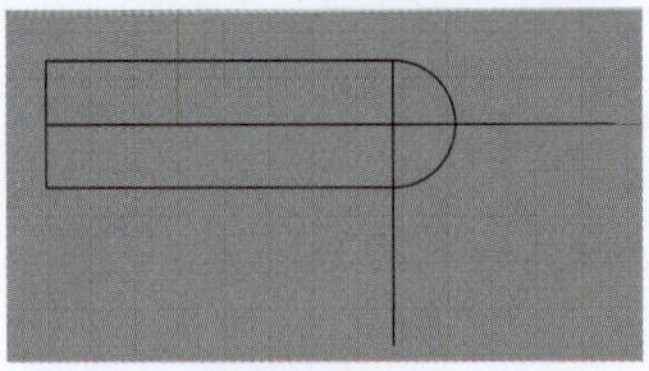

图2-177

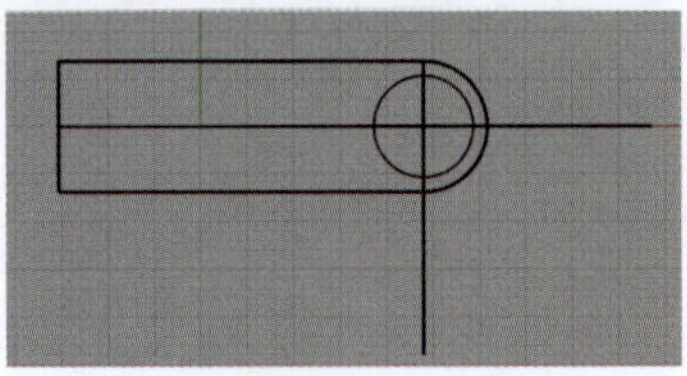

图2-178

切换为透视图，调整圆柱体的高度，单击鼠标右键完成圆柱体的绘制，调整圆柱体的位置，使其穿过整个主体部分，如图2-179所示。

使用“布尔运算差集”工具将柱体部分修剪掉，如图2-180所示。

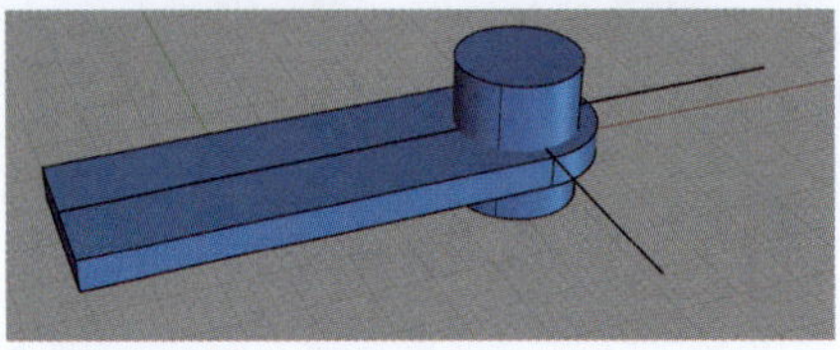

图2-179

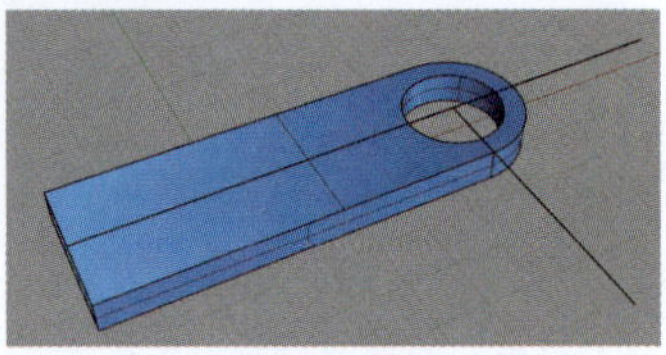

图2-180

3. 厚度与细节

选中该物件，单击“炸开”工具，并删除左侧平面，如图2-181所示。

框选所有物件，单击“组合”工具。选中物件，单击“偏移曲面”工具，制作其厚度（注意在指令提示中选择“锐角”，偏移距离为0.3），如图2-182所示。

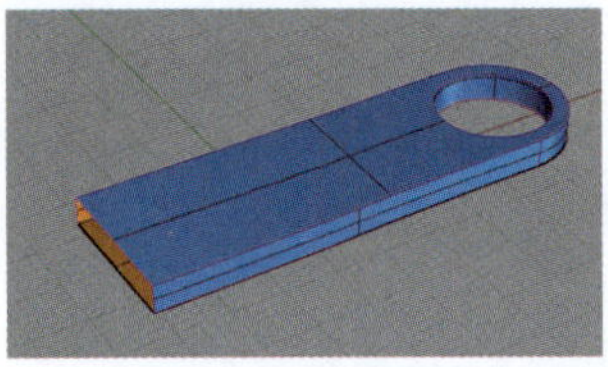

图2-181

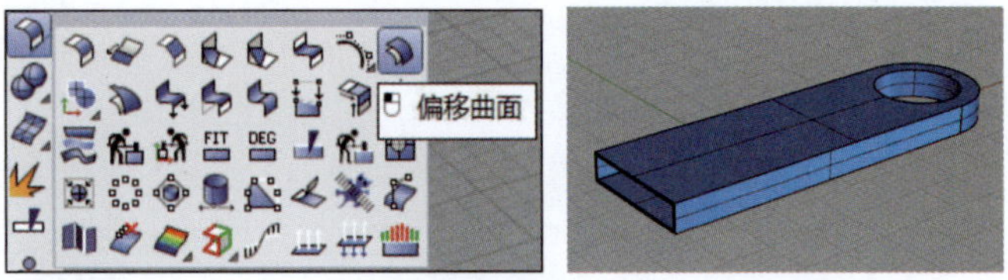

图2-182

选中物件，在右侧面板区中单击“渲染圆角”图标，勾选“启用”复选框，如图2-183所示。

此时将透视图更改为渲染模式，可以看到模型边缘已经产生了圆滑效果，如图2-184所示。

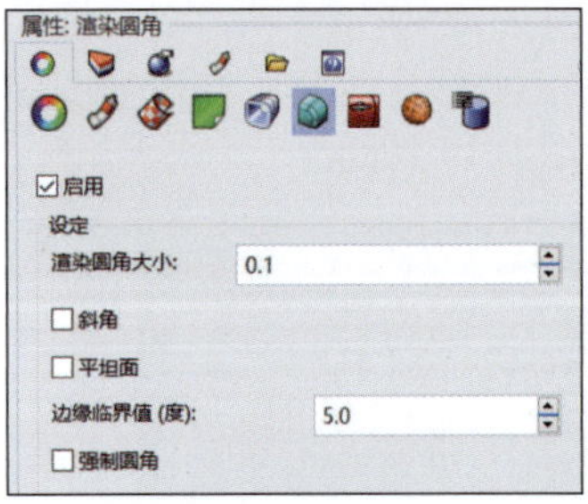

图2-183

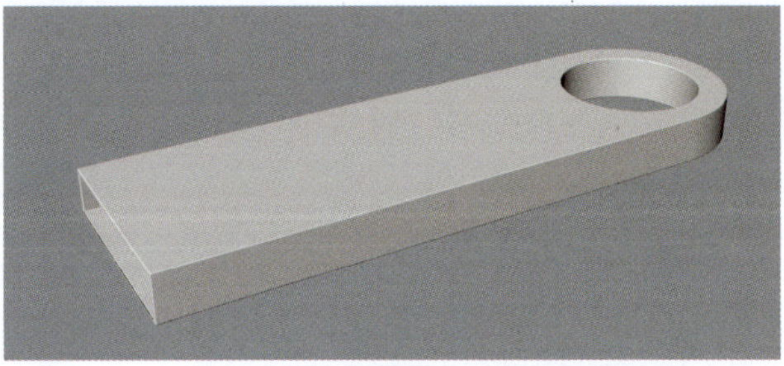

图2-184

提示　这里的“渲染圆角”与后面将学习的“使用相关工具对模型进行倒角”的原理不一样，渲染圆角是Rhino中渲染模式下的视觉效果，并未改变模型结构；而使用Rhino中的相关工具对模型进行倒角后，会改变模型结构，从此模型导入其他任何软件均保留倒角效果。

2.8 课堂案例：游戏手柄建模

微课视频

下面制作一个游戏手柄模型，效果如图2-185所示。

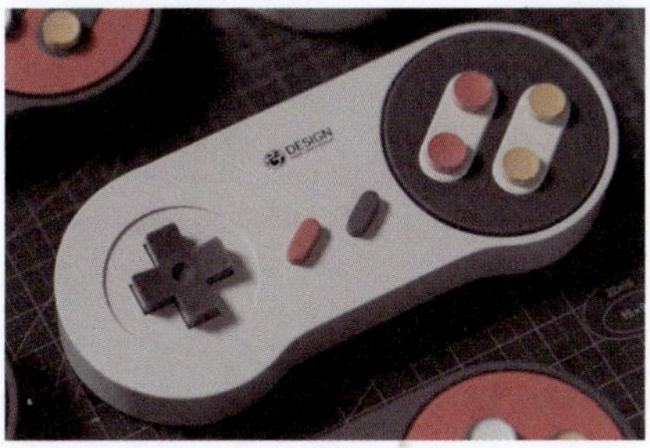

图2-185

1. 制作主体模型

第1步：根据图2-185，在顶视图中分别绘制大、小两个圆角矩形，如图2-186所示。

第2步：框选两个圆角矩形，使用“修剪”工具修剪多余线条，效果如图2-187所示。

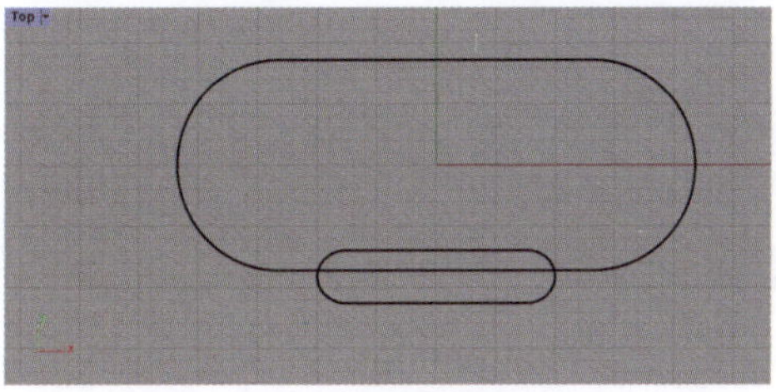

图2-186

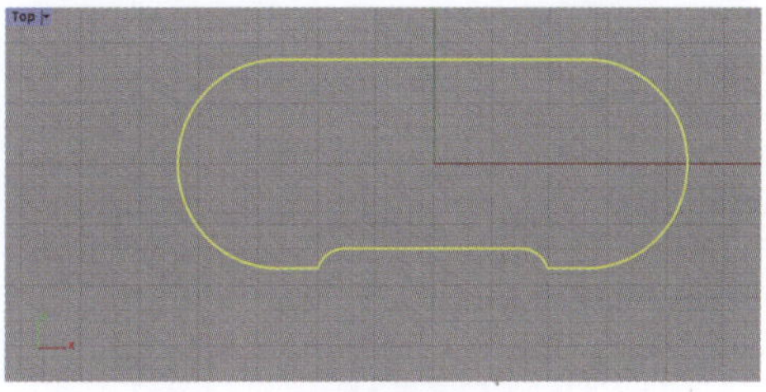

图2-187

第3步：使用“曲线圆角”工具在衔接处进行圆角效果的制作，如图2-188所示。

第4步：选中所有的线条，使用“组合”工具进行组合，效果如图2-189所示。

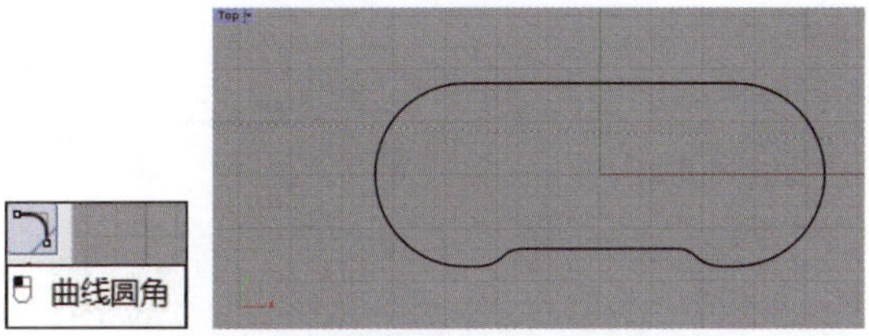

图2-188

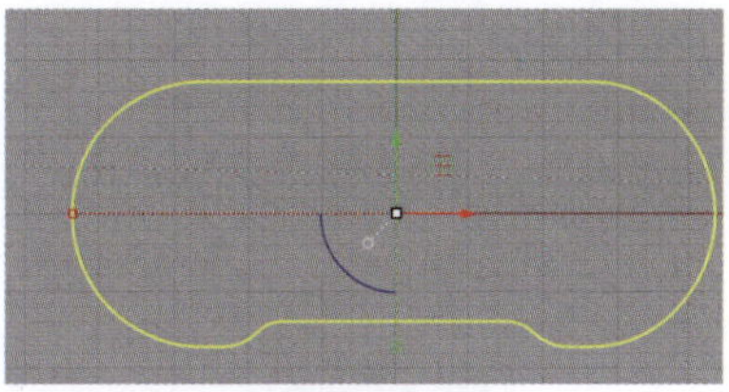

图2-189

第5步：使用“挤出封闭的平面曲线”工具将该曲线挤出一定厚度，如图2-190所示。

图2-190

2. 按钮建模

第1步：根据图2-185，分别在主体模型的右侧和左侧绘制大、小两个圆柱体，如图2-191所示。

第2步：使用“原地复制物件”工具将右侧圆柱体复制一份，如图2-192所示。

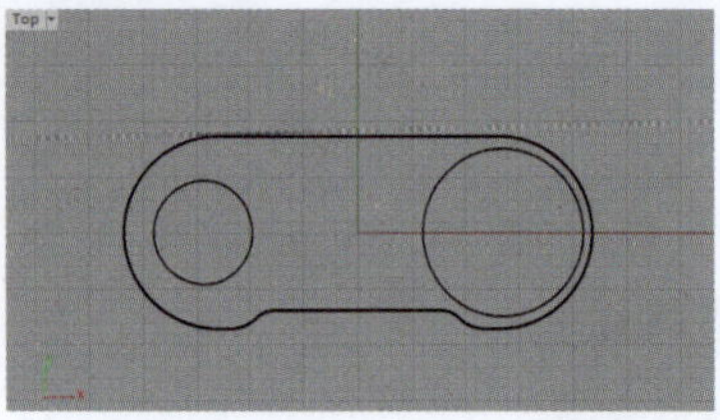

图 2-191

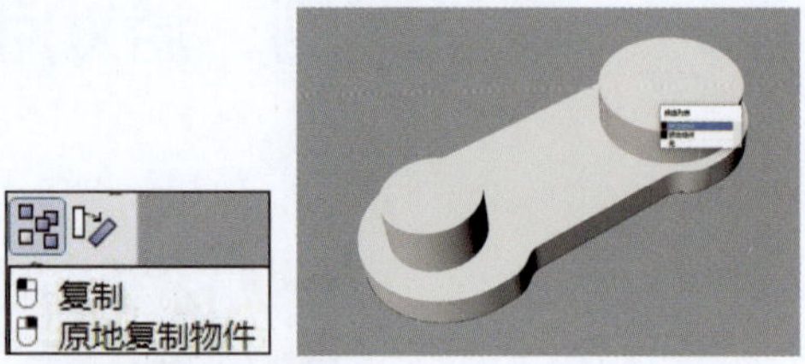

图 2-192

第3步：使用“布尔运算差集”工具挖洞，效果如图2-193所示。

第4步：调整右侧圆柱体的高度，使用“边缘圆角”工具为该圆柱体制作圆角效果，如图2-194所示。

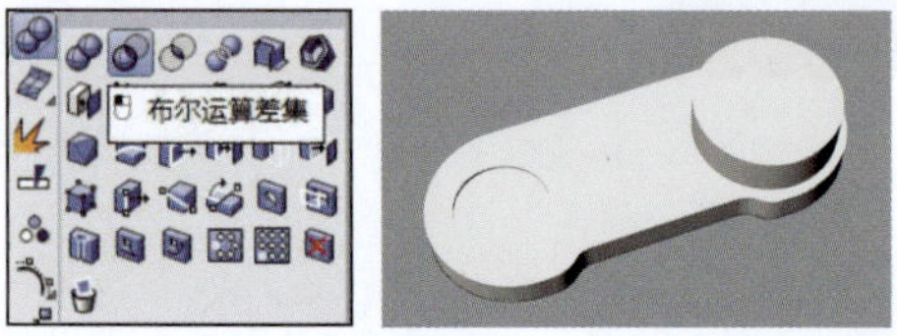

图2-193

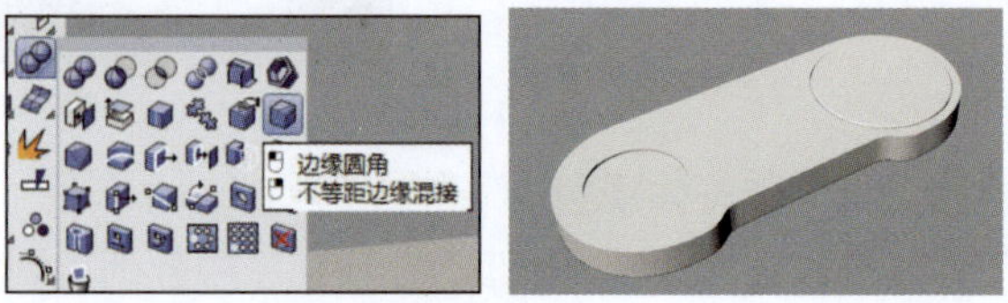

图2-194

第5步：使用“边缘圆角”工具为主体模型各边缘制作圆角效果，如图2-195所示。

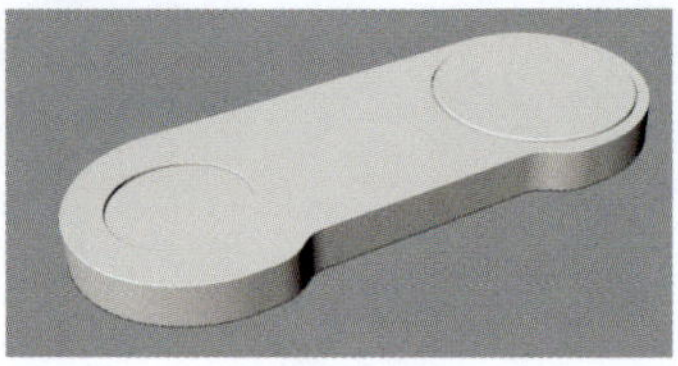

图2-195

3. 细节补充

第1步：根据图2-185，在顶视图中绘制按钮的曲线造型（这里可以绘制两个矩形，修剪掉多余线条后，调整中间的4个控制点），如图2-196所示。

第2步：全选按钮曲线，使用“组合”工具将其组合成一条曲线，如图2-197所示。

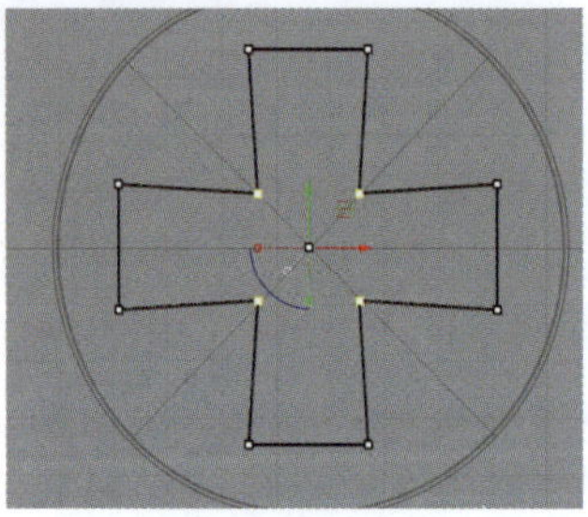

图2-196

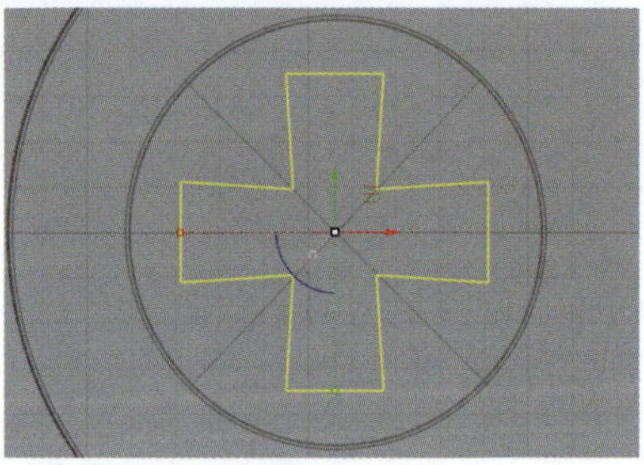

图2-197

第3步：使用“挤出封闭的平面曲线”工具将该曲线挤出一定的高度，效果如图2-198所示。原地复制一份该按钮造型作为备份（用于进行布尔运算差集操作），如图2-199所示。

第4步：使用“布尔运算差集”工具挖洞（即挖出按钮造型）。单独显示按钮，使用“边缘圆角”工具，为该按钮所有的边缘制作倒角效果，如图2-200所示。

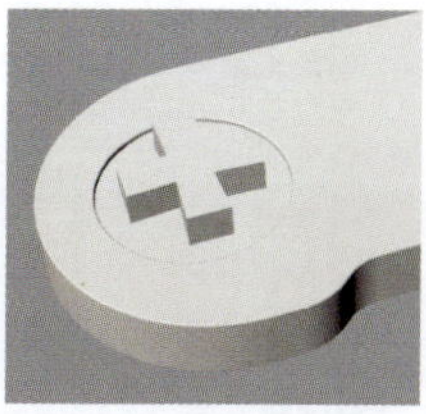
图2-198

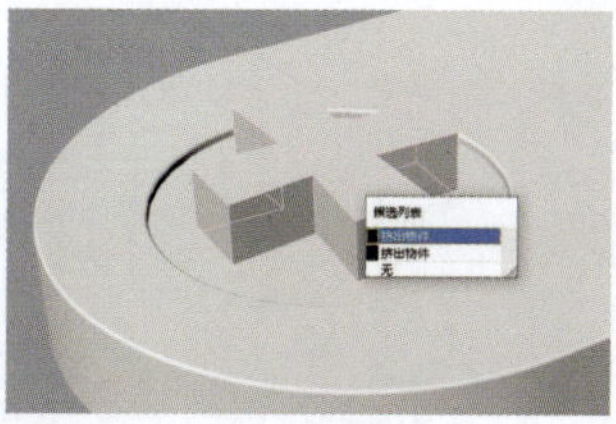
图2-199

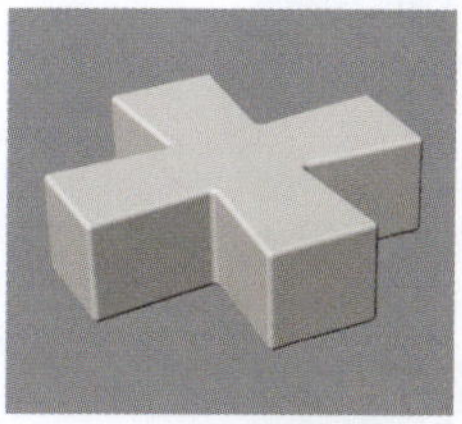
图2-200

第5步：使用类似的方法制作按钮中间的凹陷造型。先建立一个球体并调整其位置，再使用“布尔运算差集”工具挖洞，如图2-201所示。

第6步：制作剩余基本体的造型，效果如图2-202所示。

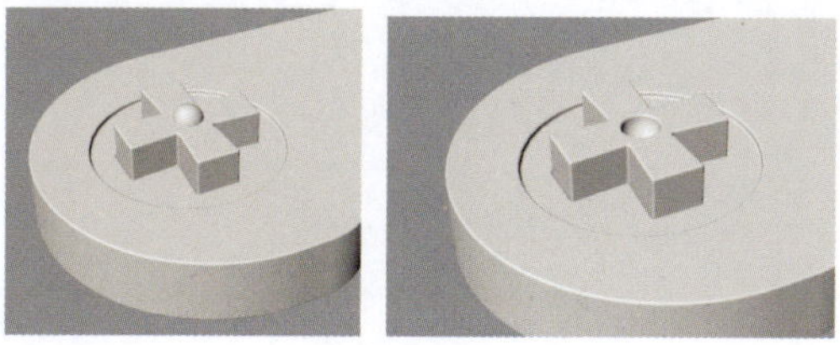
图2-201

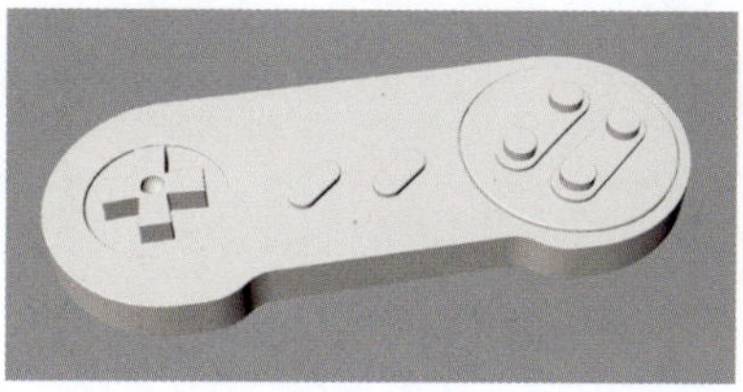
图2-202

2.9 课后练习：USB接口造型建模

微课视频

应用本章所学知识完成USB接口造型的建模，效果如图2-203所示。

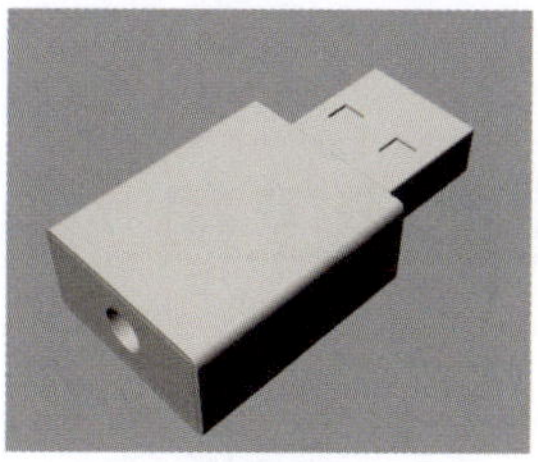
图2-203

第3章 创建曲面与编辑曲面的常用工具

本章导读

本章学习创建曲面和编辑曲面的常用工具，并通过多个案例进行实操练习，巩固所学知识点。

3.1 创建曲面的常用工具

Rhino中用于创建曲面的工具基本都在“建立曲面”工具列中，如图3-1所示。

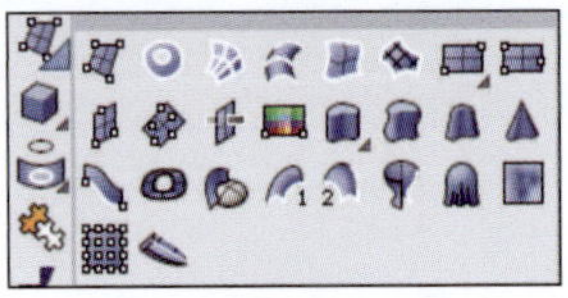

图3-1

3.1.1 指定三或四个角建立曲面

使用“指定三或四个角建立曲面”工具可以在工作视窗中任意创建三边面或四边面。

单击“指定三或四个角建立曲面”工具，如图3-2所示。

图3-2

根据指令提示，在工作视窗中依次确定曲面的第一角、第二角、第三角和第四角的位置，如图3-3所示。

完成四边面的绘制，效果如图3-4所示。

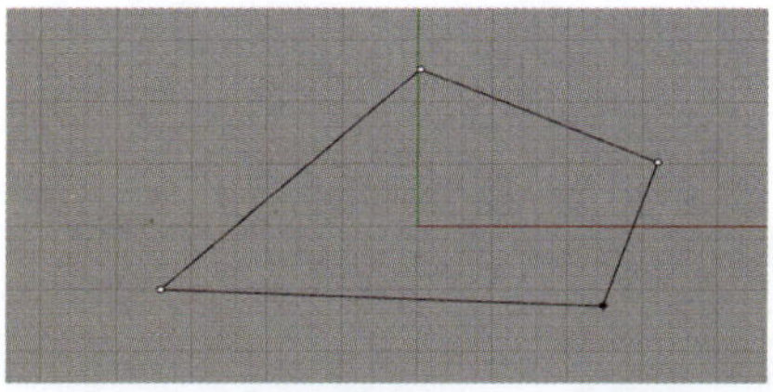

图3-3

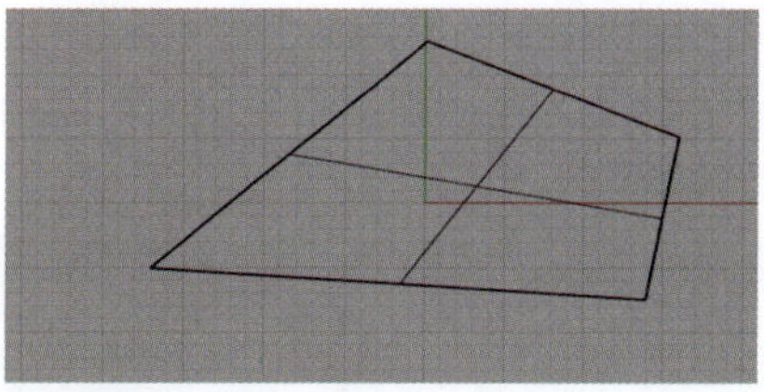

图3-4

提示　若需要绘制三边面，则在确定第三角的位置之后，单击鼠标右键结束指令即可。

3.1.2 以平面曲线建立曲面

使用“以平面曲线建立曲面”工具将以一段封闭的平面曲线为基准来建立曲面。

在顶视图中，分别绘制矩形、圆和椭圆，如图3-5所示。

单击“以平面曲线建立曲面”工具，如图3-6所示。

根据指令提示，在工作视窗中选取要建立曲面的平面曲线，如图3-7所示。

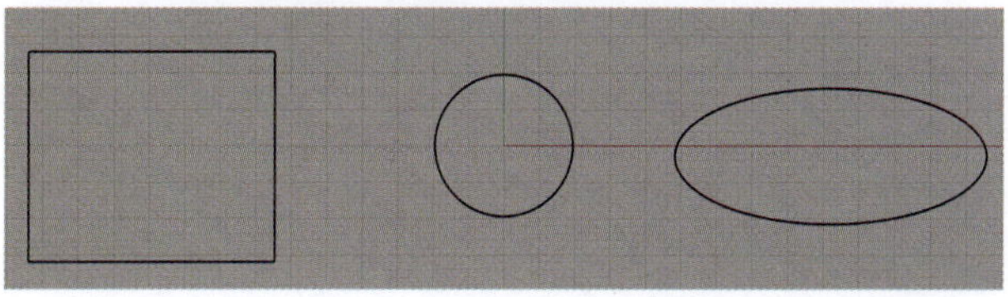

图3-5

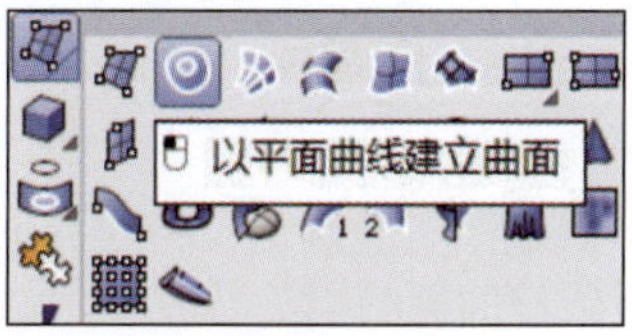

图3-6

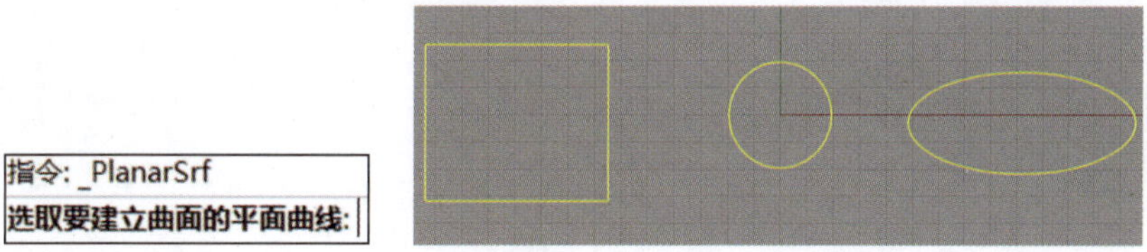

图3-7

单击鼠标右键结束指令，完成曲面的建立，如图3-8所示（左图为顶视图线框模式、右图为透视图着色模式）。

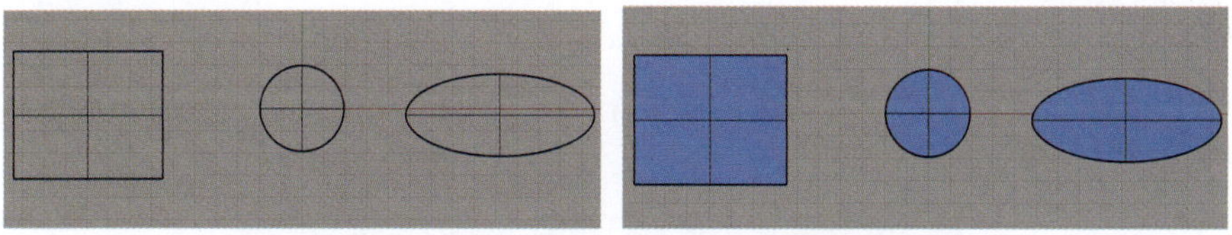

图3-8

提示　使用该工具的前提为所选取的曲线是平面曲线，也就是这段曲线的控制点必须在同一平面，否则将无法建立曲面。

3.1.3 从网线建立曲面

使用“从网线建立曲面”工具时，绘制的曲线须是从一个方向的曲线跨越到另一个方向的曲线，而且同方向的曲线不可以相互跨越。其中边界线规定了曲面的形状，中间的线条是骨架，用于搭建曲面的结构。

绘制5段曲线，如图3-9所示。

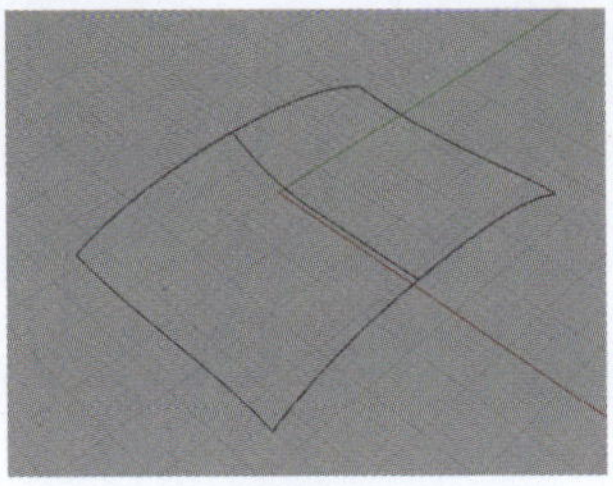

图3-9

单击“从网线建立曲面”工具，如图3-10所示。

根据指令提示框选所有线条，如图3-11所示。

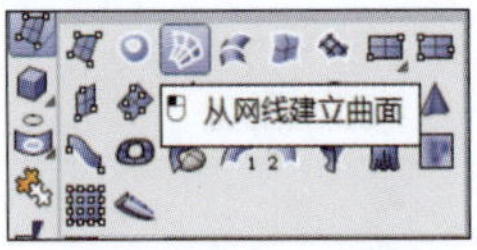

图3-10

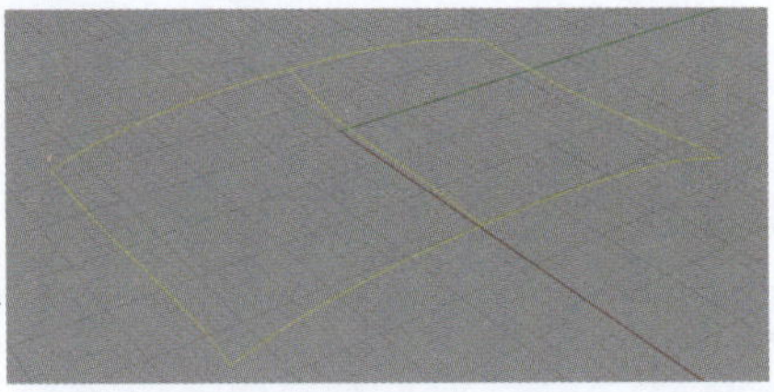

图3-11

单击鼠标右键确定，将建立曲面并弹出“以网线建立曲面”对话框，如图3-12所示。

设置好曲面的相关参数后，单击“确定”按钮，即可完成该曲面的建立，效果如图3-13所示。

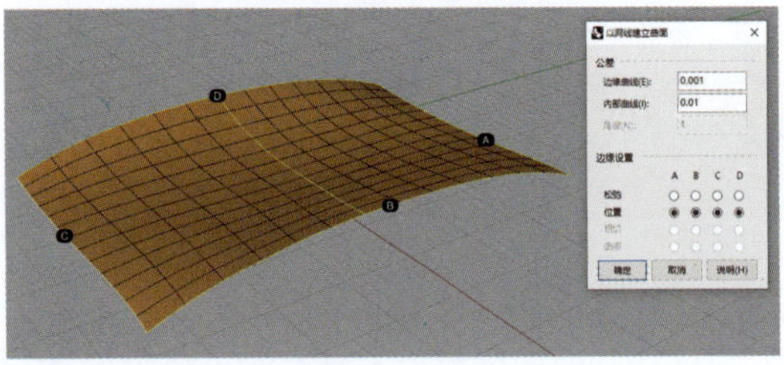

图3-12

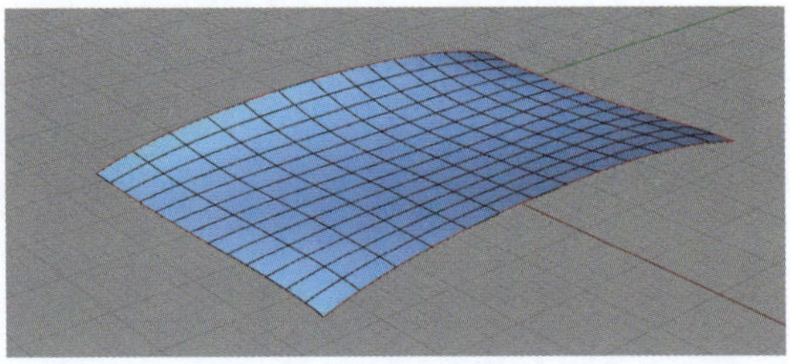

图3-13

3.1.4 放样

在使用“放样”工具时，绘制的曲线必须全部是封闭的或全部是开放的，不能混合使用。对一组封闭曲线和一组开放曲线使用“放样”工具的效果如图3-14所示。

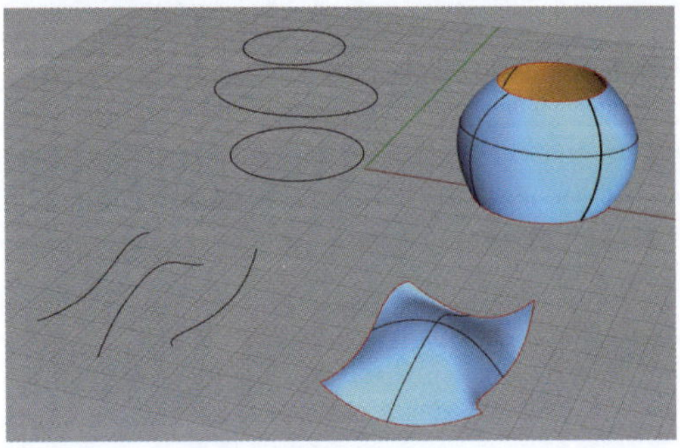

图3-14

1. “放样”工具的使用流程

单击“放样”工具，如图3-15所示。

根据指令提示依次选取要放样的曲线，如图3-16所示。

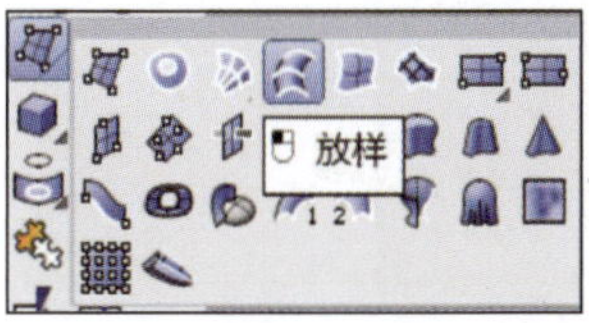

图3-15

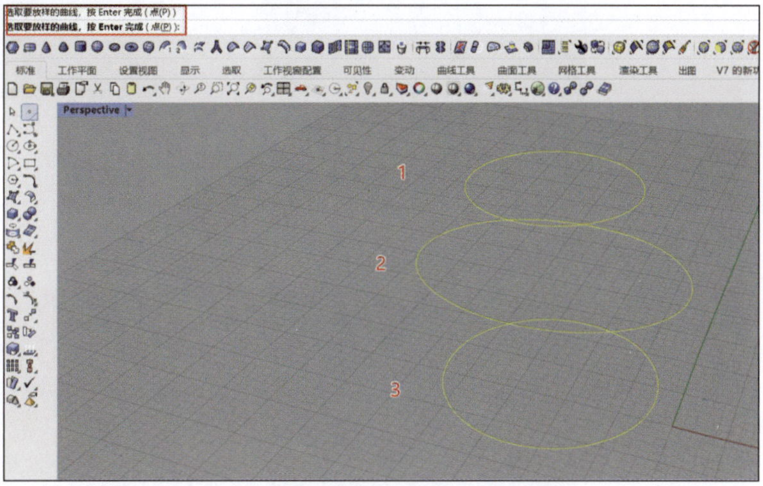

图3-16

单击鼠标右键确定选取的曲线，此时可以调节接缝点的位置，若要保持默认设置，再次单击鼠标右键即可。在弹出的“放样选项”对话框中，可以设置放样的样式，如图3-17所示。

放样的样式主要包括“标准”“松弛”“紧绷”“平直区段”“均匀”，如图3-18所示。

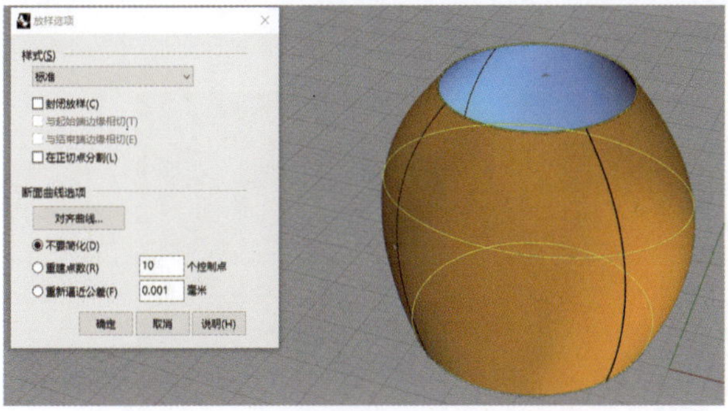

图3-17

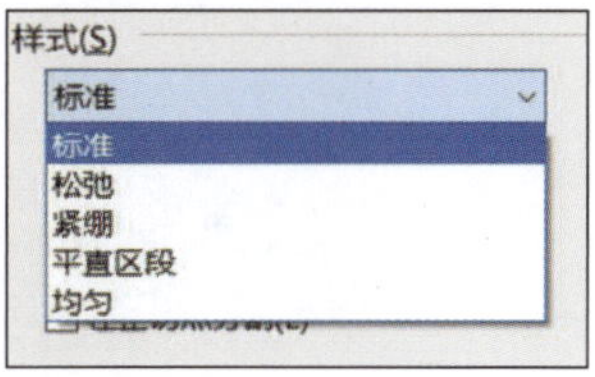

图3-18

图3-19所示为几种放样样式的效果，其中“标准”样式使用频率最高。

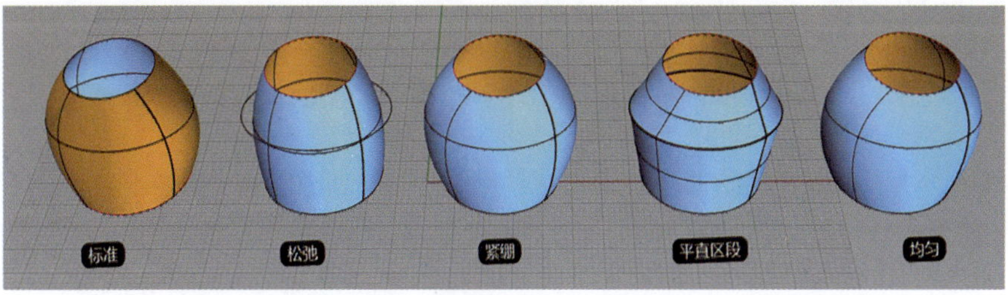

图3-19

2. 使用“放样”工具的注意事项

放样的顺序将影响放样的造型。若曲线的放样顺序是❶、❷、❸，则效果如图3-20所示；若曲线的放样顺序是❶、❸、❷，则效果如图3-21所示。

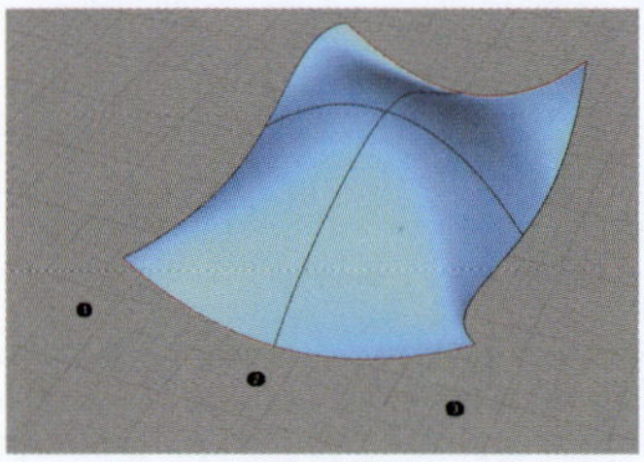
图3-20

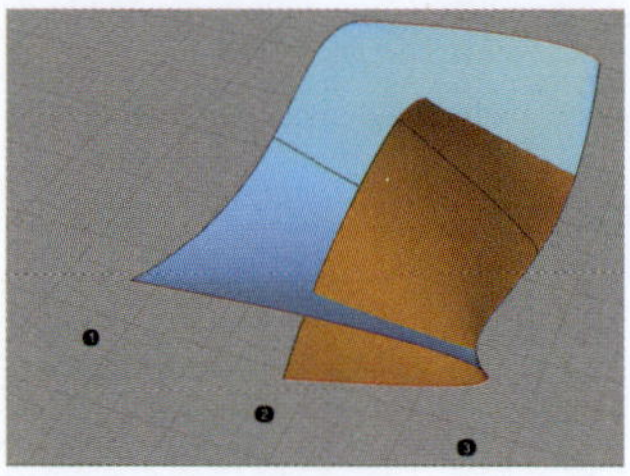
图3-21

放样时曲线的方向将影响放样的造型。这里对每条曲线区分了a、b两端，若按❶、❷、❸的顺序选择曲线且都选择a端（曲线的下半部分），则效果如图3-22所示；若按❶、❷、❸的顺序选择曲线，其中第2条曲线选择了b端（曲线的上半部分），则效果如图3-23所示。

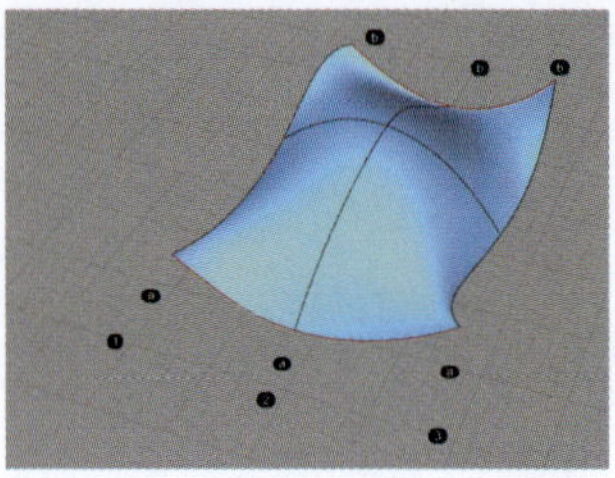
图3-22

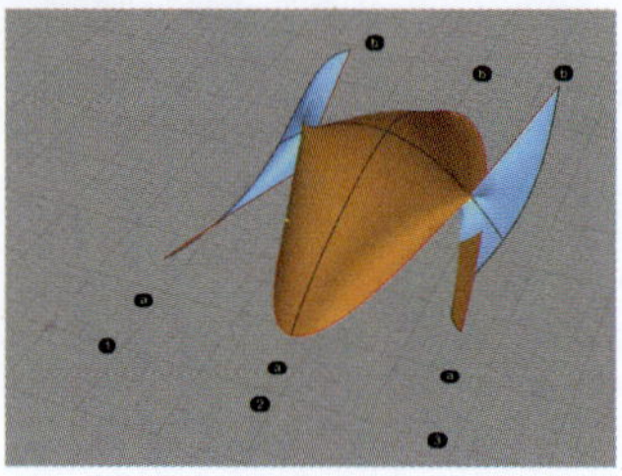
图3-23

检查放样交点。除了以上演示的两种放样造型之外，还有一种放样造型的使用频率也非常高，那就是三边放样，即3条曲线通常有1～2个交点，如图3-24所示。

进行三边放样时，除了需要注意曲线选择的顺序和方向，还需要检查三条曲线的两端交点是否完全重合，确保无间隙。最终的放样结果如图3-25所示。

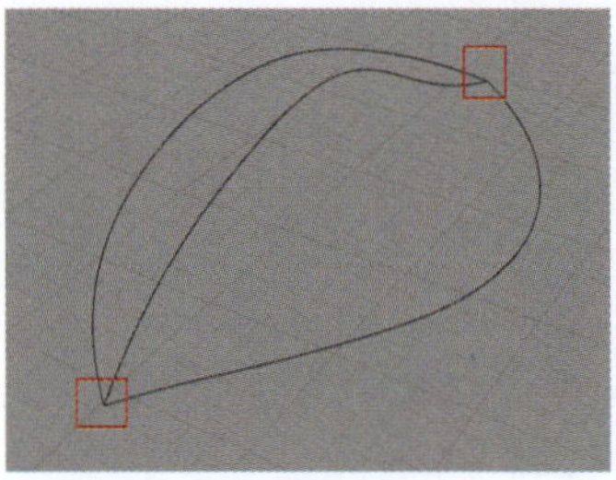
图3-24

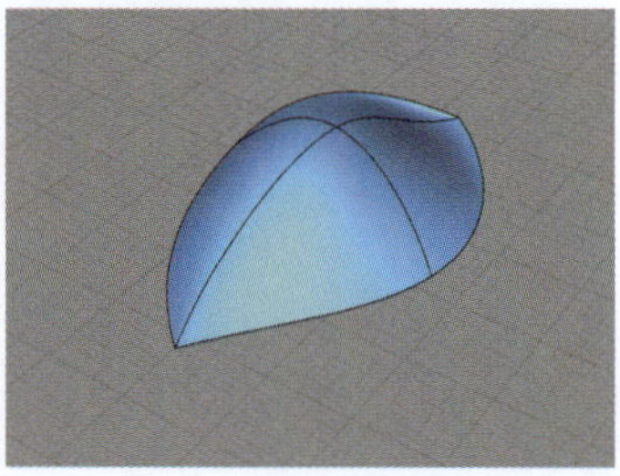
图3-25

3.1.5 直线挤出

使用“直线挤出”工具可以将曲线朝某一方向挤出为曲面或实体。

单击“直线挤出”工具，如图3-26所示。

根据指令提示选取要挤出的曲线，这里选择圆和矩形，如图3-27所示。

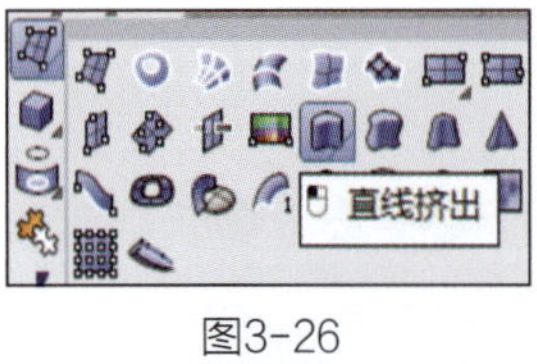

图3-26

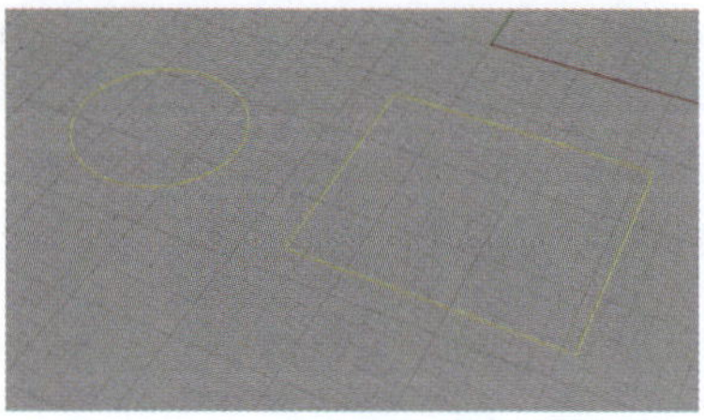
图3-27

单击鼠标右键确定所选对象，此时可以在指令提示处设置是否两侧挤出、是否为实体等，如图3-28所示。

图3-28

再次单击鼠标右键，结束指令，完成曲面的建立，效果如图3-29所示。

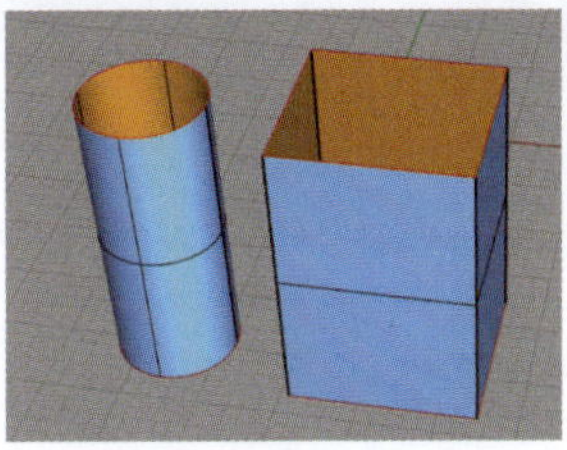

图3-29

3.1.6 单轨扫掠与双轨扫掠

“单轨扫掠”工具用于沿着一条路径扫掠通过的数条曲线来建立曲面。

由于使用“单轨扫掠”工具的前提是有一条路径和至少一条断面曲线，所以先在顶视图中创建两条控制点曲线，如图3-30所示。

单击“单轨扫掠”工具，如图3-31所示。

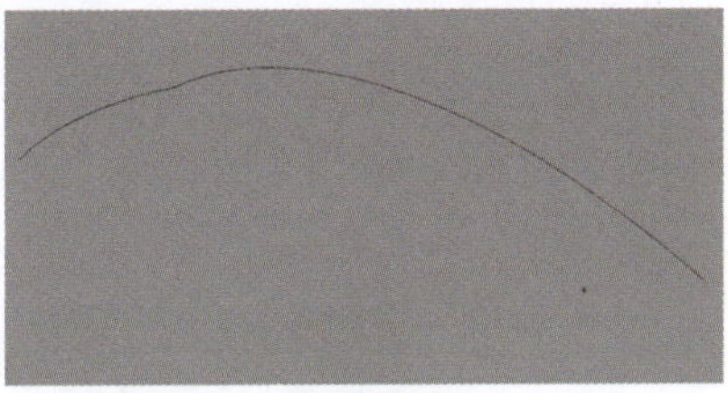

图3-30

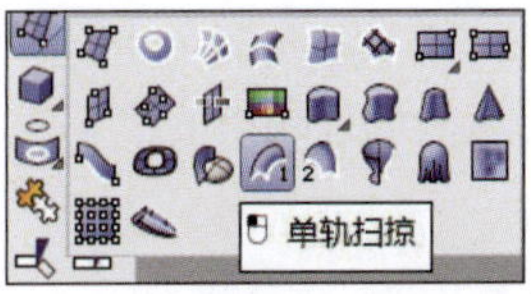

图3-31

根据指令提示选取路径（一般情况下，长的为路径，短的为断面曲线），如图3-32所示。

图3-32

继续根据指令提示选取断面曲线，单击鼠标右键确认所选曲线，弹出“单轨扫掠选项”对话框，如图3-33所示。

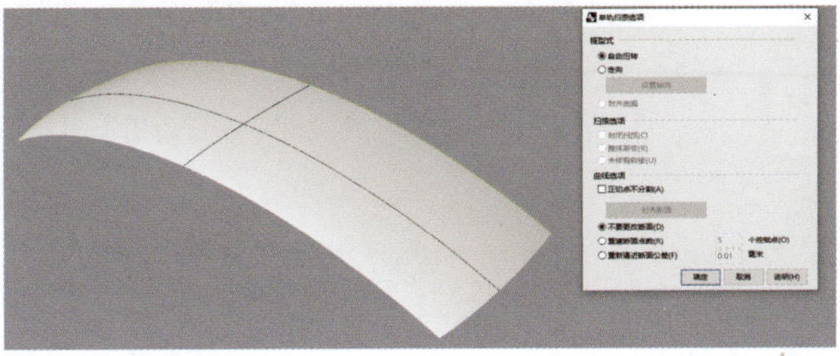

图3-33

设置好相关参数后，单击“确定”按钮结束指令，完成曲面的绘制，效果如图3-34所示。

“双轨扫掠”工具用于沿着两条路径扫掠通过的数条曲线来建立曲面，其使用方法与“单轨扫掠”工具类似，只是多了一条路径，可以更好地控制曲面。使用“双轨扫掠”工具的前提是至少有3条曲线，其中的两条曲线作为路径，其他的作为断面曲线。图3-35所示为使用“双轨扫掠”工具形成的曲面造型，其中红色、绿色曲线为路径，黑色短线为断面曲线。

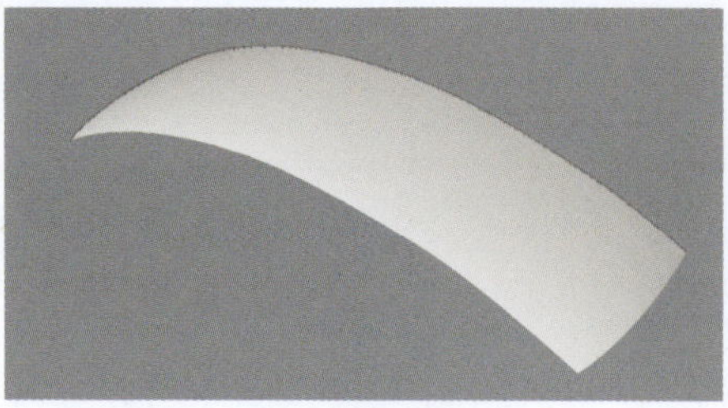

图3-34

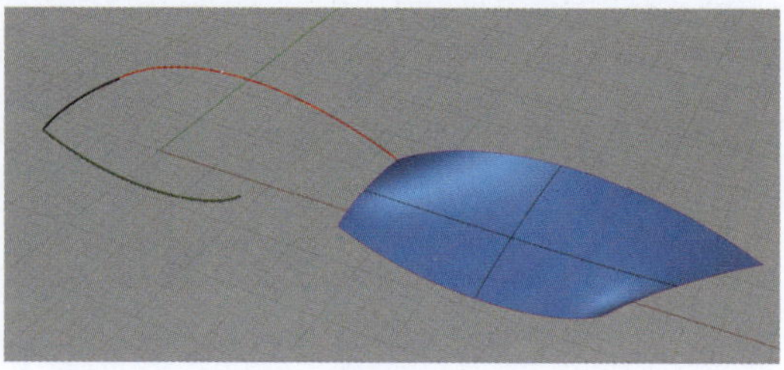

图3-35

提示　不管是单轨扫掠还是双轨扫掠，其断面曲线的数量上限都是不受限制的。

3.1.7 旋转成形与沿着路径旋转

“旋转成形”工具用于将一条轮廓曲线围绕某一轴线旋转一定角度来扫掠出形状。

在前视图中分别绘制一条曲线和一条直线段，如图3-36所示。

单击“旋转成形”工具，如图3-37所示。

根据指令提示选取要旋转的曲线，这里选取红色曲线，单击鼠标右键确定。选取旋转轴的起点与终点，这里选取黑色直线段的上下两点，起始角度为0°，结束角度为360°，如图3-38所示。

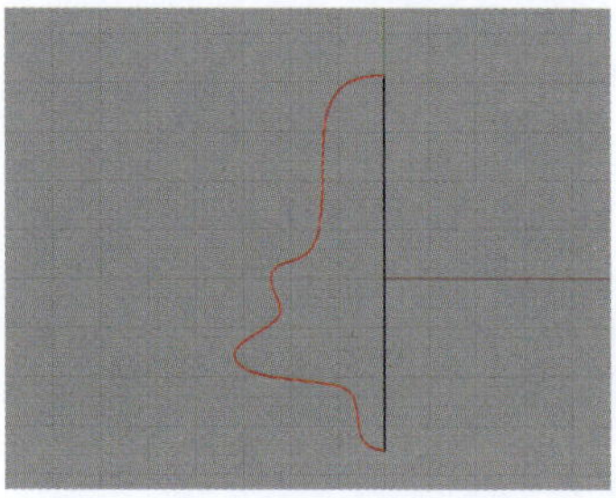

图3-36

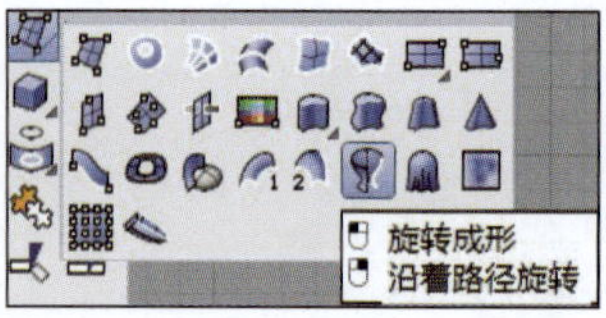

图3-37

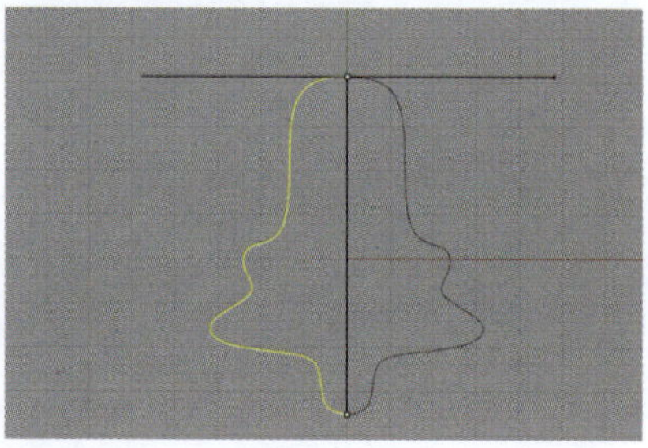

图3-38

此时，该红色曲线便以中间的黑色直线段为轴，旋转360°，效果如图3-39所示。

“沿着路径旋转”工具用于将一条轮廓曲线绕轴线沿着指定的路径旋转出形状。图3-40所示为红色曲线绕黑色路径旋转一周形成的形状。

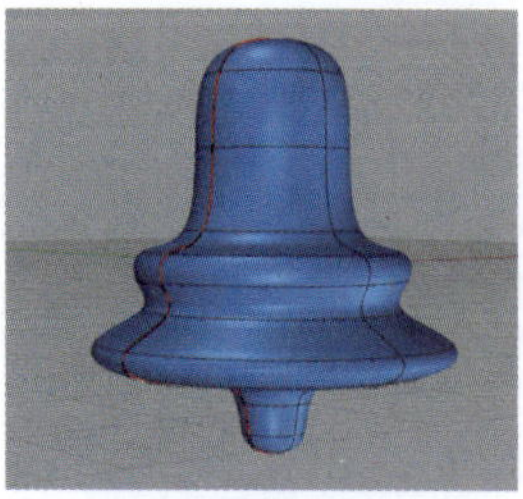

图3-39

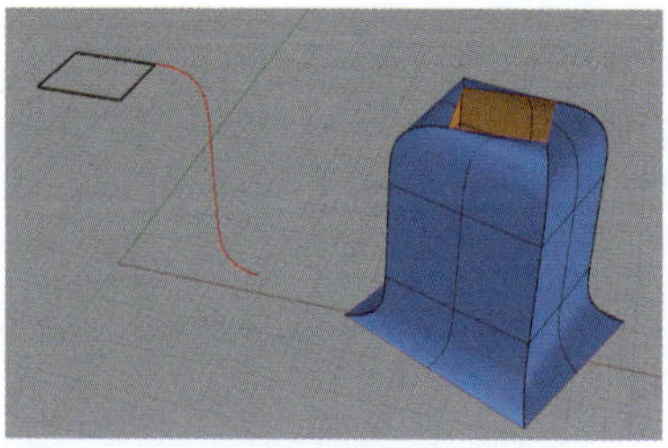

图3-40

3.1.8 案例3-1：工具刀建模

微课视频

为了帮助读者巩固所学知识点，下面练习制作一款工具刀的模型，效果如图3-41所示。

该模型的主体部分主要使用“放样”工具制作。

第1步：在顶视图中，以坐标原点为中心绘制两个圆角矩形，如图3-42所示。

图3-41

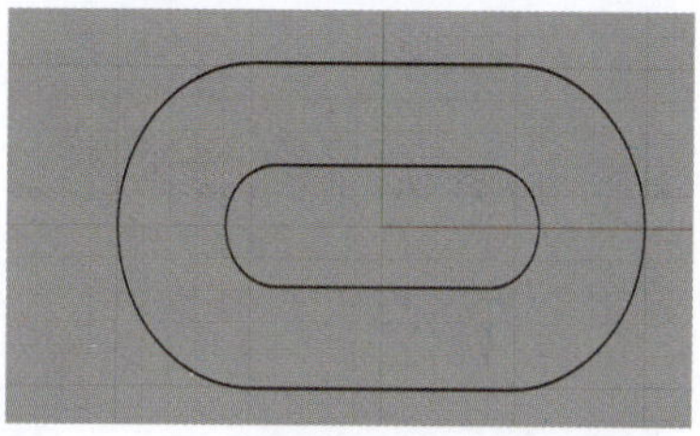

图3-42

第2步：在透视图中，将中间的圆角矩形适当上移，使用“放样”工具形成上弧面，效果如图3-43所示。

第3步：复制出其他需要放样的线条，如图3-44所示。

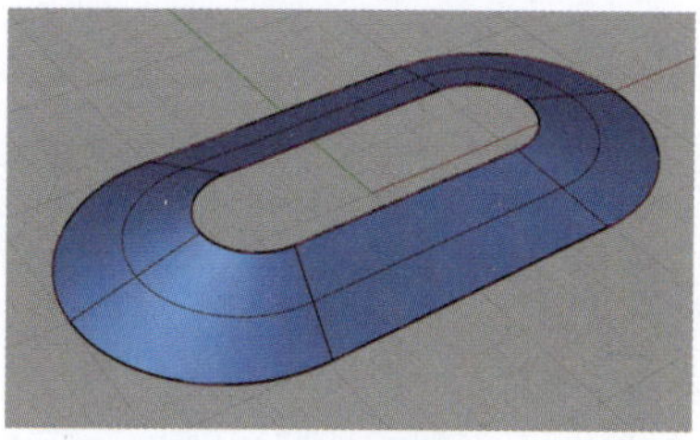

图3-43

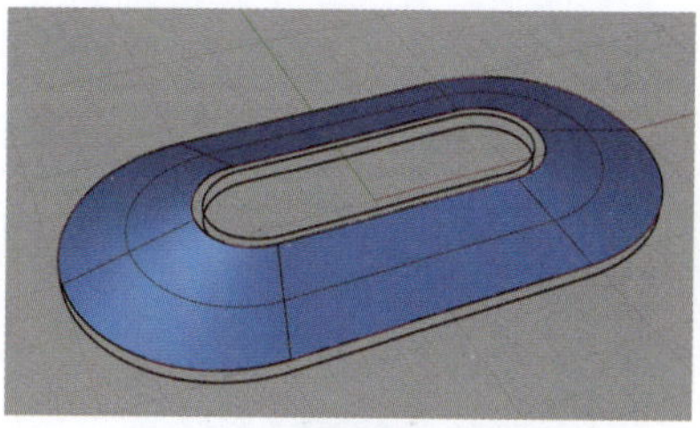

图3-44

第4步：使用“放样”工具依次选取两条曲线，单击鼠标右键确定要放样的曲线，曲线接缝点无须移动，再次单击鼠标右键确认，弹出“放样选项”对话框，保持默认设置即可。用鼠标右键单击空白处或单击“确定”按钮，即可完成放样指令。内部造型如图3-45所示。

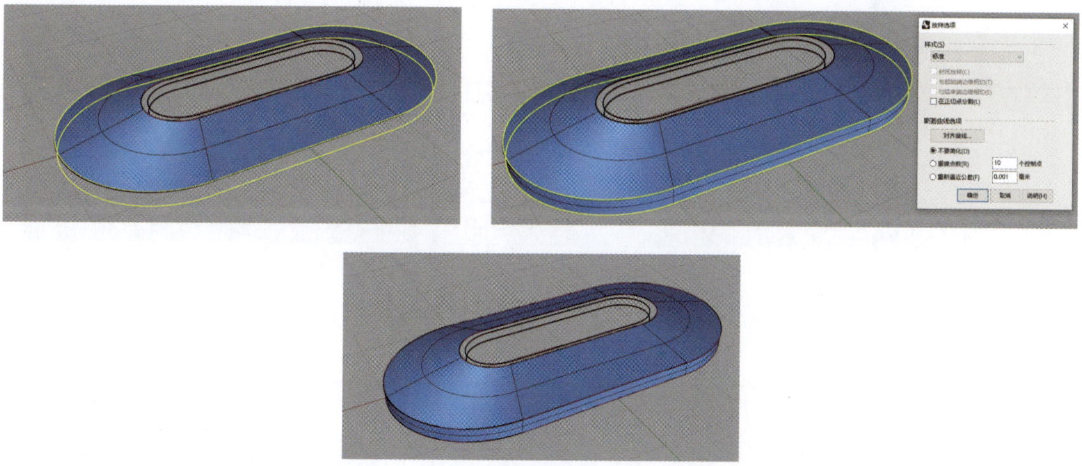

图3-45

第5步：使用“组合”工具对已生成的曲面进行组合，如图3-46所示。

第6步：使用“以平面曲线建立曲面”工具对底部和内部的面“封口”，再次选择所有曲面，并使用“组合”工具进行组合，效果如图3-47所示。

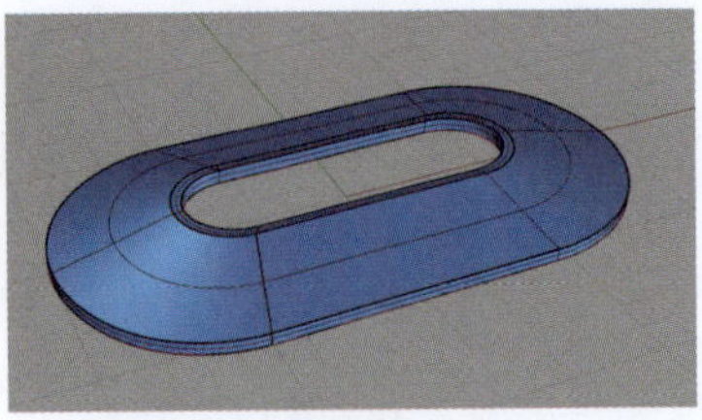
图3-46

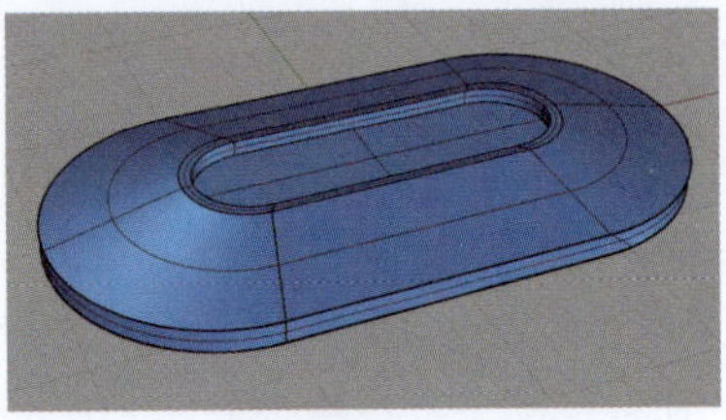
图3-47

第7步：在顶视图中，绘制圆角矩形并调整其位置，如图3-48所示。

第8步：使用“直线挤出”工具将该圆角矩形挤出为实体，如图3-49所示。

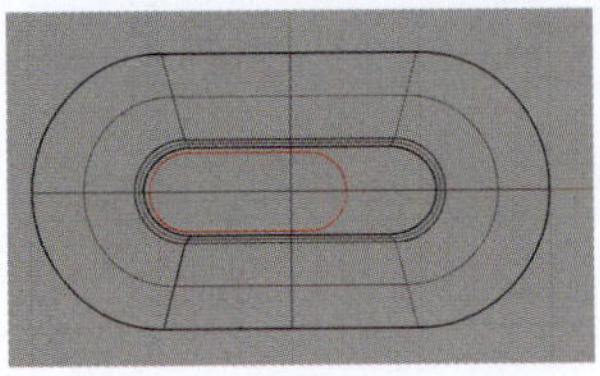
图3-48

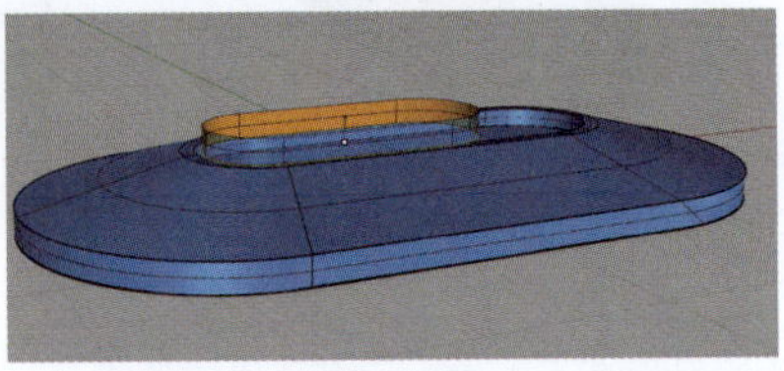
图3-49

第9步：在顶视图中，根据参考图的效果绘制一个圆柱体，如图3-50所示。

第10步：对该圆柱体使用“矩形阵列”工具，使其在*x*方向上有15个、*y*方向上有15个、*z*方向上有1个，如图3-51所示。

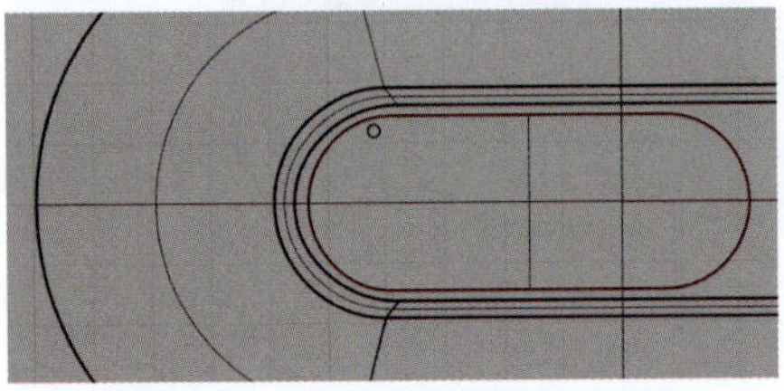
图3-50

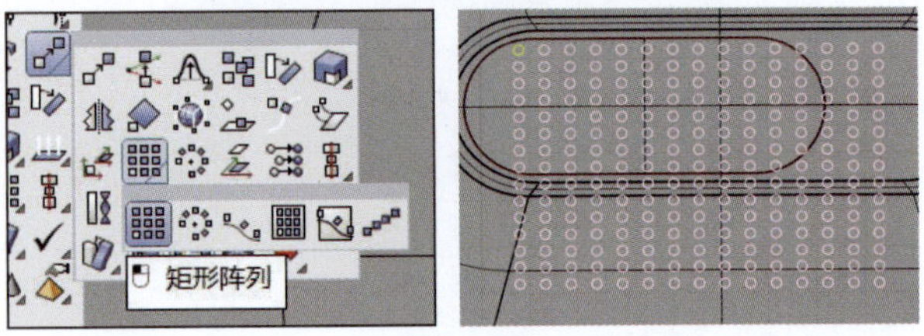

图3-51

第11步：全选圆柱体并调整它们的位置，删除多余圆柱体，效果如图3-52所示。

第12步：使用“群组物件”工具对这些圆柱体进行群组，方便调整其位置，如图3-53所示。

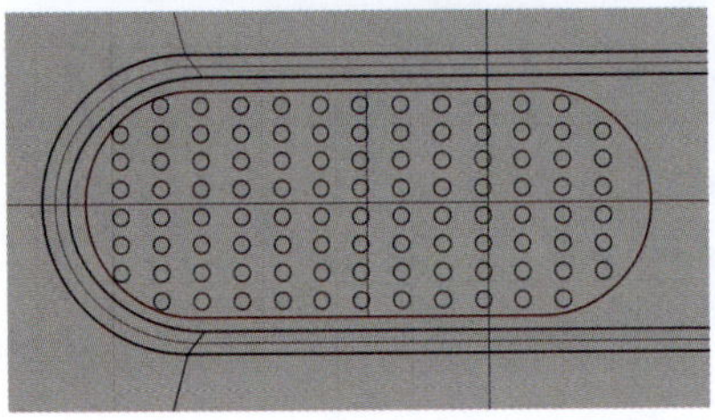
图3-52

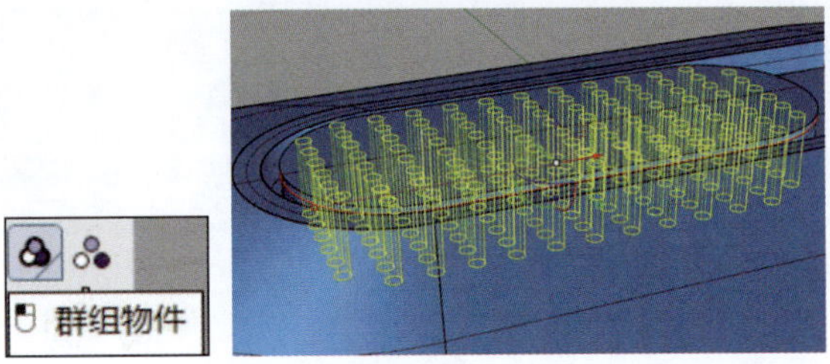

图3-53

第13步：在顶视图中，使用“指定三或四个角建立曲面”工具绘制一个三边面；在顶视图中，将三边面挤出一定的厚度，如图3-54所示。

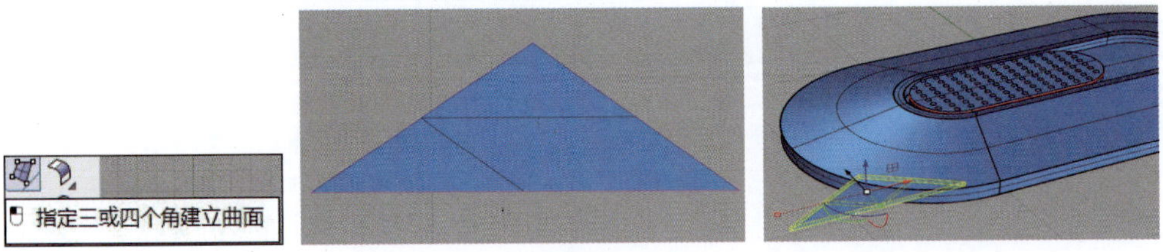

图3-54

第14步：在透视图中隐藏所有的曲线，使用“边缘圆角”工具为刀口边缘制作圆角效果，如图3-55所示。

至此，工具刀的建模完成，效果如图3-56所示。

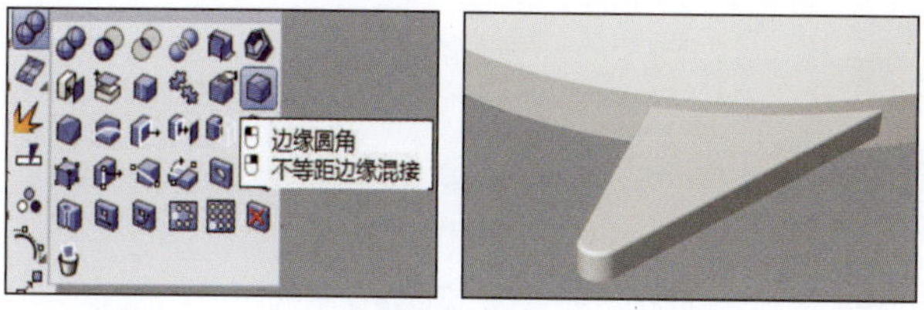

图3-55

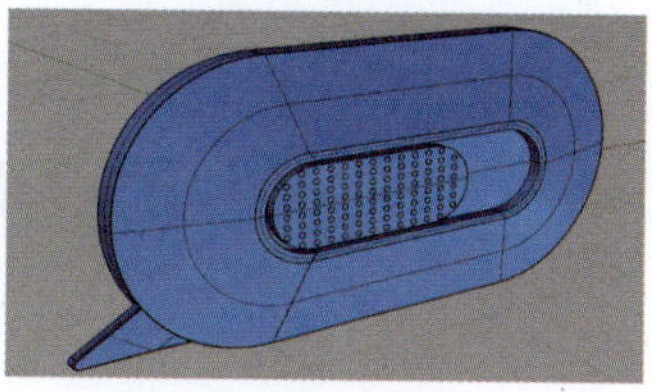

图3-56

3.2 编辑曲面的常用工具

编辑曲面的工具位于“曲面工具”工具列中，如图3-57所示。

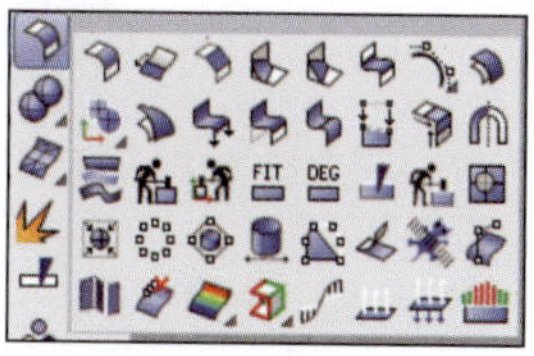

图3-57

3.2.1 曲面圆角与曲面斜角

“曲面圆角”工具用于在两个相邻曲面间建立圆角效果。

单击“曲面圆角”工具，如图3-58所示。

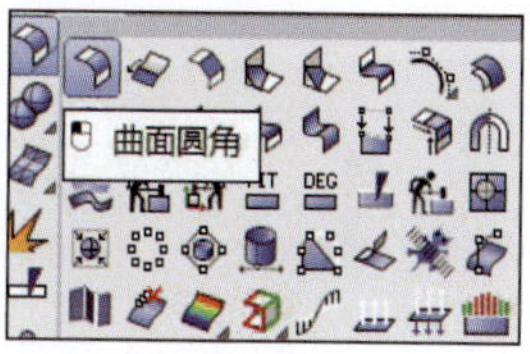

图3-58

根据指令提示选取第一个曲面和第二个曲面，可以在指令提示处修改圆角的半径，如图3-59所示。

两个曲面之间的圆角效果制作完成，可以将其组合，效果如图3-60所示。

图3-59

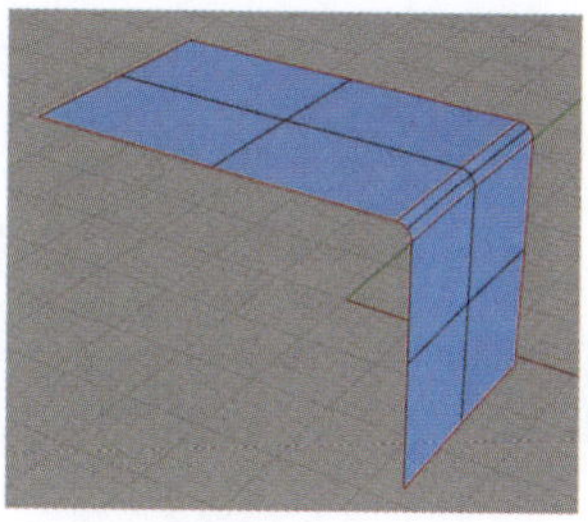

图3-60

“曲面斜角”工具用于在两个相邻曲面间建立斜角效果，使用方法与“曲面圆角”工具类似。图3-61所示为使用“曲面斜角”工具制作的效果。

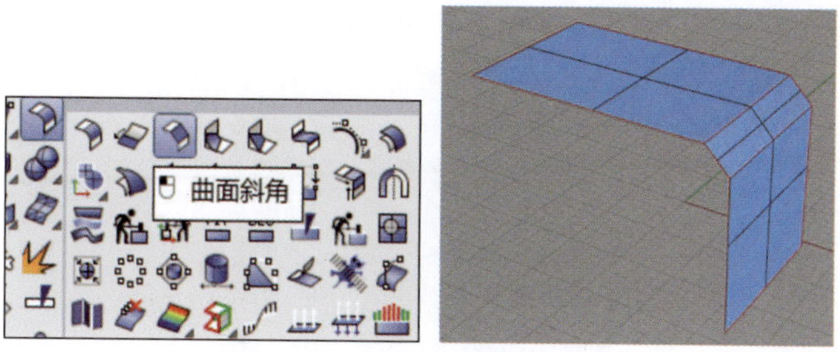

图3-61

3.2.2 混接曲面

“混接曲面”工具用于混合和连接两个或多个曲面。工作视窗中有两个单一曲面，如图3-62所示。

单击“混接曲面”工具，如图3-63所示。

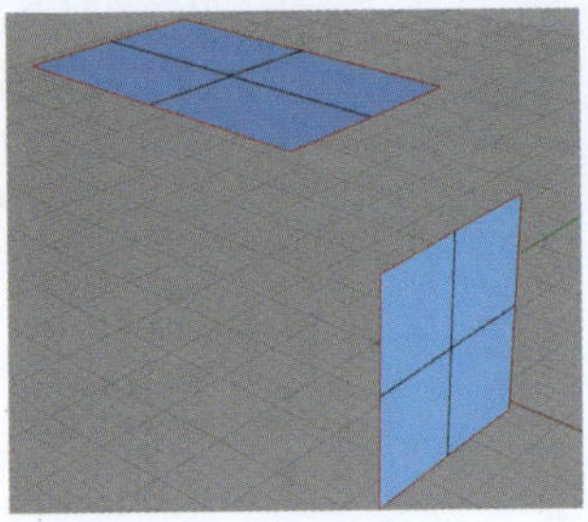

图3-62

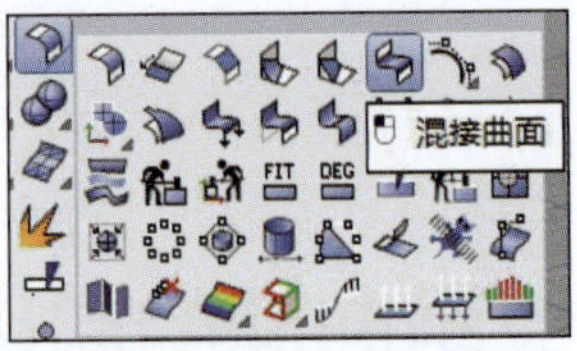

图3-63

根据指令提示选取第一个边缘和第二个边缘，如图3-64所示。

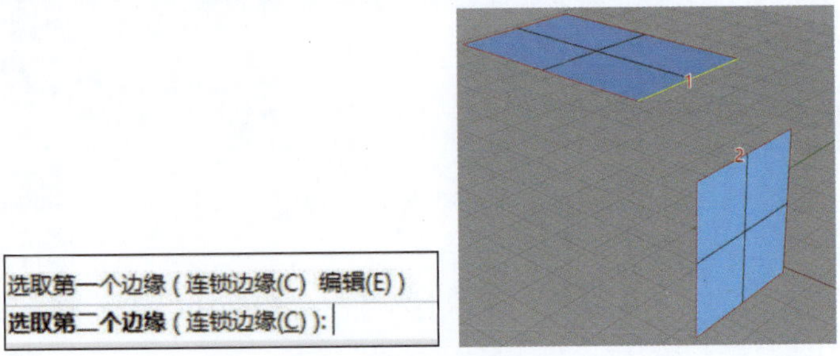

图3-64

在弹出的“调整曲面混接”对话框中可以修改相关参数以实现更多效果，如图3-65所示。

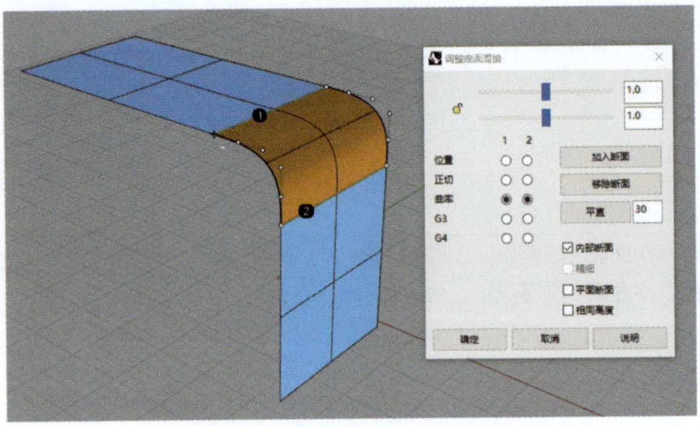

图3-65

设置好相关参数后，单击“确定”按钮，即可完成曲面的混接，效果如图3-66所示。

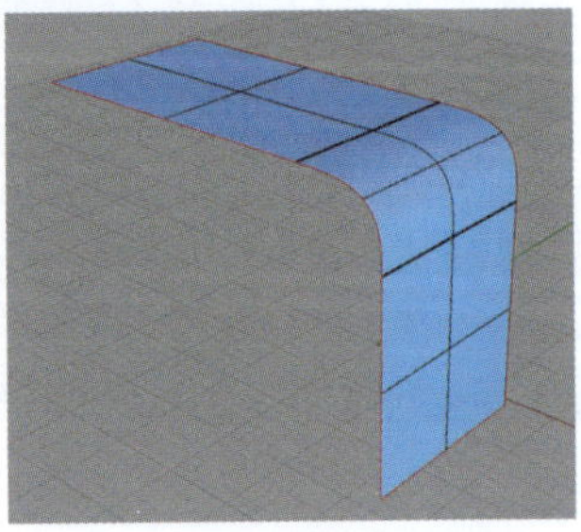

图3-66

3.2.3 偏移曲面

“偏移曲面”工具用于将曲面向内或向外偏移一定的距离，从而改变曲面的形状和大小。

单击“偏移曲面”工具，如图3-67所示。

根据指令提示选取要偏移的曲面或多重曲面，这里选取四边面，如图3-68所示。

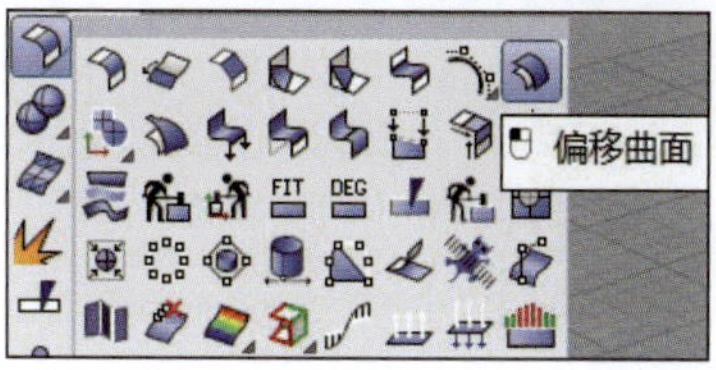

图3-67

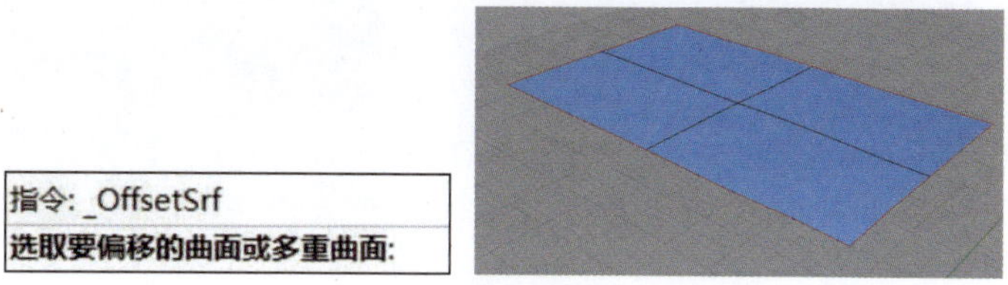

图3-68

单击鼠标右键确定，此时可以在指令提示处设置偏移的距离，并设置是否为实体等，如图3-69所示。

再次单击鼠标右键结束指令，此时曲面发生了偏移（在指令提示处选择了“实体”，所以偏移结果为实体），如图3-70所示。

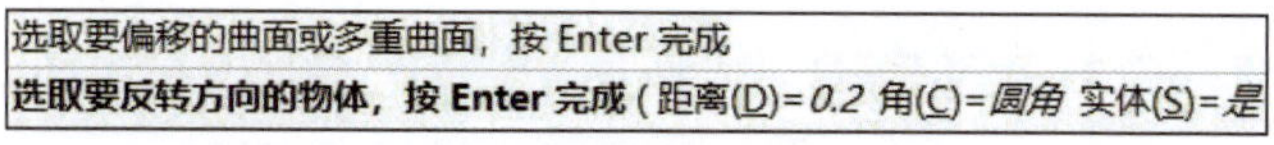

选取要偏移的曲面或多重曲面，按 Enter 完成
选取要反转方向的物体，按 Enter 完成 (距离(D)= 0.2 角(C)= 圆角 实体(S)= 是

图3-69

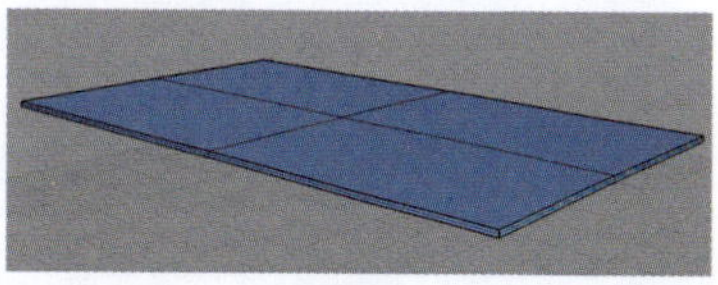

图3-70

3.2.4 认识曲面的*u*、*v*、*n*方向

在学习“重建曲面”工具之前，还需要认识曲面的*u*、*v*、*n*方向。曲面的*u*、*v*、*n*方向相当于坐标系的*x*、*y*、*z*轴，其中*u*为横向、*v*为纵向、*n*为法线方向。工作视窗中有一个曲面，这里使用“分析方向”工具对其进行分析，可以看到曲面上方出现了红、绿、白3种轴向，它们分别对应的是*u*、*v*、*n*方向，如图3-71所示。

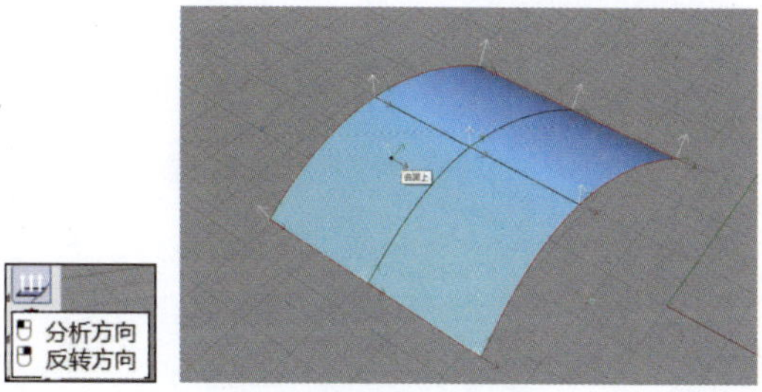

图3-71

3.2.5 重建曲面

单击“重建曲面”工具，如图3-72所示。

根据指令提示选取要重建的曲面。

在弹出的“重建曲面”对话框中，可以看到左侧的圆括号中的数字为重建曲面前*u*方向和*v*方向的点数和阶数。用户可以在右侧的数值框中输入新的点数和阶数以修改曲面的造型和属性，如图3-73所示。

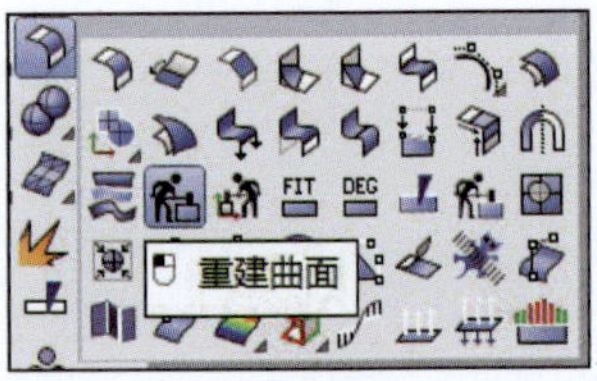

图3-72

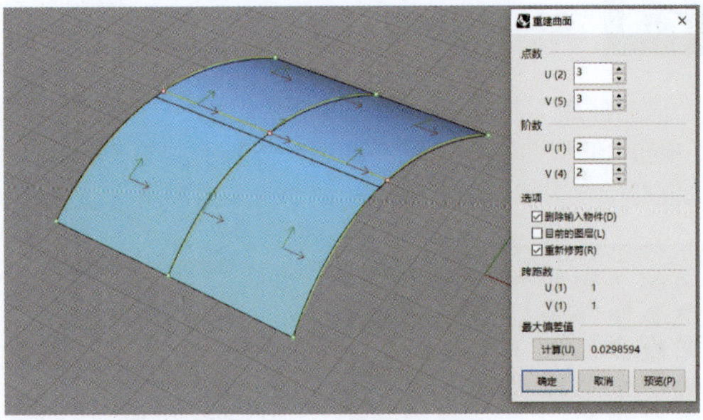

图3-73

将*u*方向更改为4点3阶，*v*方向更改为6点5阶，单击“确定”按钮，如图3-74所示。

此时打开曲面控制点，可以看到曲面的*u*方向每排都有4个控制点，*v*方向每排都有6个控制点，如图3-75所示。

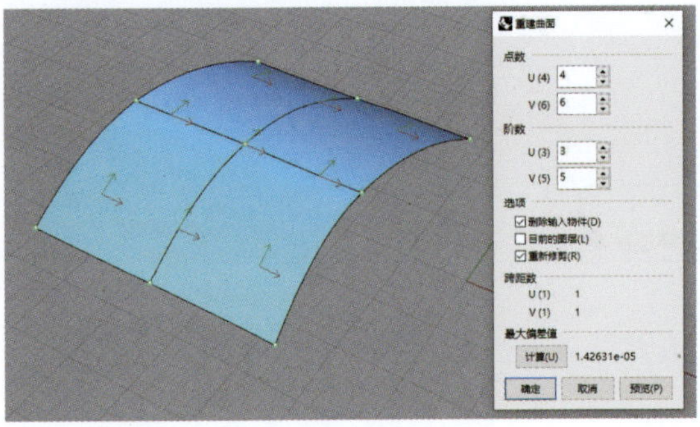

图3-74

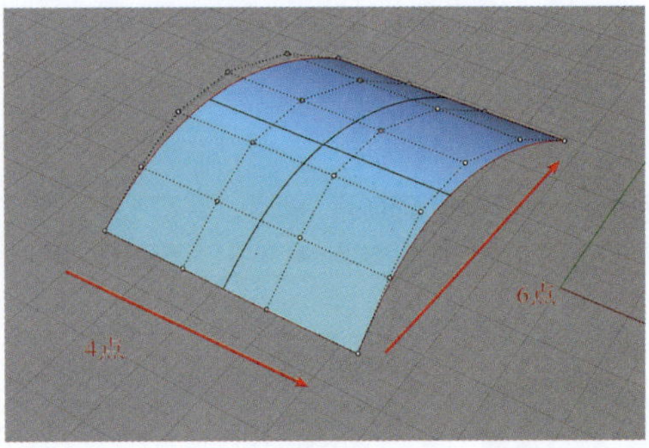

图3-75

3.2.6 分割边缘与合并边缘

“分割边缘”工具用于分割曲面的边缘。

单击“分割边缘”工具，如图3-76所示。

根据指令提示选取要分割的边缘及边缘上的分割点，如图3-77所示。

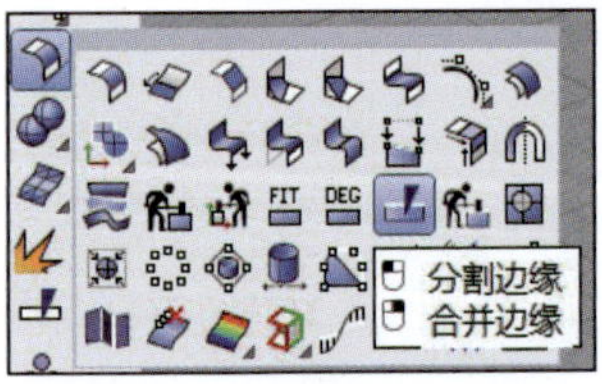

图3-76

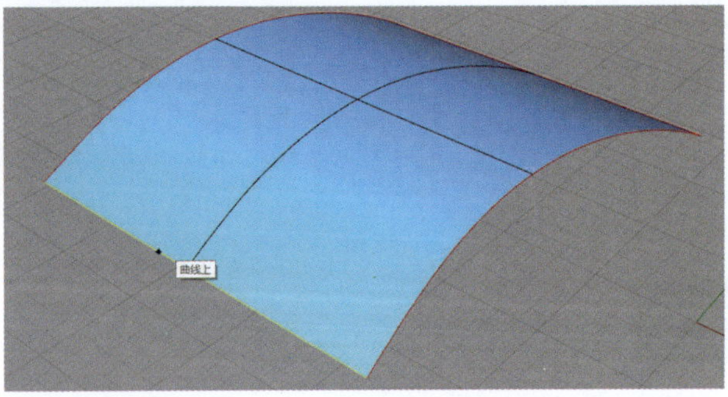

图3-77

单击鼠标右键结束指令，此时曲面的边缘已经被分成了两部分，但是视觉效果上并没有变化。

这里可以用“复制边缘”工具来验证是否完成了分割边缘的操作。单击“复制边缘”工具，选择该边缘时，只选择了一半，说明已经分割成功，如图3-78所示。

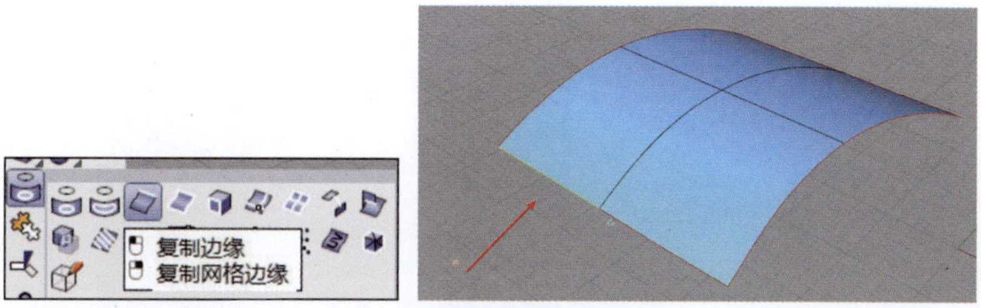

图3-78

“合并边缘”工具用于合并曲面的边缘。

使用鼠标右键单击“合并边缘”工具，根据指令提示选取要合并的边缘，完成多个边缘的合并，如图3-79所示。

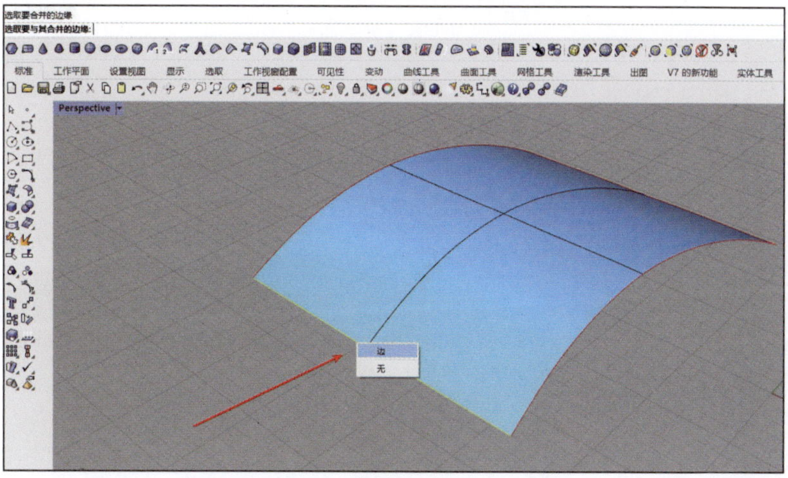

图3-79

再次使用“复制边缘”工具选择边缘，此时复制的边缘就是完整的曲面边缘，如图3-80所示。

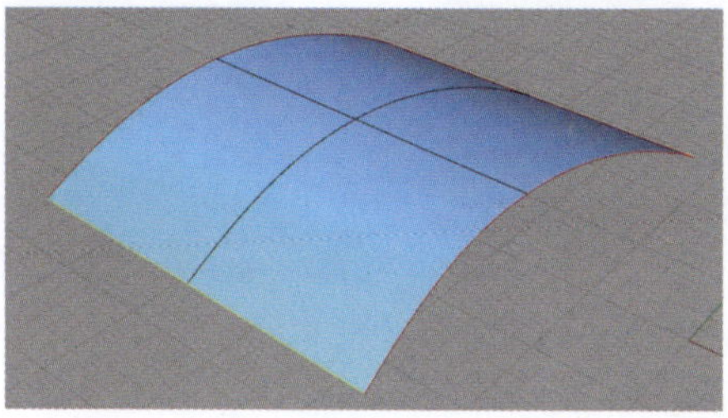

图3-80

3.2.7 案例3-2：遥控器建模

微课视频

下面制作一个遥控器模型，效果如图3-81所示。

第1步：单击“添加一个图像平面”工具，添加参考图到顶视图中，并适当调节其透明度，如图3-82所示，在右视图中也导入参考图。

第2步：绘制一条12点5阶的曲线，并且保证上方两个点和下方两个点为共线关系（注意观察其他视图，保持该曲线的控制点在同一个平面上），如图3-83所示。

第3步：使用“镜像”工具对该曲线进行镜像，得到第二条曲线，如图3-84所示。

图3-81

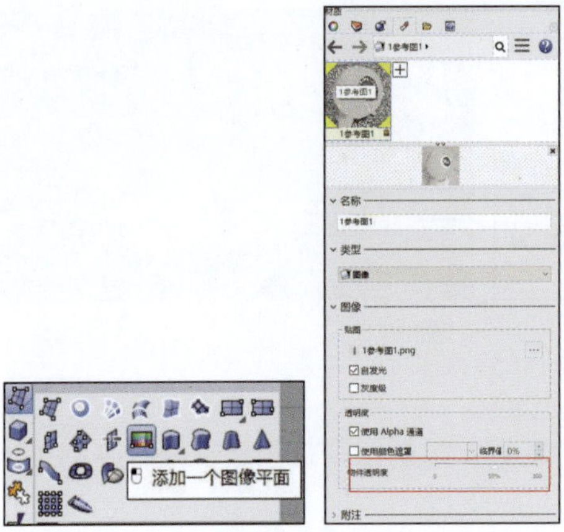

图3-82

图3-83

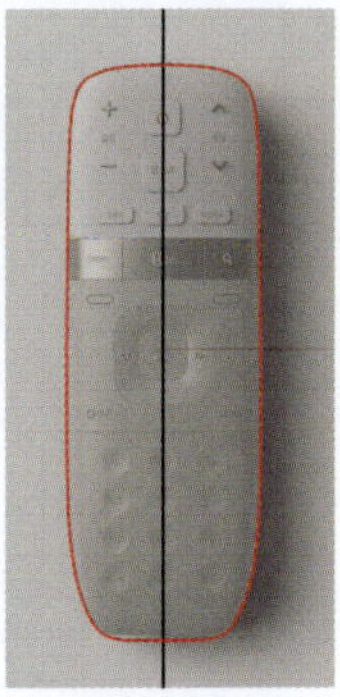
图3-84

第4步：旋转得到第三条曲线，并根据右视图调整该曲线的弧度，保证左边两个点和右边两个点为共线关系，如图3-85所示。

第5步：镜像得到第四条曲线，调整第四条曲线的弧度，注意该曲线的两个端点还是保持共线关系，如图3-86所示。因为该造型并非上下对称，所以需要根据参考图微调镜像得到的曲线的弧度。

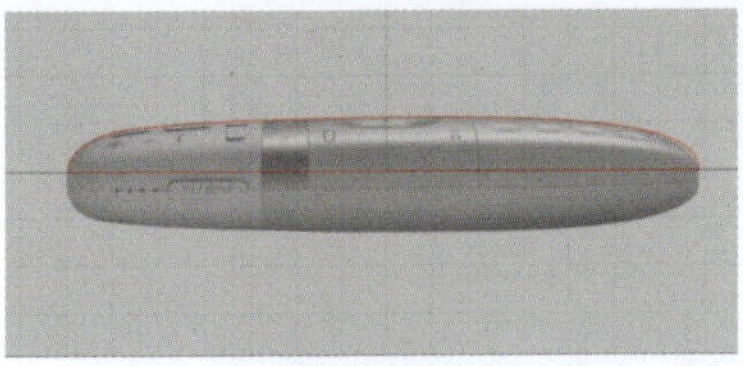
图3-85

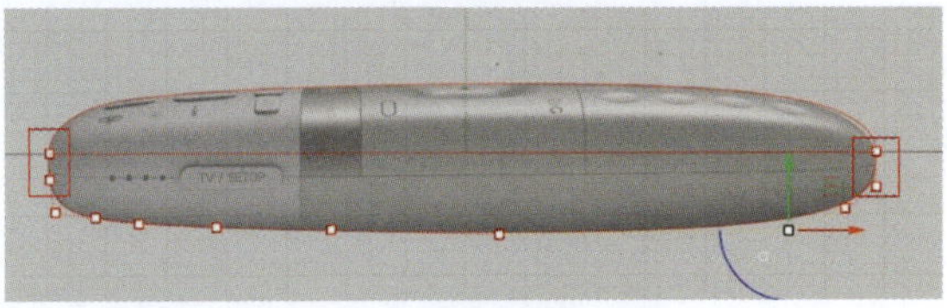
图3-86

第6步：使用“放样”工具依次选取上方的3条曲线，完成三边放样，如图3-87所示。

第7步：选择两侧的曲线，向下挤出一个面，如图3-88所示。这一步是为了后面使用“衔接曲面”工具将曲面边缘调整为正切关系。

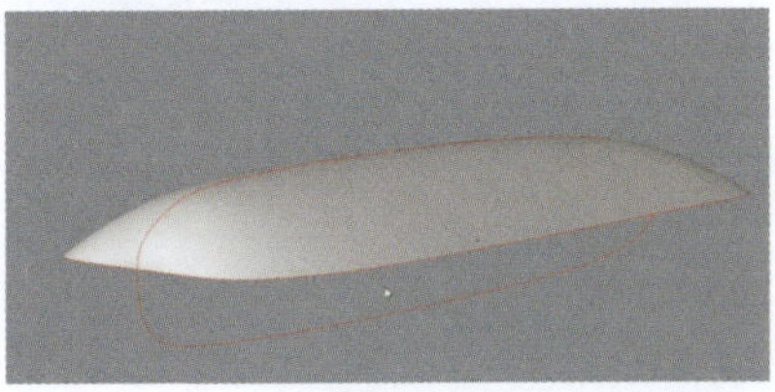
图3-87

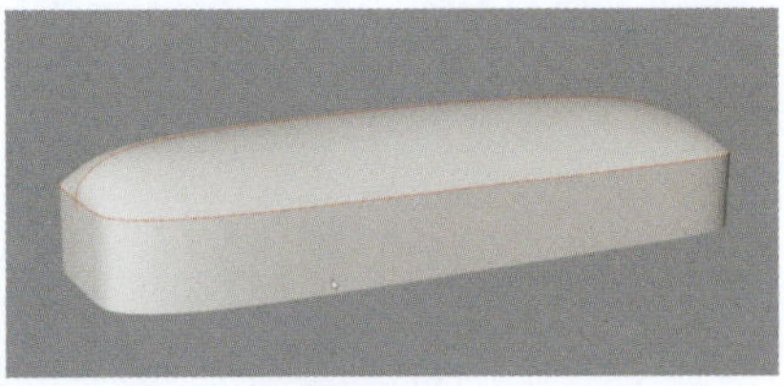
图3-88

第8步：单击“衔接曲面”工具，根据指令提示先选取上方的曲面，再选取下方的曲面，将它们的关系修改为“正切”，如图3-89所示。

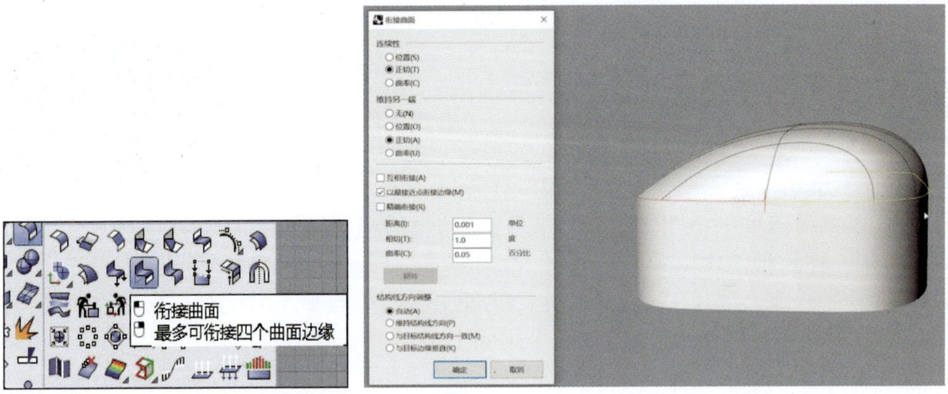

图3-89

第9步：另外一端的曲面同理，再次使用“衔接曲面”工具，将曲面的位置关系改为正切关系，效果如图3-90所示。

第10步：删除下方的两个曲面，得到较为顺滑的上曲面（可以打开控制点，继续调整曲面的造型），如图3-91所示。

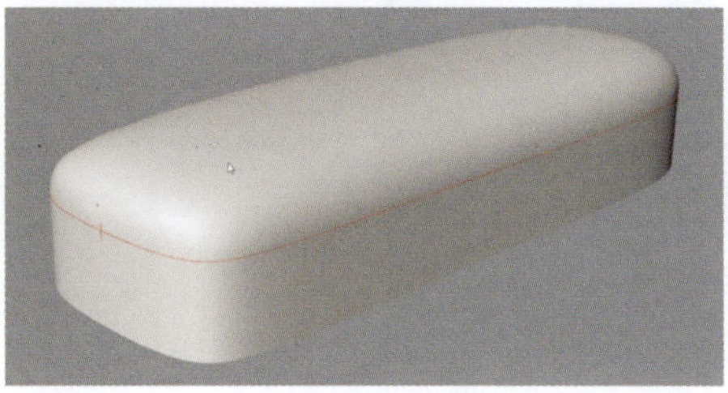

图3-90

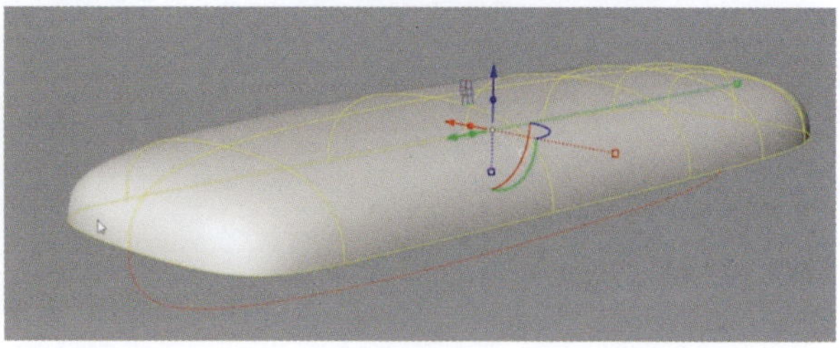

图3-91

第11步：使用“放样”工具放样下面的3条曲线，得到下曲面，并使用“衔接曲面”工具使其与上曲面保持正切关系，如图3-92所示。

至此，遥控器的主体部分建模完成，剩下的数字按键及中间的操控键等的制作方法较为简单，此处不展开叙述。最终效果如图3-93所示。

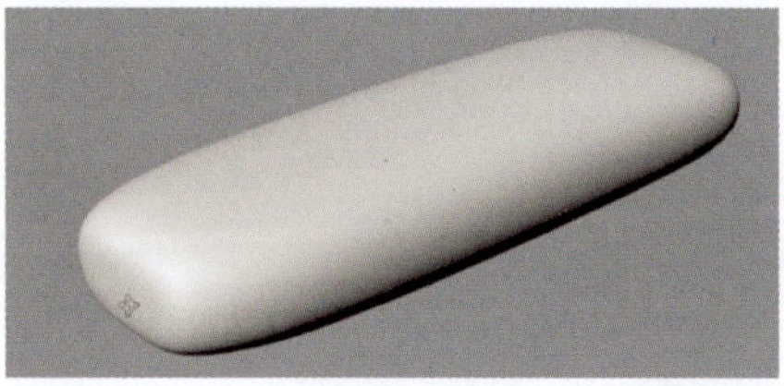

图3-92

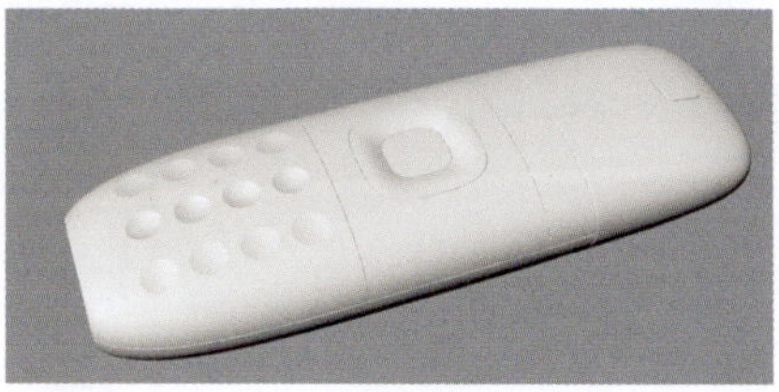

图3-93

3.3 最简面与逼近曲面

在Rhino中建模时，需要尽量保证每一个曲面均为最简面，这是因为通过最简面的曲面控制点更容易控制模型造型。

最简面通常需要满足以下两个条件。

（1）点数=阶数+1。

（2）用于生成曲面的曲线属性（点数和阶数）一致。

例如，使用“双轨扫掠”工具时，用于生成左侧曲面的两条路径均为6点5阶；而用于生成右侧曲面的一条路径为6点5阶，另一条路径为4点3阶。最终得到的左侧曲面的结构线为十字线，它属于最简面；而右侧曲面的结构线非常多，它属于逼近曲面，如图3-94所示。

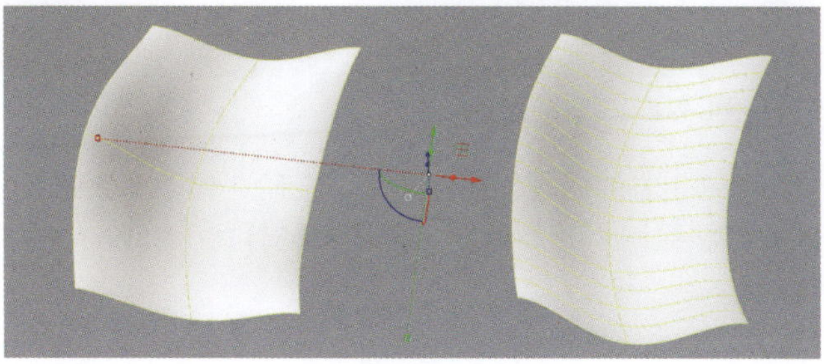

图3-94

分别打开两个曲面的控制点，可以看到左侧曲面的控制点相对精简，便于调整曲面；而右侧曲面的控制点的数量特别多，难以调整曲面，如图3-95所示。

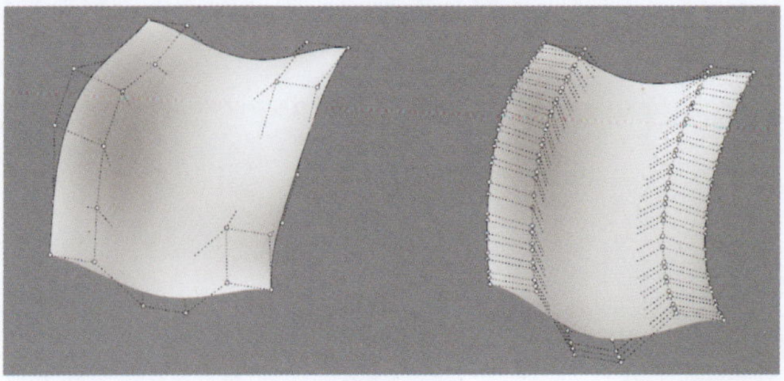

图3-95

微课视频

3.4 课堂案例：暖手袋建模

本节制作一款暖手袋的模型，渲染后的效果如图3-96所示。暖手袋的造型特征为“一点收敛”，也就是一端封闭，另一端敞开。对于此类造型，通常使用“双轨扫掠”工具进行制作。

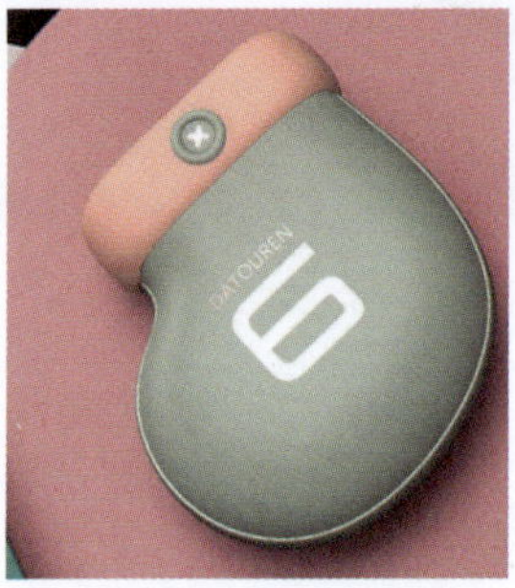

图3-96

第1步：在顶视图中导入参考图，并旋转至合适的角度，如图3-97所示。

第2步：在暖手袋的底部绘制一条黑色的参考线，如图3-98所示。

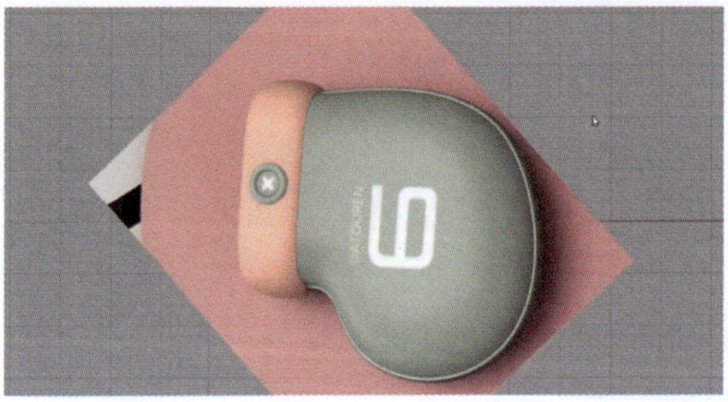

图3-97

图3-98

第3步：根据参考图绘制上方的曲线，该曲线为6点5阶，如图3-99所示。

第4步：使用同样的方法绘制下方的曲线，该曲线同样为6点5阶（注意底部3点均在黑色参考线上），如图3-100所示。

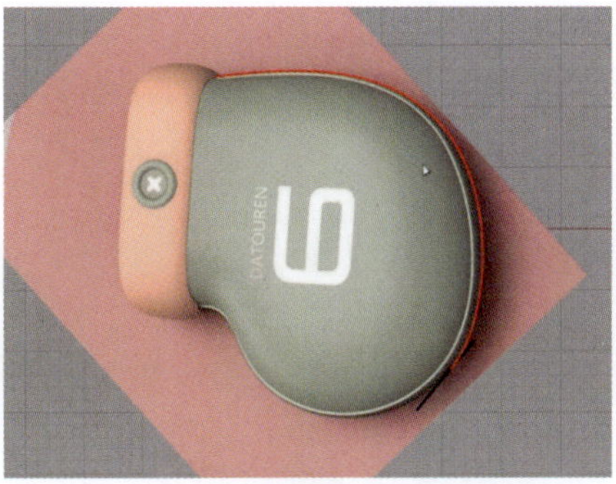

图3-99

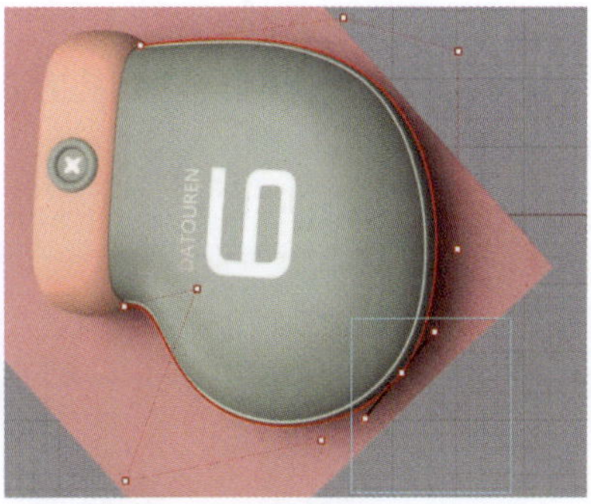

图3-100

第5步：以左侧某个端点为基准，绘制一条直线段，将另外一条曲线的左侧端点移动到该直线段上，使上下两条曲线的左侧端点在同一水平线上，如图3-101所示。

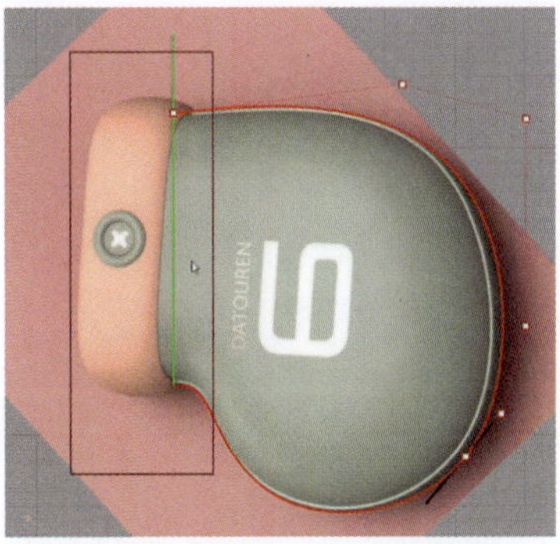

图3-101

第6步：隐藏多余的参考线，重新绘制两条绿色参考线，如图3-102所示。

第7步：单击“圆：三点”工具，以两条绿色参考线为基准绘制圆，并将其压扁，如图3-103所示。

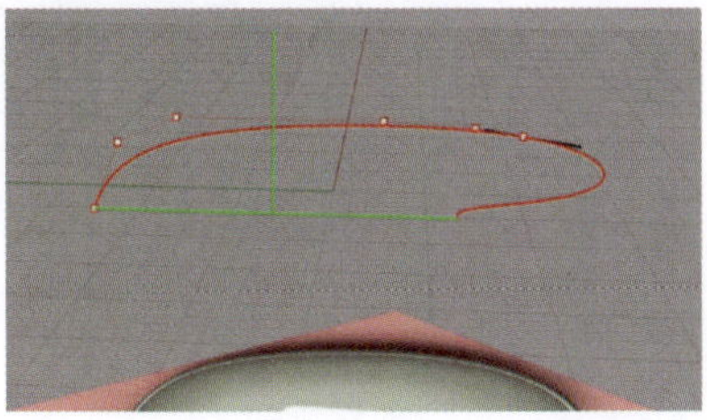

图3-102

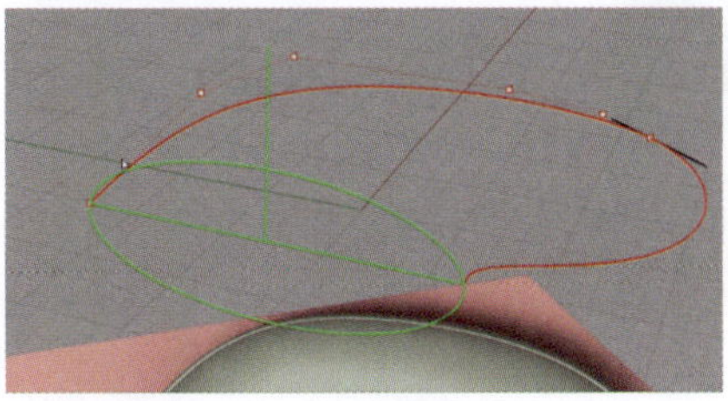

图3-103

第8步：使用“修剪”工具将曲线的下半部分修剪掉，使其成为断面曲线，如图3-104所示。

第9步：使用“重建曲线”工具将该断面曲线更改为6点5阶，并且调整两侧的控制点，使它们共线（中间的控制点也可以根据造型进行适当的调整），如图3-105所示。

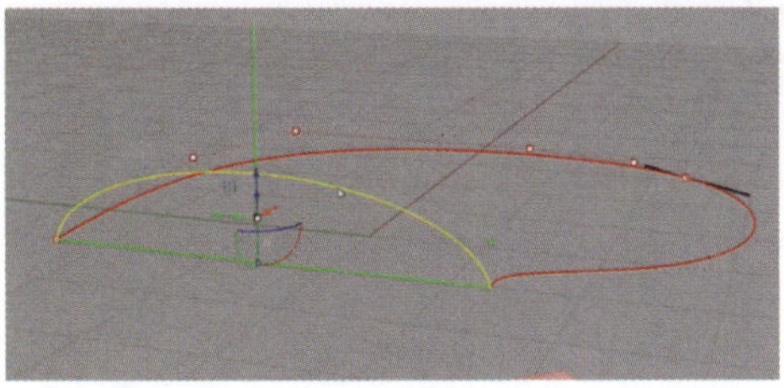

图3-104

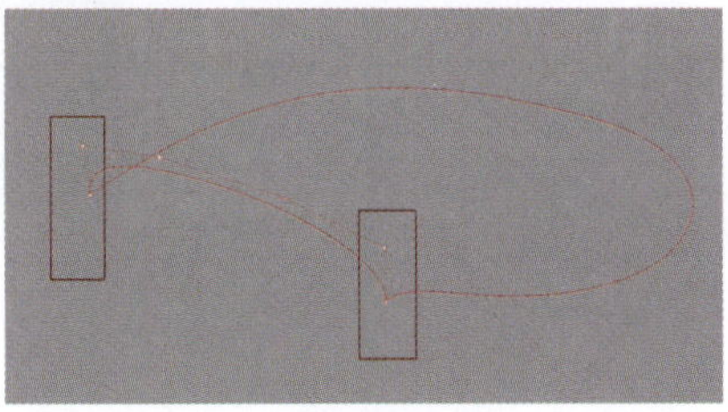

图3-105

第10步：单击“双轨扫掠”工具，先选取两侧的曲线，再选取中间的断面曲线（注意检查两条线的端点是否相交），此时生成的上曲面为最简面，可以打开曲面控制点，调整曲面弧度，效果如图3-106所示。

第11步：镜像得到下曲面，并适当等比放大下曲面，如图3-107所示。

第12步：使用“混接曲面”工具（在指令提示处单击“连锁边缘”）混接上下两个曲面，如图3-108所示。

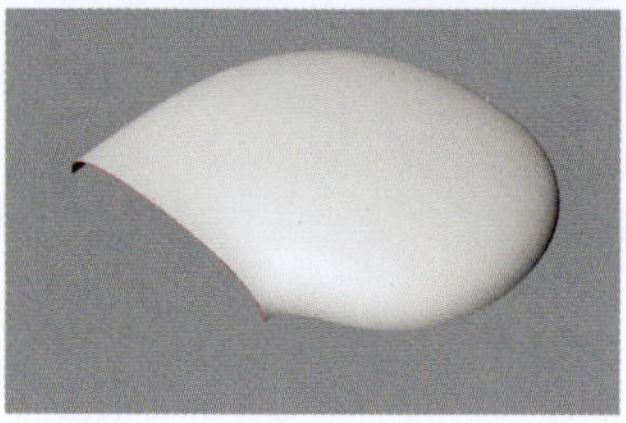
图3-106

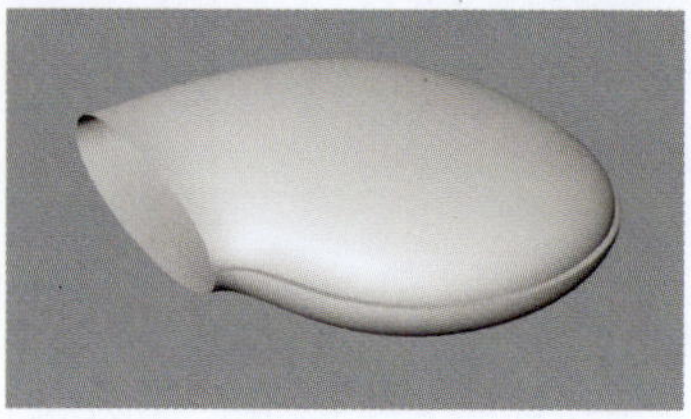
图3-107

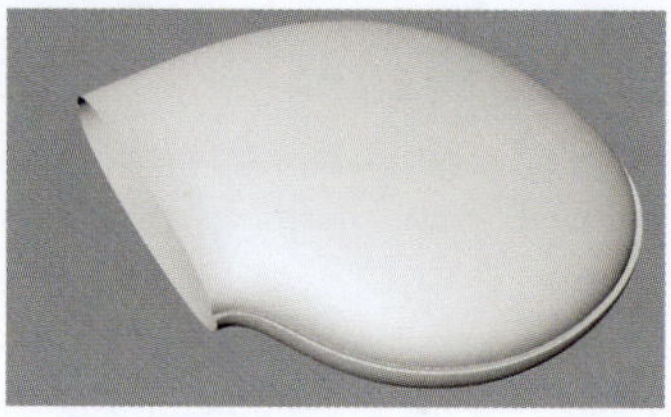
图3-108

第13步：绘制图3-109所示的3条曲线，这里两条路径的左侧两个端点需要保持共线关系（因为最终生成的曲线需要进行镜像处理）。

第14步：使用“双轨扫掠”工具制作出手腕部分的四分之一，然后左右、上下分别镜像，得到整个手腕部分，如图3-110所示。

第15步：使用“环状体”工具在手腕部分绘制细节造型，效果如图3-111所示。

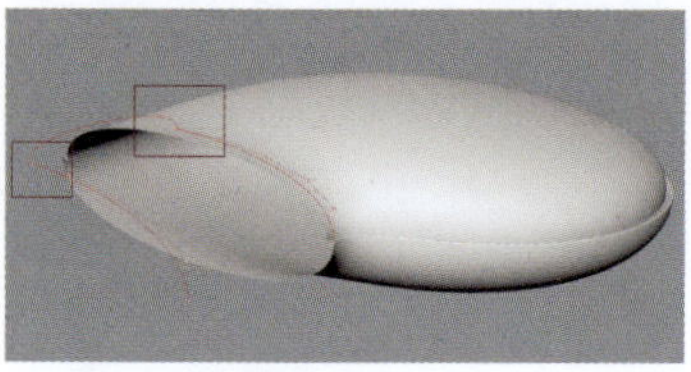
图3-109

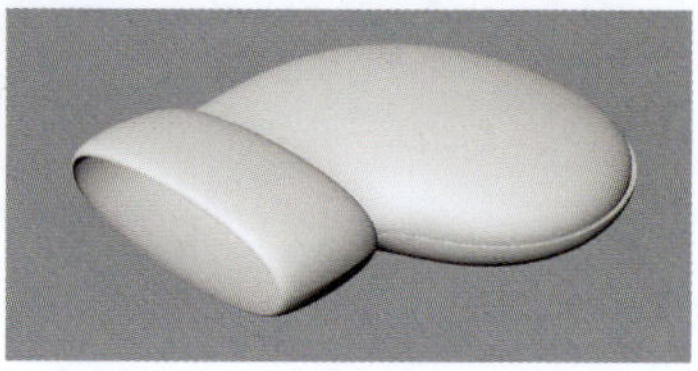
图3-110

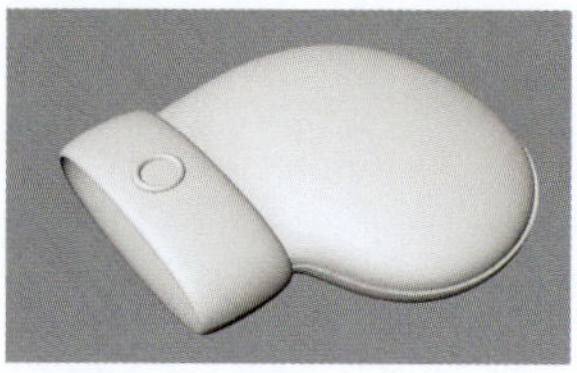
图3-111

3.5 课后练习：煤油灯建模

微课视频

应用本章知识完成煤油灯的建模，效果如图3-112所示。

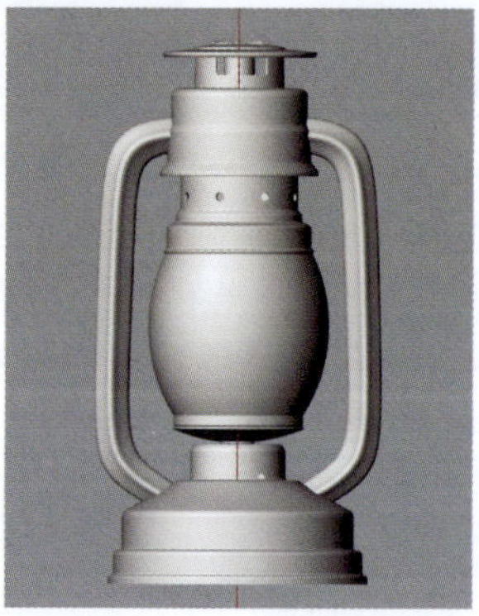
图3-112

第4章 创建实体与编辑实体的常用工具

本章导读

本章学习创建实体和编辑实体的常用工具，并通过多个案例进行实操练习，巩固所学的知识点。

4.1 创建基本体

Rhino提供了许多用于创建基本体的工具，这些工具都位于“建立实体”工具列中，如图4-1所示。下面讲解其中使用频率较高的工具。

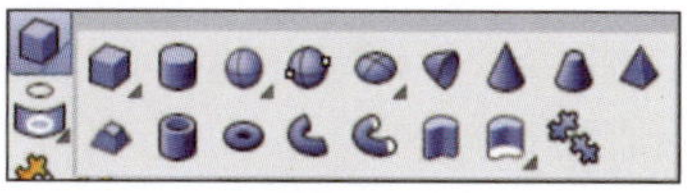

图4-1

4.1.1 立方体

单击“立方体：角对角、高度”工具，如图4-2所示。

根据指令提示确定立方体底面的第一角的位置。这里选择底面中心点为0点（即坐标原点），如图4-3所示。

图4-2

图4-3

单击鼠标右键后，便可以开始绘制立方体，如图4-4所示。

此外，指令提示处还有“对角线”“三点”“垂直”等绘制立方体的方式。这里使用“对角线”的方式绘制立方体，如图4-5所示。

用“对角线”的方式绘制完成的立方体如图4-6所示。

图4-4

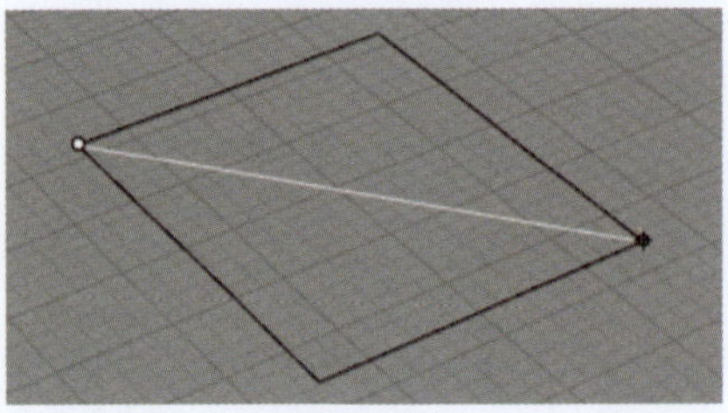

图4-5

图4-6

4.1.2 圆柱体

图4-7

单击“圆柱体”工具，如图4-7所示。

根据指令提示确定底面半径以及圆柱体的高度，如图4-8所示。

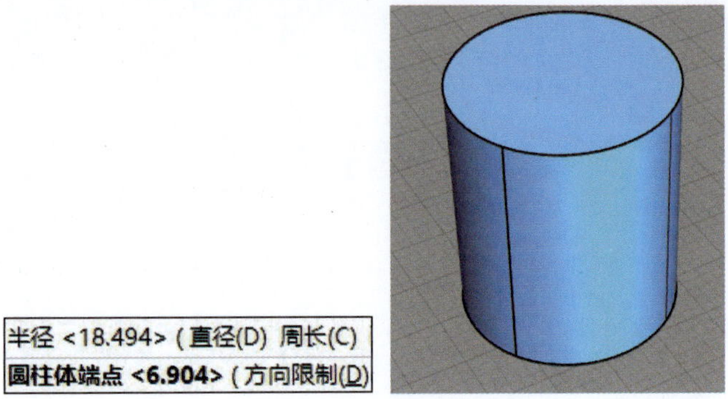

图4-8

4.1.3 球体

单击“球体：中心点、半径”工具，如图4-9所示。

根据指令提示确定球体中心点的位置，如图4-10所示。

再确定球体的半径，完成球体的创建，如图4-11所示。

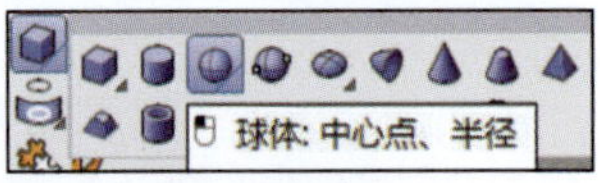

图4-9

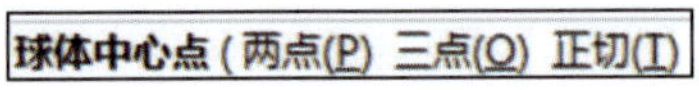

图4-10

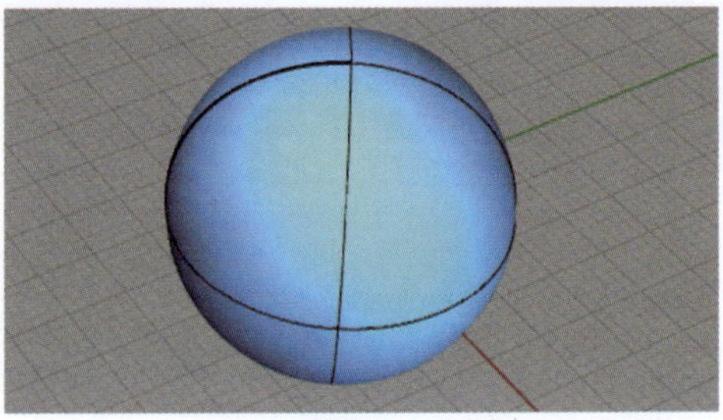

图4-11

4.1.4 圆管

使用“圆管”工具的前提是存在一条路径。在顶视图中绘制一段控制点曲线，如图4-12所示。

单击“圆管（平头盖）”工具，如图4-13所示。

根据指令提示选取路径，这里选择该曲线，如图4-14所示。

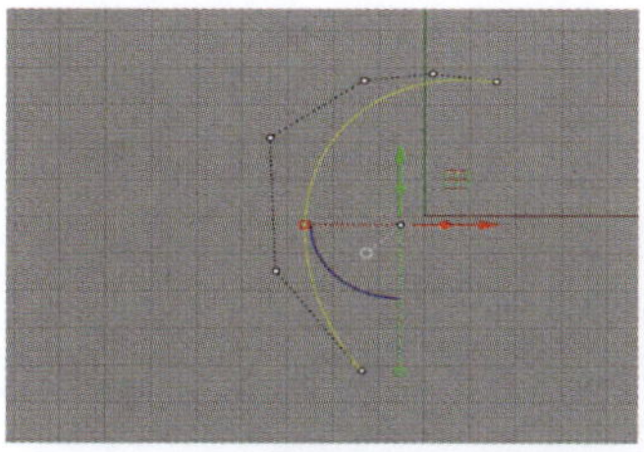

图4-12

图4-13

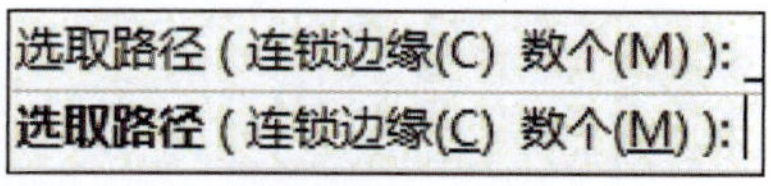

图4-14

此时可以手动控制或输入数值来指定圆管的起点半径和终点半径，如图4-15所示。单击鼠标右键，圆管创建完成，如图4-16所示。

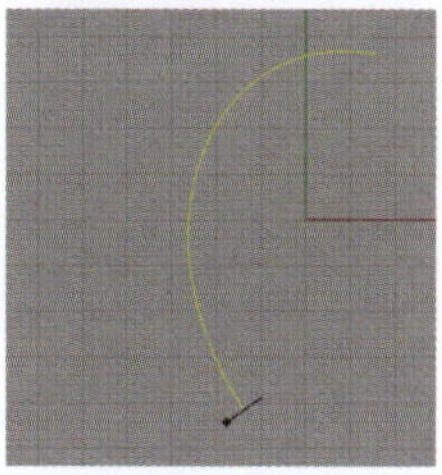

图4-15

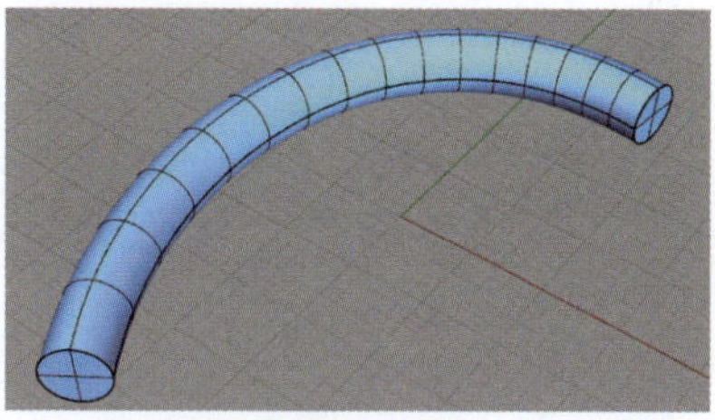

图4-16

若需要圆管（圆头盖），可以使用“圆管（圆头盖）”工具创建，如图4-17所示。

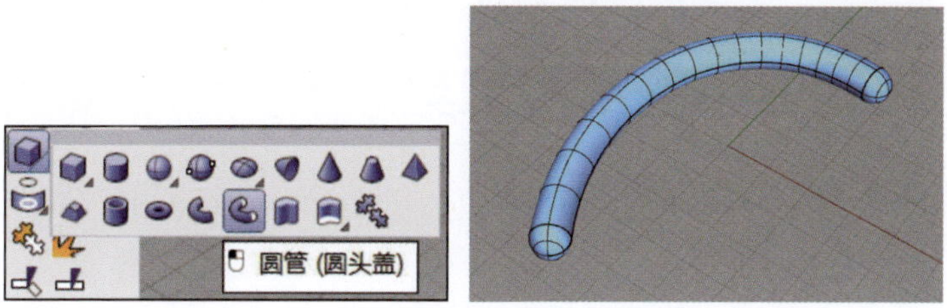

图4-17

4.1.5 案例4-1：小桌子建模

微课视频

为了帮助读者熟悉以上基本体的创建方法，下面讲解小桌子的建模过程，效果如图4-18所示。

第1步：根据参考图在视图窗口中绘制一个立方体，如图4-19所示。

图4-18

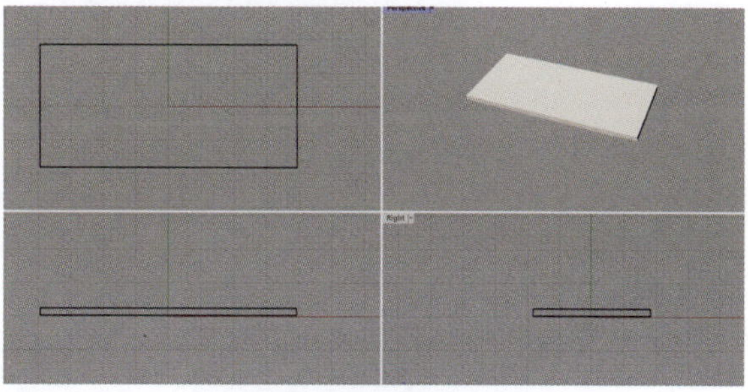

图4-19

第2步：根据参考图，在右视图中绘制3条直线段，如图4-20所示。

第3步：单击“圆管（圆头盖）”工具，如图4-21所示，将上一步绘制的3条直线段制作成圆管，作为桌脚（圆管半径根据桌面比例来设定即可，这里设置半径为0.2）。

第4步：将圆管调整到合适的位置，如图4-22所示。

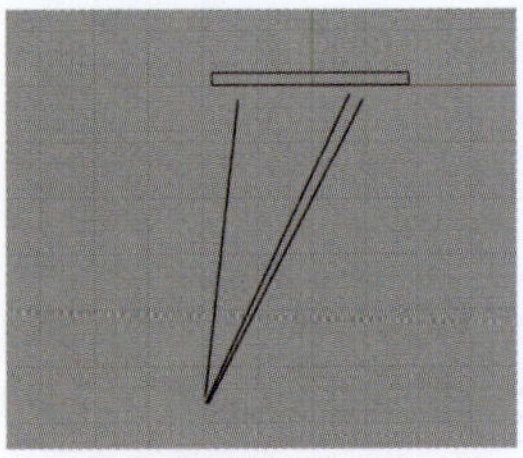

图4-20

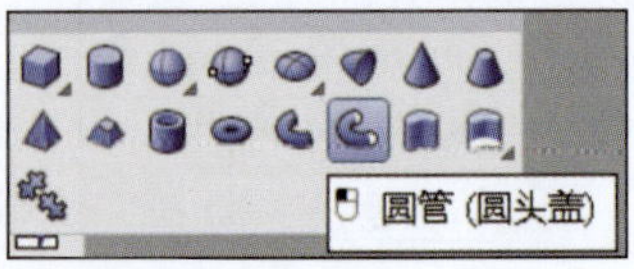

图4-21

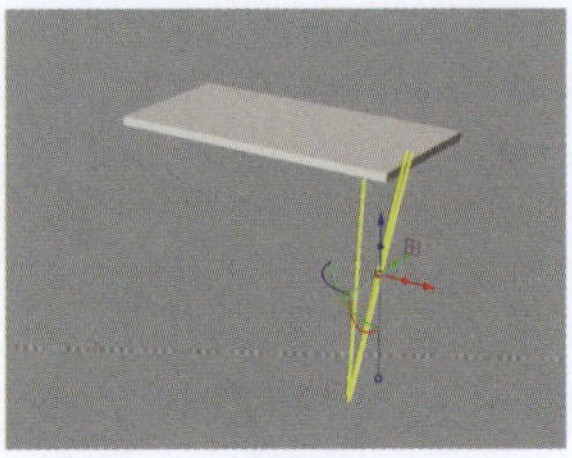

图4-22

第5步：在右视图中，对圆管使用“镜像”工具，实现桌脚的对称效果，如图4-23所示。

第6步：选中右边的所有桌脚，再次使用“镜像”工具，得到左边的所有桌脚，效果如图4-24所示。

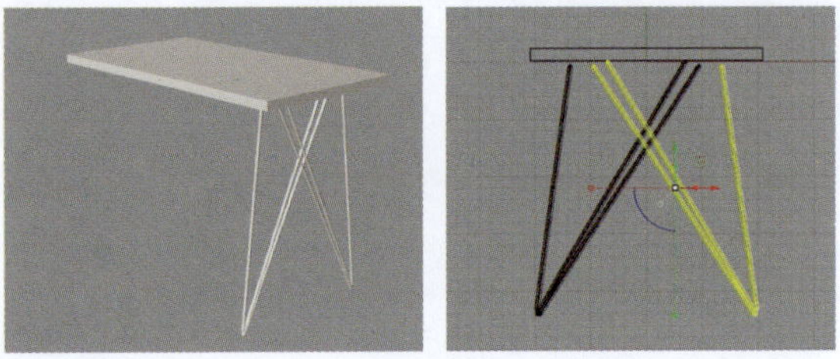

图4-23

图4-24

4.2 编辑实体的常用工具

Rhino中常用于编辑实体的工具都归位“实体工具”工具列中，如图4-25所示。

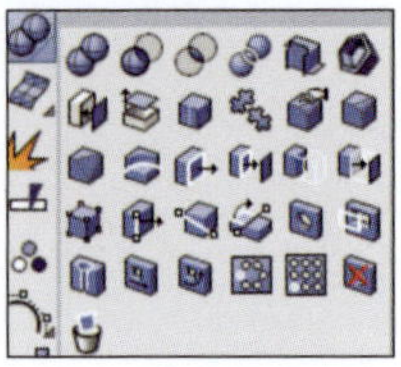

图4-25

4.2.1 布尔运算联集

使用“布尔运算联集”工具可以将两个物件变成一个物件。工作视窗中有两个立方体，如图4-26所示。

单击“布尔运算联集”工具，如图4-27所示。

图4-26

图4-27

根据指令提示依次选取要进行并集运算的曲面或多重曲面，如图4-28所示。

单击鼠标右键确定，此时两个立方体将变成一个物件，如图4-29所示。

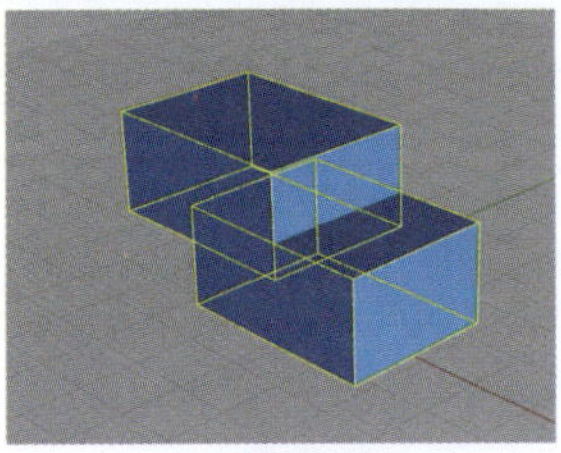

图4-28

图4-29

4.2.2 布尔运算差集

使用“布尔运算差集”工具可以将一个物件与另一个物件的相交部分减去。工作视窗中有一个大的立方体和一个小的立方体，如图4-30所示。

单击“布尔运算差集”工具，如图4-31所示。

图4-30

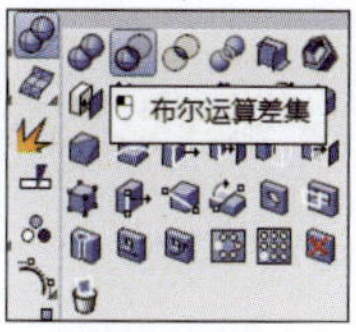

图4-31

根据指令提示选取要被减去的曲面或多重曲面，这里选择较大的立方体，单击鼠标右键确定，如图4-32所示。

根据指令提示再选取要减去其他物件的曲面或多重曲面，这里选择较小的立方体，单击鼠标右键确定，如图4-33所示。

此时两个立方体便完成了差集运算，效果如图4-34所示。

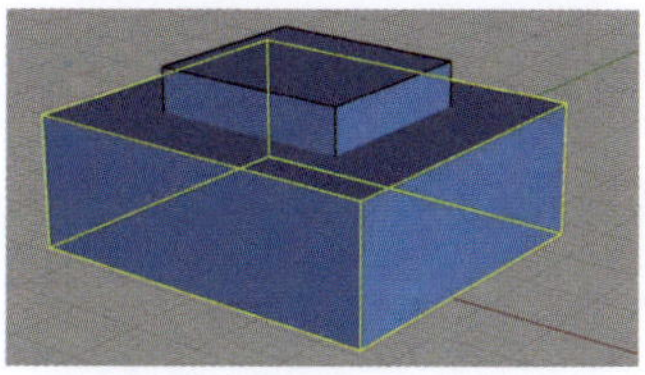

图4-32

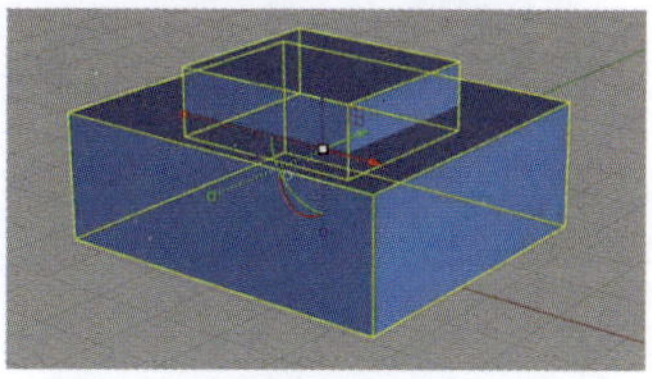

图4-33

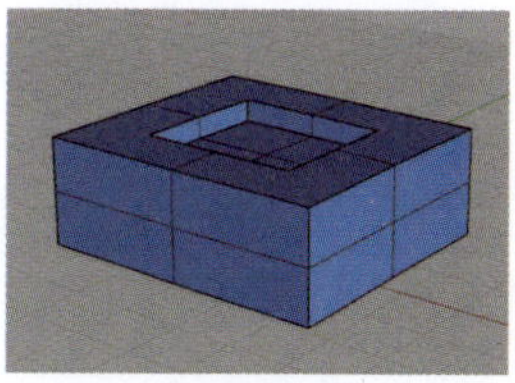

图4-34

4.2.3 布尔运算相交

使用“布尔运算相交”工具可以得到两个物件的相交部分。工作视窗中有一个大的立方体和一个小的圆柱体，如图4-35所示。

单击“布尔运算相交”工具，如图4-36所示。

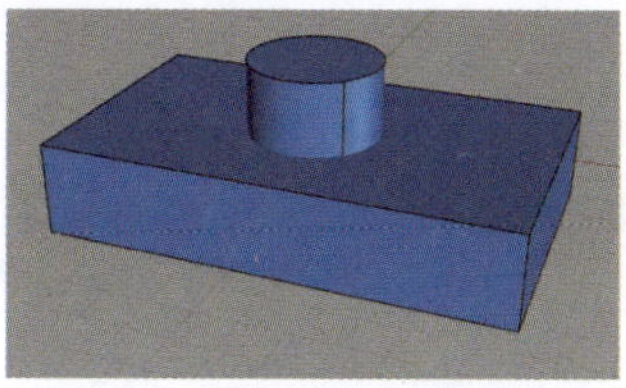

图4-35

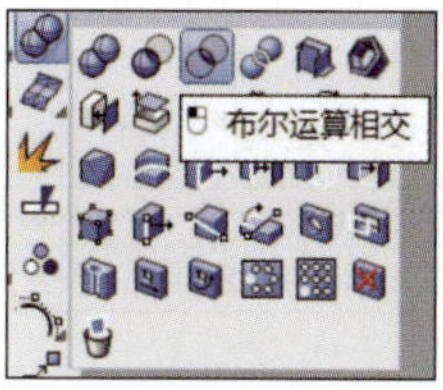

图4-36

根据指令提示选取第一组曲面或多重曲面，这里选取立方体，单击鼠标右键确定，如图4-37所示。

根据指令提示再选取第二组曲面或多重曲面，这里选取圆柱体，单击鼠标右键确定，如图4-38所示。

此时立方体与圆柱体便完成了相交运算，只保留了两个模型的相交部分，如图4-39所示。

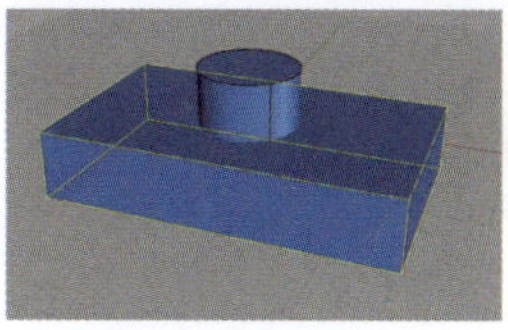

图4-37

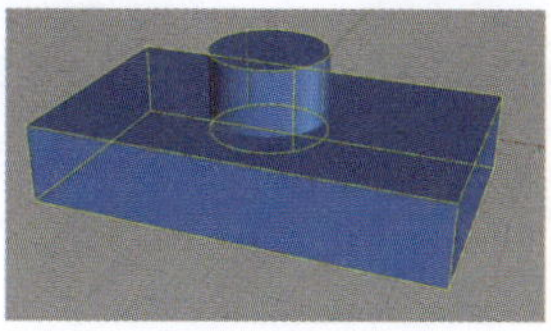

图4-38

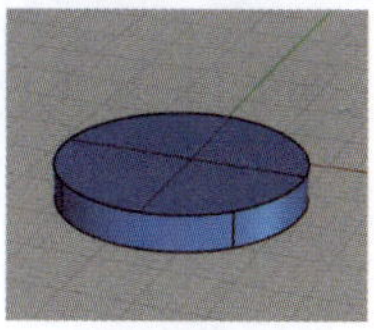

图4-39

4.2.4 布尔运算分割

使用“布尔运算分割”工具可以将一个物件用另一个物件分割成几个部分。工作视窗中有一个大的立方体和一个小的球体，如图4-40所示。

单击“布尔运算分割”工具，如图4-41所示。

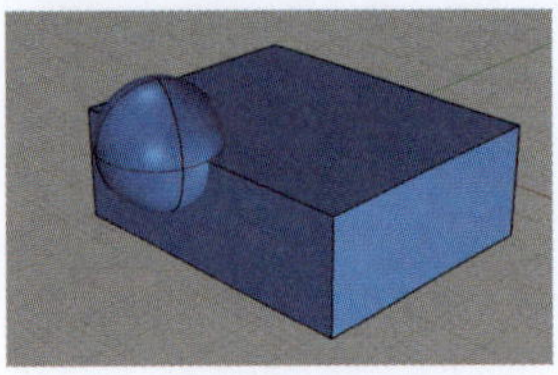

图4-40

图4-41

根据指令提示选取要分割的曲面或多重曲面。若要分割的是立方体则选择立方体，若要分割的是球体则选择球体。根据指令提示再选取切割用的曲面或多重曲面，这里选择球体，单击鼠标右键确定，此时立方体的造型如图4-42所示。

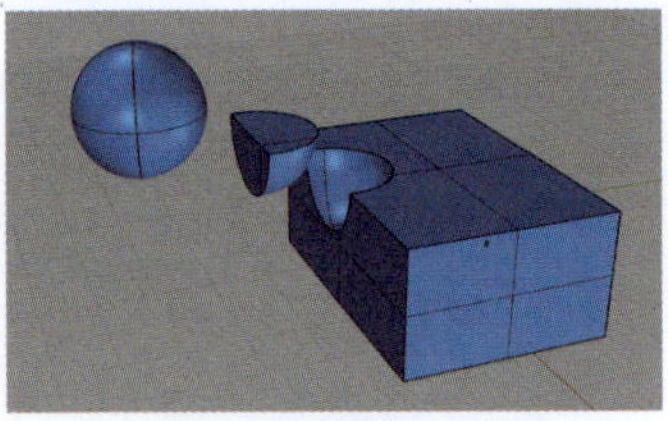

图4-42

4.2.5 边缘圆角与边缘斜角

图4-43

Rhino中的“边缘圆角”工具使用频率非常高，下面具体讲解其使用方法。

单击“边缘圆角”工具，如图4-43所示。

根据指令提示选取要建立圆角的边缘（可以在指令提示处修改圆角的大小），如图4-44所示。

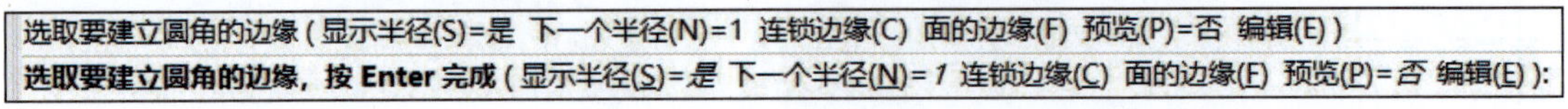
选取要建立圆角的边缘 (显示半径(S)=是 下一个半径(N)=1 连锁边缘(C) 面的边缘(F) 预览(P)=否 编辑(E))
选取要建立圆角的边缘，按 Enter 完成 (显示半径(S)=是 下一个半径(N)=1 连锁边缘(C) 面的边缘(F) 预览(P)=否 编辑(E)):

图4-44

选择完需要建立圆角的边缘之后，该边缘上会出现白色斜线，提示该圆角的大致大小，如图4-45所示。

单击鼠标右键确定，此时拖曳圆角控制杆，可以快速调节圆角的大小，如图4-46所示。

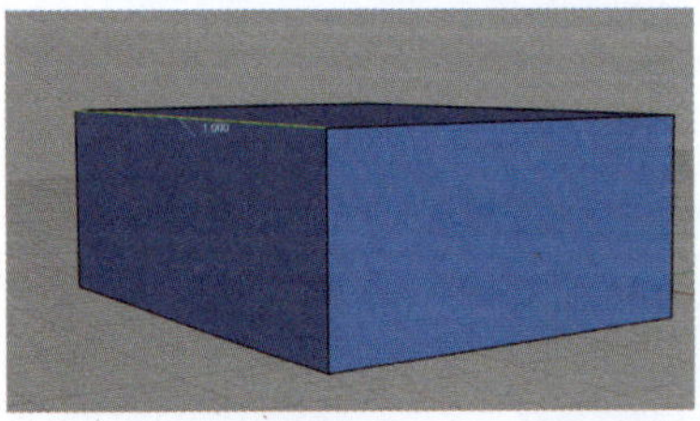

图4-45

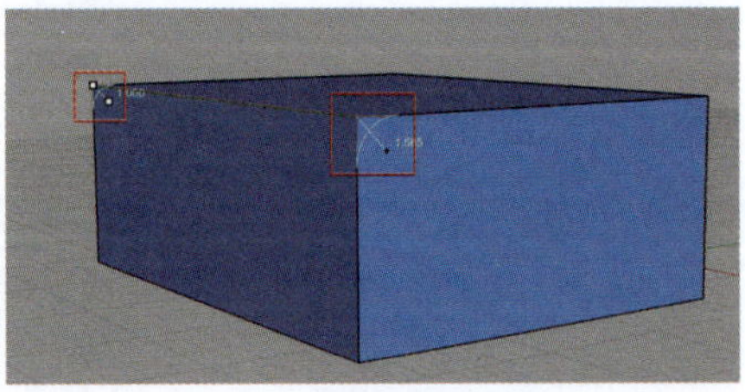

图4-46

单击鼠标右键确定，该边缘便实现了圆角效果，如图4-47所示。

“边缘斜角”工具与“边缘圆角”工具的使用方法类似。图4-48所示为对一个立方体使用“边缘斜角”工具的效果。

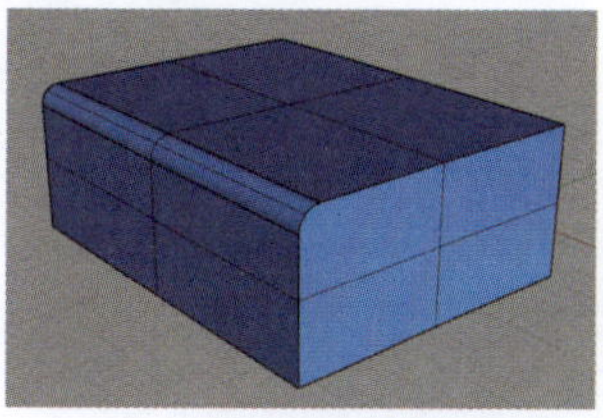

图4-47

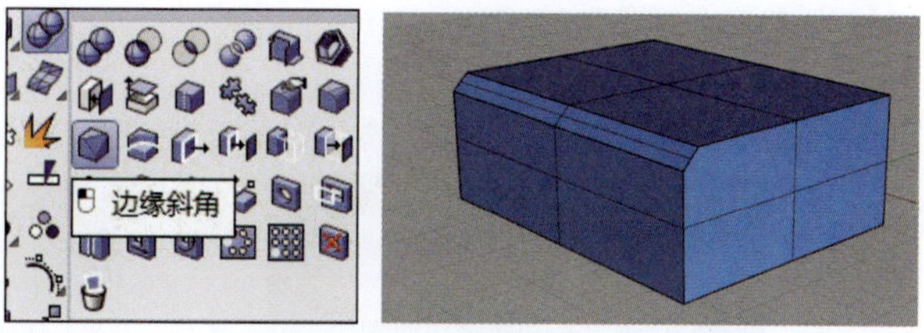

图4-48

提示 对同一个物件的多个边缘建立圆角时，通常先建立较大的圆角，再建立较小的圆角，否则物件将会破面。

4.2.6 线切割

Rhino中的“线切割”工具常用于制作模型的分模线。该工具的使用前提是要有一个被切割的物件和一条切割用的线，如图4-49所示。

单击“线切割”工具，如图4-50所示。

根据指令提示先选取切割用的曲线，再选取要切割的物件。单击鼠标右键之后，将确定第一切割深度点，如图4-51所示。

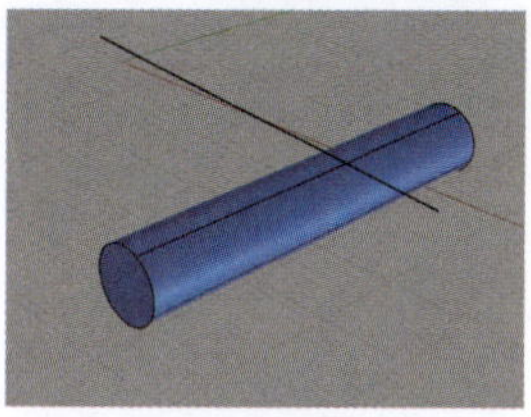

图4-49

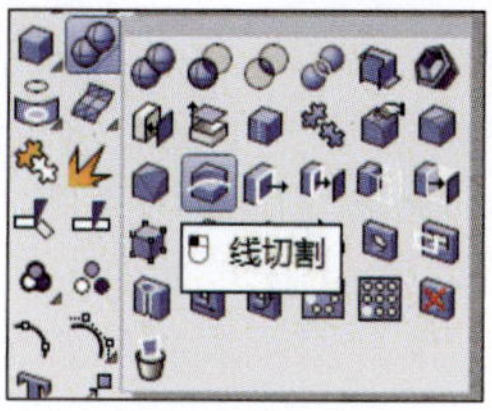

图4-50

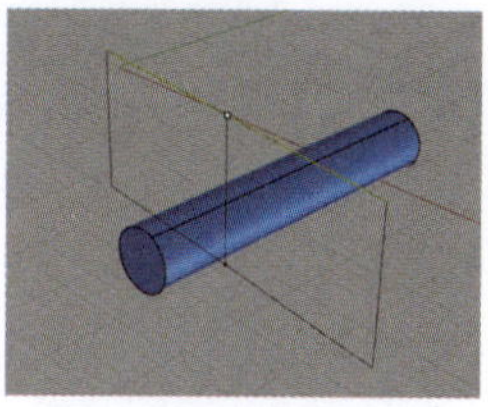

图4-51

然后确定第二切割深度点，如图4-52所示。

此时圆柱体便已被该曲线切割成了两个部分，如图4-53所示，在指令提示处可以选择是否保留被切割的部分。

单击鼠标右键结束指令，便实现了切割圆柱体的效果，如图4-54所示。

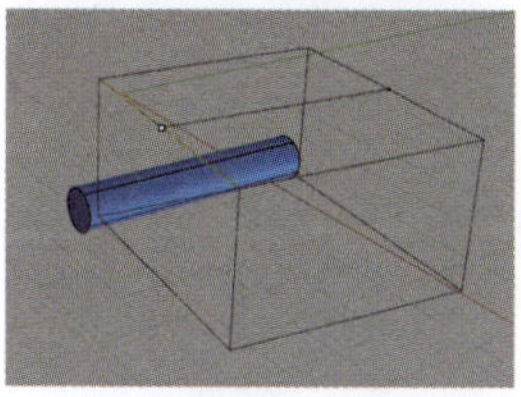

图4-52

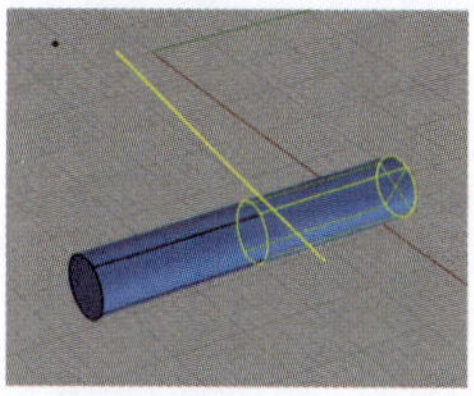

图4-53

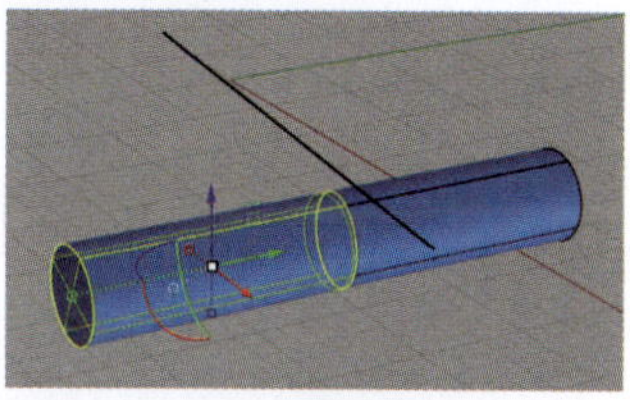

图4-54

此时对切割物件的两端分别倒角（边缘圆角），设置一个较小的数值，便可实现常见的分模线的效果，如图4-55所示。

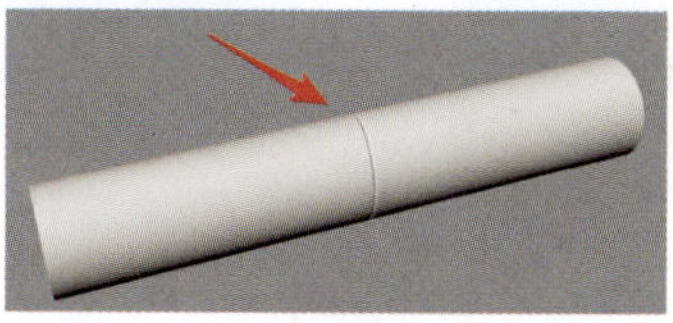

图4-55

4.2.7 案例4-2：纸巾盒建模

微课视频

下面制作一个纸巾盒造型的模型，效果如图4-56所示。

第1步：在右视图中绘制十字参考线，以便后续建模，如图4-57所示。

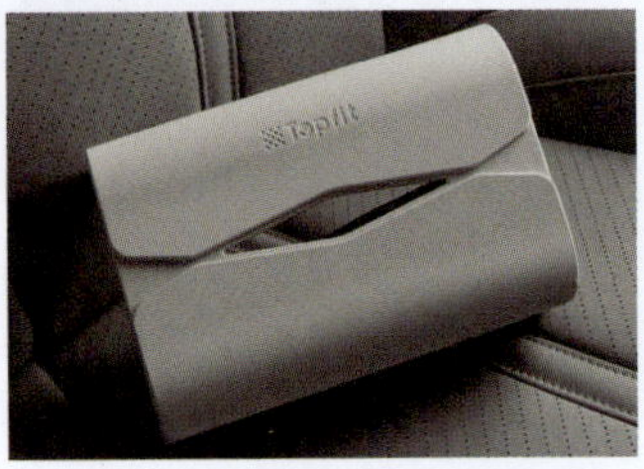

图4-56

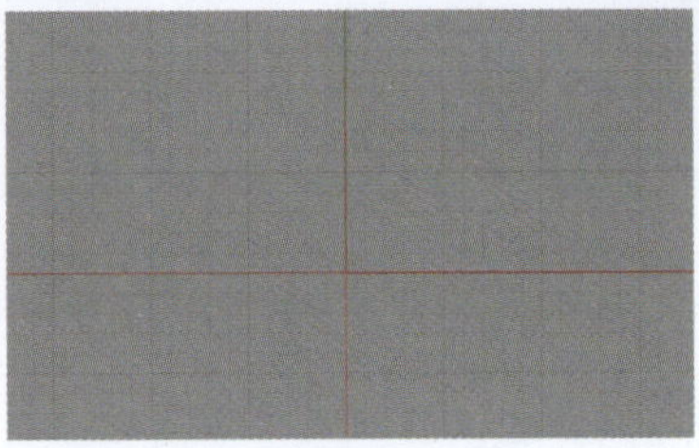

图4-57

第2步：在右视图中绘制圆角矩形，如图4-58所示。

第3步：打开曲线控制点，将下面的6个控制点往下拖曳，如图4-59所示，这一步是便于后面修剪纸巾盒下面不平的部分。

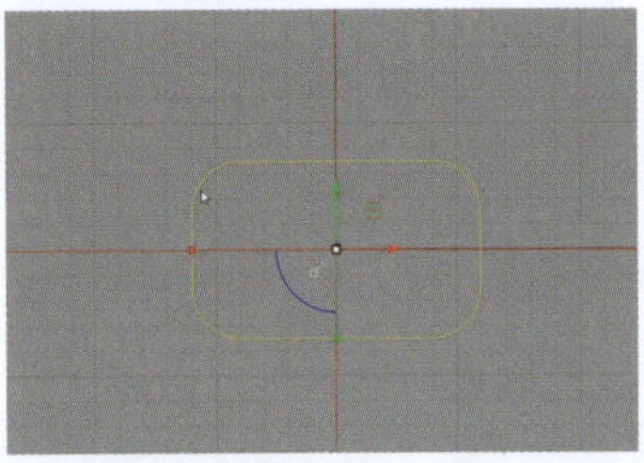

图4-58

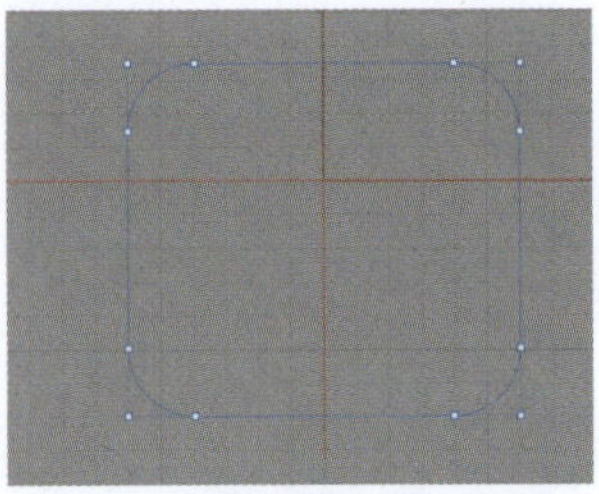

图4-59

第4步：在下面绘制一条直线段，该直线段稍高于底部圆角即可，分别对该直线段和圆角矩形执行挤出操作，效果如图4-60所示。

第5步：单击“布尔运算分割”工具，用平面将实体分割，并删除该平面和下面的部分，效果如图4-61所示。

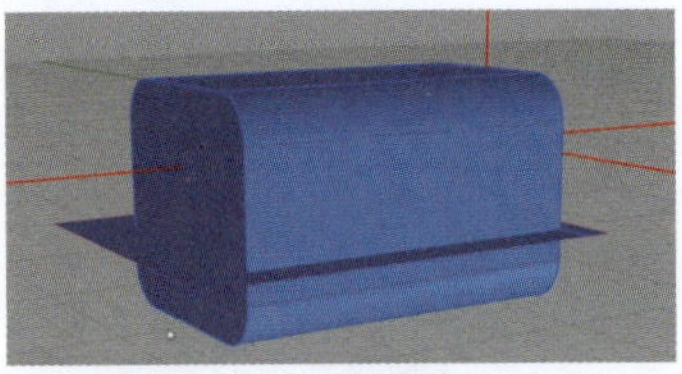

图4-60

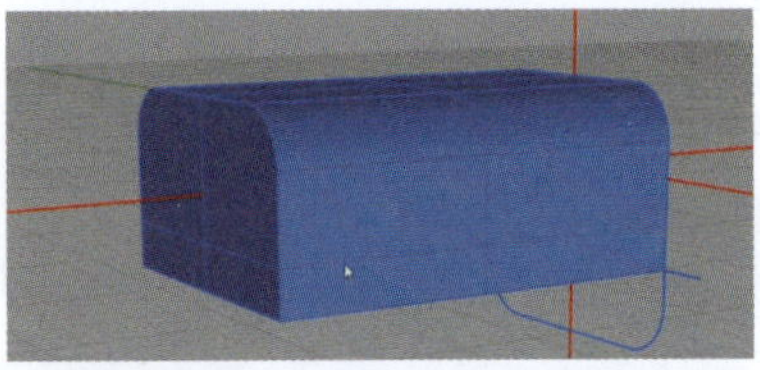

图4-61

第6步：炸开该实体，选中外部的一圈面，不包括底面和左右两侧的面，如图4-62所示。

第7步：将选中的面组合并原地复制，再将其偏移出一定的厚度（此时偏移后可以形成实体），如图4-63所示。

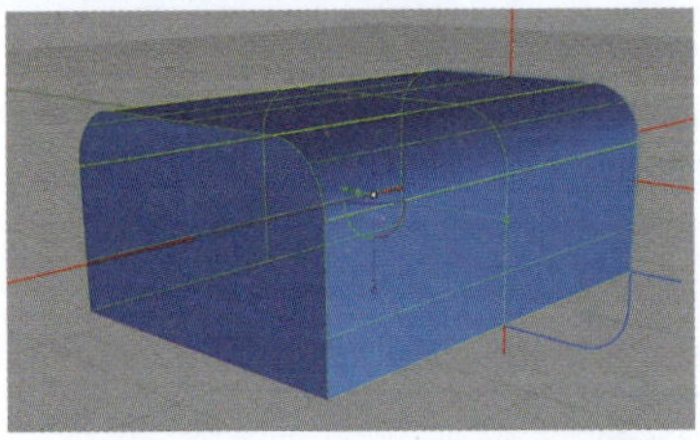

图4-62

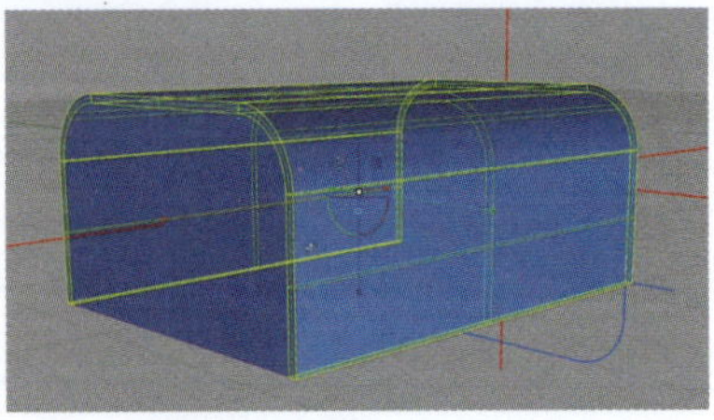

图4-63

第8步：在顶视图中绘制直线段，然后在透视图中挤出该直线段，使其成为一个平面，如图4-64所示。

第9步：单击“布尔运算分割”工具，用该平面将实体分割成两个部分，并只保留一半的造型，如图4-65所示。

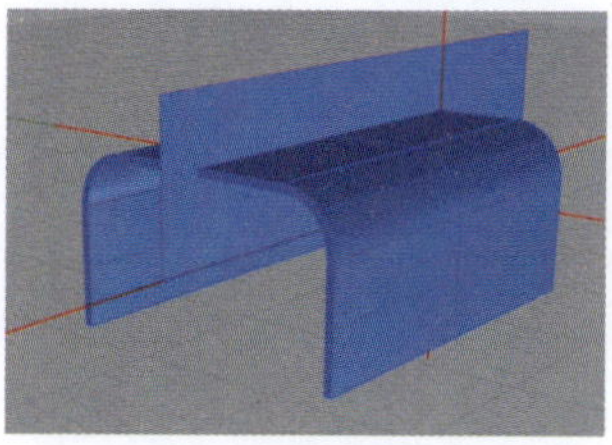

图4-64

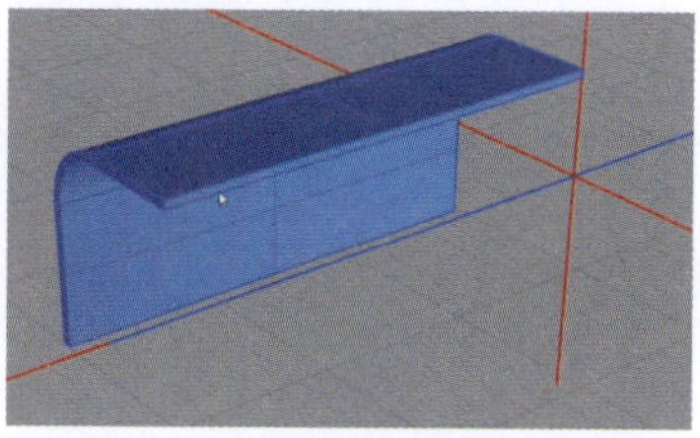

图4-65

第10步：在顶视图中绘制切割线，可以先绘制一半，再对其进行镜像，如图4-66所示。

第11步：将该切割线先向上挤出一定的高度，再向右挤出一定的厚度，如图4-67所示。

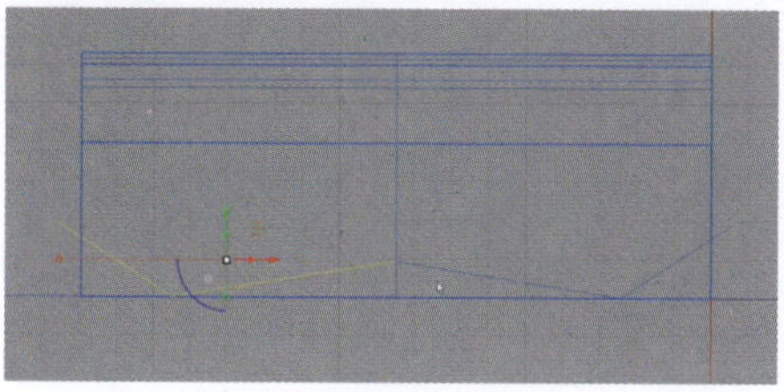

图4-66

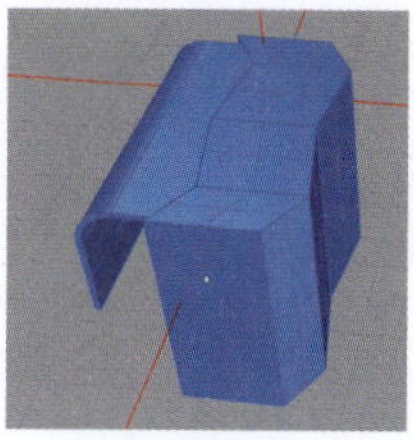

图4-67

第12步：单击“布尔运算差集”工具，用圆角矩形造型减去挤出造型，对修剪完成的造型进行倒角（先倒较大的角度，再倒较小的角度）处理，如图4-68所示。

第13步：镜像得到另一半的造型，如图4-69所示。

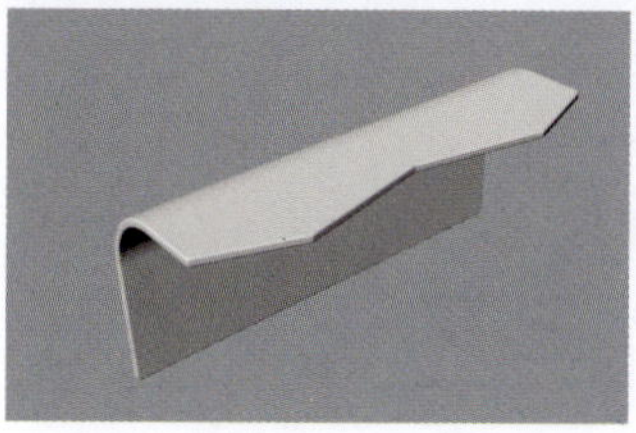

图4-68

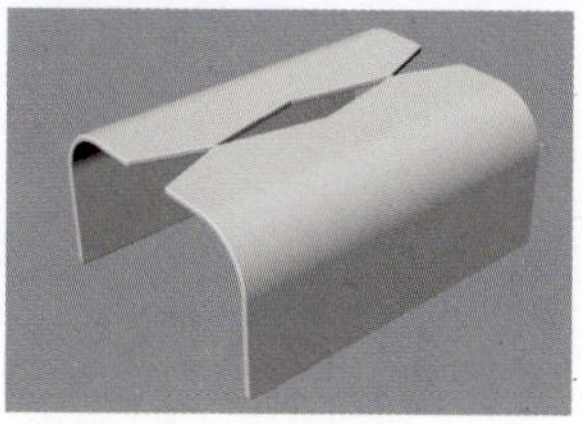

图4-69

第14步：内部造型的制作方法同上，依次执行绘线—封闭平面曲线—沿着直线段挤出—布尔运算差集—倒角的步骤即可，在此不再赘述，效果如图4-70所示。

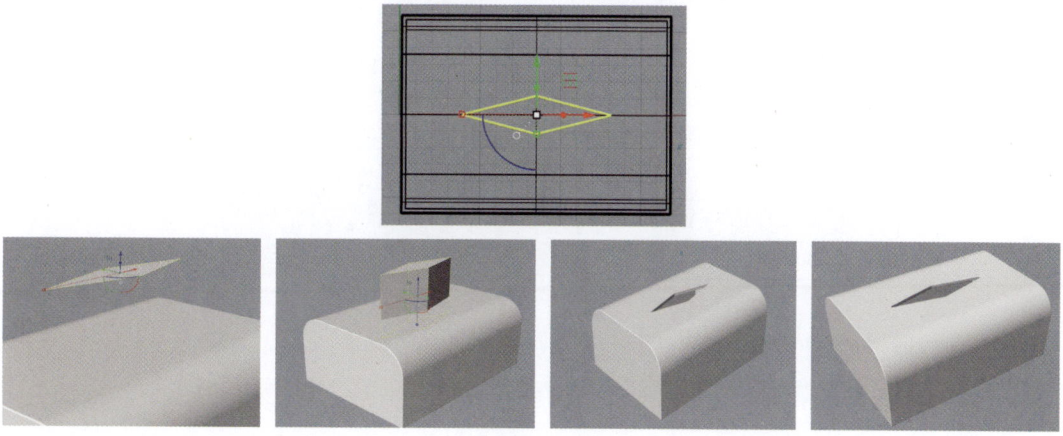

图4-70

第15步：显示所有物件，完成该纸巾盒的建模，效果如图4-71所示。

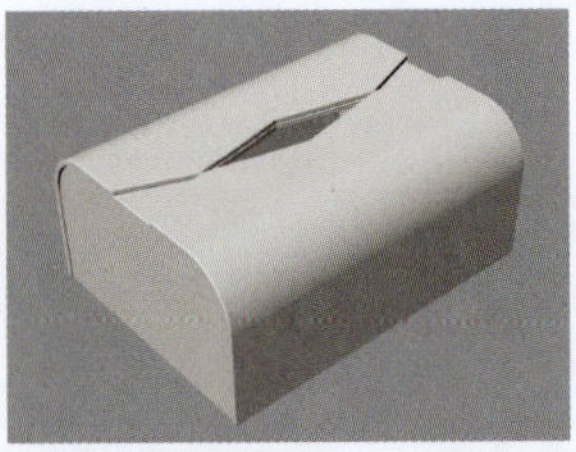

图4-71

4.3 从物件建立曲线

“从物件建立曲线”工具列如图4-72所示。

图4-72

4.3.1 投影曲线或控制点

使用“投影曲线或控制点”工具可以将曲面外的一条曲线投影至曲面上。工作视窗中有一条曲线和一个球体，如图4-73所示。

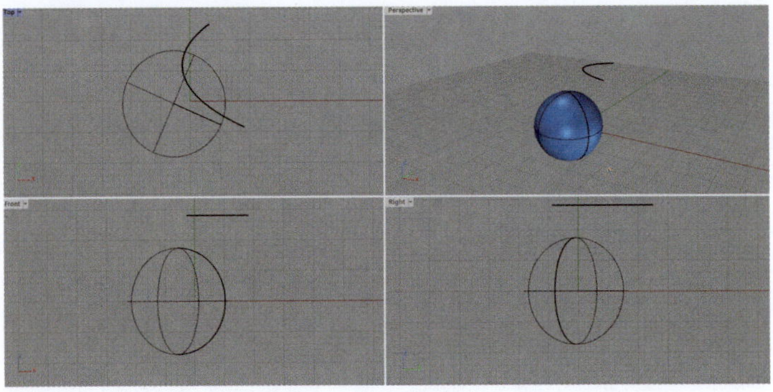

图4-73

单击“投影曲线或控制点”工具，如图4-74所示。

根据指令提示选取要投影的曲线，单击鼠标右键确定，如图4-75所示。

图4-74

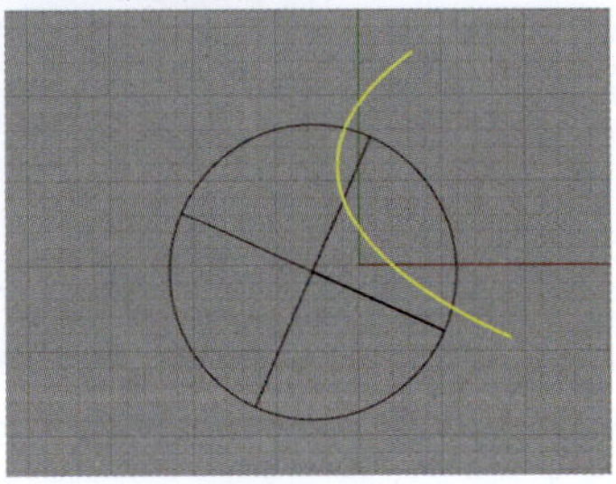

图4-75

根据指令提示再选取要投影至其上的曲面、多重曲面、细分物件或网格，这里选择球体。单击鼠标右键结束指令，可以看到曲线已经投影到球体表面上了，如图4-76所示。

> **提示** 在使用“投影曲线或控制点”工具时，需要在对应的视图中投影才会有效果。例如，要将曲线投影到物件的前面，就需要在前视图中操作。如果在透视图中操作，结果会有误差。

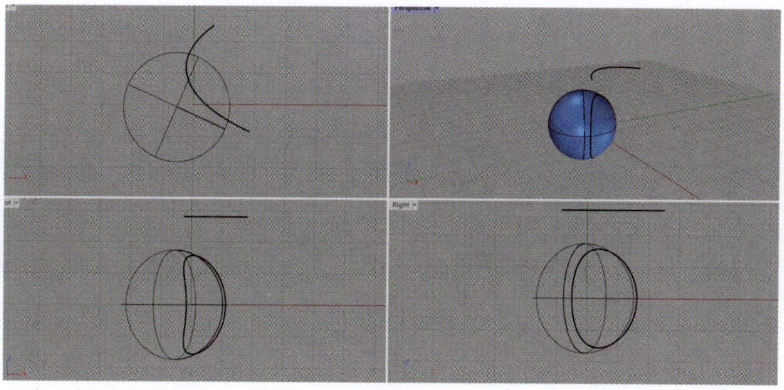

图4-76

4.3.2 复制边缘

使用“复制边缘”工具可以复制曲面、实体、多重曲面上的边缘线。

工作视窗中有一个圆柱体，如图4-77所示。

单击“复制边缘”工具，如图4-78所示。

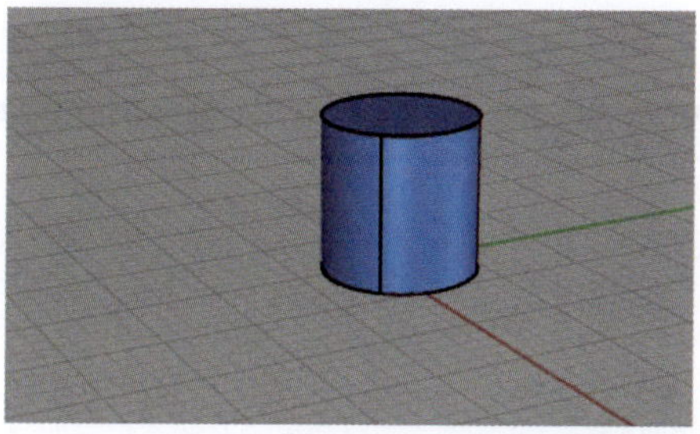

图4-77

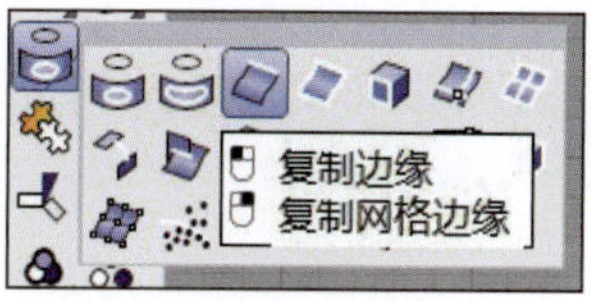

图4-78

根据指令提示选取要复制的边缘，这里选择顶部边缘，如图4-79所示。

单击鼠标右键，向上拖曳蓝色箭头，可以看到复制出来的边缘线，如图4-80所示。

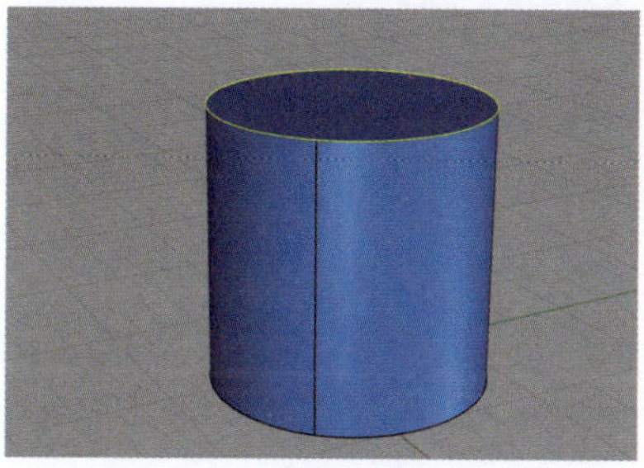

图4-79

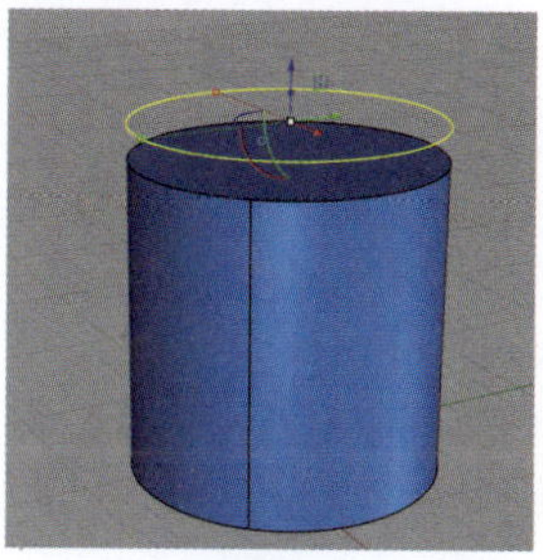

图4-80

4.3.3 抽离结构线

使用“抽离结构线”工具可在曲面上提取出来得到一条全新的曲线。

单击“抽离结构线”工具，如图4-81所示。

根据指令提示选取要抽离结构线的曲面，如图4-82所示。

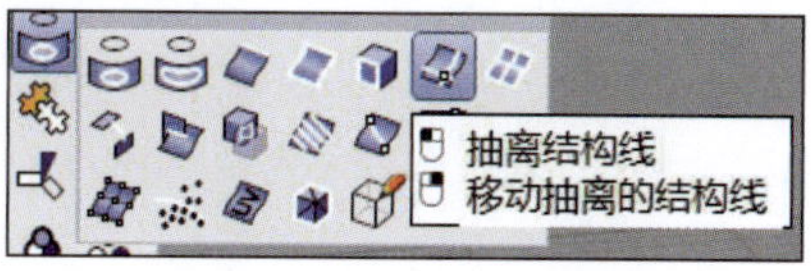

图4-81

此时可以在指令提示处切换选取结构线的方向，如图4-83所示。

单击即可添加一条全新的曲线，如图4-84所示。

单击鼠标右键结束指令，此时便从该圆柱体上抽离出了一条结构线，如图4-85所示。

图4-82

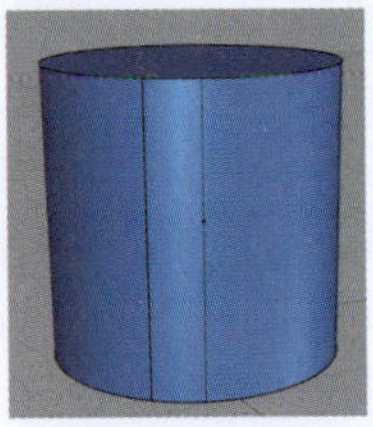

图4-83

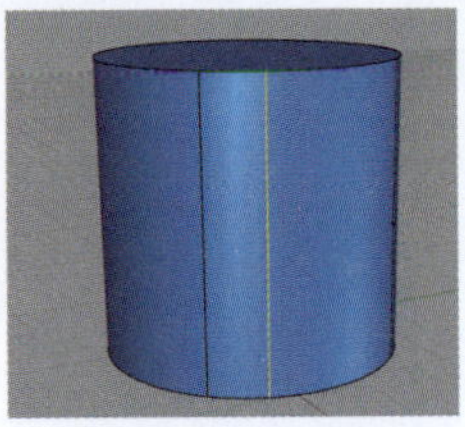

图4-84

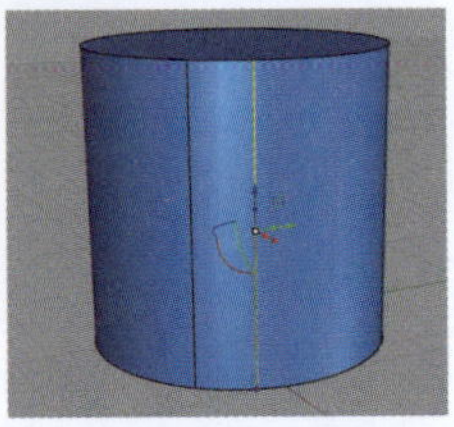

图4-85

4.3.4 抽离线框

使用“抽离线框”工具可以直接抽离曲面上的所有结构线。

单击“抽离线框”工具，如图4-86所示。

根据指令提示选取要转换为曲线的曲面、实体、网格或细分物件，这里选择圆柱体，如图4-87所示。

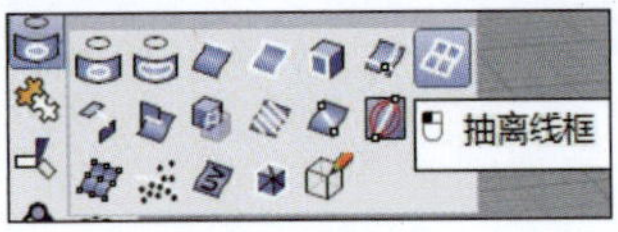

图4-86

图4-87

单击鼠标右键，向左拖曳绿色箭头，可以看到该圆柱体的所有结构线都被抽离出来了，如图4-88所示。

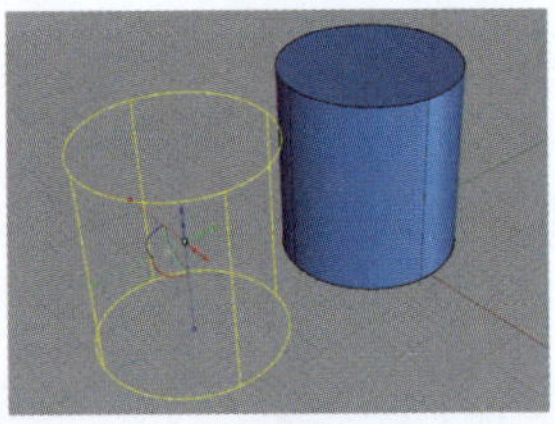

图4-88

4.3.5 案例4-3：手电筒建模

微课视频

下面制作一个手电筒造型的模型，效果如图4-89所示。

1. 上半部分建模

第1步：在前视图中导入参考图，并将其锁定，如图4-90所示。

第2步：根据参考图绘制轮廓线条，如图4-91所示。

第3步：使用“旋转成形”工具得到上半部分的造型，如图4-92所示。

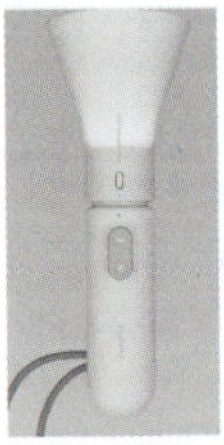

图4-89

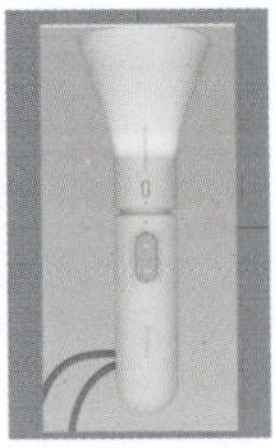

图4-90

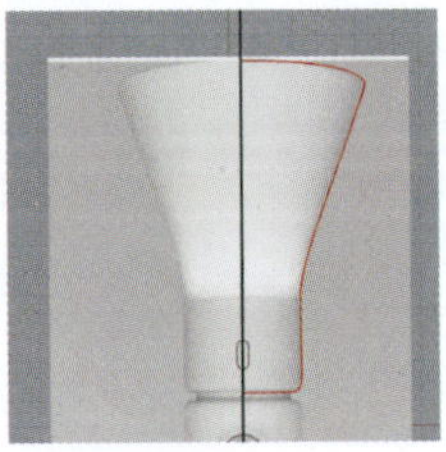

图4-91

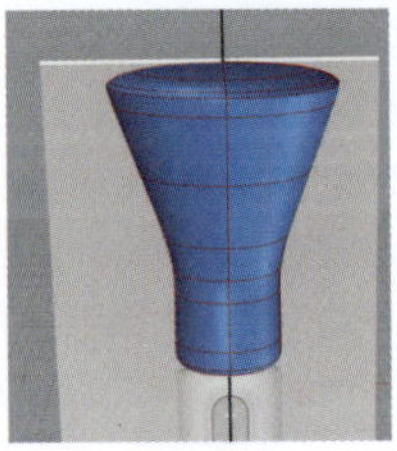

图4-92

第4步：使用“抽离结构线”工具抽离顶部结构线，如图4-93所示。

第5步：使用该结构线分割上半部分的造型，如图4-94所示。

第6步：偏移该造型，使其具有一定的厚度，如图4-95所示。

第7步：在中间衔接部分创建一个圆柱体，如图4-96所示。

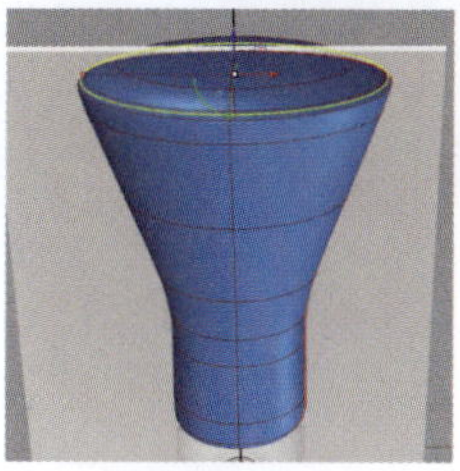
图4-93

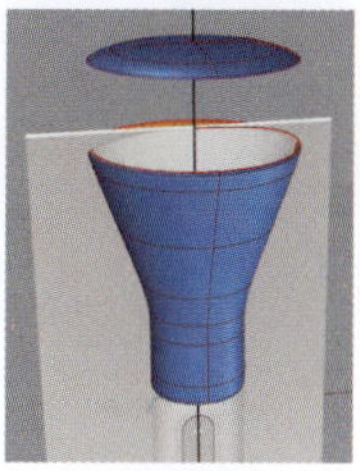
图4-94

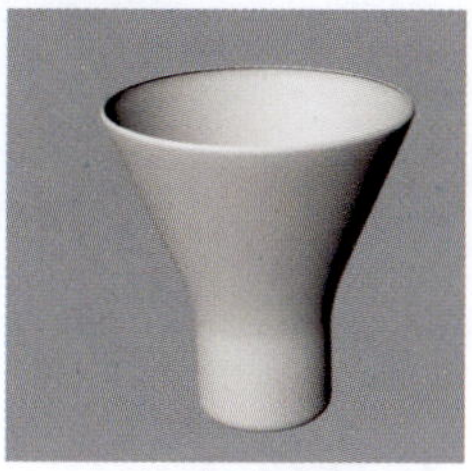
图4-95

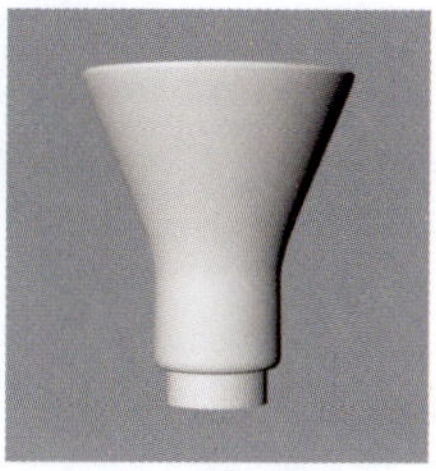
图4-96

2. 下半部分建模

第1步：绘制一条直线段，该直线段的长度可以超过下半部分的造型（多余部分后续修剪），如图4-97所示。

第2步：将该直线段作为路径，使用“圆管（圆头盖）”工具制作圆管，如图4-98所示。

第3步：根据参考图绘制直线段并挤出为平面，使用“布尔运算差集”工具和该平面将圆管切割成两个部分，如图4-99所示。

第4步：隐藏或删除上方造型以及平面，并在下方造型的衔接处建立圆角，如图4-100所示。

第5步：在前视图中绘制一大一小两个圆角矩形，并投影这两个曲线到下方实体造型上，如图4-101所示。

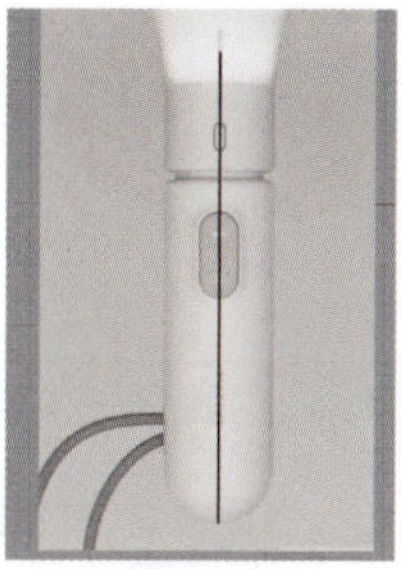
图4-97

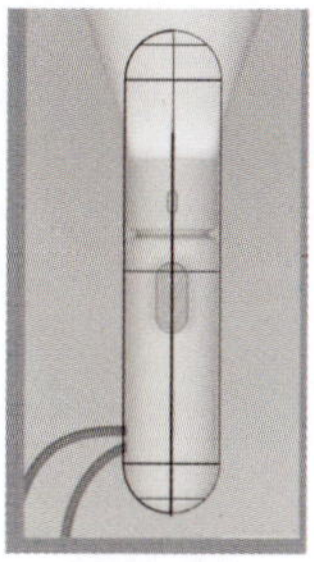
图4-98

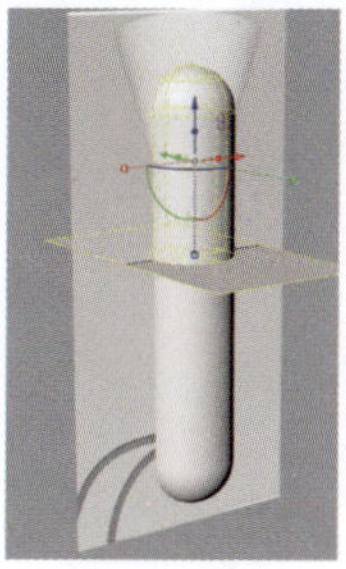
图4-99

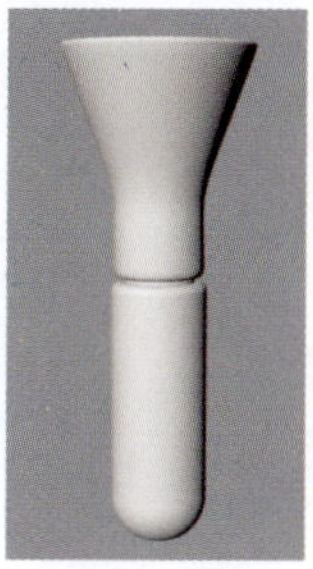
图4-100

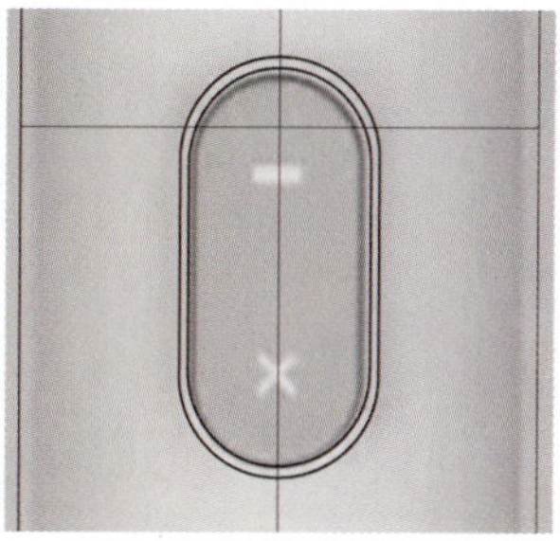
图4-101

第6步：使用“分割”工具将下方造型分割成3个部分，如图4-102所示。

第7步：删除中间较小的面，并将内部圆角矩形的面往外挤出一定的距离，如图4-103所示。

第8步：使用“混接曲面”工具，根据指令提示，依次选取两个曲面的边缘，单击鼠标右键确定，在弹出的“调整曲面混接”参数栏中调整上下两个滑块，可以调节曲面混接的最终效果，调整到合适的造型之后，单击鼠标右键结束该指令，如图4-104所示。

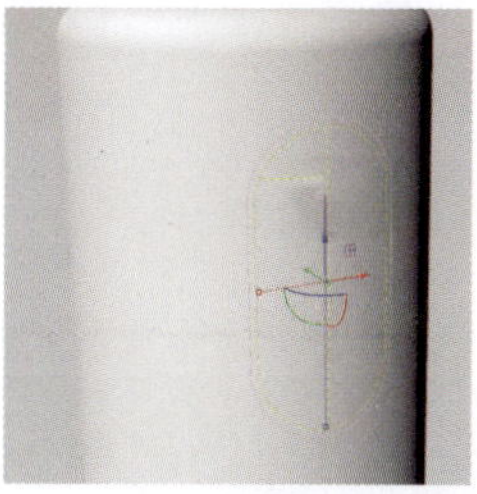
图4-102

图4-103

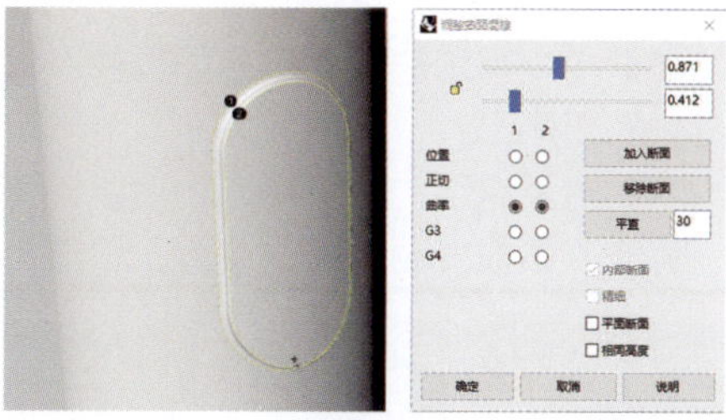

图4-104

第9步：提取外部圆角矩形的曲线，将其缩小并挤出一定的距离，如图4-105所示。

第10步：使用“布尔运算差集”工具将按钮造型修剪成两个部分，并对衔接处进行倒角处理，如图4-106所示。

第11步：显示所有的物件并隐藏所有的线，完成手电筒造型，效果如图4-107所示。

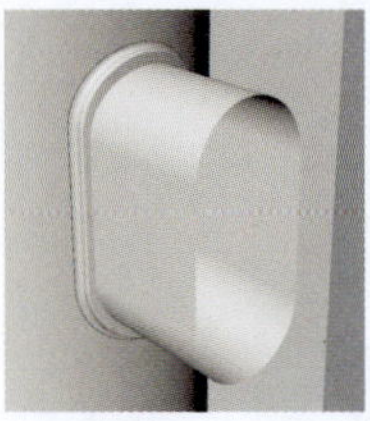

图4-105

图4-106

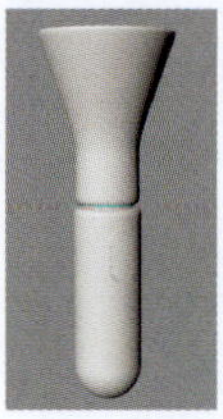

图4-107

4.3.6 拓展知识：群组与解组

“群组物件”工具与“解散群组”工具如图4-108所示。

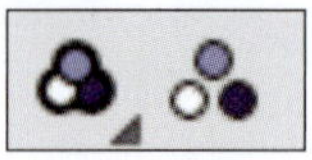

图4-108

与“组合”工具不同，“群组物件”工具可以将多个不同属性的物件编为一组，这些物件并未合并成单个对象，只是方便进行批量选择或移动。将立方体与曲线群组之后一起选中，如图4-109所示。

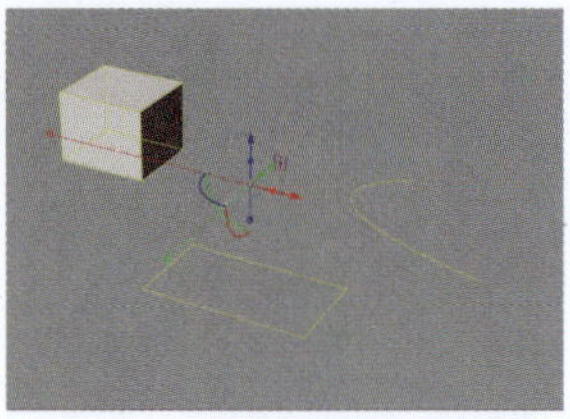

图4-109

使用“解散群组”工具进行解组，可将群组中的物件恢复为各自独立的物件。

4.4 变动类工具

Rhino中的“变动”工具列如图4-110所示。

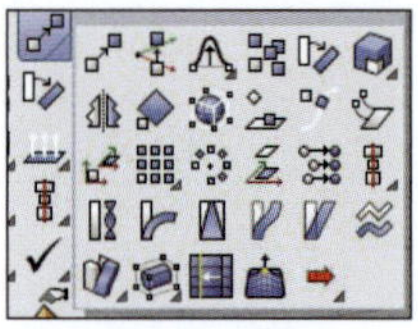

图4-110

4.4.1 移动物件

使用“移动”工具比使用操作轴移动物件更加精确。

单击“移动”工具，如图4-111所示。

图4-111

根据指令提示选取要移动的物件，这里选择左侧的立方体，单击鼠标右键确定，如图4-112所示。

若此时开启了“物件锁点”功能，可以拖曳该立方体的一个顶点，如图4-113所示。

将立方体拖曳至所需位置后，单击，效果如图4-114所示。

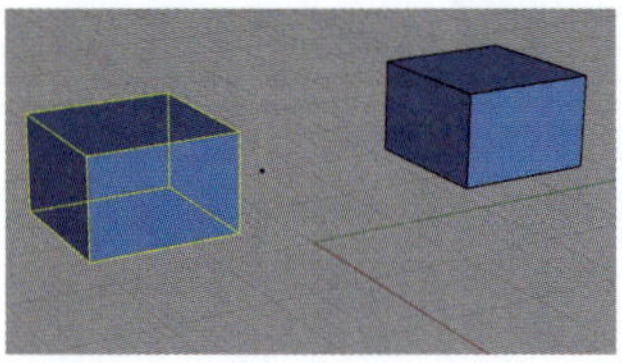

图4-112

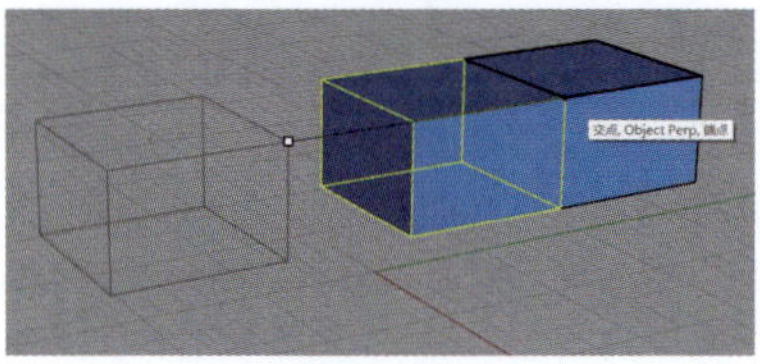

图4-113

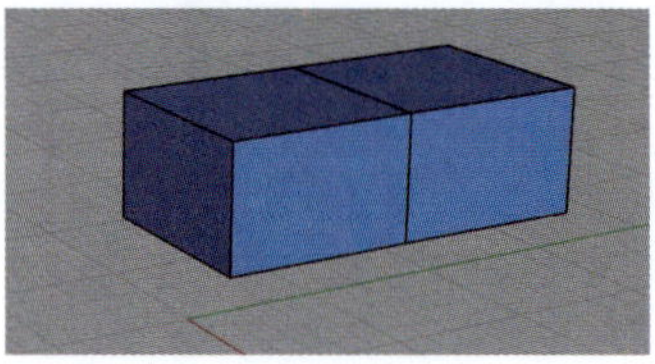

图4-114

4.4.2 复制物件

图4-115

在Rhino中，除了可以在移动物件的同时按住Alt键以复制物件之外，还可以直接使用“复制”工具复制物件。

单击“复制”工具，如图4-115所示。

根据指令提示选取要复制的物件，这里选择立方体，单击鼠标右键确定，如图4-116所示。

根据指令提示确定复制的起点和终点，如图4-117所示。

单击鼠标右键结束复制指令，如图4-118所示。

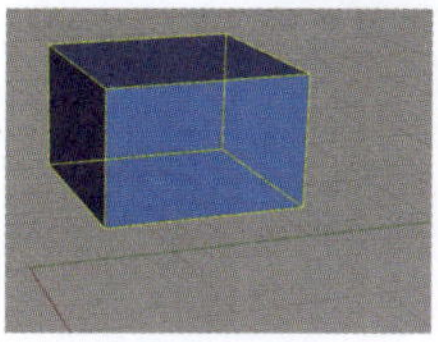
图4-116

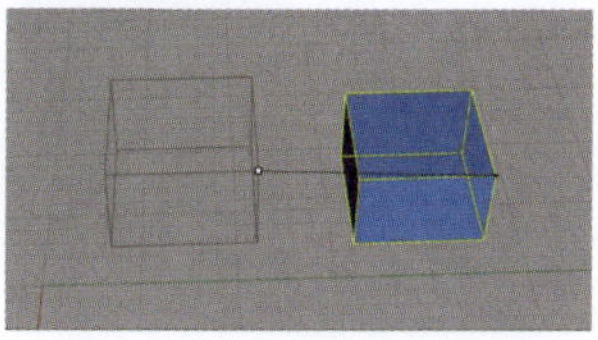
图4-117

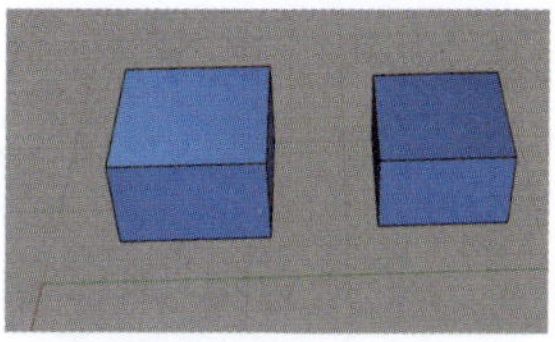
图4-118

使用鼠标右键单击“原地复制物件”工具，如图4-119所示。

此时，复制得到的物件将与原物件重合，如图4-120所示。

图4-119

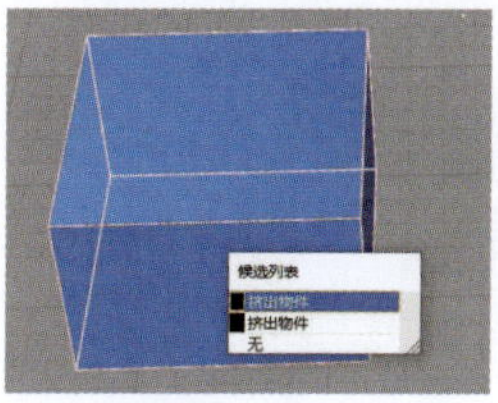
图4-120

4.4.3 旋转物件

Rhino提供了“2D旋转”和“3D旋转”两种用于旋转物件的工具，它们的使用方法类似，这里只介绍“2D旋转”工具的使用方法。

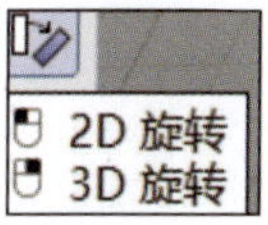

图4-121

单击“2D旋转”工具，如图4-121所示。

根据指令提示选取要旋转的物件，这里选择立方体，单击鼠标右键确定，如图4-122所示。

根据指令提示确定旋转的中心点和旋转角度，如图4-123所示。

根据指令提示，单击确定第二参考点的位置，此时该物件便已完成了2D旋转，如图4-124所示。

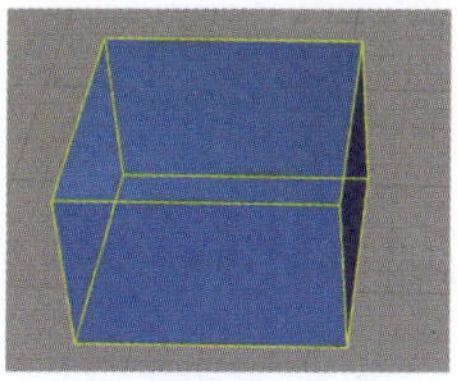
图4-122

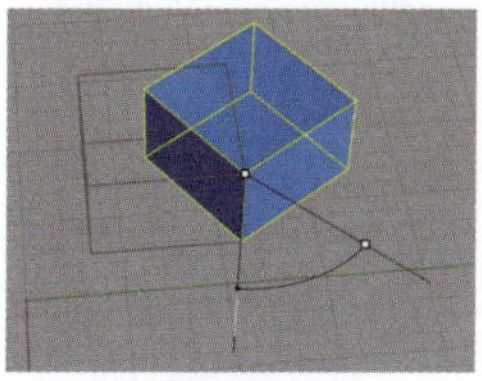
图4-123

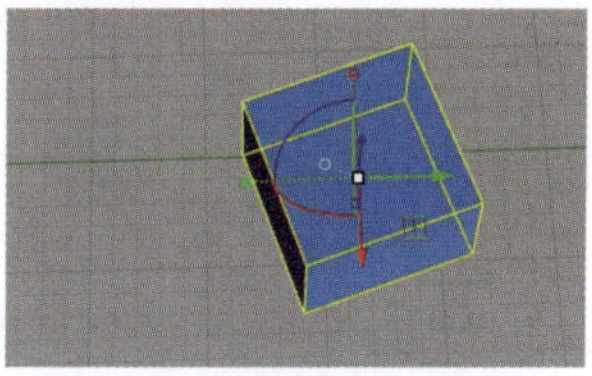
图4-124

4.4.4 缩放物件

Rhino中较为常用的缩放物件的工具是“三轴缩放”“二轴缩放”“单轴缩放”，如图4-125所示。

使用“三轴缩放”工具可以同时沿3个轴向缩放物件，使用“二轴缩放”工具可以同时沿两个轴向缩放物件，使用“单轴缩放”工具只能沿一个轴向缩放物件。这里以“三轴缩放”工具为例讲解缩放工具的使用方法。

单击“三轴缩放”工具，如图4-126所示。

根据指令提示选取要缩放的物件，这里选择立方体，单击鼠标右键确定，如图4-127所示。

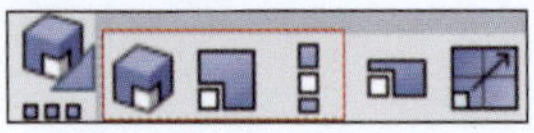
图4-125

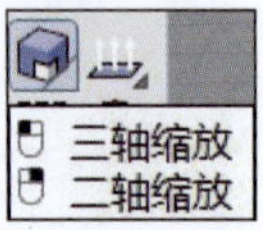

图4-126

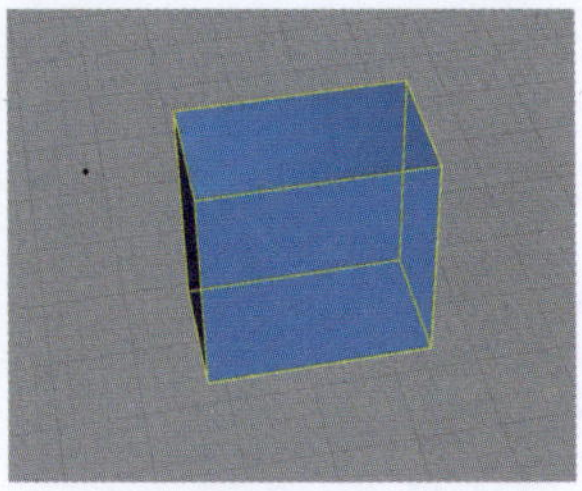
图4-127

确定基准点和第一参考点的位置，如图4-128所示。

确定第二参考点的位置，该物件便实现了三轴缩放，如图4-129所示。

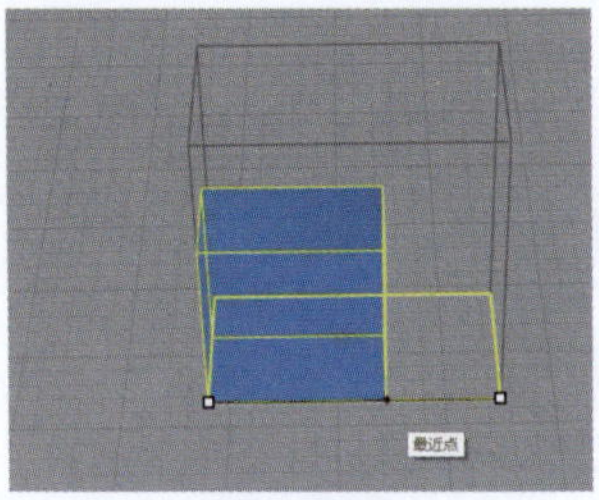
图4-128

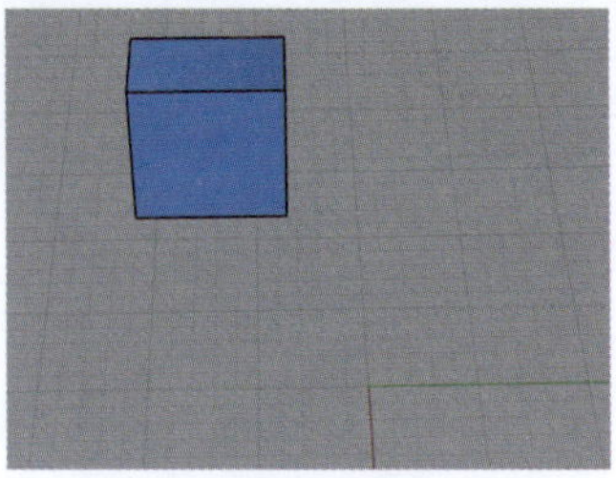
图4-129

4.4.5 镜像物件

Rhino中，“镜像”工具的使用频率非常高，镜像的物件类型不受限制。

直线段的左侧有一个圆管模型，如图4-130所示。

单击“镜像”工具，如图4-131所示。

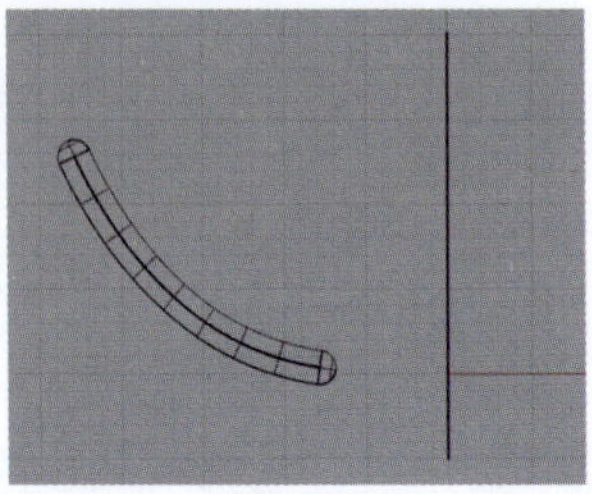
图4-130

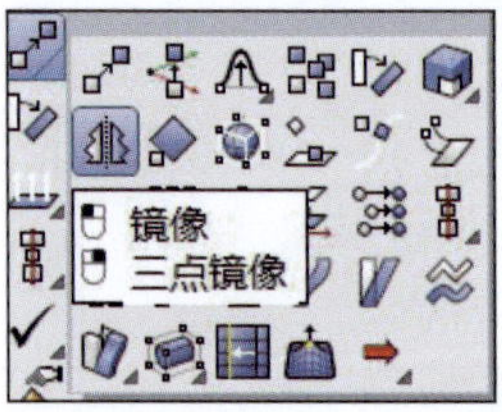

图4-131

选取要镜像的物件，这里选择圆管，单击鼠标右键确定，如图4-132所示。

根据指令提示先后确定镜像平面的起点和终点，即可实现镜像效果，如图4-133所示。

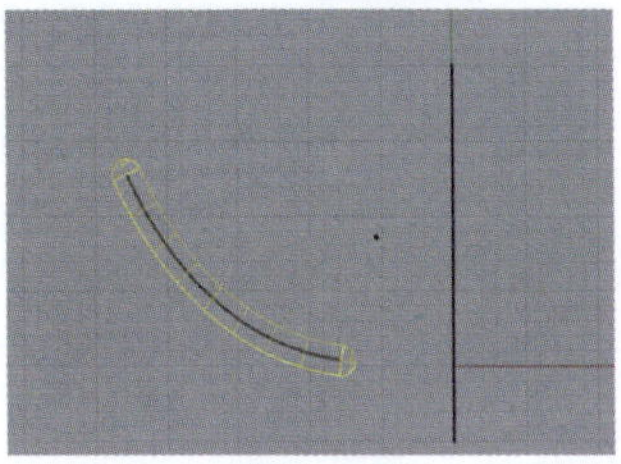
图4-132

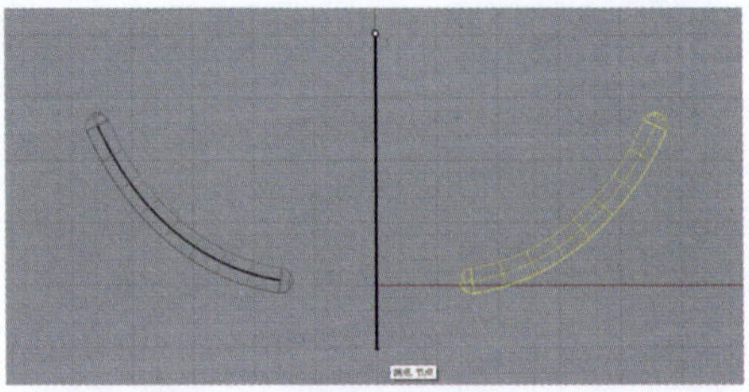
图4-133

4.4.6 阵列物件

阵列工具用于依据指定的方向、距离与角度复制物件。物件也可以沿着曲线或曲面进行阵列。Rhino提供了多种阵列工具，它们分别是“矩形阵列”“环形阵列”“沿着曲线阵列”“在曲面上阵列”“沿着曲面上的曲线阵列”“直线阵列”，如图4-134所示。阵列工具的使用方法大同小异，下面以“矩形阵列”工具为例讲解阵列工具的使用方法。

单击“矩形阵列”工具，如图4-135所示。

选取要阵列的物件，这里选择立方体，单击鼠标右键确定，如图4-136所示。

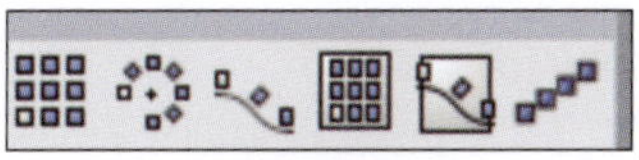

图4-134

图4-135

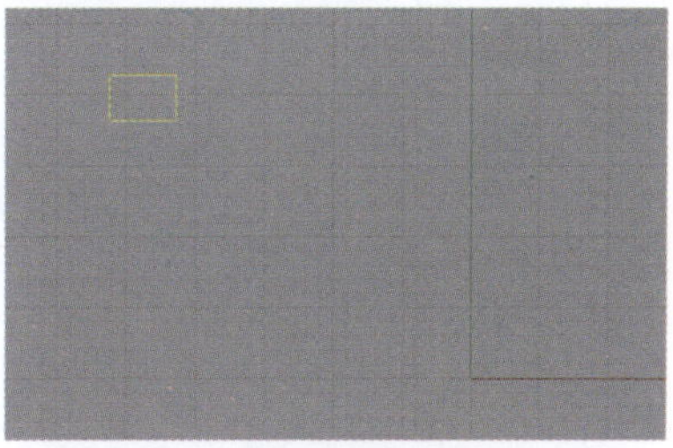

图4-136

分别输入x轴方向的数目、y轴方向的数目和z轴方向的数目，这里均输入10，如图4-137所示。

根据指令提示确定x轴方向的间距，单击立方体上的端点，移动鼠标指针，如图4-138所示。

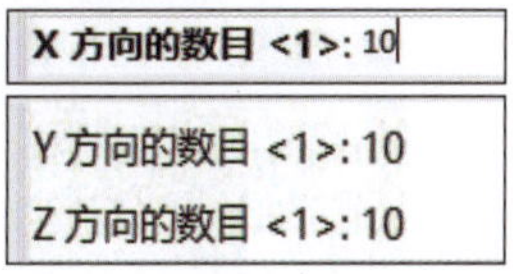

图4-137

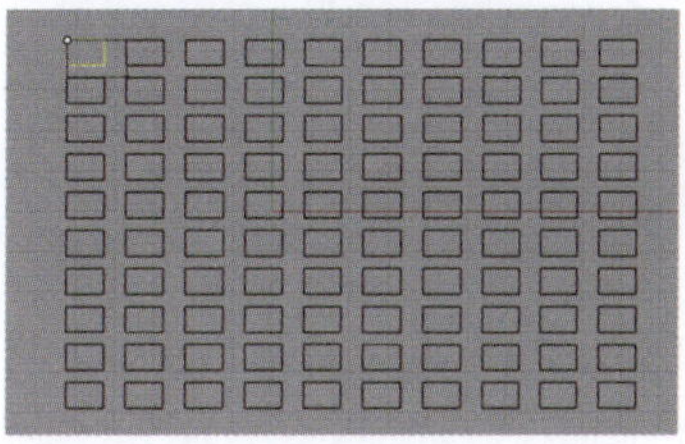

图4-138

在合适的位置单击以确定x轴方向的间距。根据指令提示，在合适的位置单击以确定高度，如图4-139所示。

单击鼠标右键结束指令，实现立方体的阵列效果，如图4-140所示。

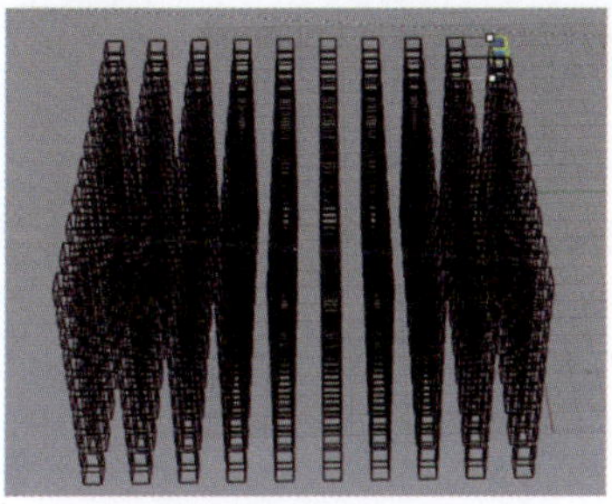

图4-139

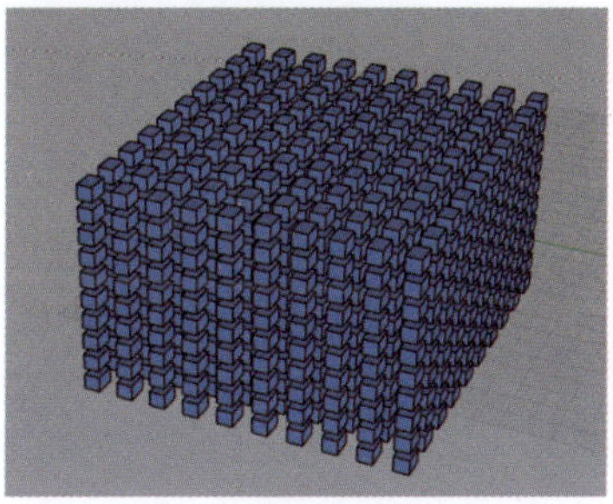

图4-140

4.4.7 对齐与分布

“对齐与分布”工具列中的工具用来控制多个物件的对齐效果。Rhino默认提供了8种对齐与分布的相关工具，如图4-141所示。例如，工作视窗中有立方体、球体和圆柱体，在前视图中，它们的位置不同，如图4-142所示。

单击“向下对齐”工具，如图4-143所示。

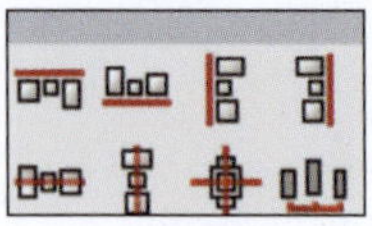
图4-141

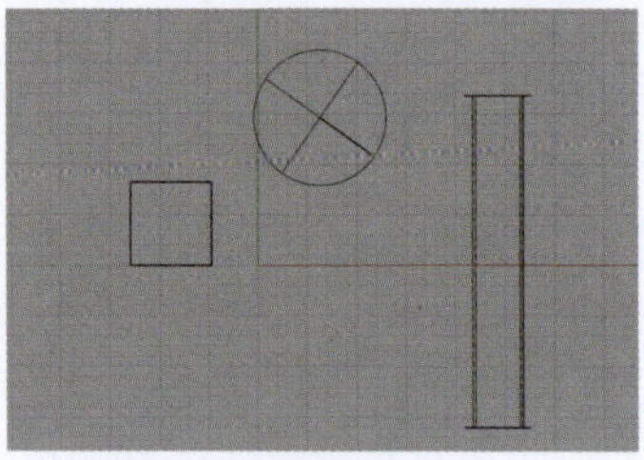
图4-142

图4-143

根据指令提示选取要对齐的物件，这里直接框选上面的3个物件。
单击鼠标右键确定，即可重新确定这3个物件的底部位置，如图4-144所示。
单击鼠标右键结束指令，这样，就完成了3个物件向下对齐的操作，如图4-145所示。

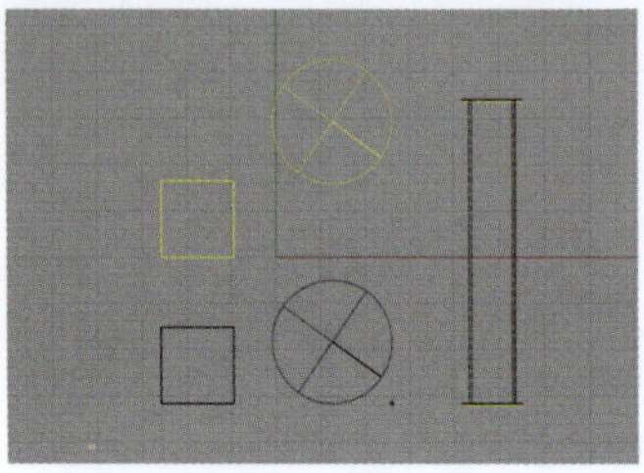
图4-144

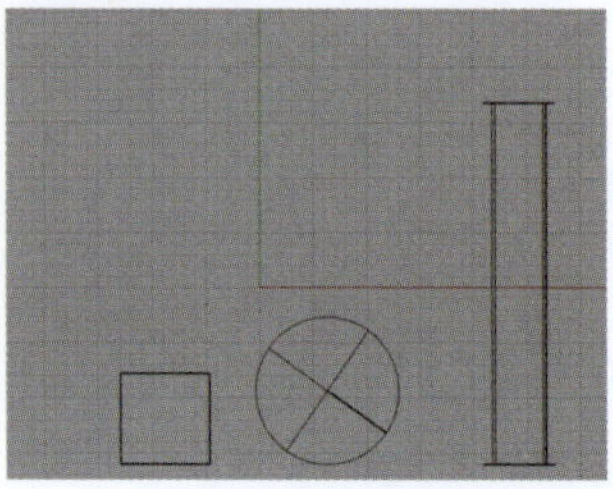
图4-145

微课视频

4.4.8 案例4-4：小风扇建模

下面进行小风扇建模练习，效果如图4-146所示。
第1步：在顶视图中，以坐标原点为中心绘制圆角矩形，如图4-147所示。
第2步：将圆角矩形向z轴方向挤出一定的高度，如图4-148所示。
第3步：使用“偏移曲面”工具将第2步得到的曲面向内偏移一定的距离，如图4-149所示。

图4-146

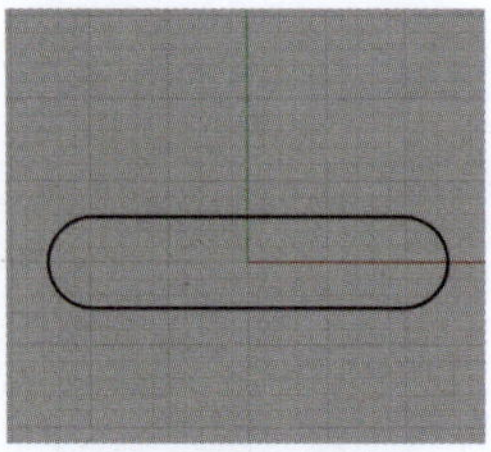
图4-147

图4-148

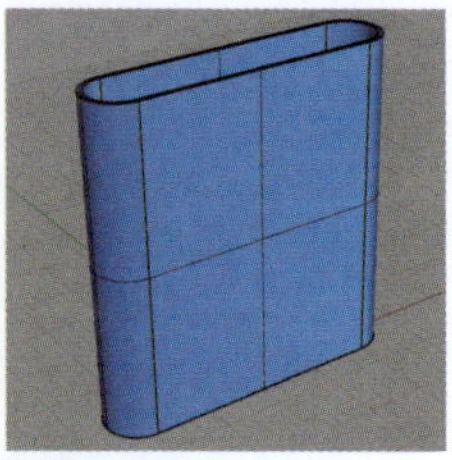
图4-149

第4步：绘制两条路径和一条断面曲线，如图4-150所示。
第5步：使用“双轨扫掠”工具得到内部造型，如图4-151所示。

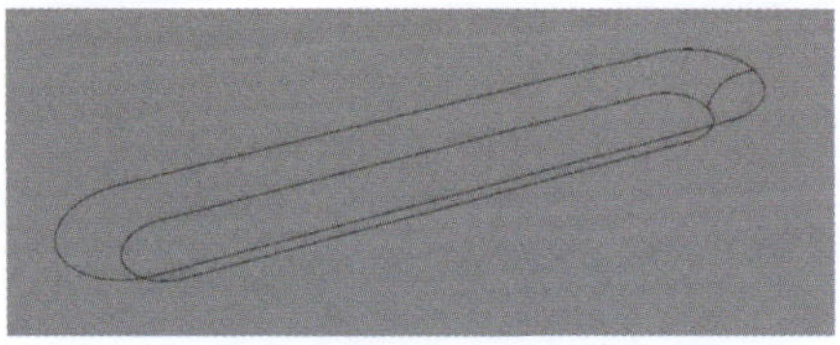
图4-150

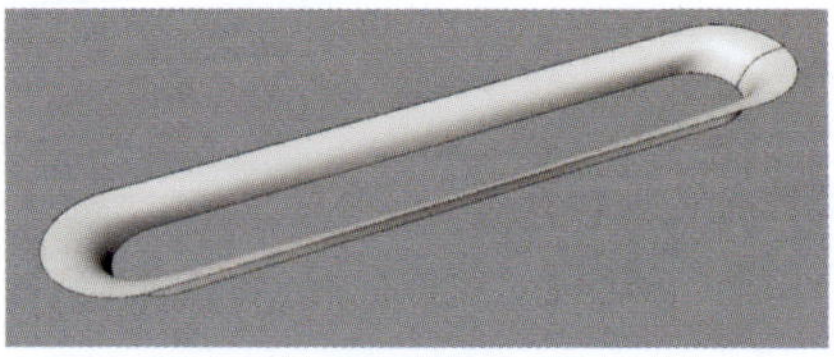
图4-151

第6步：将外部曲线向下挤出一定的高度，并对边缘进行倒角处理，如图4-152所示。
第7步：显示外部造型，顶部剩余的凹陷结构使用“布尔运算差集”工具制作即可，效果如

图4-153所示。

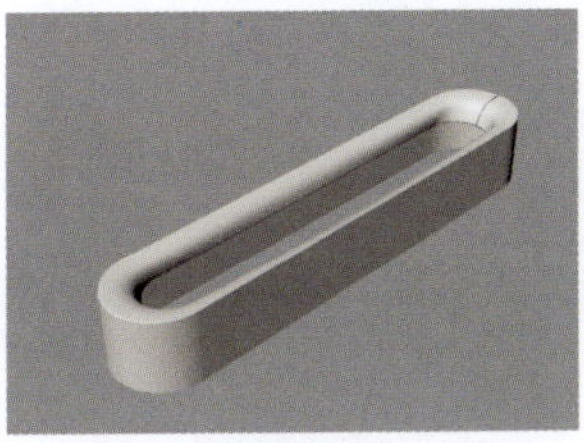

图4-152

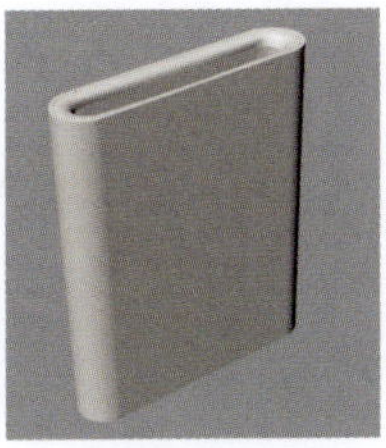

图4-153

第8步：在前视图中，单击圆柱管，根据指令提示，完成圆柱管的绘制，如图4-154所示。

第9步：调整圆柱管的厚度和位置，并对边缘进行倒角处理，如图4-155所示。

第10步：提取圆柱管的内部轮廓，并挤出一定的高度，如图4-156所示。

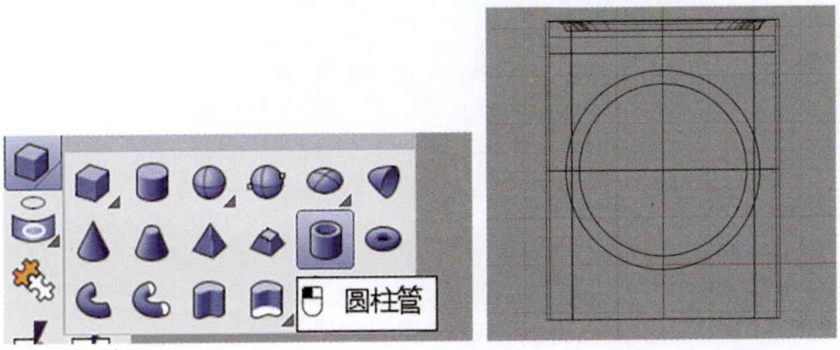

图4-154

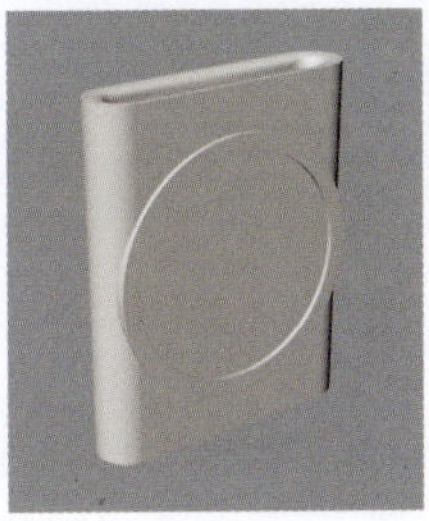

图4-155

图4-156

第11步：使用“布尔运算差集”工具对主体部分进行挖孔，如图4-157所示。

第12步：绘制扇叶外框，这里可以先绘制一个矩形，然后对其执行阵列操作，并调整每一个矩形的长度，如图4-158所示。

第13步：根据参考图效果，将外框结构旋转一定的角度，如图4-159所示。

图4-157

图4-158

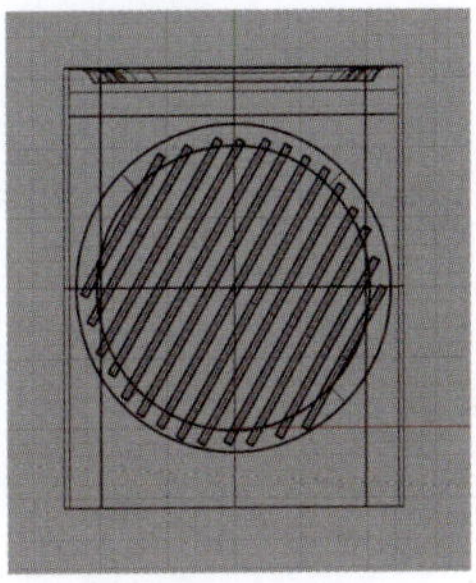

图4-159

第14步：在前视图中绘制圆柱体，确定扇叶中心支柱的大小，如图4-160所示。

第15步：将其他物件锁定，绘制扇叶的曲线造型，如图4-161所示。

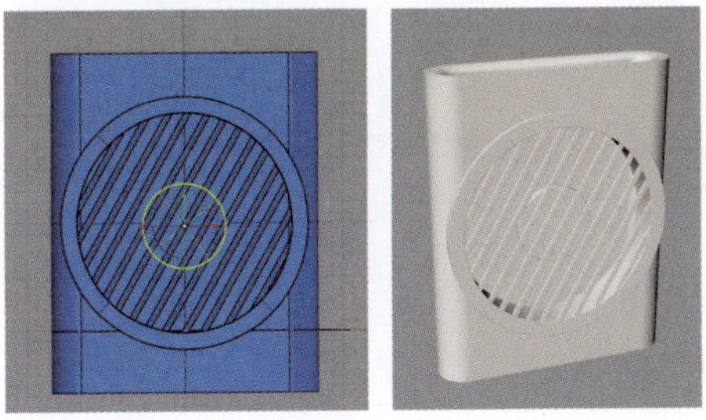

图4-160

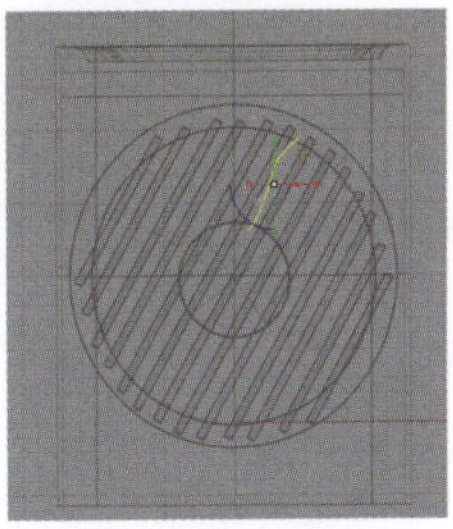

图4-161

第16步：将扇叶的曲线造型挤出一定的高度，并使用“偏移曲面”工具将其偏移一定的距离。

第17步：对内部扇叶造型使用“环形阵列”工具，这里阵列60份，如图4-162所示。

图4-162

第18步：根据参考图绘制圆柱体，确定按钮位置，如图4-163所示。

第19步：使用“布尔运算差集”工具挖洞，得到按钮的凹槽，并使用“复制边缘”工具复制凹槽的边缘，得到凹槽的外轮廓，如图4-164所示。

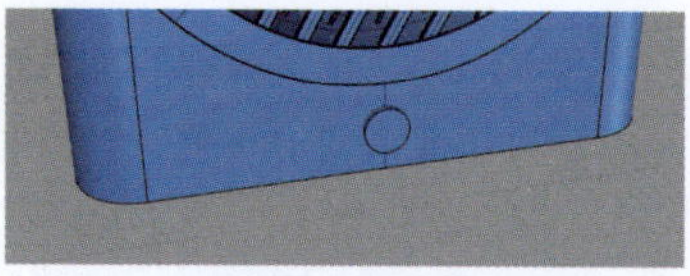

图4-163

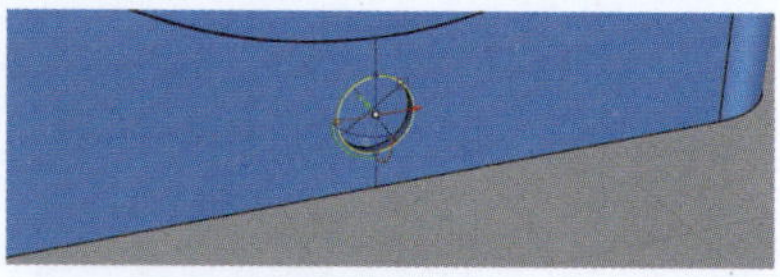

图4-164

第20步：在提取的轮廓中心绘制一条4点3阶的曲线，并将中间的两个控制点向内移动。使用“分割”工具将外部的圆分割成左右两条曲线（这里是为了得到左、中、右3条曲线并将它们放样成内凹的按钮造型），如图4-165所示。

第21步：使用“放样”工具，按同样的方向依次选取3条曲线，得到图4-166所示的曲面。

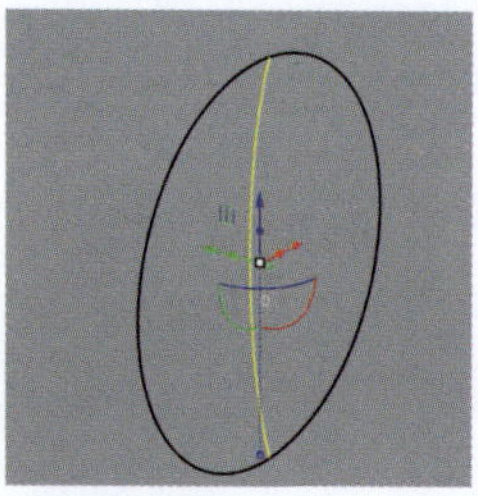

图4-165

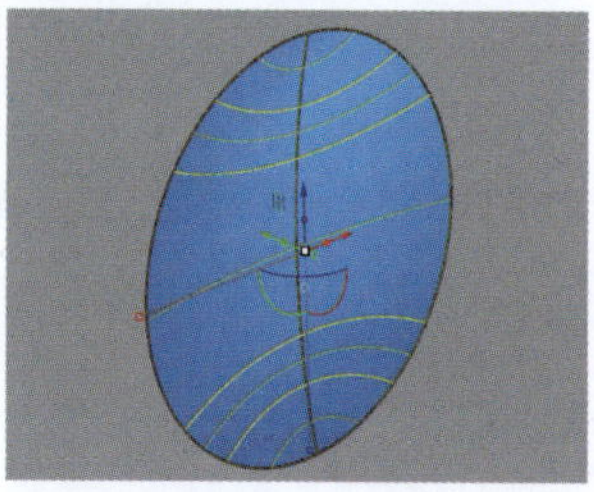

图4-166

第22步：使用“偏移曲面”工具，将第21步得到的曲面向内偏移一定的距离，并对边缘进行倒角处理，如图4-167所示。

最终得到小风扇的造型，如图4-168所示。

图4-167

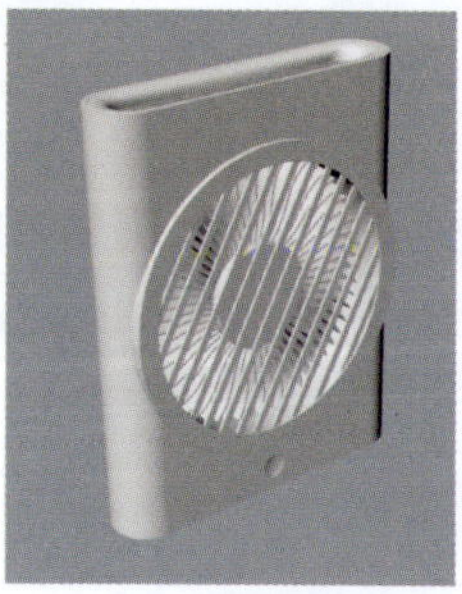

图4-168

4.5 课堂案例：Switch手柄建模

微课视频

本节进行Switch手柄的建模，效果如图4-169所示。

第1步：在前视图中导入参考图，并降低其透明度，如图4-170所示。

第2步：根据参考图绘制圆角矩形和一条直线段，如图4-171所示。

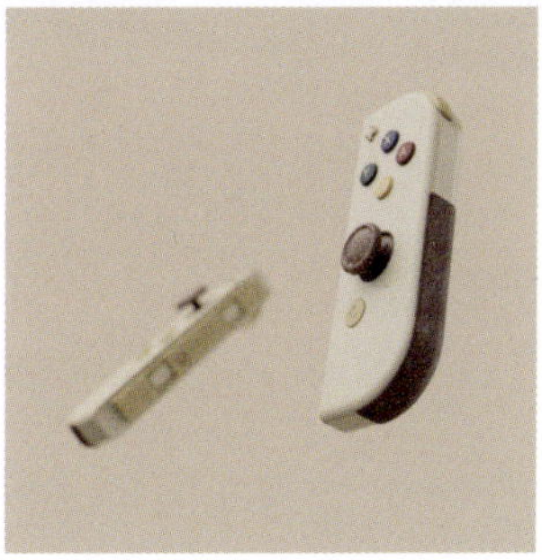

图4-169

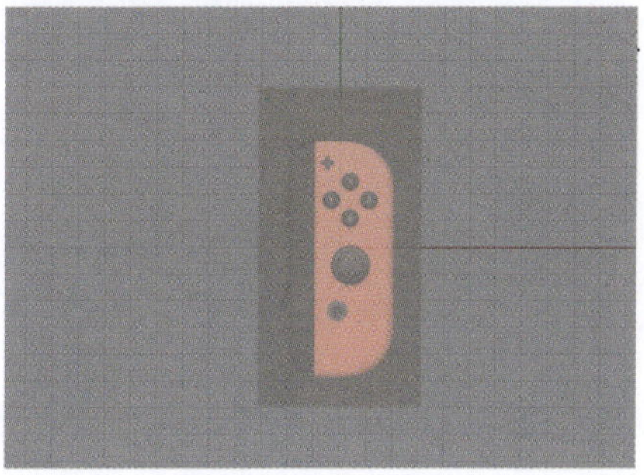

图4-170

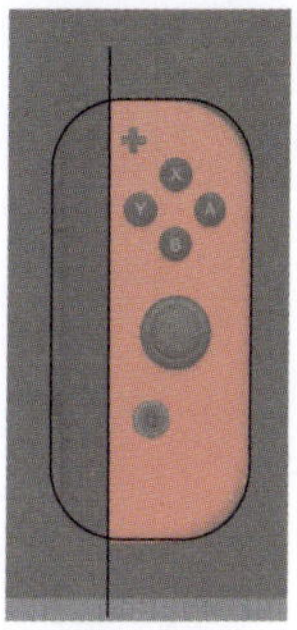

图4-171

第3步：使用“修剪”工具完成对手柄主体形状的修剪，如图4-172所示。

第4步：使用“挤出封闭的平面曲线”工具将修剪后的曲线挤出一定的高度，如图4-173所示。

第5步：对边缘进行倒角处理，如图4-174所示。

第6步：使用“复制边缘”工具复制一条边缘线，如图4-175所示。

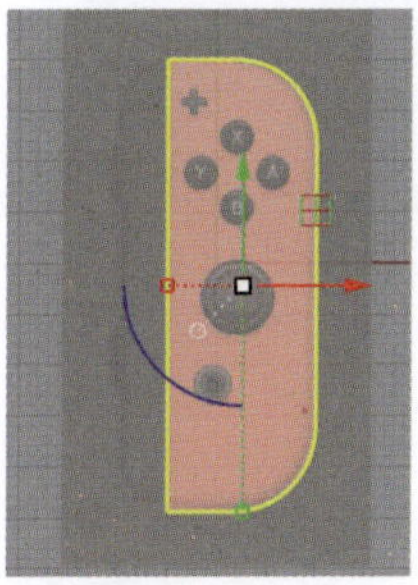

图4-172

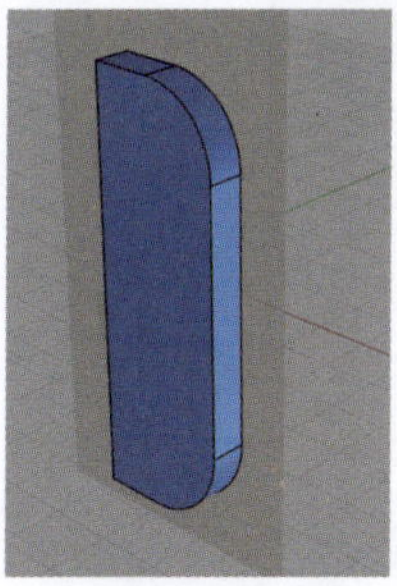

图4-173

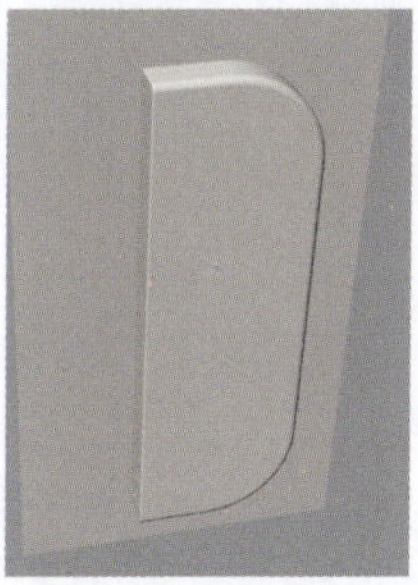

图4-174

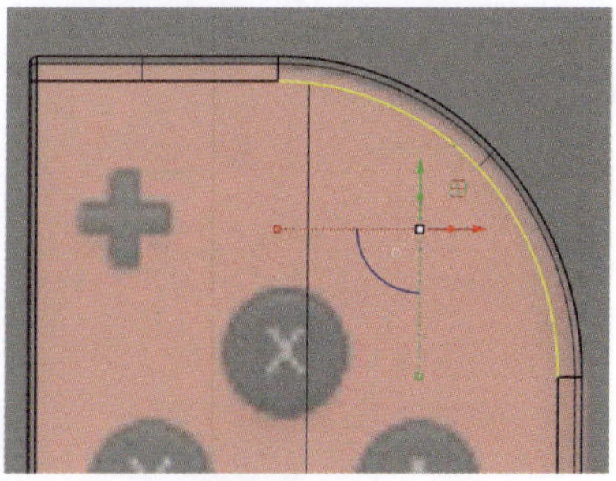

图4-175

第7步：适当调整该边缘线的控制点的位置并挤出一定的高度，然后使用“偏移曲面”工具将其偏移出一定的厚度，如图4-176所示。

第8步：对该造型建立圆角，如图4-177所示。

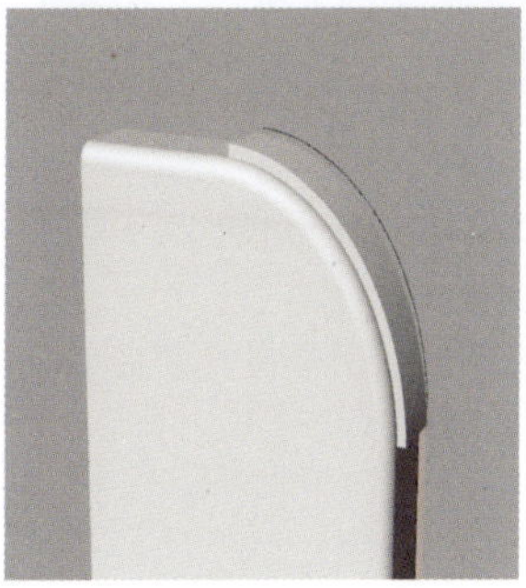

图4-176

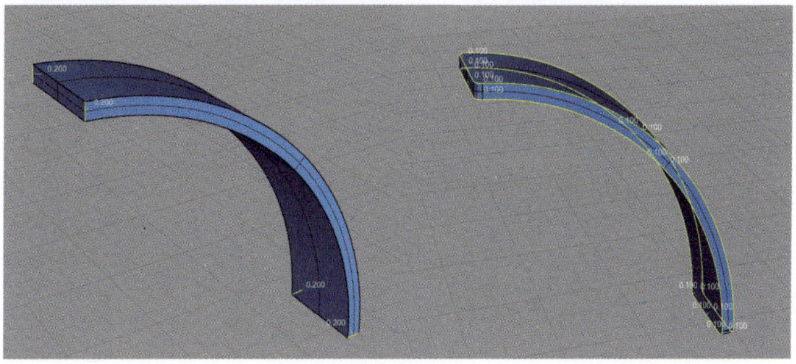

图4-177

第9步：在前视图中绘制两个矩形，并对其进行修剪，如图4-178所示。

第10步：挤出对应造型，并在边缘处建立圆角，如图4-179所示。

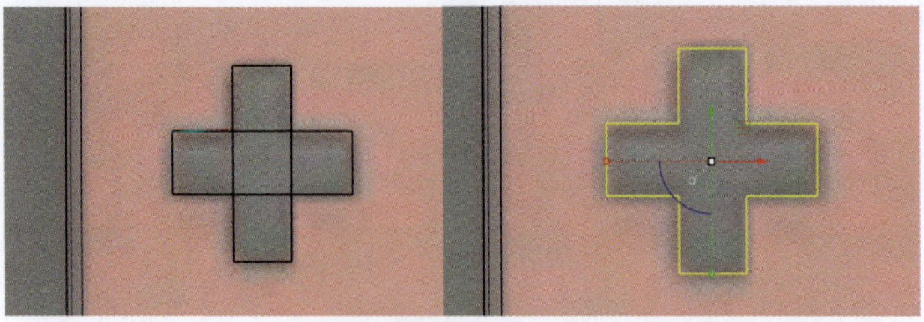

图4-178

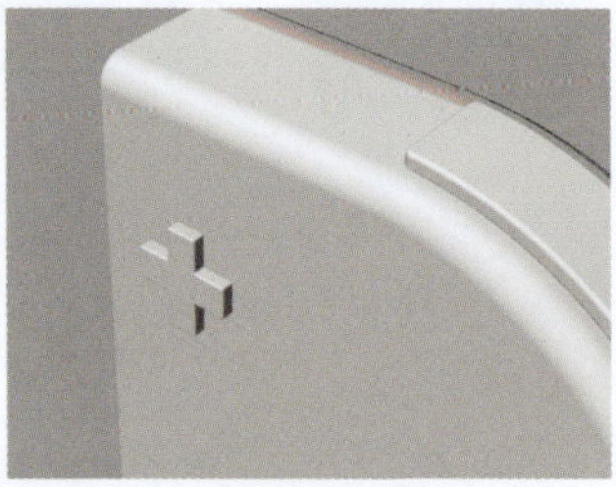

图4-179

第11步：绘制圆形按钮，并在边缘处建立圆角，将圆形按钮复制3个，移动至对应的位置，如图4-180所示。若要制作出按钮的立体感，建议先复制一个按钮，使用“布尔运算差集”工具在主体模型上挖洞，并对孔洞边缘进行倒角处理，再分别放入这4个圆形按钮。

第12步：绘制一个圆和一条直线段，并用该直线段将圆分割成两个部分，如图4-181所示。

第13步：使用“重建曲线”工具将中间的直线段重建为4点3阶的曲线，并将中间的两个控制点往外拖动，如图4-182所示。

图4-180

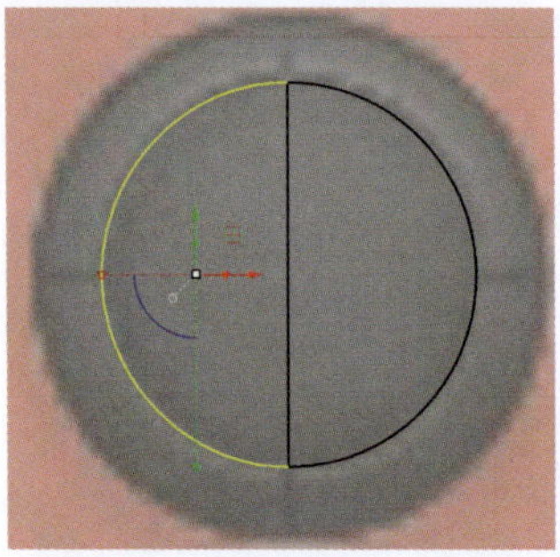

图4-181

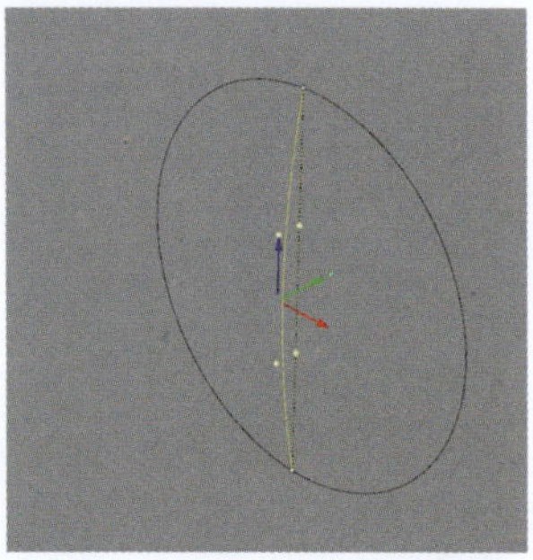

图4-182

第14步：使用“放样”工具制作外弧面的造型，如图4-183所示。

第15步：在前视图中，使用“环状体”工具制作外部造型，如图4-184所示。

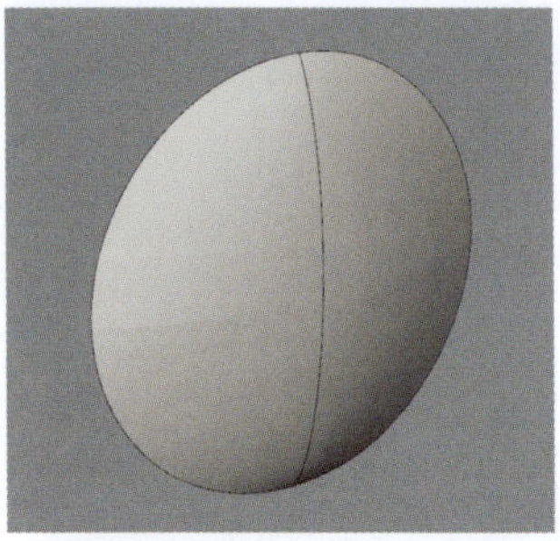

图4-183

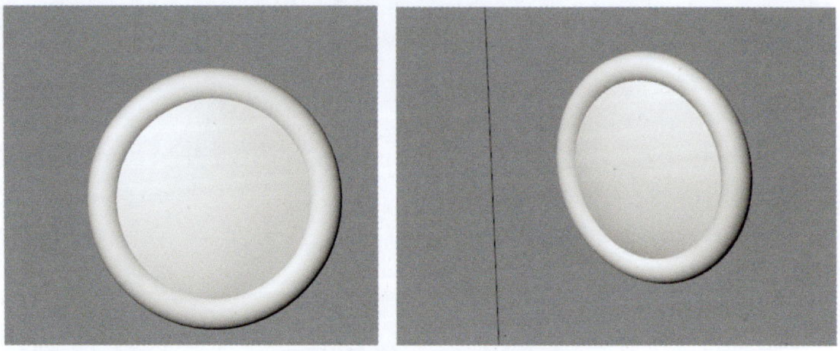

图4-184

第16步：创建一个圆柱体，使用“布尔运算差集”工具在主体造型上挖洞，如图4-185所示。

第17步：在孔洞中心放置一个球体和一个圆柱体，如图4-186所示。

此时便完成了游戏机手柄的大致建模。剩下的按钮及细节部分都采用相同的方法制作，此处不赘述，效果如图4-187所示。

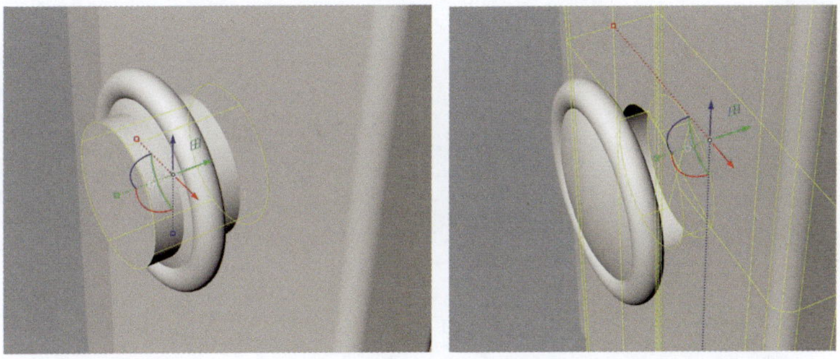

图4-185

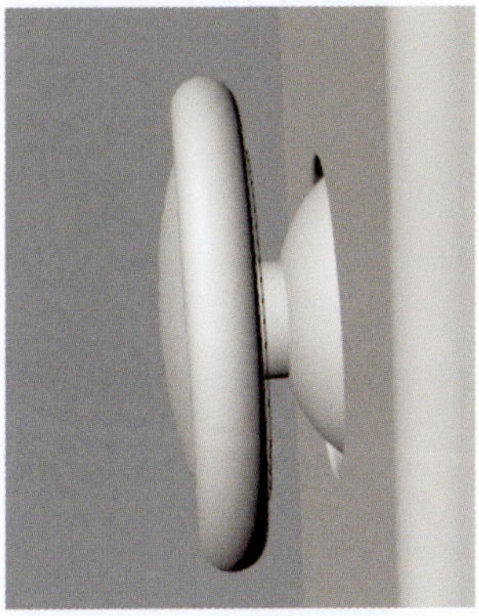

图4-186

图4-187

4.6 课后练习：筋膜枪建模

微课视频

根据所学知识完成筋膜枪的建模，效果如图4-188所示。

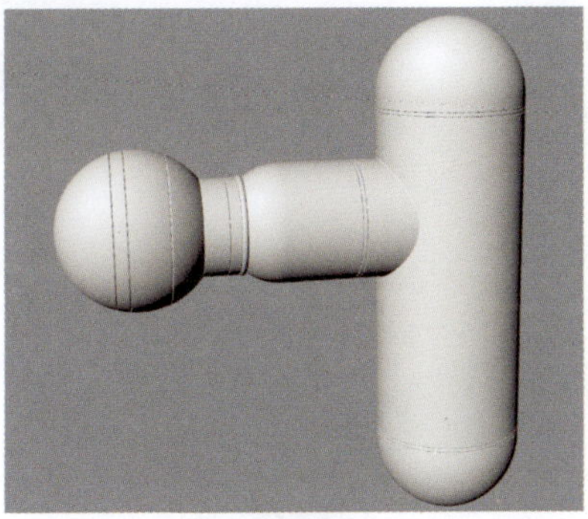

图4-188

第5章 建模综合案例

本章导读

本章将通过3个建模案例帮助读者巩固前面所学的Rhino的知识点。投影仪建模代表常见的立方体造型建模，其中的难点为黄色旋钮部分的建模，将用到曲面流动的相关知识点；吸尘器建模中将用到“双轨扫掠”工具（制作主体部分），剩余细节部分包括曲面的混接、渐消造型的制作等；小恐龙故事机的建模包括常见的造型混接、切割技巧的应用等。

5.1 投影仪建模

微课视频

本节将完成投影仪建模，效果如图5-1所示。

图5-1

5.1.1 主体部分建模

第1步：在顶视图中绘制一个尺寸为260×320×120的立方体，如图5-2所示。
第2步：对该立方体的所有边缘建立圆角，如图5-3所示。

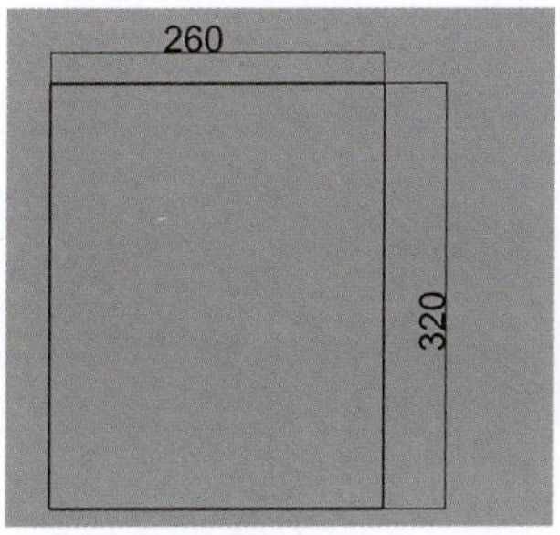

图5-2

图5-3

第3步：根据参考图中的造型，在右视图中绘制一条6点5阶的曲线，如图5-4所示。

第4步：先挤出该曲线，使其成为一个平面，再将平面挤出为实体，如图5-5所示。

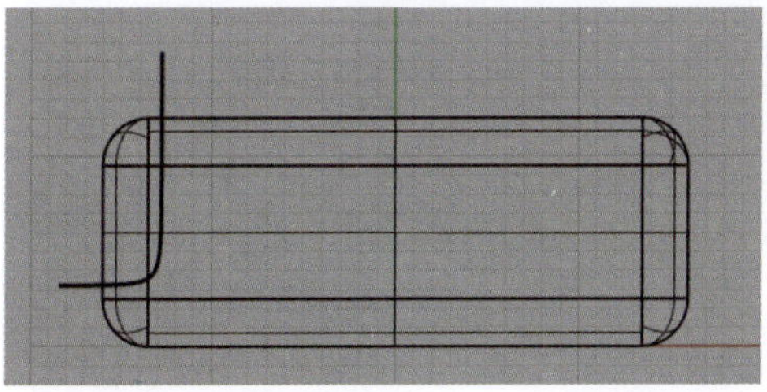

图5-4

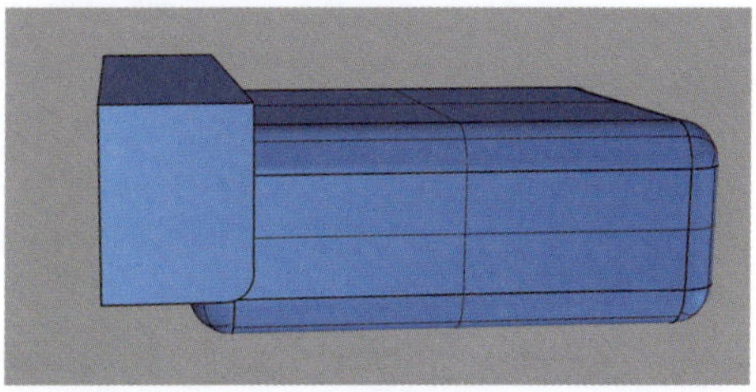

图5-5

第5步：使用“布尔运算分割”工具分割主体，如图5-6所示。

第6步：使用“边缘圆角”工具对边缘建立圆角，如图5-7所示。

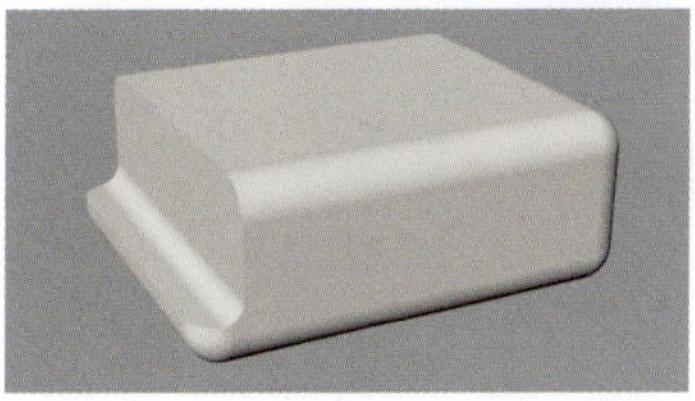

图5-6

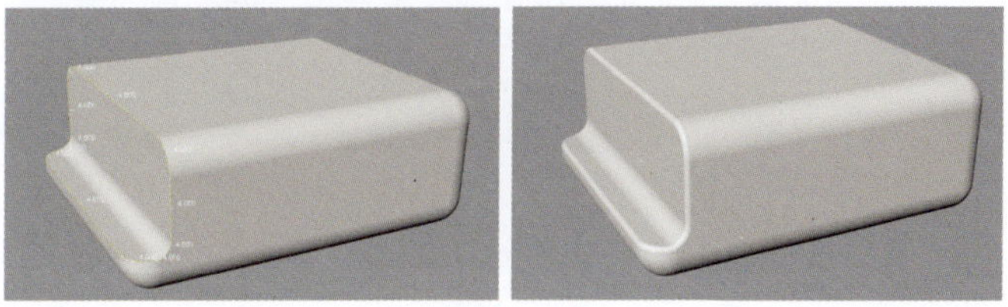

图5-7

第7步：根据参考图，在前视图中绘制圆角矩形并使用“挤出封闭的平面曲线”工具将圆角矩形挤出为实体，如图5-8所示。最后原地复制一份该实体，后续用于进行差集运算。

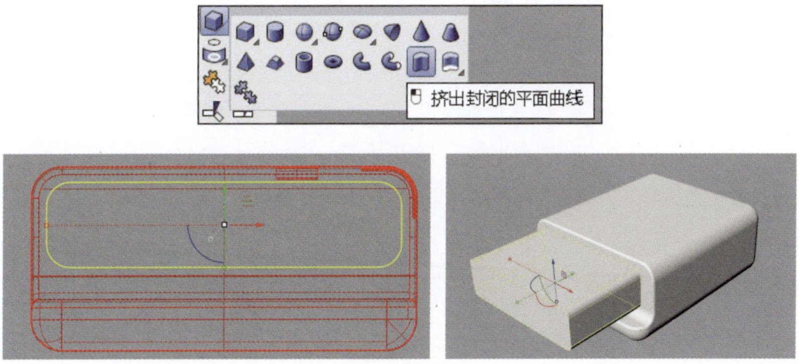

图5-8

第8步：在顶部绘制两条直线段，并将直线段挤出为平面，如图5-9（左）所示（左图为挤出后在透视图中观察的效果）；再使用“布尔运算分割”工具分割造型，并对边缘倒角，完成该造型的分模线结构的制作，如图5-9（右）所示。

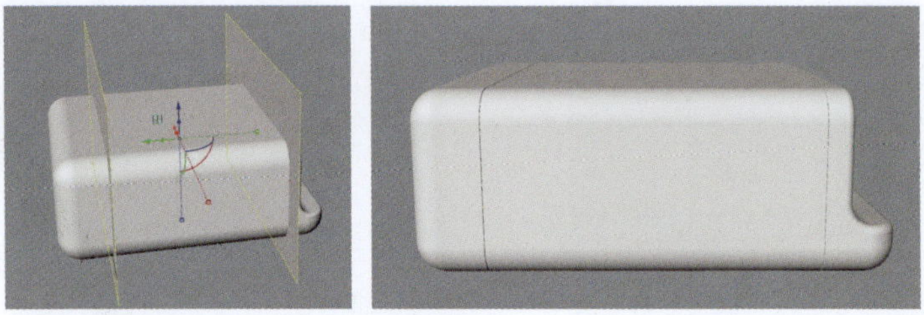

图5-9

第9步：使用“布尔运算差集”工具在主体上挖洞，对孔洞中的造型（第7步预留的实体）和主体造型的边缘建立圆角，如图5-10所示。

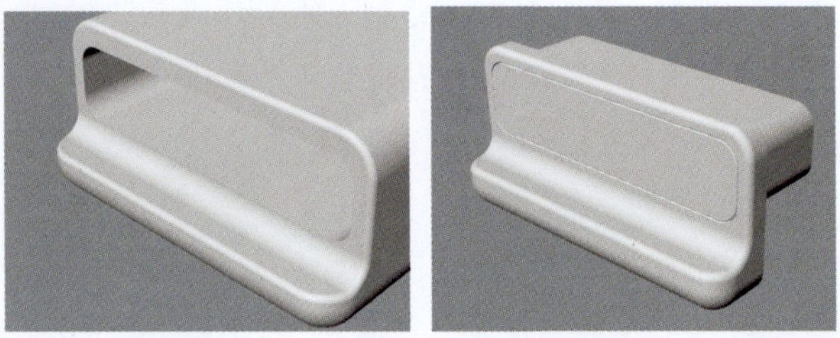

图5-10

第10步：在前视图中绘制一个球体，使用“布尔运算差集”工具挖洞并对边缘进行倒角处理，完成正面造型的制作，如图5-11所示。

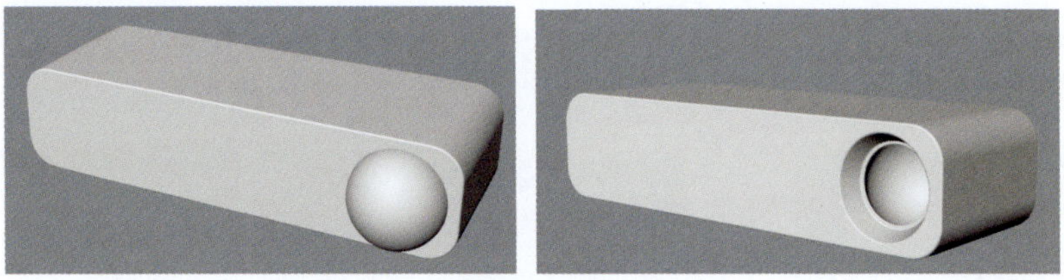

图5-11

第11步：对于顶部按钮部分的制作，先绘制圆柱体，使用“布尔运算差集”工具挖洞，如图5-12所示。

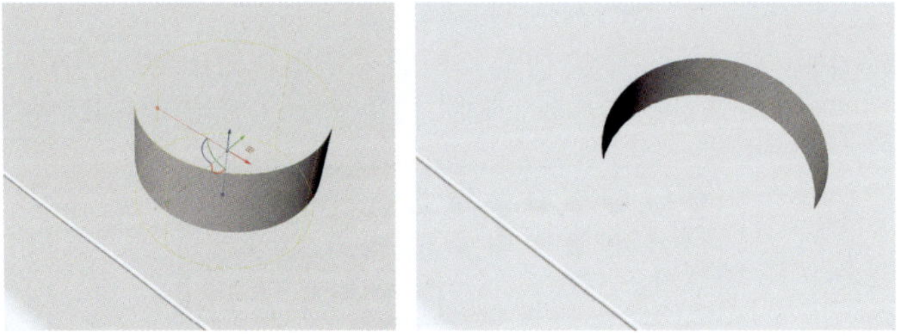

图5-12

第12步：使用边缘倒角工具，对孔洞进行圆角处理，如图5-13所示。

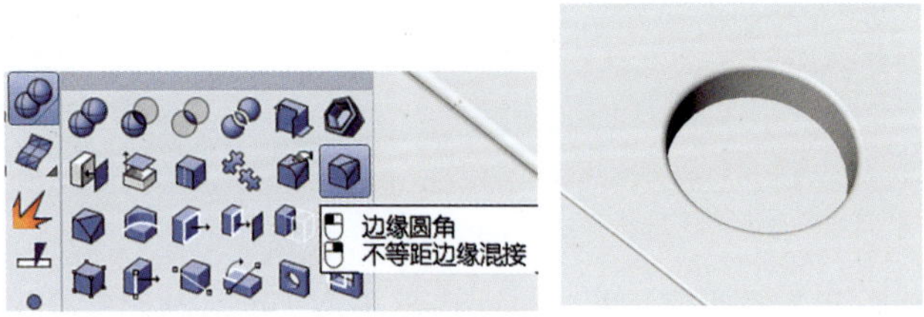

图5-13

第13步：依次绘制4个圆，使用“放样成形”工具，对每两条曲线进行“放样成形”的操作，如图5-14所示。

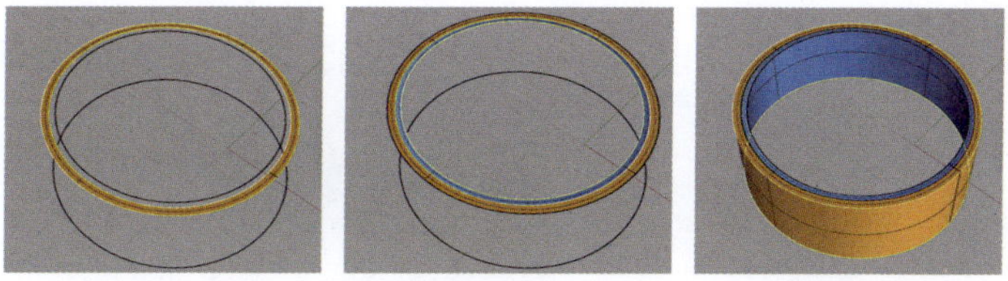

图5-14

第14步：使用“以平面曲线建立曲面”工具，将顶部的面封起来，如图5-15所示。

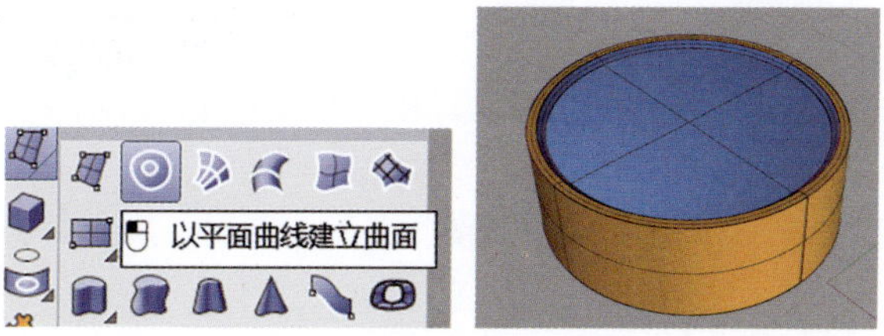

图5-15

第15步：全选所有的面并将它们“组合”，选择组合后的面，鼠标右键单击“反转方向”工具，反转曲面的法线方向，如图5-16所示。最后使用“边缘圆角”工具，对该造型的边缘进行圆角处理即可。

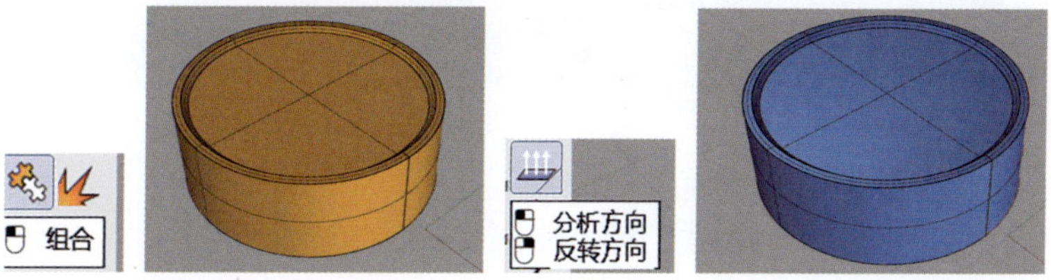

图5-16

5.1.2 曲面流动和纹理制作

旋钮的制作将用到“沿着曲面流动”工具。

第1步：绘制多条曲线，分别放样成形（左侧2条曲线放样、中间3条曲线放样、右侧2条曲线放样），并封闭曲面以得到旋钮造型，如图5-17所示。

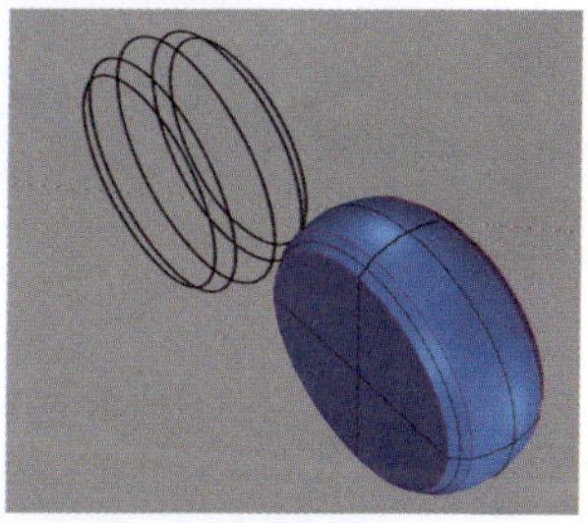

图5-17

第2步：使用“建立UV曲线”工具对中间的曲面建立uv曲线，得到左侧的矩形曲线，如图5-18所示。

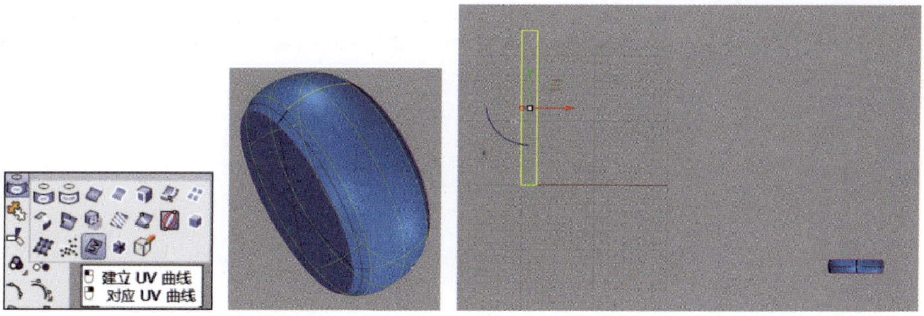

图5-18

第3步：使用“以平面曲线建立曲面”工具以该矩形曲线为基准生成曲面，如图5-19所示。

第4步：绘制一段曲线，如图5-20所示。

第5步：对该曲线进行镜像后，使用“直线阵列”工具得到一整排曲线，如图5-21所示。

图5-19

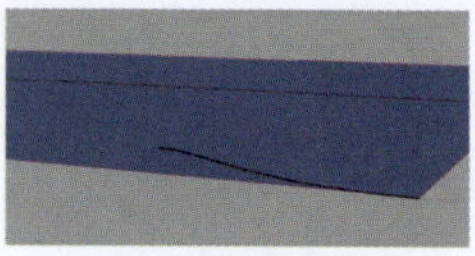

图5-20

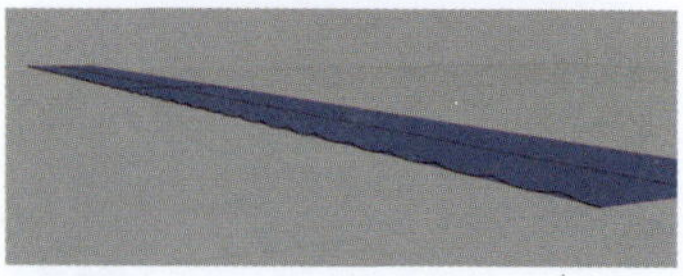

图5-21

第6步：选中所有的曲线，单击“单轴缩放”工具，使另一端的终点刚好在曲面的边缘，如图5-22所示。

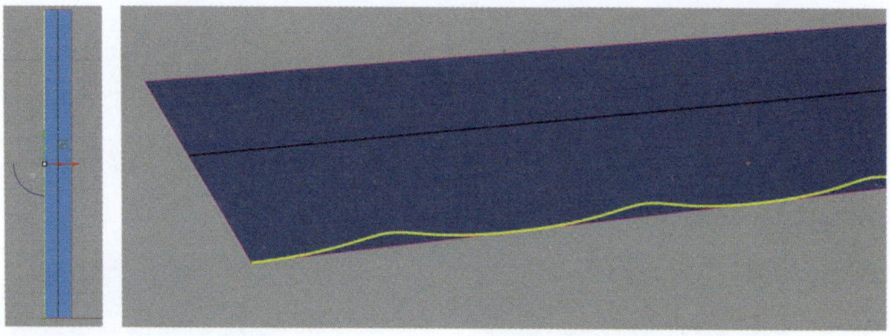

图5-22

第7步：挤出所有的曲线以形成曲面，如图5-23所示。

第8步：将底部基准曲面和uv曲线锁定，并与上方生成的曲面进行组合，如图5-24所示。

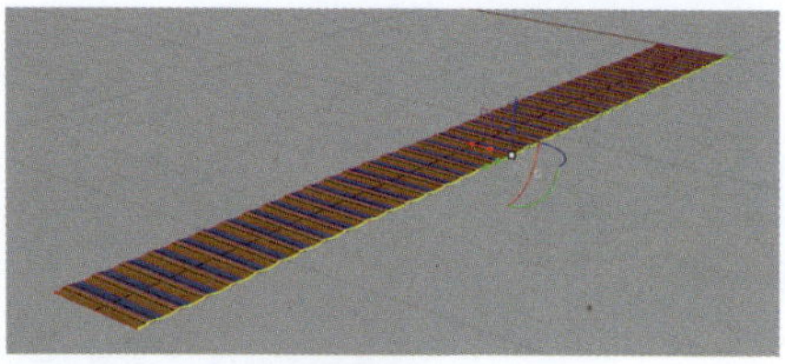

图5-23

图5-24

第9步：使用“变形控制器编辑”工具（使用该工具可以在多重曲面的表面生成对应的控制点，便于编辑多重曲面造型）在上方曲面的x、y、z轴向上生成多个控制点，如图5-25所示。

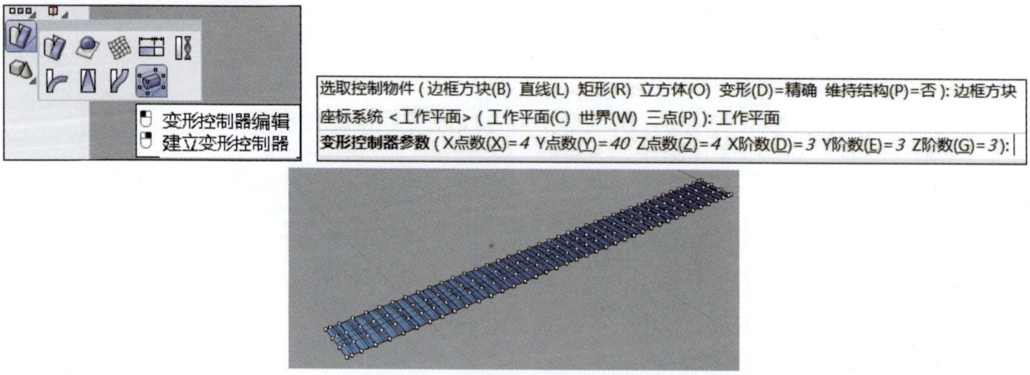

图5-25

第10步：选中上下两排控制点，使用“设置XYZ坐标”工具将z轴设置为0点。此时得到渐消造型（即中间鼓起、两侧逐渐平缓的造型），如图5-26所示。

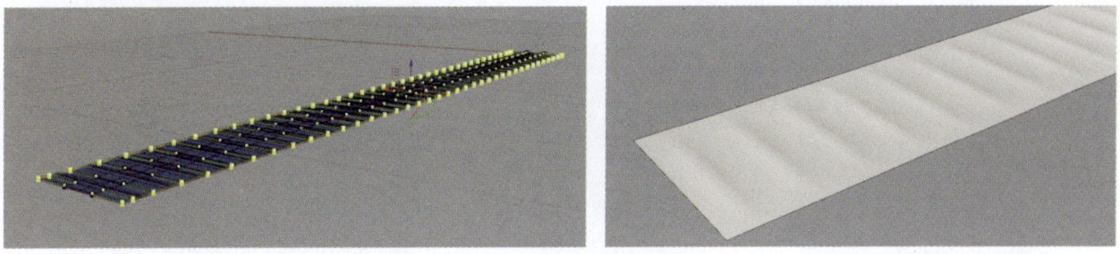

图5-26

第11步：将下方的基准曲面解锁，单击“沿着曲面流动”工具，如图5-27所示。

第12步：此时工作视窗中有基准曲面、要流动的曲面和目标曲面，这3个曲面为使用“沿着曲面流动”工具的必要条件，如图5-28所示。

图5-27

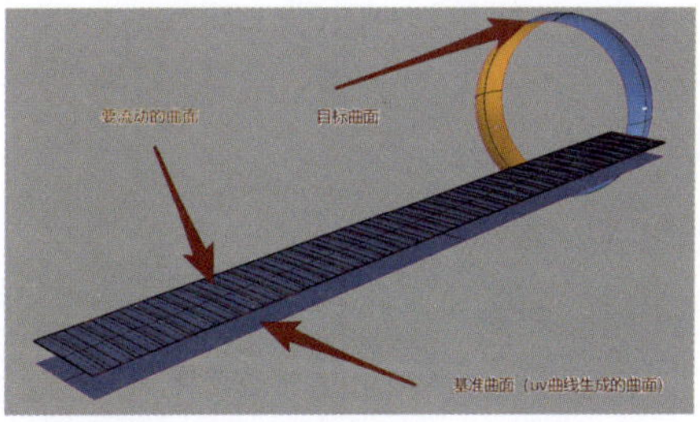

图5-28

提示 图5-28中为了说明上述3个曲面，刻意拉开了基准曲面和要流动的曲面的距离；流动时，要流动的曲面与基准曲面不能有间距，否则会导致流动后的造型有间距。

第13步：先选取要流动的曲面，再选取基准曲面，最后选取目标曲面。图5-29所示为流动后的造型效果。

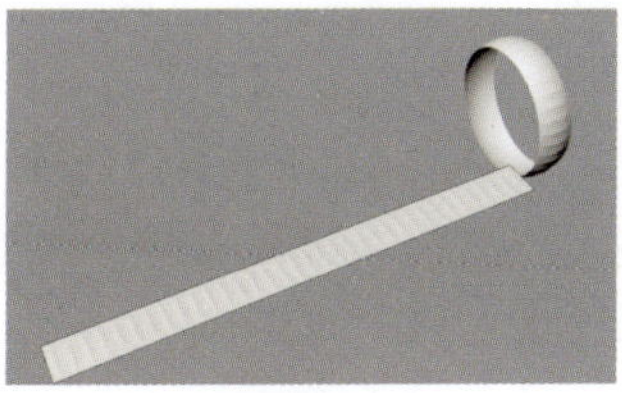

图5-29

注意 图5-30中，基准曲面其实是目标曲面的展开项，可以看到目标曲面以中间深色的结构线为分界线，其上分布有用黄色数字标明的4个角落，基准曲面也有4个角落；使用“沿着曲面流动”工具时，选取的基准曲面的角落和目标曲面的角落需要一一对应，例如，在基准曲面中单击的是角落1，在目标曲面中也需要单击角落1，这样流动后的造型才能正常显示。

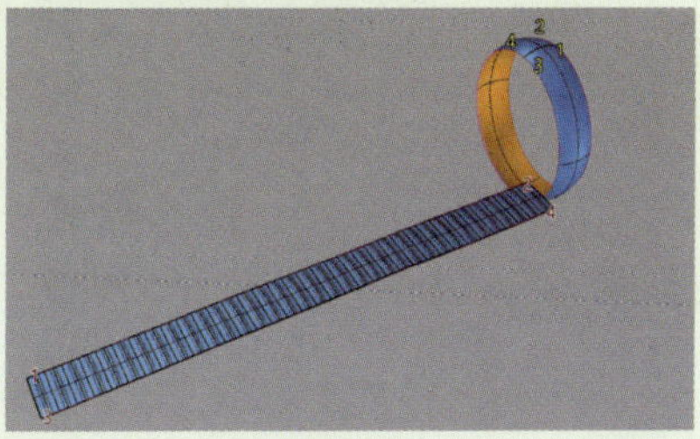

图5-30

第14步：选中流动后的曲面造型，单击蓝色箭头，输入数值记录移动的距离，例如输入90，按Enter键，然后删除里面的目标曲面，再选中流动后的曲面造型，单击蓝色箭头，输入刚刚记录的数值对应的负数，例如输入－90，按Enter键，如图5-31所示。

第15步：将旋钮的所有曲面进行组合，并对边缘建立圆角，如图5-32所示。

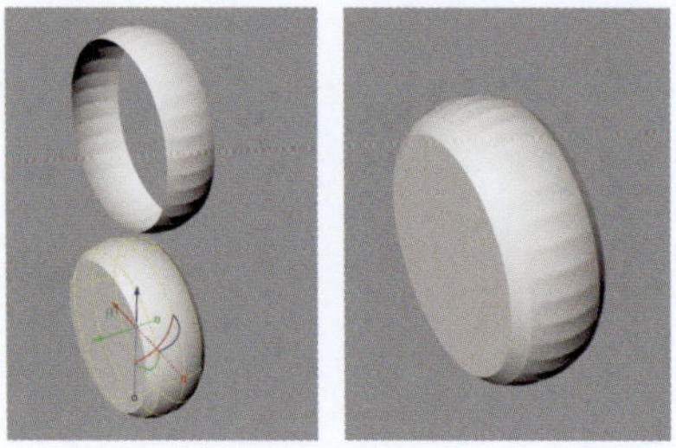
图5-31

图5-32

第16步：显示所有与产品有关的模型部件，得到最终的造型，如图5-33所示。

第17步：若要使旋钮纹理更加明显，可以在第4步将曲线弧度绘制得大一些，将得到更明显的纹理造型，如图5-34所示。

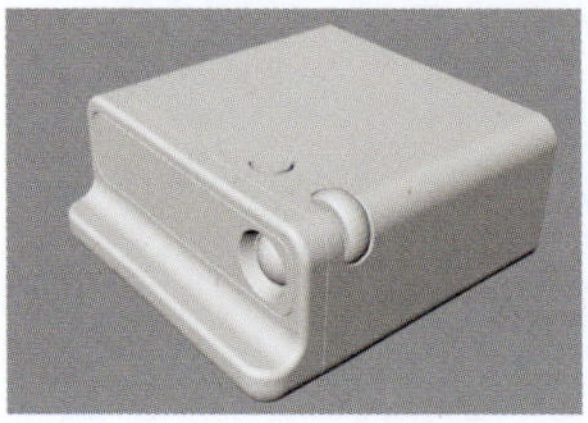
图5-33

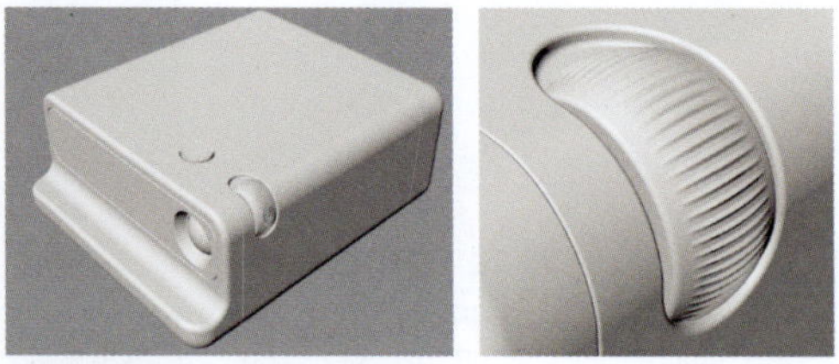
图5-34

5.2 吸尘器建模

微课视频

图5-35

本节将完成吸尘器建模，效果如图5-35所示。

5.2.1 主体部分建模

第1步：在前视图中导入参考图，如图5-36所示。

第2步：根据参考图绘制一条8点7阶曲线，注意右侧两个控制点保持共线关系，如图5-37所示。

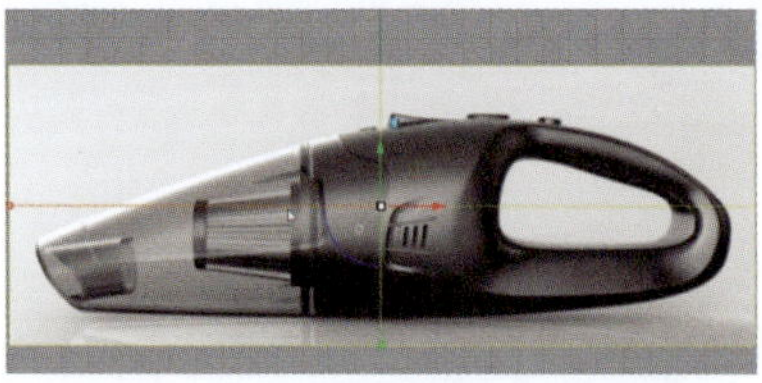
图5-36

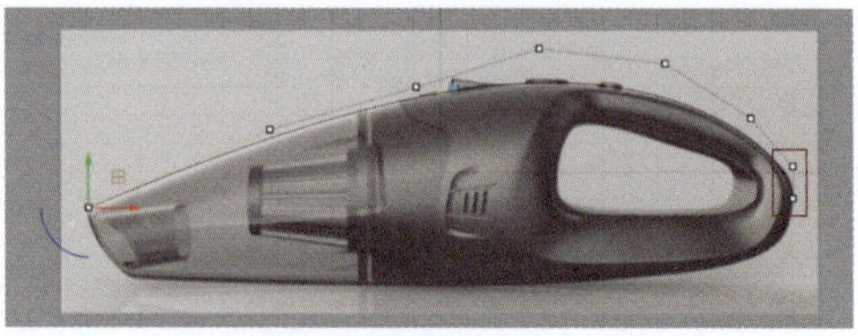
图5-37

第3步：镜像第2步绘制的曲线，得到第二条曲线，并根据参考图调整控制点的位置，保持右侧两个控制点的共线关系，如图5-38所示。

图5-38

第4步：以左侧两条曲线的端点为直径绘制圆，如图5-39所示。

第5步：使用“修剪”工具得到圆的一半，将其作为断面曲线，如图5-40所示。

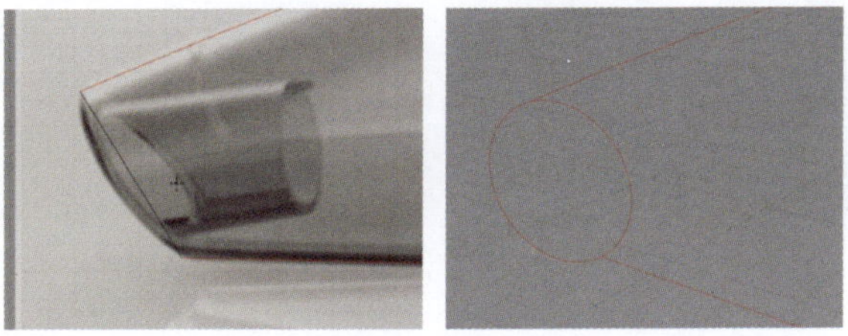

图5-39

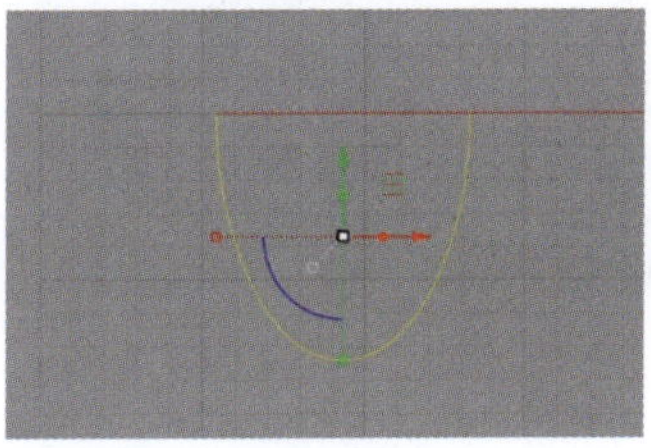

图5-40

第6步：使用“重建曲线”工具，将该曲线重建为6点5阶的曲线（即将有理线更改为无理线），并将两侧控制点调整为共线关系，如图5-41所示。

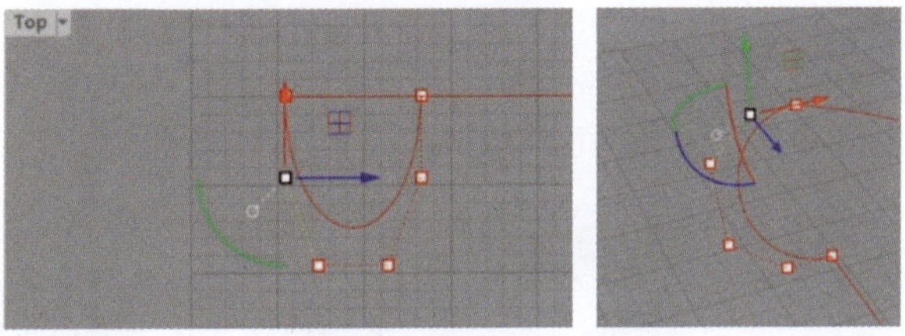

图5-41

第7步：使用“双轨扫掠”工具依次选取两条长的路径，再选取断面曲线，得到左侧的曲面；此时，曲面为最简面，可以打开其控制点调整模型造型，如图5-42所示。

第8步：镜像得到另一半的造型，检查两个曲面的连续性，如图5-43所示。

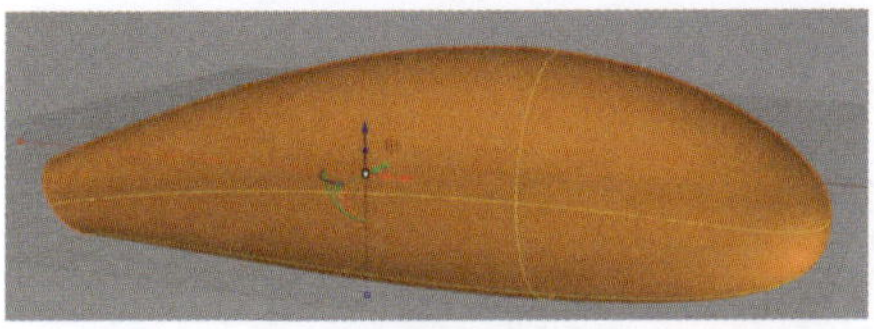

图5-42

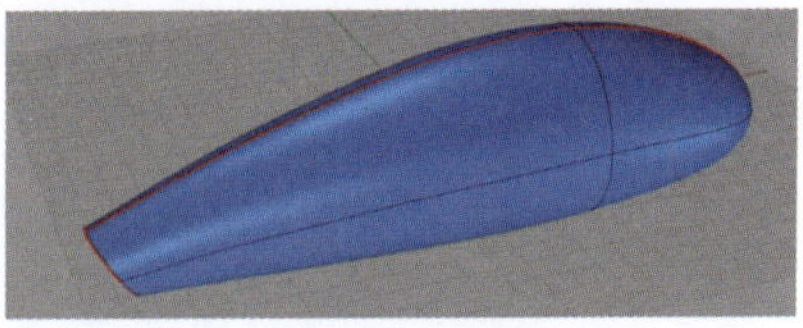

图5-43

> **提示**　如果在前期绘线时保证镜像处的端点是共线关系，那么这里镜像后的曲面将是顺滑的；如果镜像后的曲面不够顺滑，那么可以通过“衔接曲面”工具来调节两个曲面的连续性。

第9步：使用“挤出封闭的平面曲线”工具将断面封闭，如图5-44所示。

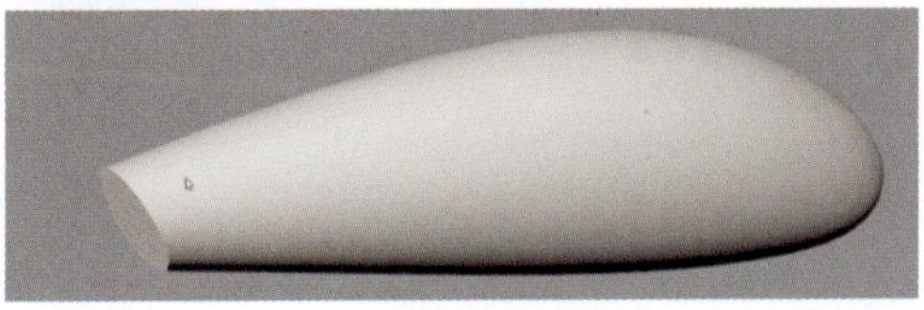

图5-44

5.2.2 手持部分混接

第1步：根据参考图绘制手持部分的曲线，如图5-45所示。

第2步：开启“记录建构历史”功能，使用“投影曲线或控制点”工具将该曲线投影至曲面上。因为开启了“记录建构历史”功能，所以投影后可以通过调整投影前的曲线的控制点来调整投影上去的曲线造型，如图5-46所示。

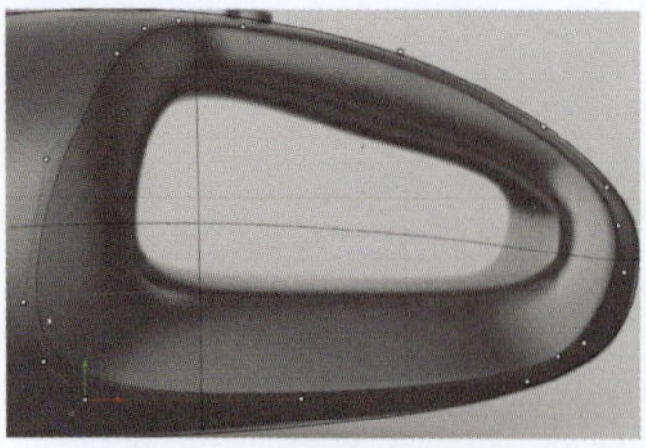
图5-45

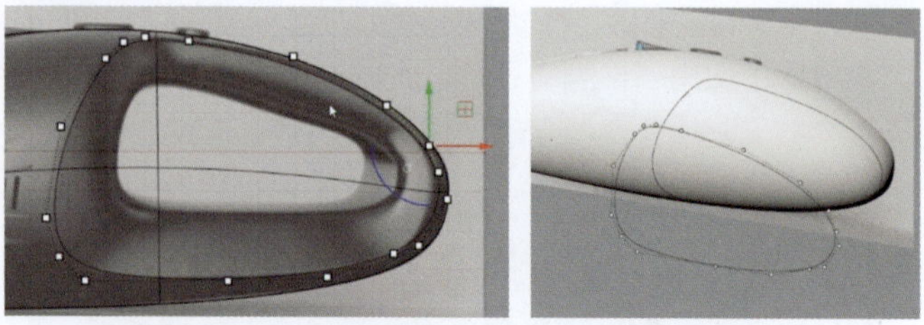
图5-46

> **提示** 投影曲线时，应在指令提示处将“松弛”设为“是”，这样投影的曲线将保持投影前的属性，但投影到曲面上的曲线会微微变形；否则投影到曲面上的曲线虽然与投影前一模一样，但曲线的点数和阶数会发生变化。

第3步：使用“分割”工具将曲面分割，并删除手提部分的曲面，如图5-47所示。

第4步：根据参考图绘制内部手提部分的曲线，如图5-48所示。

第5步：将绘制的曲线向内挤出成曲面（这一步是为了下面进行曲面混接），如图5-49所示。

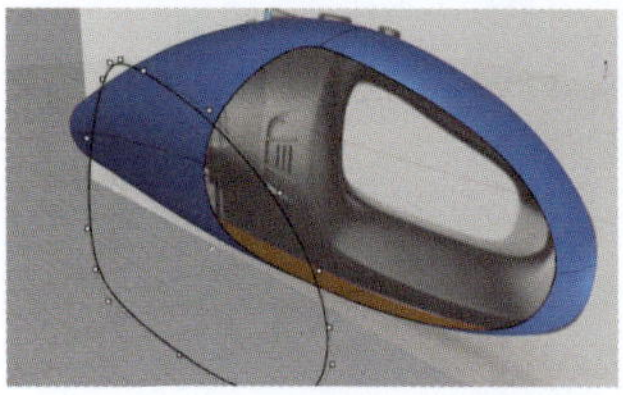
图5-47

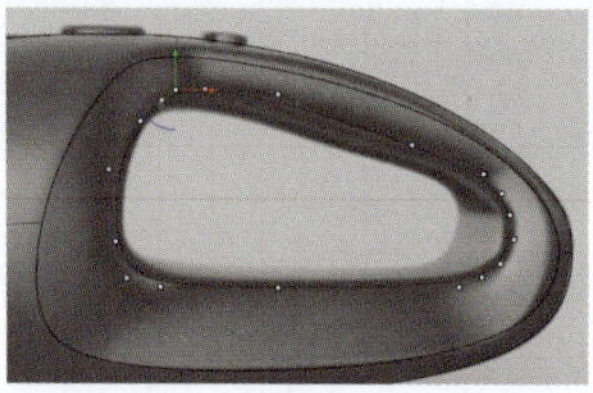
图5-48

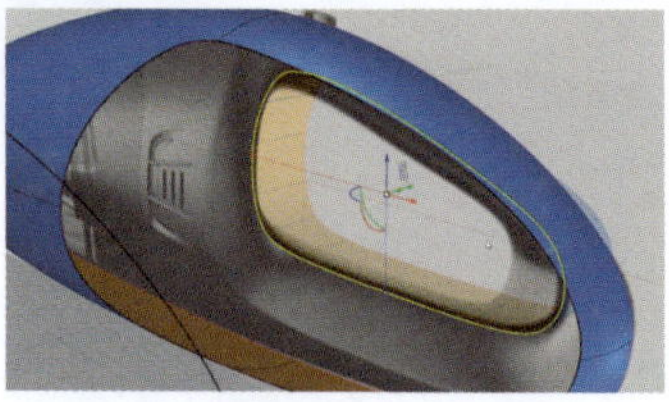
图5-49

第6步：使用“混接曲面”工具混接外部曲面和内部曲面，如图5-50所示。

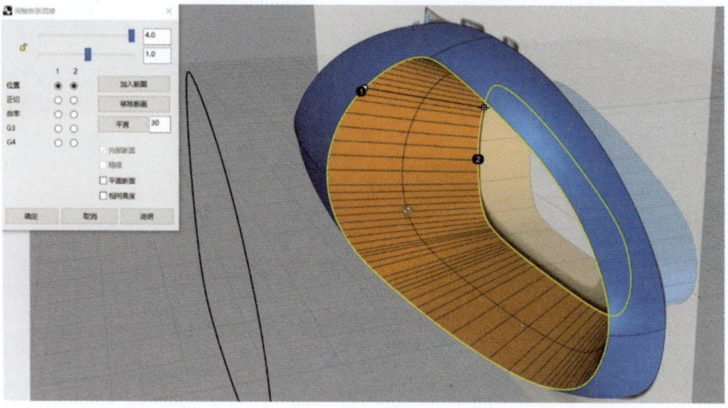
图5-50

第7步：在弹出的“调整曲面混接”对话框中调整相关参数，选中“曲率”单选项，然后单击“加入断面”按钮，在扭曲变形较大的位置单击以加入断面曲线，如图5-51所示。

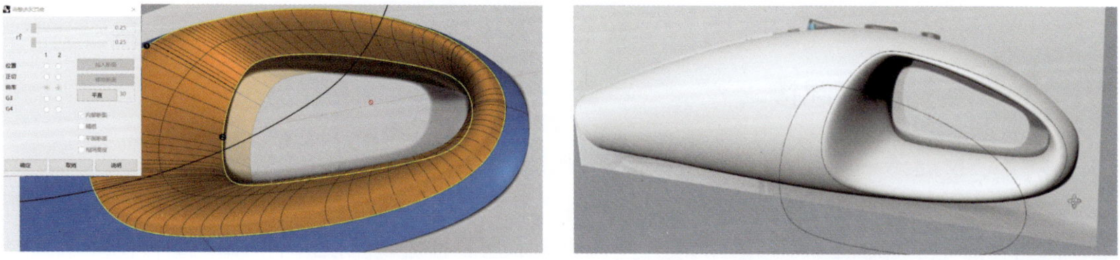
图5-51

第8步：使用“镜像”工具得到另一半曲面造型，如图5-52所示。

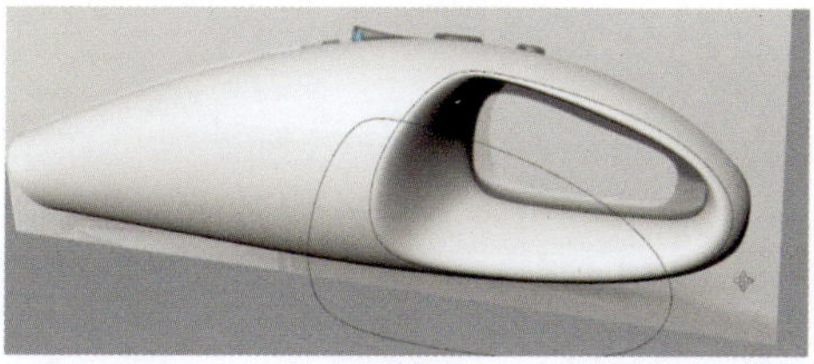

图5-52

第9步：将所有曲面组合，然后根据参考图在前视图中绘制曲线并挤出；使用“布尔运算分割”工具将主体分成两个部分，最后对衔接处的两端进行倒角处理，如图5-53所示。

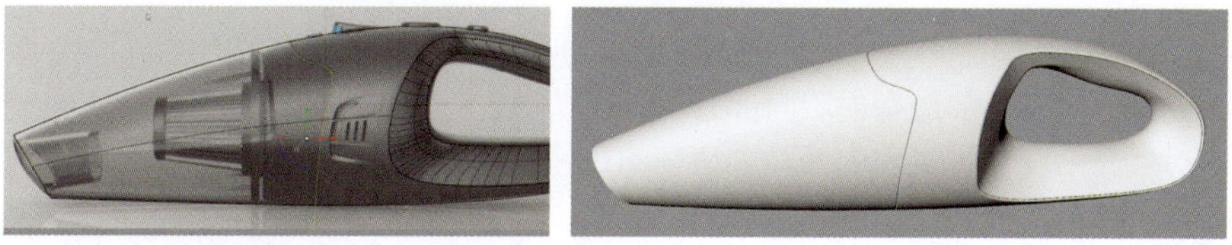

图5-53

5.2.3 渐消造型

第1步：根据参考图中的渐消造型，在前视图中绘制3条曲线，可以先绘制左侧两条曲线的其中一条，然后通过缩放复制得到第二条，如图5-54所示。

第2步：将这3条曲线投影到曲面上，如图5-55所示。

第3步：单击“分割”工具，用这3条曲线分割曲面，并删除分割出的其中一个曲面，如图5-56所示。

图5-54

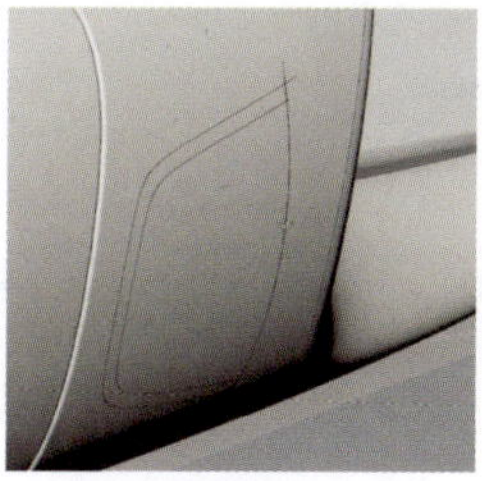

图5-55

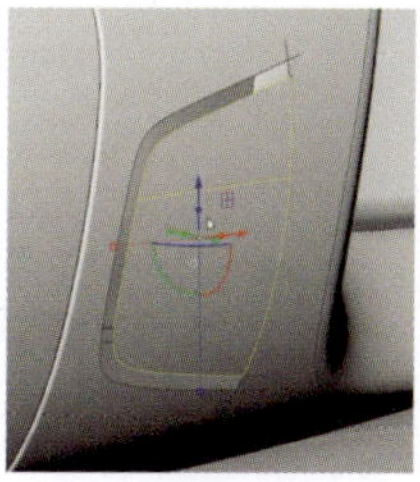

图5-56

第4步：使用“缩回已修建曲面”工具（使用该工具可以将分割后的曲面控制点由外部收缩到修剪后的造型边缘，以便控制）调整曲面的控制点，将控制点依次往内移动，做出凹陷效果，如图5-57所示。

第5步：使用“混接曲面”工具（或使用“双轨扫掠”工具）重新混接出此处的造型，如图5-58所示。

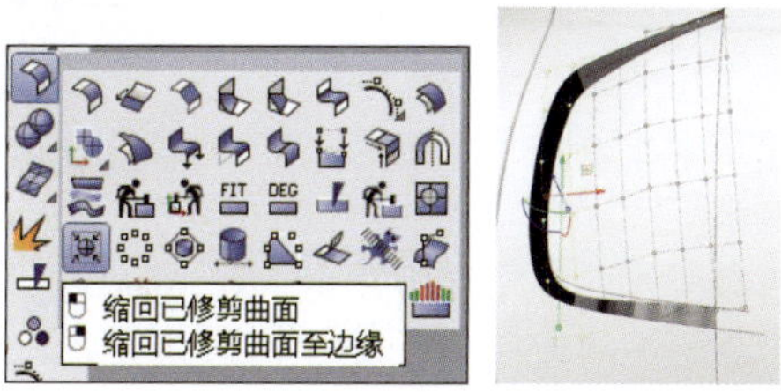

图5-57

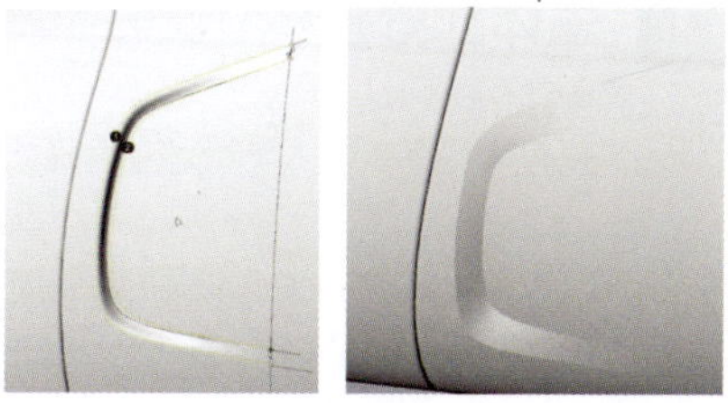

图5-58

5.2.4 整体细节的添加

1. 内部造型

第1步：先绘制曲线，再放样即可得到主体造型，如图5-59所示。

第2步：使用“挤出封闭的平面曲线”工具封闭孔洞，选中所有曲面并组合，如图5-60所示。

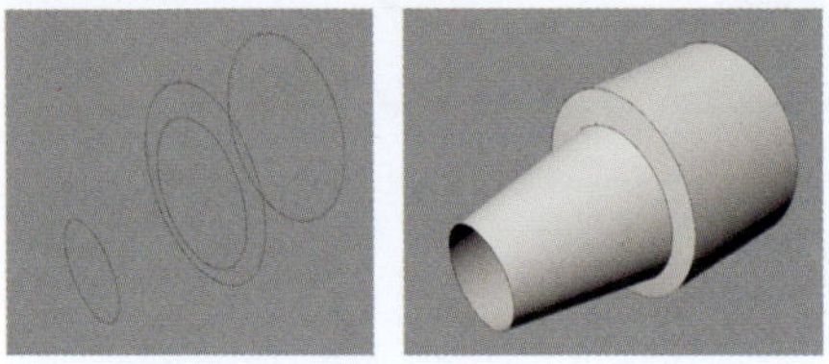

图5-59

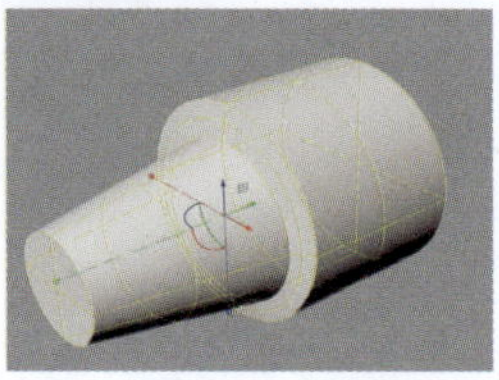

图5-60

第3步：绘制切割用曲线，挤出曲线为平面，使用“布尔运算分割”工具进行分割，对分割处进行倒角处理。对于内部造型的后面部分与外部造型，先用“布尔运算联集”工具使它们成为一体，再进行倒角处理即可实现内外两个造型的合并效果，完善造型细节，如图5-61所示。

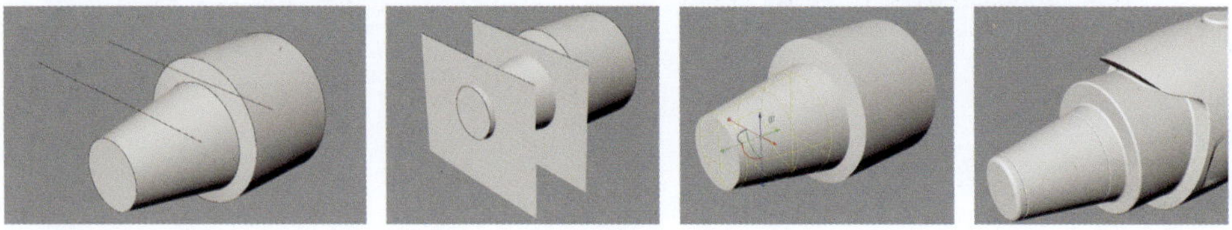

图5-61

2.按钮造型

制作顶部按钮造型。绘制圆柱体，使用“布尔运算差集”工具挖洞后，再添加按钮主体造型，在需要的位置建立圆角以完善造型细节，如图5-62所示。

吸尘器造型如图5-63所示。

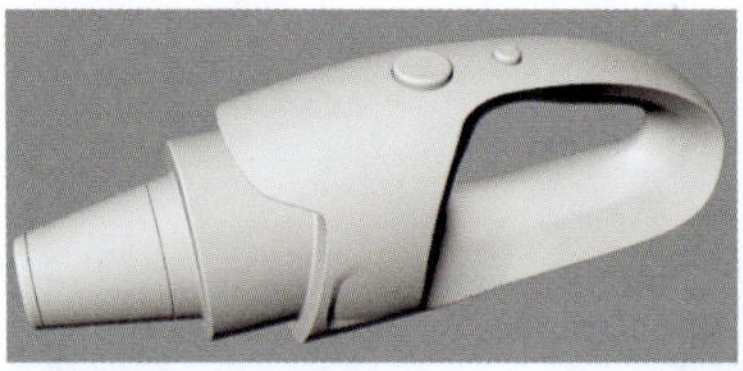

图5-62

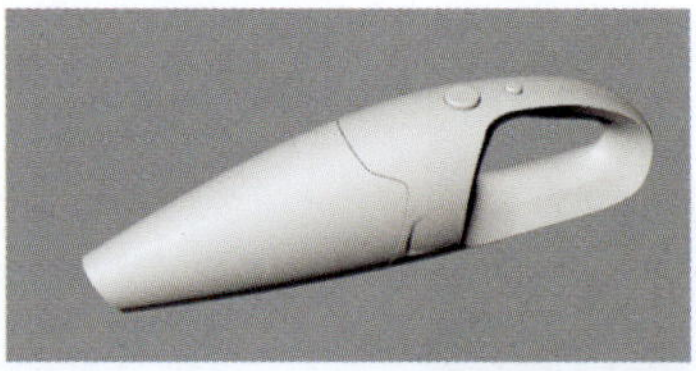

图5-63

5.3 小恐龙故事机建模

微课视频

本节将完成小恐龙故事机建模，效果如图5-64所示。

图5-64

5.3.1 主体部分建模

第1步：在前视图中导入参考图，降低其透明度并将其锁定，如图5-65所示。

第2步：以坐标原点为交点绘制两条互相垂直的参考线，并将它们锁定，如图5-66所示。

第3步：根据参考图绘制一条11点5阶曲线（注意两侧的控制点需要保持共线关系，绘线时无须完全对照参考图，因为参考图有一定的透视效果），如图5-67所示。

第4步：使用“旋转成形”工具将该曲线旋转成实体，如图5-68所示。

第5步：根据参考图绘制一条曲线，用于分模，如图5-69所示。

第6步：挤出该曲线为曲面，并使用“布尔运算分割”工具将主体分割成上、下两个部分，如图5-70所示。

图5-65

图5-66

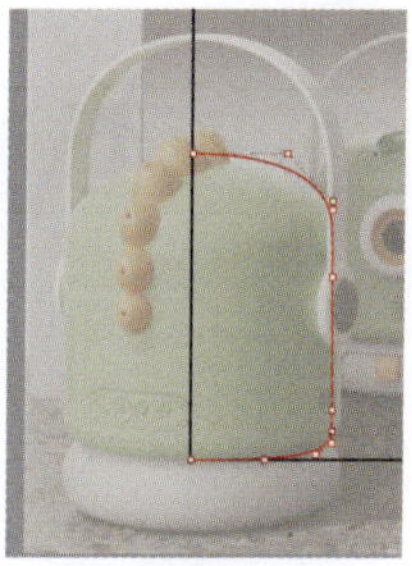

图5-67

图5-68

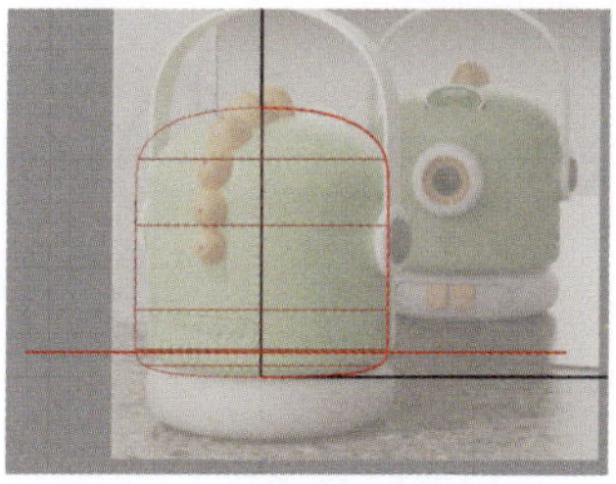

图5-69

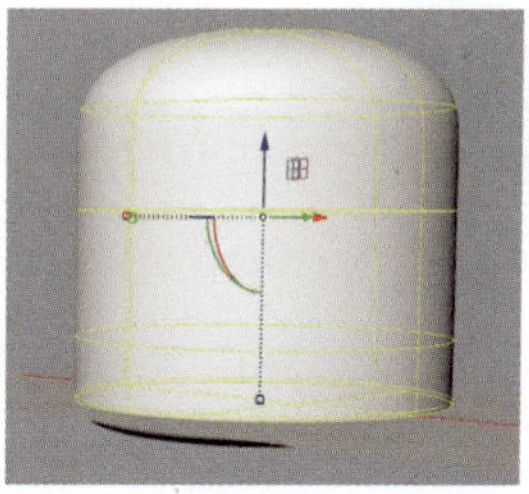

图5-70

第7步：隐藏分割用的曲面，对主体的分割处倒角，如图5-71所示。

第8步：在右视图中绘制一个圆柱体，如图5-72所示。

第9步：将圆柱体原地复制一份备用，再使用“布尔运算差集”工具在主体上挖洞，挖洞后缩小备用的圆柱体，如图5-73所示。

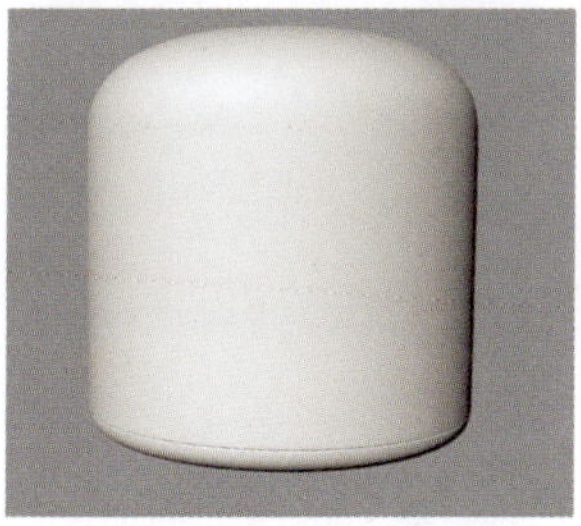

图5-71

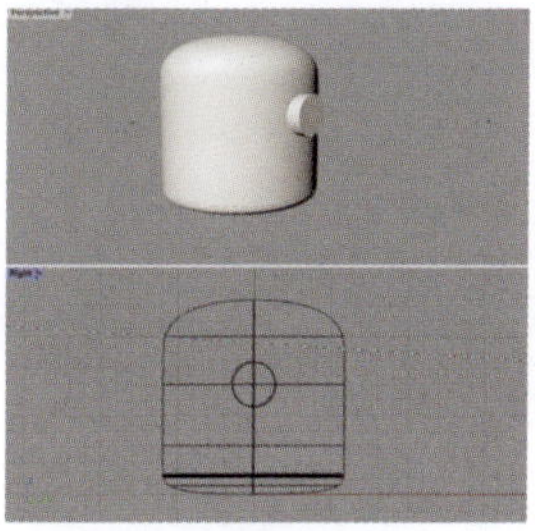

图5-72

图5-73

第10步：将主体和圆柱体均炸开，并删除外部的面，如图5-74所示。

第11步：使用“混接曲面”工具（这里需要在指令提示处单击“连锁边缘”）混接两个曲面，如图5-75所示。

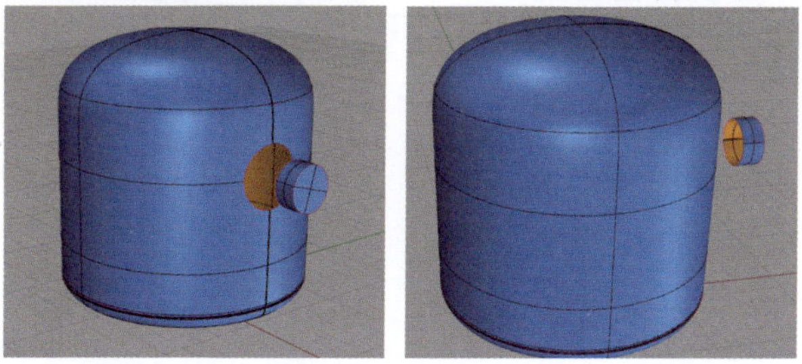

图5-74

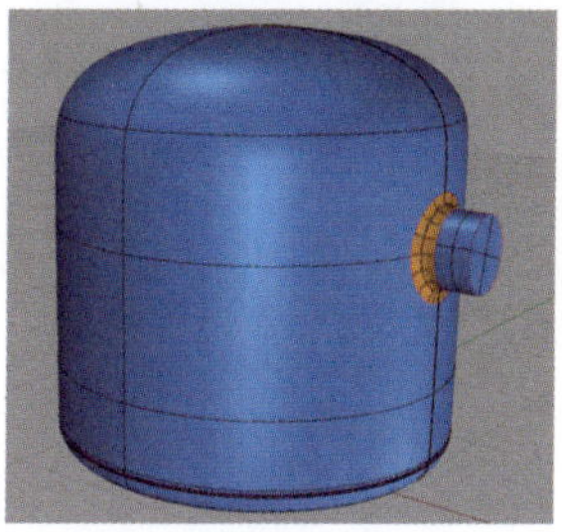

图5-75

第12步：将所有的曲面进行组合，并对混接曲面的外部边缘建立圆角，如图5-76所示。

第13步：在中间绘制平面，将主体上部分分成左、右两个部分，如图5-77所示。

第14步：删除没有制作造型的那一部分，然后使用“镜像”工具将制作好的造型镜像，如图5-78所示。

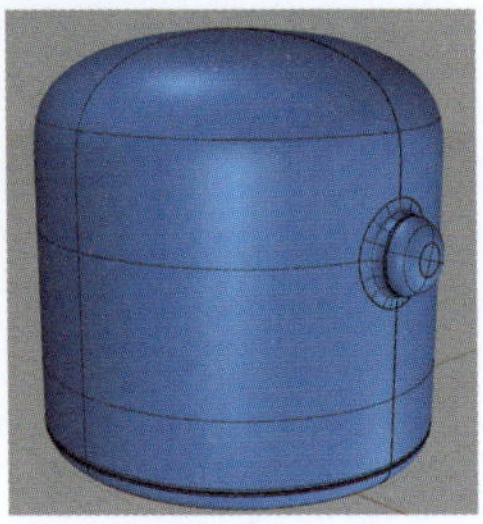
图5-76

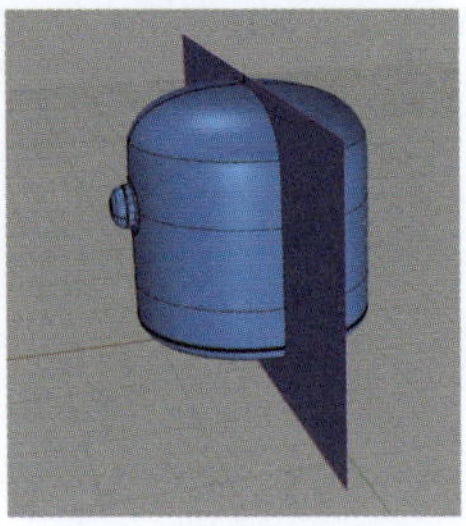
图5-77

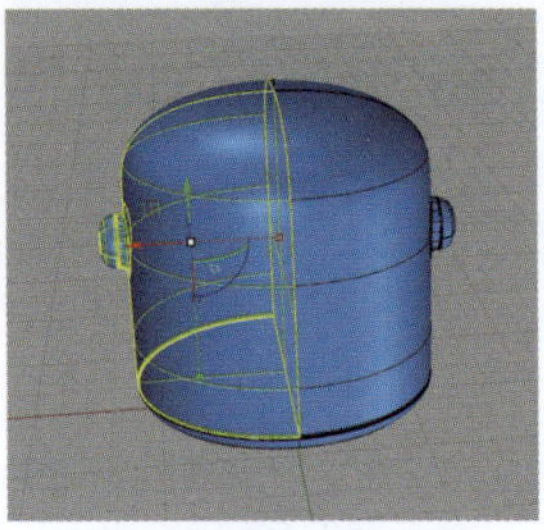
图5-78

5.3.2 提手部分建模

第1步：绘制一个圆柱体并放在合适的位置，如图5-79所示。

第2步：使用“布尔运算分割”工具将主体分成3个部分，并对其边缘建立圆角，如图5-80所示。

第3步：在前视图中绘制圆角矩形，如图5-81所示。

图5-79

图5-80

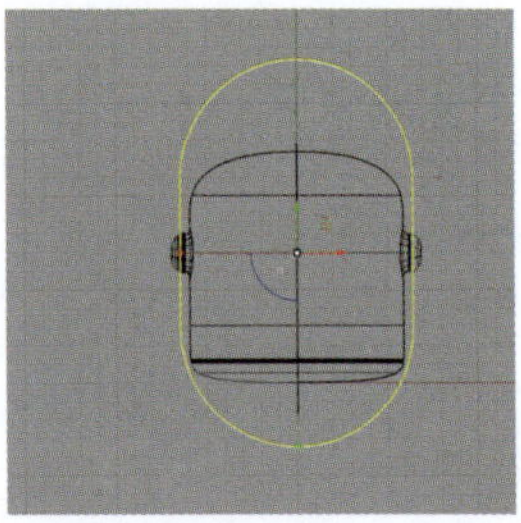
图5-81

第4步：绘制一条直线段，使用“修剪”工具对圆角矩形进行修剪，如图5-82所示。

第5步：调整修剪后的曲线的位置并挤出为曲面，如图5-83所示。

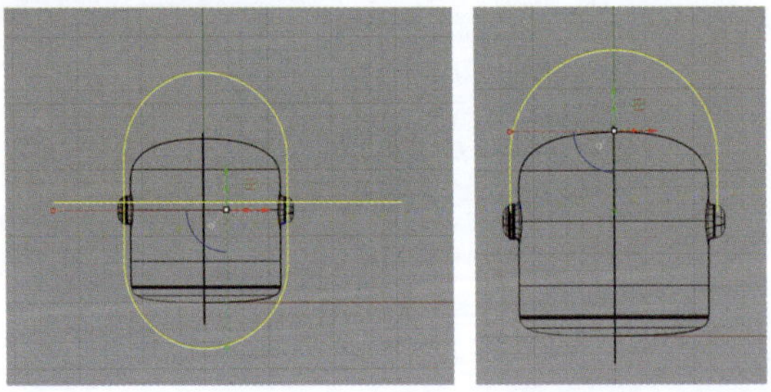
图5-82

图5-83

第6步：使用“偏移曲面”工具将该曲面偏移为实体，并对边缘进行倒角处理，如图5-84所示。

第7步：删除另一半造型，重新镜像，效果如图5-85所示。

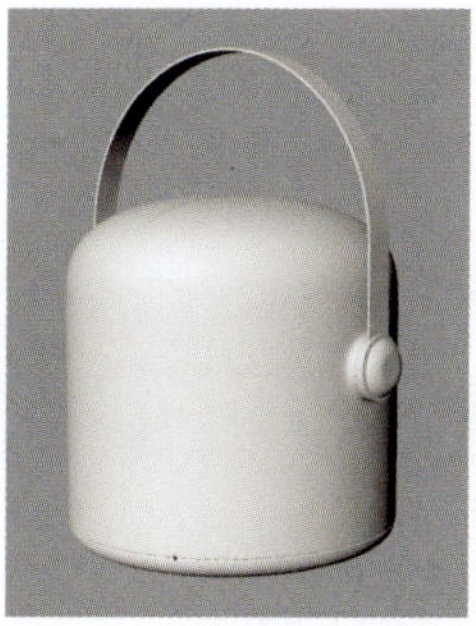

图5-84

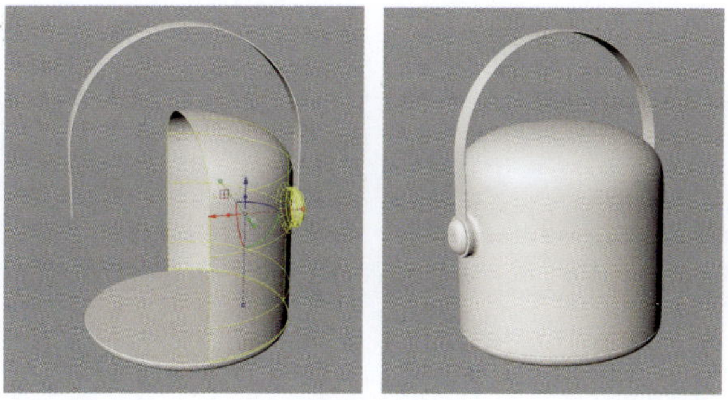

图5-85

5.3.3 背部造型建模

第1步：绘制一个球体，调整球体，作为顶部造型，如图5-86所示。

第2步：绘制一个圆柱体，使用“布尔运算差集”工具在球体上挖洞，最后对边缘进行倒角处理，如图5-87所示。

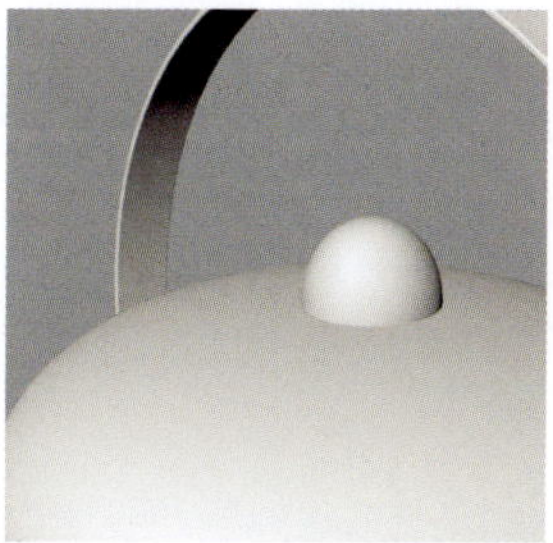

图5-86

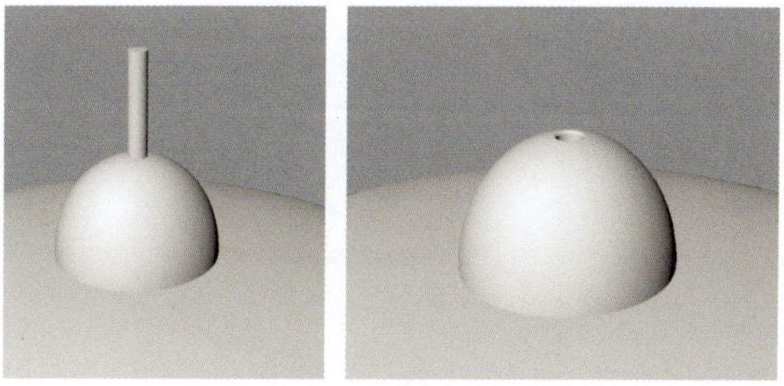

图5-87

第3步：复制并缩放出一排顶部的椭球造型，如图5-88所示。

第4步：对椭球使用“布尔运算联集”工具，并对衔接处的边缘进行倒角处理，如图5-89所示。

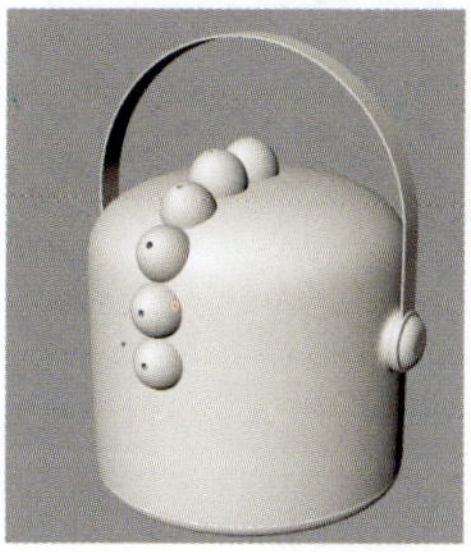

图5-88

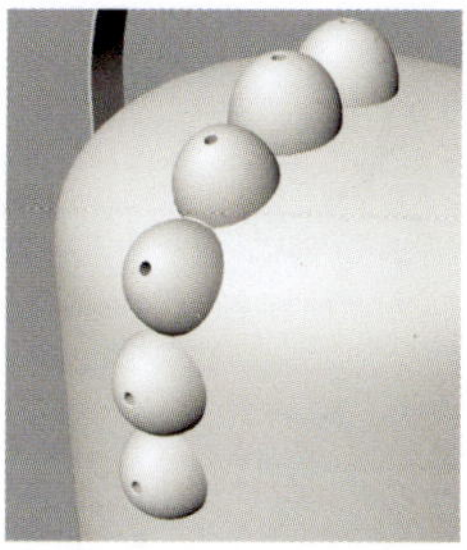

图5-89

5.3.4 底座建模

第1步：绘制圆，将其复制3份并调整为合适的大小，如图5-90所示。

第2步：使用“放样”工具依次选取这4条曲线，并放样成曲面，如图5-91所示。

第3步：使用“挤出封闭的平面曲线”工具生成顶面和底面，并将所有的面组合，如图5-92所示。

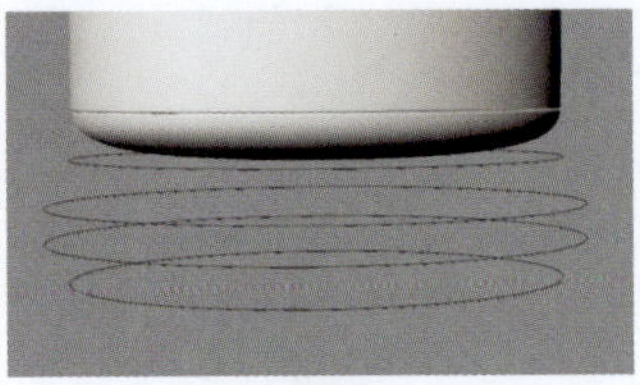
图5-90

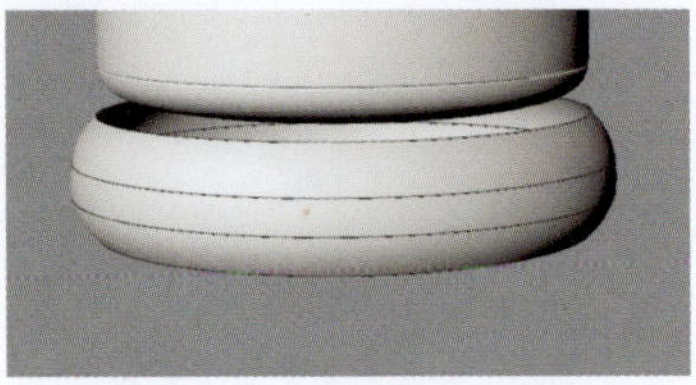
图5-91

图5-92

第4步：使用“边缘圆角”工具对造型边缘进行倒角处理，如图5-93所示。
第5步：根据参考图中的造型，在前视图中绘制圆角矩形，如图5-94所示。
第6步：使用“投影曲线或控制点”工具将该曲线投影至底部造型上，如图5-95所示。

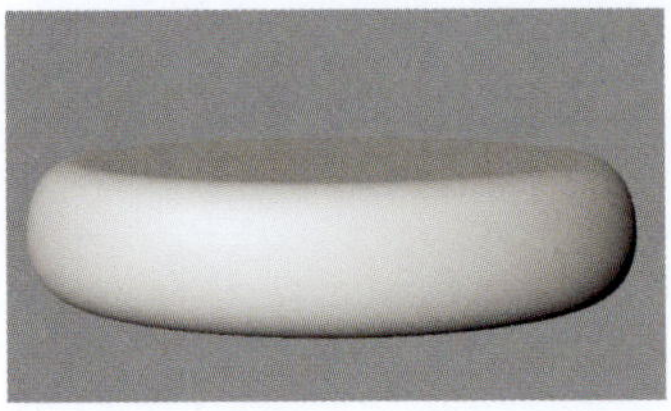
图5-93

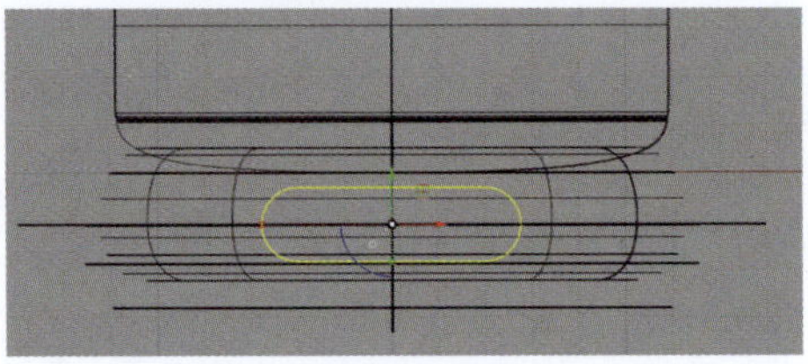
图5-94

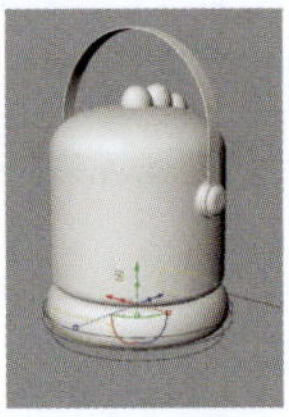
图5-95

第7步：单击“分割”工具，用该投影曲线分割底部造型，如图5-96所示。
第8步：向内移动并等比缩放分割出来的曲面造型，如图5-97所示。

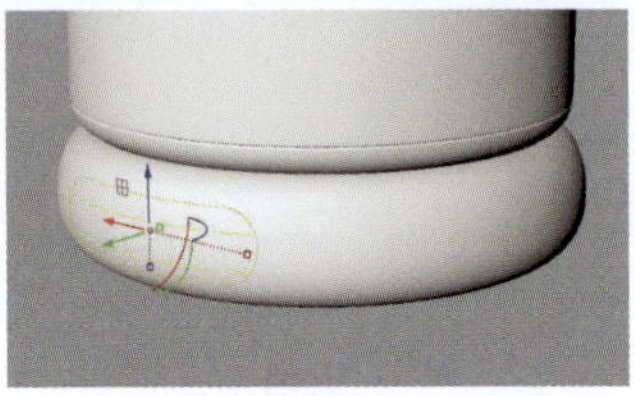
图5-96

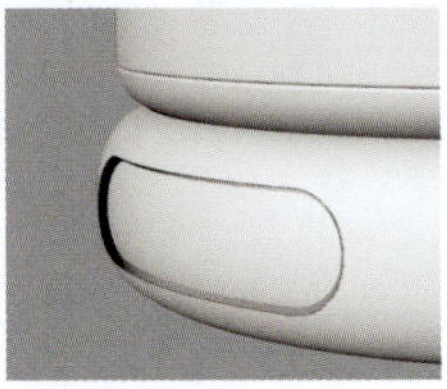
图5-97

第9步：使用“放样”工具重新衔接该结构，如图5-98所示。

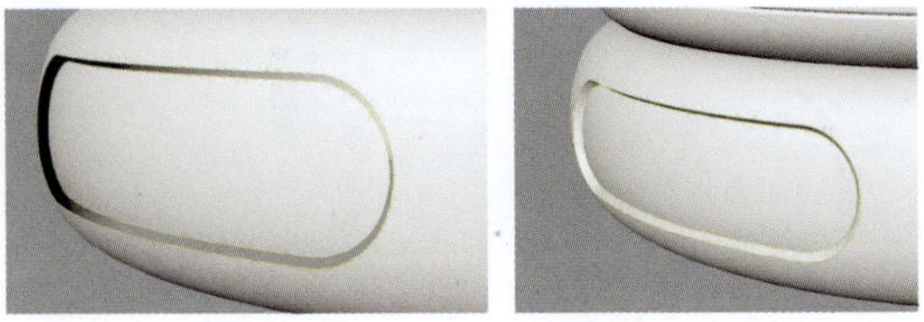
图5-98

第10步：组合所有曲面，并对边缘进行倒角处理，如图5-99所示。
第11步：使用“抽离结构线”工具抽离出该曲面的4条结构线，如图5-100所示。
第12步：仅显示这4条结构线，并进行修剪，如图5-101所示。

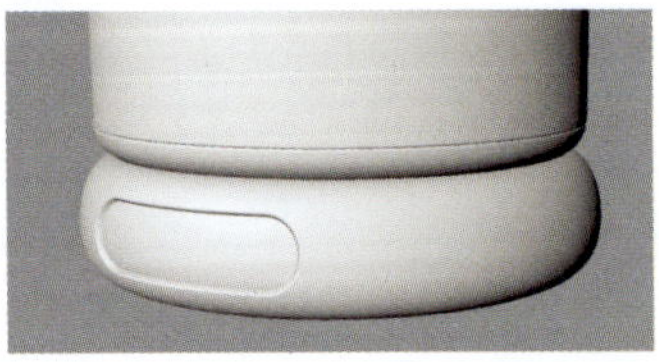
图5-99

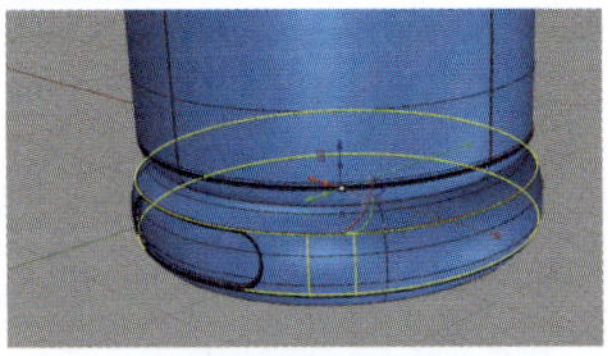
图5-100

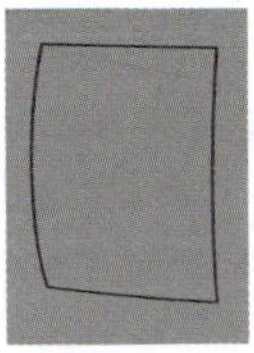
图5-101

第13步：使用“双轨扫掠”工具生成曲面，如图5-102所示。
第14步：偏移该曲面为实体，如图5-103所示。

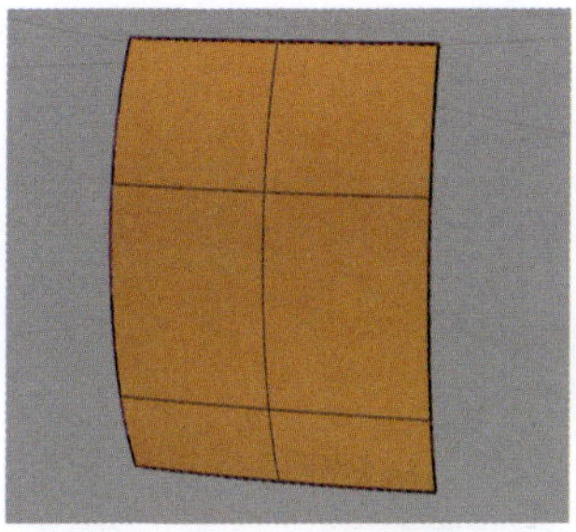

图5-102

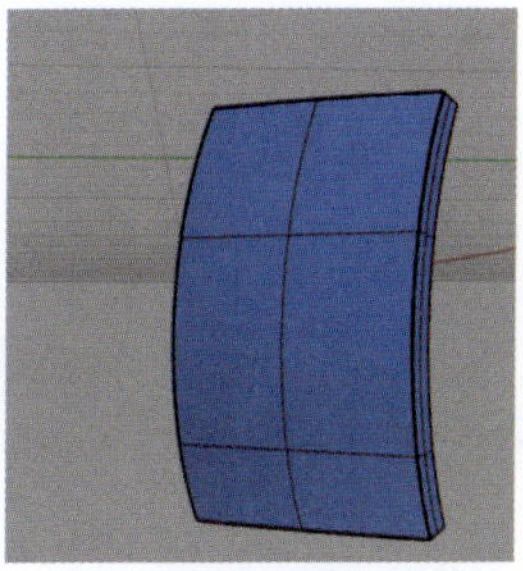

图5-103

第15步：对实体边缘进行倒角处理，注意先倒大的角，再倒小的角，如图5-104所示。

第16步：调整该造型到合适的位置并镜像一份，如图5-105所示。

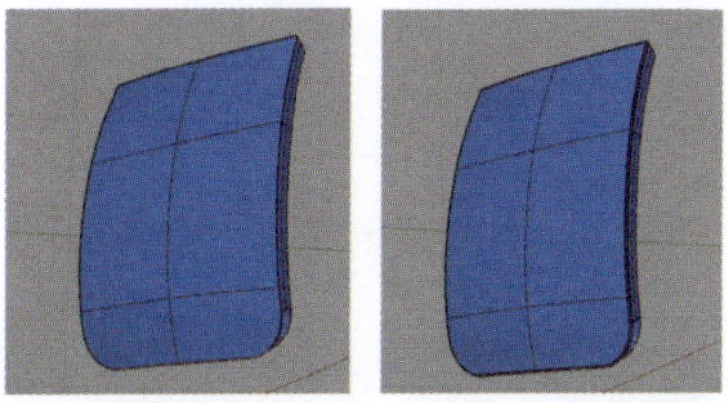

图5-104

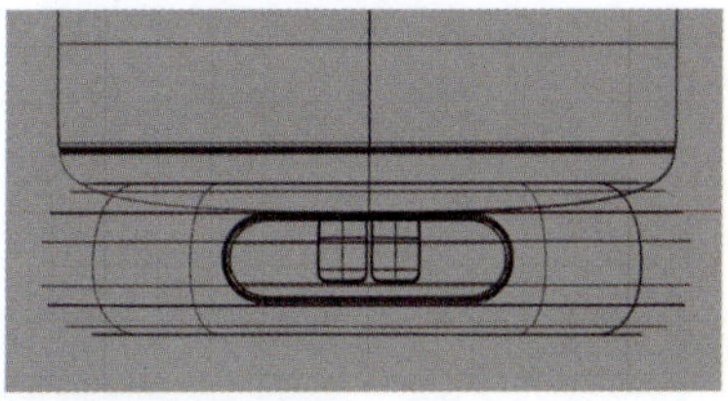

图5-105

5.3.5 添加细节

第1步：在主体的前方，绘制图5-106所示的4个圆并调整为合适的位置与大小。

第2步：单击“放样”工具（放样前可以先开启“记录建构历史”功能，以便调整生成的曲面造型），依次选取4条曲线，将它们放样成曲面，如图5-107所示。

第3步：进行内部造型的制作。绘制圆形并将其放样成图5-108所示的形状（因为参考图中这里有黄色和白色的两个部件，所以不要将曲面全部组合）。

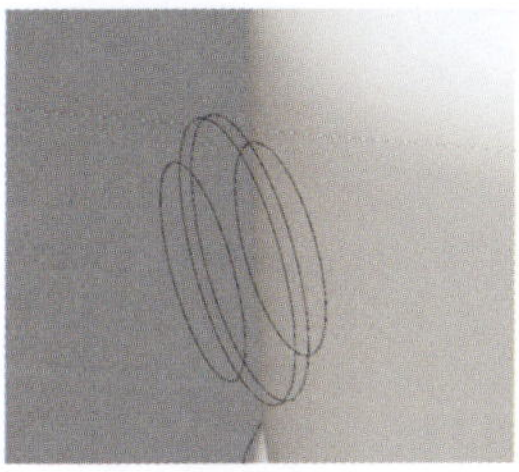

图5-106

图5-107

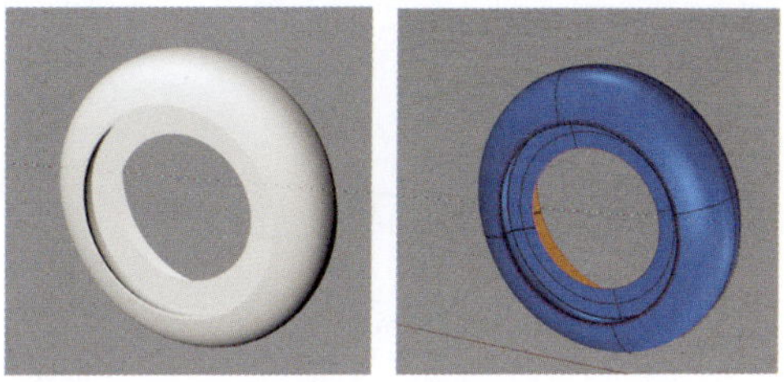

图5-108

第4步：在该造型的中心放置一个球体，如图5-109所示。

第5步：在该按钮造型下方绘制多个圆柱体，如图5-110所示。

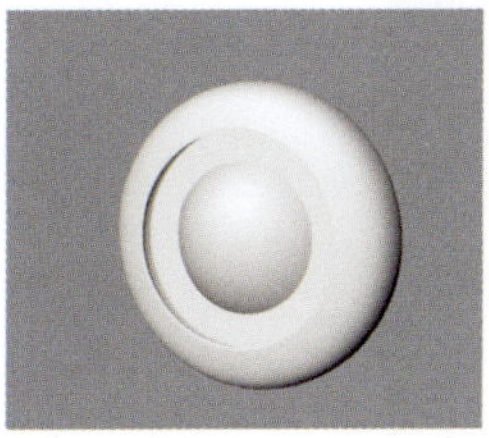

图5-109

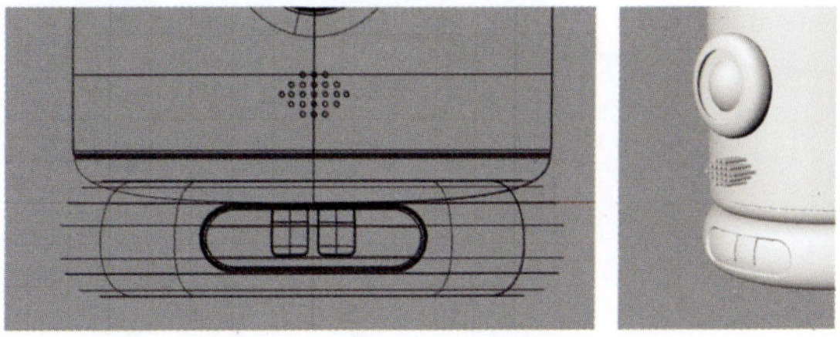

图5-110

第6步：使用“布尔运算差集”工具在主体上挖洞，并对孔洞边缘建立圆角，完成音孔的制作，如图5-111所示。

第7步：在主体顶部绘制圆角矩形，如图5-112所示。

第8步：使用“投影曲线或控制点”工具将该曲线投影至下方实体上，如图5-113所示。

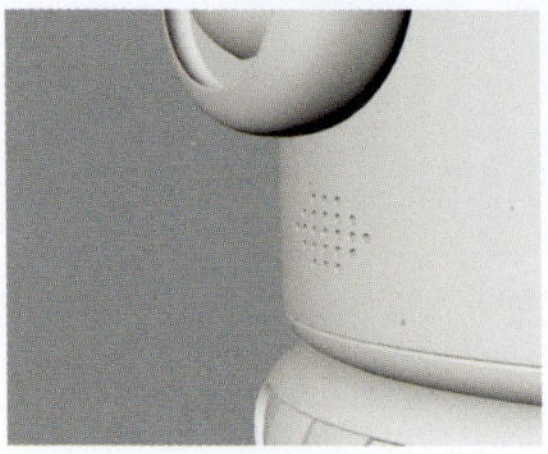

图5-111

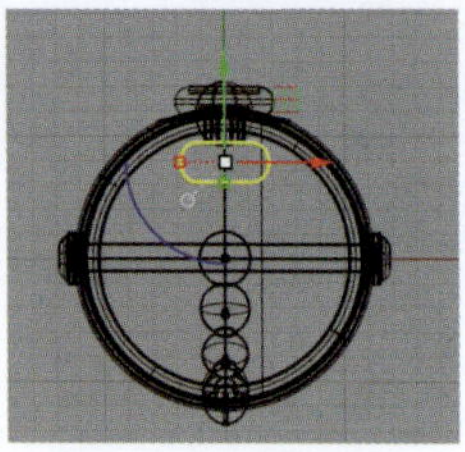

图5-112

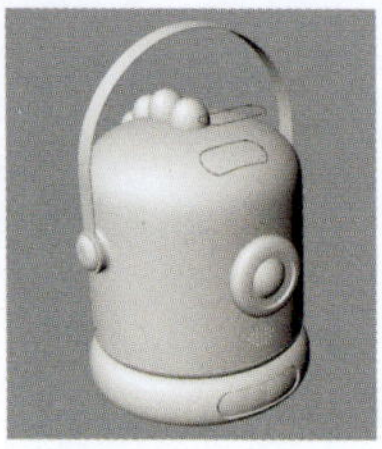

图5-113

第9步：使用“分割”工具对主体进行分割，并删除外部面，如图5-114所示。

第10步：选中该边缘曲线并向下挤出曲面（这一步是为了方便后续对边缘建立圆角），如图5-115所示。

第11步：使用“边缘圆角”工具对该边缘建立圆角，如图5-116所示。

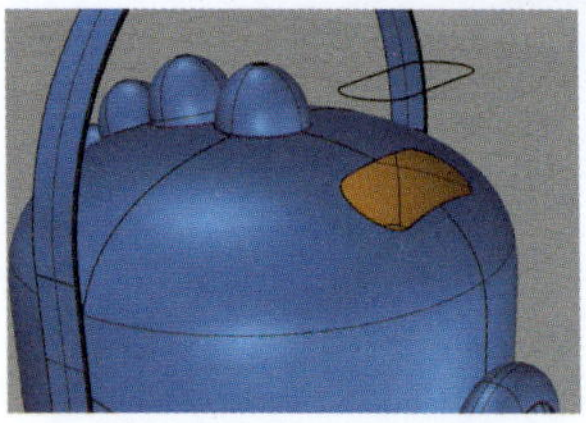

图5-114

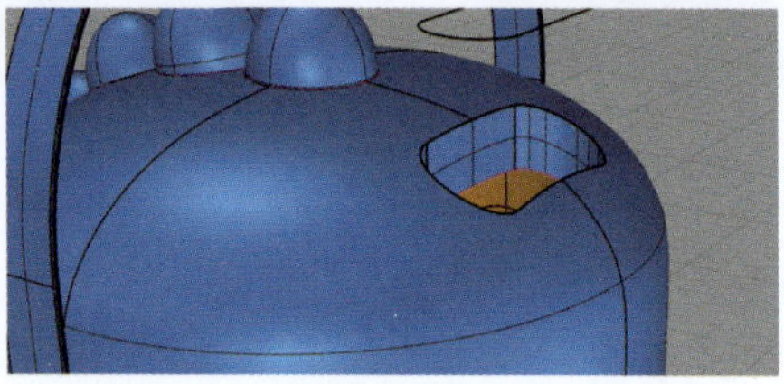

图5-115

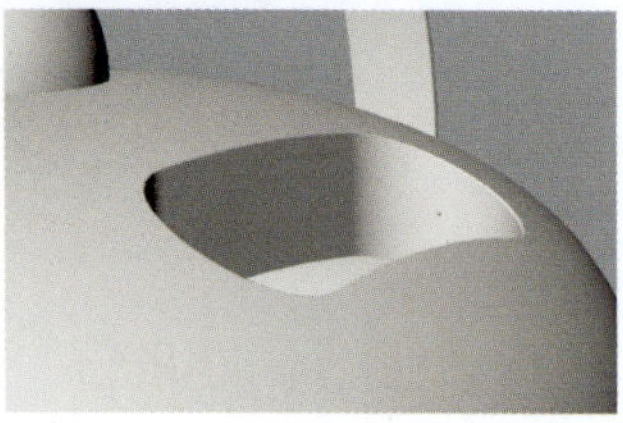

图5-116

第12步：使用“椭圆：从中心点”工具绘制椭圆，并挤出为实体，将该实体向前复制一份并适当缩小，如图5-117所示。

第13步：使用“布尔运算差集”工具在大的椭圆体上挖洞，并对边缘进行倒角处理，如图5-118所示。

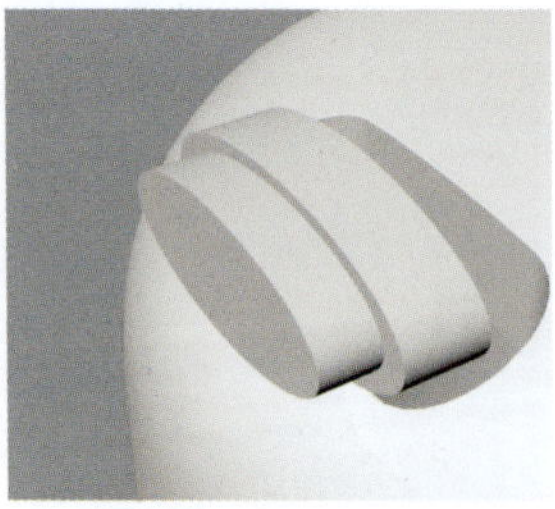

图5-117

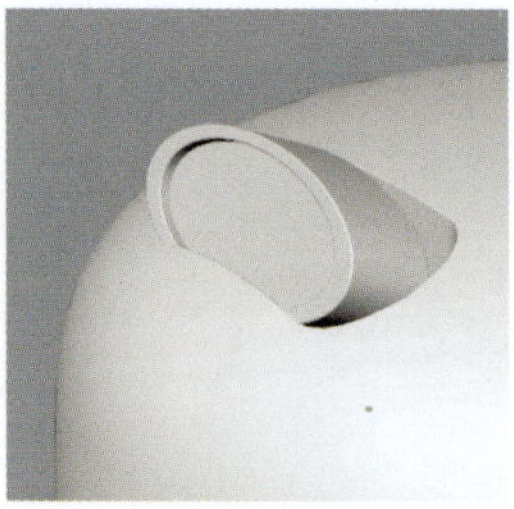

图5-118

最终造型如图5-119所示。

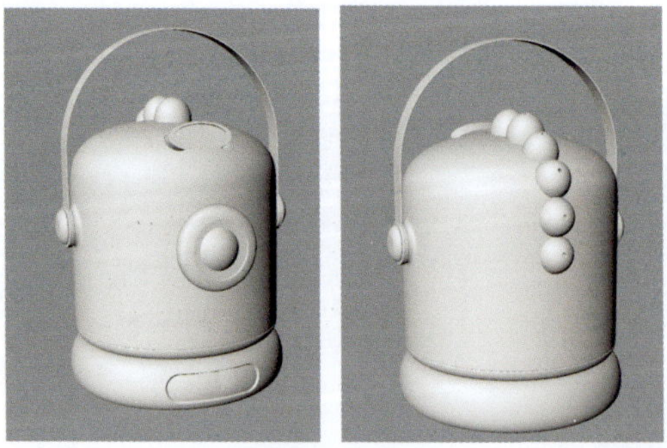

图5-119

第6章 认识KeyShot

本章导读

本章正式进入使用KeyShot进行渲染的学习。“建模”与“渲染”就像车间内生产产品的不同加工流程，通常需要根据图纸制作好模型，然后将制作好的模型导入KeyShot渲染器中添加材质及真实的光照效果等，形成逼真的效果图。本章将介绍KeyShot的特点、界面、首选项设置和渲染实时视图中的常用操作等，帮助读者为后面学习渲染打好基础。

6.1 KeyShot的特点

KeyShot渲染器是一款独立的实时光线追踪和全局照明程序，用于创建3D渲染效果、动画和交互式视觉效果等。

KeyShot支持许多3D文件格式，可导入的文件类型超过25种。它具有简单的用户界面，可以进行材质拖放、环境预设、标签交互、纹理映射、物理照明和动画创建等便捷操作。

KeyShot渲染器的显著特点如下。

快速：KeyShot支持实时渲染，可以立即看到材质、照明效果和相机的所有变化。

容易：无须精通渲染技术即可创建逼真的3D模型效果图片。只需导入数据，将材质拖放到模型上并进行分配，调整照明效果并移动相机即可得到相应的效果。

准确：KeyShot建立在Luxion内部开发的物理渲染引擎之上，该引擎有科学、准确的材质表示和对全局照明领域的深入研究。

6.2 KeyShot的界面

6.2.1 渲染实时视图

渲染实时视图是KeyShot界面中的主要窗口，位于界面的中心位置，如图6-1所示。向前滚动鼠标滚轮，可以看到整个渲染实时视图在一个球形的环境中，3D模型的所有实时渲染都将在此处进行。用户可以通过相机控件导航场景、多选对象以及使用鼠标右键单击模型或其周围区域来查看更多的选项。

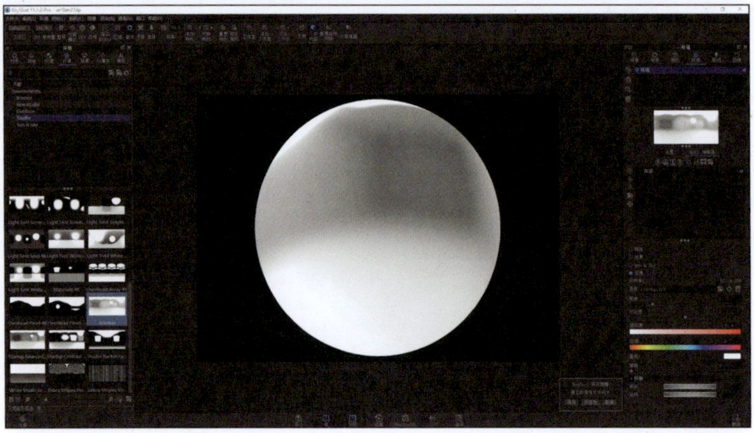

图6-1

抬头显示器用于显示渲染实时视图中的一些场景信息，如图6-2所示，按H键，可以快速开启和关闭抬头显示器。

它在CPU渲染模式和GPU渲染模式下的参数略有不同，图6-3和图6-4所示分别为CPU渲染模式和GPU渲染模式下的抬头显示器的数据。

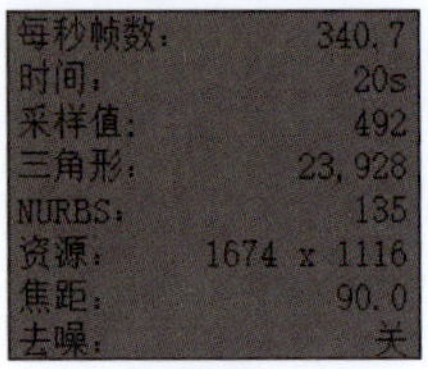

图6-2

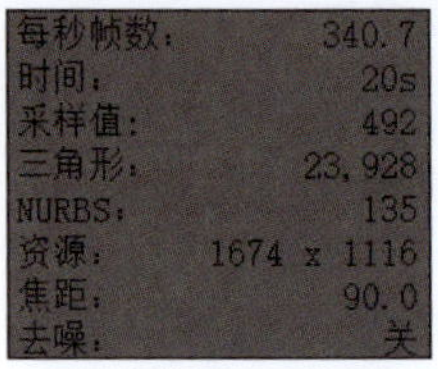

图6-3

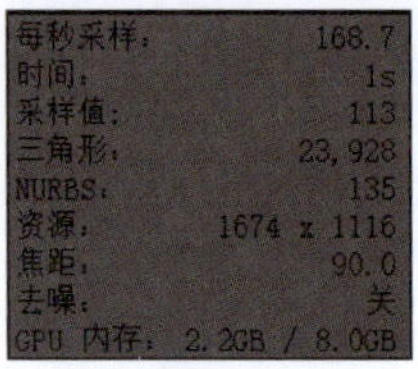

图6-4

具体包括以下数据。

- 每秒帧数：也叫作FPS值，用于显示CPU渲染模式下的渲染速度。
- 每秒采样：用于显示GPU渲染模式下的渲染速度。
- 时间：渲染实时视图已呈现多长时间。
- 采样值：渲染实时视图已渲染的样本数，可以辅助用户判断渲染的出图采样大小。例如，渲染实时视图中的渲染样本数为30时，场景中的物件已足够清晰，那么可以在渲染出图的采样大小处设置一个大于30的数值，避免耗费过多时间做无用的渲染工作。
- 三角形：场景中存在的三角形的数量，不包括隐藏的零件/模型集。三角形的数量越多，场景的渲染时间越长，所以如果有较高的场景渲染需求，就需要在建模软件中提前处理好模型中三角形的数量，避免其数量过多增加渲染负担。三角形数量过多的具体表现为场景卡顿、渲染时间过长等。

- NURBS：场景中存在的NURBS数量，不包括隐藏的零件/模型集。
- 资源：渲染实时视图的分辨率。
- 焦距：相机的当前视角/焦距。这个参数除了界面上方有，相机下方也有。相机焦距数值越小，场景透视越大；相机焦距数值越大，场景透视越小。图6-5和图6-6所示分别为相机焦距为50和200时的立方体的预览效果。

图6-5

图6-6

- 去噪：显示降噪器的开启与关闭状态。“图像”选项卡中也有去噪的开关，并且提供了具体的数值来控制场景中的去噪强度。适当增大该参数的数值可以有效解决场景渲染中产生的噪点问题。在有纹理细节的场景中，不要将该参数的数值设置得过大，否则开启降噪器后会磨掉一些细节。图6-7和图6-8所示分别为开启和关闭降噪器时的半透明材质的效果。

图6-7

图6-8

- GPU内存：显示相对于总内存的GPU内存的使用情况。如果GPU内存不足，KeyShot将切换到CPU渲染模式。

> **提示**
> 在使用计算机进行渲染时，有两种流行的渲染模式——基于中央处理器（CPU）的渲染和基于图形处理单元（GPU）的渲染。前者利用计算机的CPU来执行场景渲染，这也是传统的渲染模式；而后者使用计算机的GPU来执行场景渲染。
> 两者的渲染结果在许多方面都有着微妙的区别，其中最为明显的区别就是渲染速度不同。GPU会比CPU的渲染速度快上数倍到数十倍不等，具体速度取决于计算机的显卡配置，显卡配置越高，渲染速度越快。虽然在KeyShot中，GPU渲染模式还有待优化，CPU渲染模式的结果好一点，但是两种模式均可满足绝大部分的渲染需求。

- 坐标图例：为了帮助用户在渲染实时视图中判断轴向，可以按Z键打开坐标图例，显示当前视图的x、y和z轴，如图6-9所示。
- 单独模式：单独模式的开启有两种方式，一种是选中需要独显的部件，单击鼠标右键进入单独模式；另一种是选中需要独显的部件，然后按S键进入单独模式。场景中有圆柱体、立方体和球体3个基本体，这里开启球体的单独模式，其上方就会出现单独模式的显示图标，如图6-10和图6-11所示。

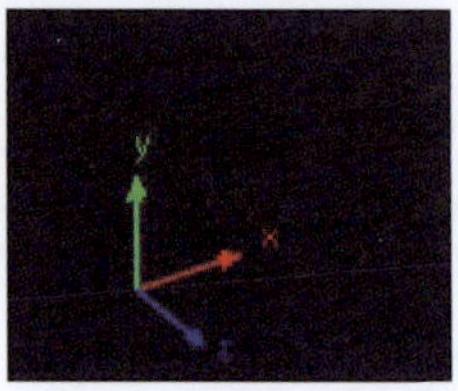

图6-9

图6-10

图6-11

▲ 视图内指示器：视图内指示器显示在渲染实时视图的右上角，在不同的情况下会出现不同的指示器图标，以提示场景内的相关信息，如图6-12所示。

图6-12

环境指示器：当在HDRI编辑器中进行更改，并且这些更改尚未以完整分辨率生成时，将显示生成环境指示器。单击该指示器能够以全分辨率生成环境。

执行几何节点指示器：当场景包含具有几何图形节点（模糊、气泡、移位和薄片）或RealCloth但尚未执行的几何体时，将显示执行几何节点指示器。单击该指示器可以执行场景中的所有几何图形节点。

警告图标：如果场景包含未在GPU渲染模式下正确显示的内容（如剖面材质等），则会显示警告图标。

> **提示** 当指示器图标出现在渲染实时视图的右上角时，单击该图标可查看场景中的信息状况，例如以全分辨率生成环境是否会影响最终的出图结果。

▲ 分辨率：渲染实时视图将遵循“项目”窗口的“图像”选项卡中设置的分辨率/宽高比，如图6-13和图6-14所示。这里的分辨率/宽高比只起到预览作用，并非最终渲染的图像大小，最终渲染的分辨率以出图设置为准。

图6-13

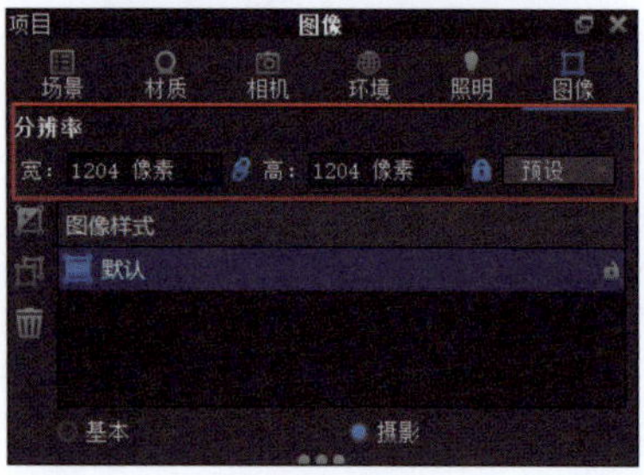

图6-14

▲ 背景颜色：为了方便观察，可以通过在渲染实时视图外的区域单击鼠标右键，根据不同的渲染需求设置不同的背景颜色。

> **提示** 背景颜色可以根据实际的渲染需求来修改。例如，渲染“白底产品图”就需要将背景颜色修改为较深的颜色，以便判断图像的分辨率大小。

6.2.2 工具栏

工具栏在渲染视窗的下方，用于快速开启KeyShot中常见的窗口和功能。工具栏中图标的顺序为在KeyShot中进行渲染工作时从导入文件到渲染的一般操作顺序。工具栏如图6-15所示。

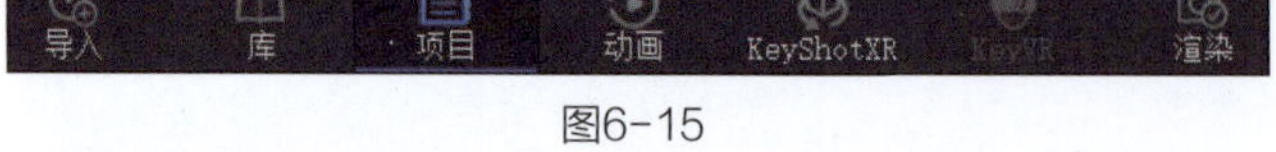

图6-15

对于单张图片的渲染，最常用的就是“库”与“项目”窗口。第7章中会对“库”和“项目”窗口中常用的功能展开讲解，下面简单介绍工具栏。

▟ 导入：单击该图标，打开“导入文件”对话框，如图6-16所示，可以将场景文件和3D数据导入KeyShot。

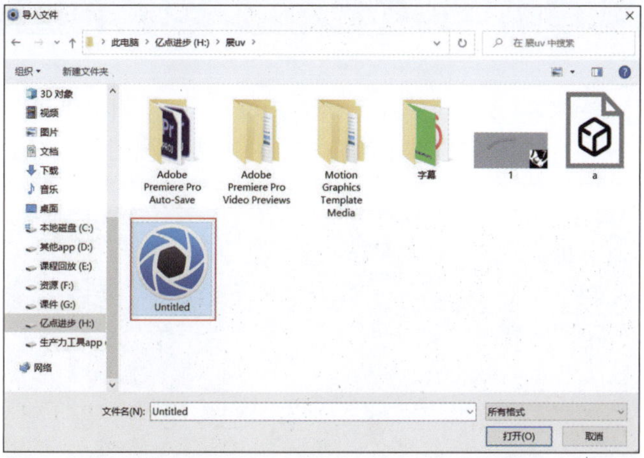

图6-16

▟ 库：提供了“材质”“颜色”“纹理”“环境”“背景”“收藏夹”“模型”7个常用的选项卡，还有一些软件自带的素材，可以方便用户快速地调用，如图6-17所示。

▟ 项目：提供了“场景”“材质”“相机”“环境”“照明”“图像”6个常用的选项卡，如图6-18所示。

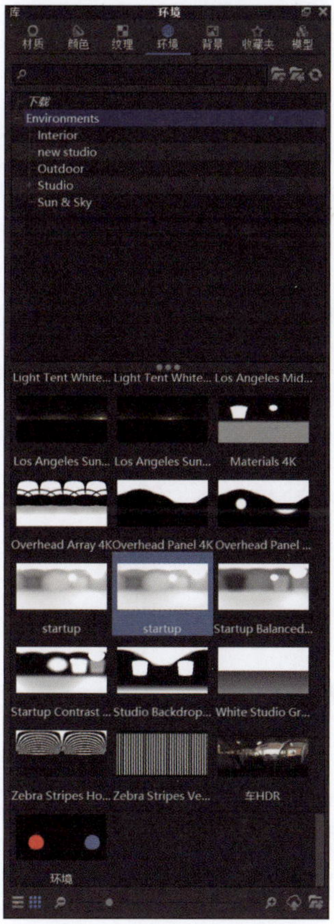

图6-17

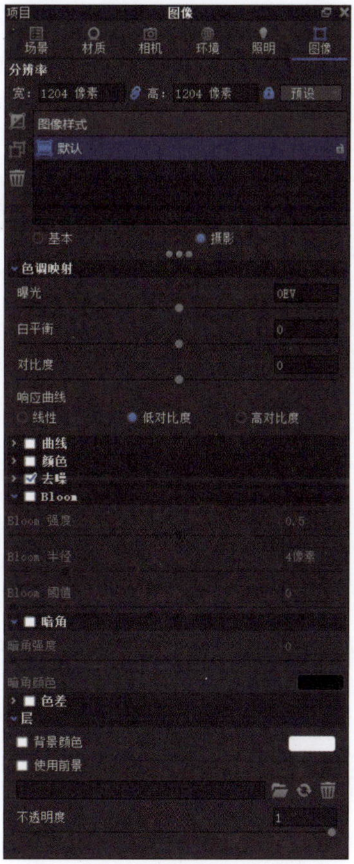

图6-18

- 动画：单击该图标，打开“动画”窗口，用于控制、调整动画等，如图6-19所示。

图6-19

- KeyShotXR：用于创建交互式的3D网格内容和KeyShotXR向导。
- 渲染：单击该图标，弹出“渲染”对话框，在其中可进行出图参数的设置，如图6-20所示。

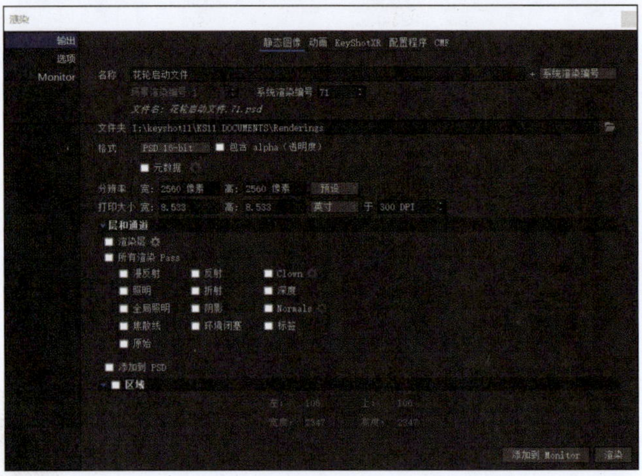

图6-20

- 云库：云库在KeyShot界面底部最左侧，它提供了用于共享和下载材质、背景、纹理、环境和模型的在线数据库。可以理解为一个素材网站，需要联网并登录才能使用其中的素材，如图6-21所示。

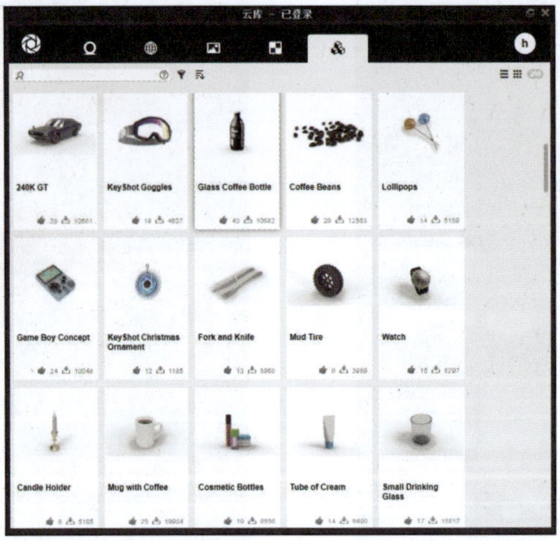

图6-21

6.2.3 菜单栏

菜单栏中常用的一些工具在后续介绍的其他窗口中也能找到。例如，图6-22中框出的相机相关工具，都归类在“项目”窗口的“相机”选项卡中，以便用户调用，如图6-23所示。

图6-22

图6-23

下面简单介绍菜单栏中的常用命令。

1. “文件”菜单

“文件”菜单如图6-24所示。

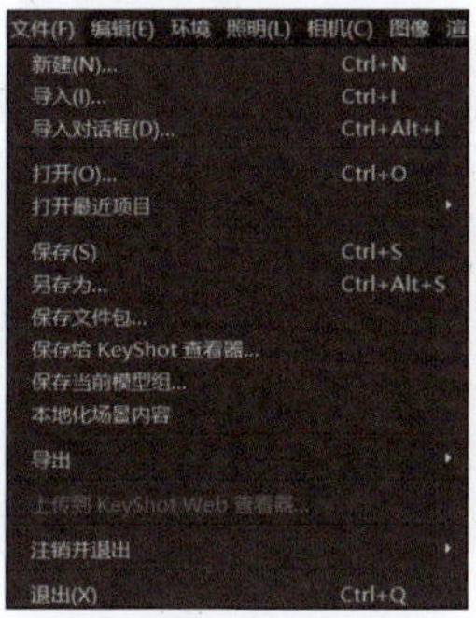

图6-24

- 新建：用于新建场景文件。按快捷键Ctrl+N，可以快速新建一个场景文件。
- 导入：将3D文件导入打开的场景或新场景中。KeyShot支持导入多种不同格式的模型。
- 保存：保存当前打开的场景。keyShot文件的保存格式为BIP。
- 另存为：将当前场景保存在KeyShot中，并可以更改文件名。
- 保存文件包：保存一个KeyShot包（扩展名为.ksp），其中包括模型以及给定场景中使用的所有相关资源（即材料、环境、纹理、相机、后面板和前面板）。
- 导出：将模型文件导出为 BIP/KSP、OBJ、GLB/GLTF、STL、FBX、3MF、ZPR（仅限于Windows系统中）和USD格式的文件。

> **提示** 在不同的计算机之间共享或移动场景文件时，使用保存的文件包非常重要，否则在加载场景时会遇到纹理缺失等问题。

2. “编辑”菜单

“编辑”菜单如图6-25所示。

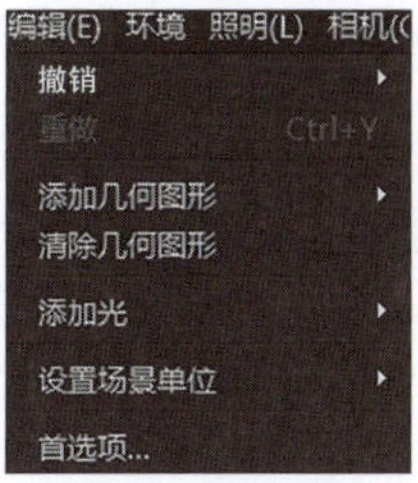

图6-25

- 撤销与重做：可以按快捷键Ctrl+Z撤销操作，按快捷键Ctrl+Y重做操作。
- 添加几何图形：用于添加常用的几何体，如图6-26所示；也可以在“库”窗口中双击以添加几何体到场景中，如图6-27所示。

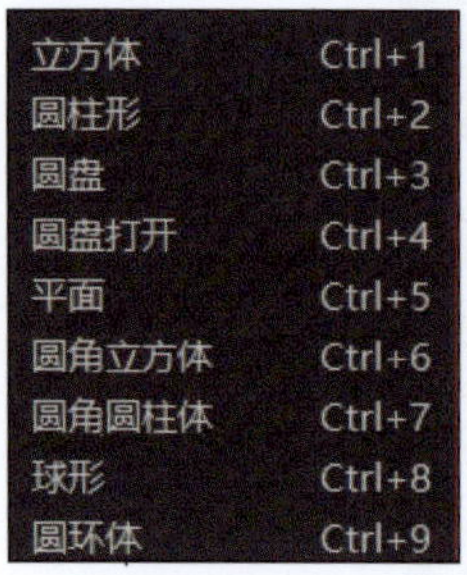

图6-26

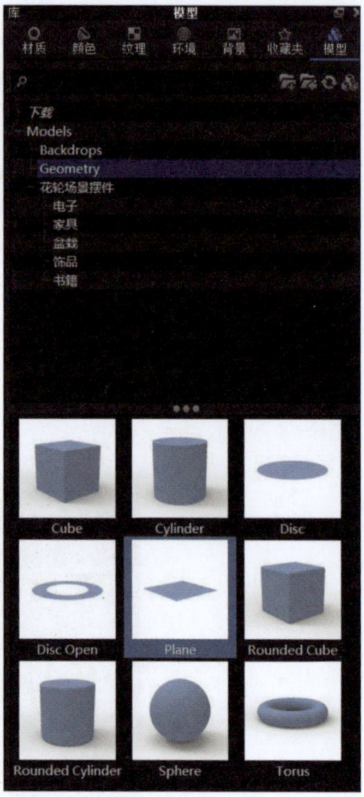

图6-27

- 清除几何图形：用于快速清除场景中的几何图形，单个几何图形可以直接按Delete键删除。
- 添加光：用于快速地添加4种常见的物理灯光，分别是区域光、IES光、点光和聚光灯，如图6-28所示。它们适用于不同的场景渲染需求。例如，区域光以一个平面发光，像现实生活中的灯管；而聚光灯有一个明确的发光范围和角度，像现实生活中的手电筒，如图6-29所示。
- 设置场景单位：用于更改场景中设置的单位，常用的场景单位是“毫米”，如图6-30所示。

图6-28

图6-29

图6-30

- 首选项：用于设置KeyShot中的首选项。

对于剩下的“环境”“照明”“相机”“图像”“渲染”等菜单，“项目”窗口中都有对应的选项卡，后面会展开讲解。

3. 窗口栏

窗口栏中常用的是“几何图形视图”窗口，该窗口可以停放在任意地方，或与其他窗口重叠，并且该窗口中的操作方式与渲染预览窗口一致。使用该窗口可以在观察渲染角度的同时调整模型的位置。图6-31所示为“几何图形视图”窗口，图6-32所示为渲染预览窗口。

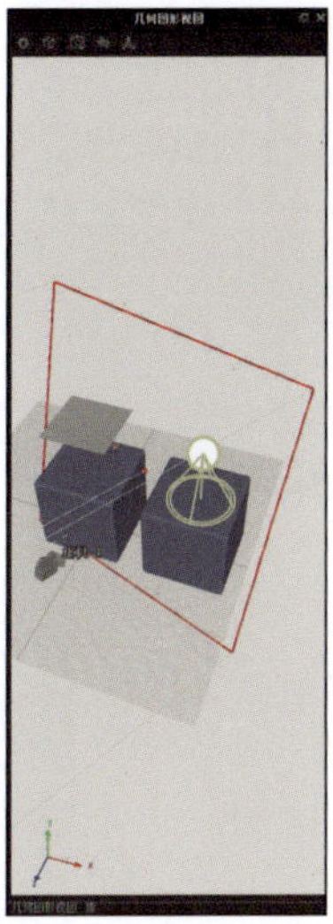

图6-31

图6-32

6.2.4 工作区模式

KeyShot默认提供了图6-33所示的工作区模式，便于用户以适合自己的工作方式设置界面。

图6-33

6.3 KeyShot的首选项设置

许多用户在使用一款软件之前，都会相应地调整首选项设置，使软件在后续的工作中更符合自己的使用习惯，这在KeyShot的使用中也同样适用。下面笔者会根据自己的工作经验更改KeyShot的首选项设置，后续的渲染操作都与之相关。举个例子，默认的推进相机的操作是向后滚动鼠标滚轮，而这里会修改成向前滚动鼠标滚轮，后续的具体操作步骤中也会提到“向前滚动鼠标滚轮推进相机”，所以为了更好地理解本书中的渲染操作，请尽可能与笔者保持一致的首选项设置。

6.3.1 界面设置

在菜单栏中选择“编辑→首选项”命令，在打开的对话框进行界面设置。

（1）主题：暗。

KeyShot默认提供了“亮”与“暗”两种主题，与手机的主题一样，仅影响整体的界面颜色。

（2）高DPI支持：勾选。

这个设置仅限于在Windows系统中使用。如果未使用高DPI显示器，可以取消勾选该复选框。

（3）选择轮廓：勾选。

在“项目”窗口的“场景”选项卡中选取部件时，会显示橙色的轮廓，以便用户知道选取的部件是哪一个，如图6-34所示。

图6-34

（4）反向相机距离滚动：勾选。

向前滚动鼠标滚轮为推进相机，向后滚动鼠标滚轮为拉远相机。

（5）场景树对象预览提示框：勾选。

将鼠标指针悬停在场景树中的对象上时，可以预览一个旋转的基础着色模型，如图6-35所示。

（6）使用GPU（启用特效）：勾选。

启用“项目”窗口中的“光晕”“暗角”“色差”效果→“图像”→“图像样式”。

（7）渐进式图像采样：勾选。

勾选后，KeyShot将在相机移动时对场景进行采样，以实现更好的性能。

（8）在材质属性选项卡下显示项目内的材质列表：勾选。

勾选后，将显示项目内的所有材质，这些材质也会显示在“材质”选项卡中，如图6-36所示。

图6-35

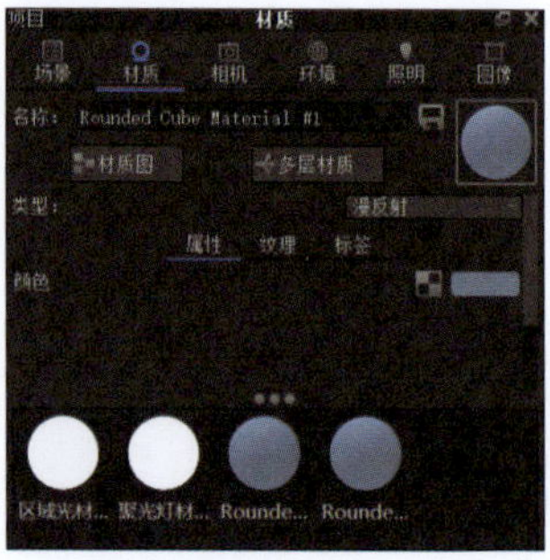

图6-36

（9）对材质使用光泽度而不是粗糙度：取消勾选。

该设置可将所有粗糙度滑块替换为光泽度滑块，将所有粗糙度的数值转换为光泽度的数值。笔者更习惯使用粗糙度的数值显示材质的粗糙度信息，所以取消勾选该复选框，如图6-37所示。

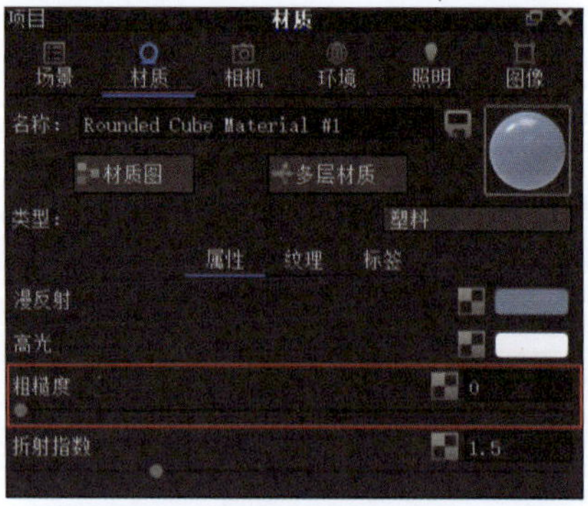

图6-37

6.3.2 文件夹设置

文件夹设置可以为KeyShot的相关资源指定保存位置，如图6-38所示。

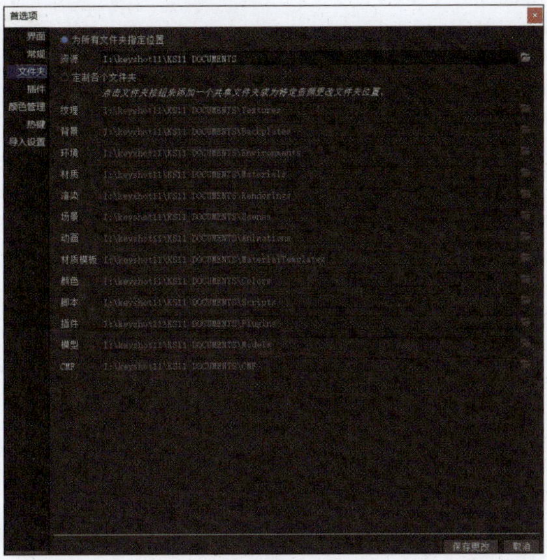

图6-38

为所有文件夹指定位置：用于设置所有资源文件夹的默认位置。

定制各个文件夹：用于单独设置每个类型资源的位置。用户可以保存一些常用的预设模型、贴图等各类资源文件在图6-38中的路径下。例如，可以单独添加一个几何体到“模型”路径下，这样下次打开KeyShot文件时，就可以从“库”窗口中的“模型”选项卡下拖曳该几何体到场景中使用。

6.3.3 其他设置

除了上面讲到的“界面设置”与“文件夹设置”之外，其他设置保持默认，大家也可以根据个人使用习惯来调整。例如，在“热键”栏中可以预览并修改KeyShot中的所有快捷键，如图6-39所示。同时也可以直接在渲染实时视图下按K键，以显示KeyShot中的快捷键，如图6-40所示。

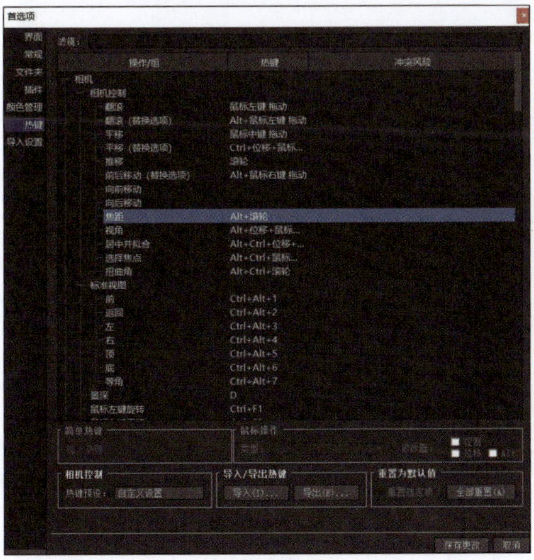

图6-39

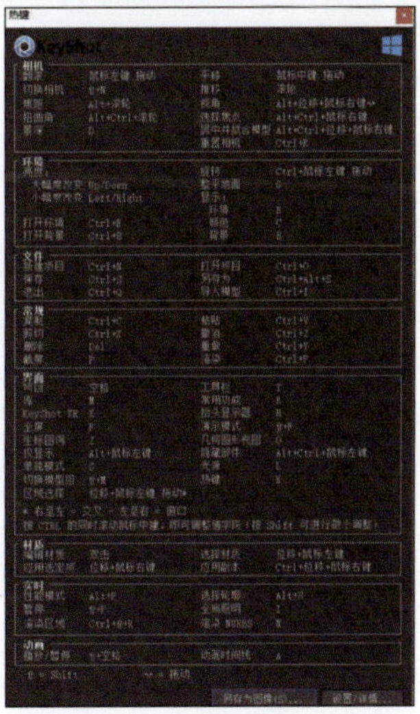

图6-40

而在“导入设置”栏中，可以设置文件导入时的状态，例如文件类型、是否导入相机、文件导入的默认位置等，如图6-41所示。

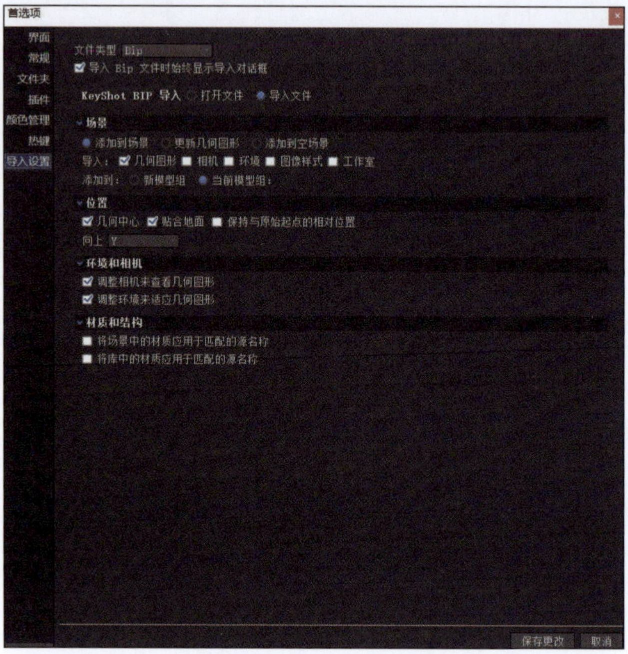

图6-41

6.4 渲染实时视图中的常用操作

绝大多数的渲染操作都是在渲染实时视图中进行的，读者需要熟悉KeyShot渲染实时视图中的一些常用操作。

从库中拖曳一个基本圆柱体到场景中，如图6-42所示。下面建议大家动手实操，以熟悉基础操作。

旋转视图：拖曳画面可以完成视图的旋转。

平移视图：按住鼠标滚轮不放并拖曳画面，就可以完成视图的平移。

相机的推进与拉远：向前滚动鼠标滚轮为推进相机，向后滚动鼠标滚轮为拉远相机。

编辑材质：双击模型，“项目”窗口中切换到“材质”选项卡，在这里可以修改圆柱体模型的材质，如图6-43所示。

图6-42

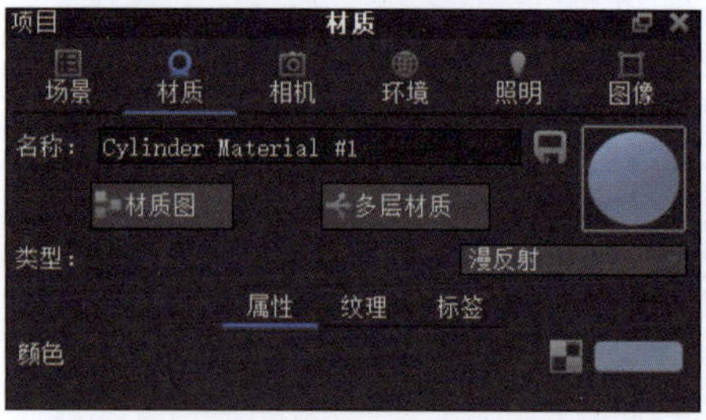

图6-43

单击模型，按快捷键Ctrl+D，可以调出操作轴，拖曳操作轴到任意位置，如图6-44所示。

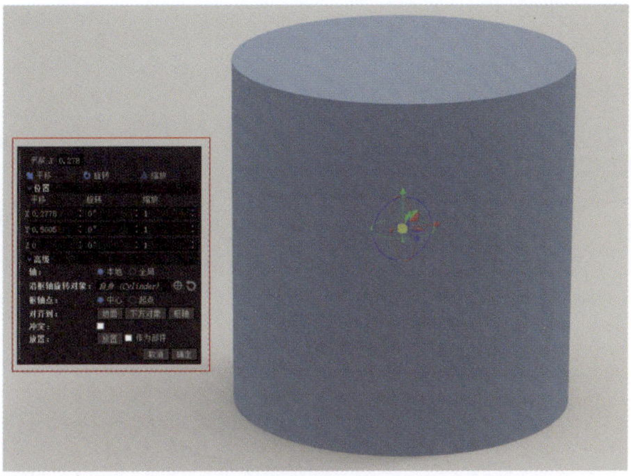

图6-44

平移、旋转和缩放模型：操作轴中，红、绿、蓝3种颜色的轴分别对应*x*、*y*、*z*轴，其中，箭头标识用于移动模型、弧线标识用于旋转模型、方块标识用于缩放模型，如图6-45所示。

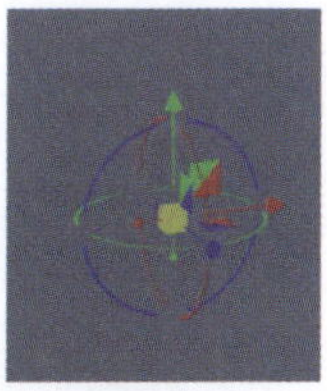

图6-45

操作轴窗口默认开启了“平移”“旋转”“缩放”功能，单击文字前方的图标可以关闭相应功能。例如想旋转模型，而方块标识影响操作时，就可以关掉“平移”和“旋转”功能，此时模型上就只有弧线标识用于旋转模型了，如图6-46和图6-47所示。

图6-46

图6-47

在两个轴向上同时平移模型：操作轴中还有红绿、红蓝、蓝绿3种方块，拖曳红绿方块，可以让模型同时在*x*和*y*两个轴向上移动，其余两个方块也是同理。

快速缩放模型：操作轴中心有一个黄色方块，拖曳该方块，可以完成模型的整体放大和缩小操作。

精确移动模型：无论是箭头、弧线还是方块标识，单击其中的任意轴向，操作轴窗口中都会新增一个参数栏，输入相应数值就可以完成精确的移动、平移或缩放了，如图6-48所示。

还可以在操作轴窗口的“位置”选项组中，直接输入数值来使模型达到平移、旋转或缩放的效果，如图6-49所示。

图6-48

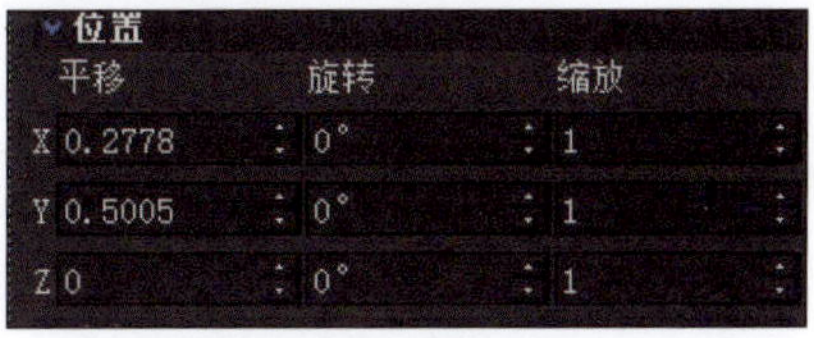

图6-49

本地轴与全局轴：将圆柱体沿*y*轴旋转45°，打开本地轴，轴心始终以圆柱体模型为中心；打开全局轴，轴心始终以整个全局环境为中心。图6-50所示分别为开启本地轴与开启全局轴的效果。

图6-50

沿枢轴旋转对象：单击选项右侧的靶心图标，可以让模型以自定义的部件为轴心旋转。图6-51中，选取圆柱体的沿枢轴旋转对象为立方体，再次旋转圆柱体时，将以立方体为中心旋转，以便调整轴心位置。

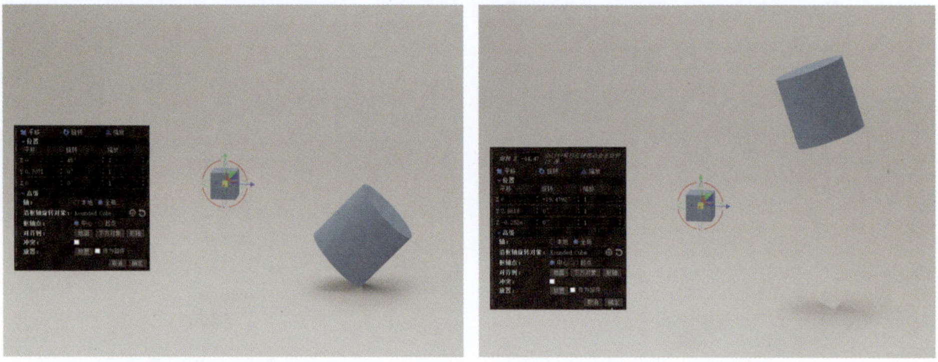

图6-51

对齐到地面与对齐到下方对象：图6-52中的圆柱体并未在地面上，单击选项右侧的“地面”按钮，可以快速将圆柱体放置在地面上；图6-53中的圆柱体在立方体上方，单击选项右侧的“下方对象”按钮，可以快速将圆柱体放置在立方体之上。

图6-52

图6-53

放置：使用此功能会模拟重力效果，使所选模型自动往下掉落，但非常耗费时间，对计算机配置要求较高。

使用鼠标右键单击模型，会弹出一个快捷菜单，里面有非常多的用于修改部件参数的命令，如图6-54所示。

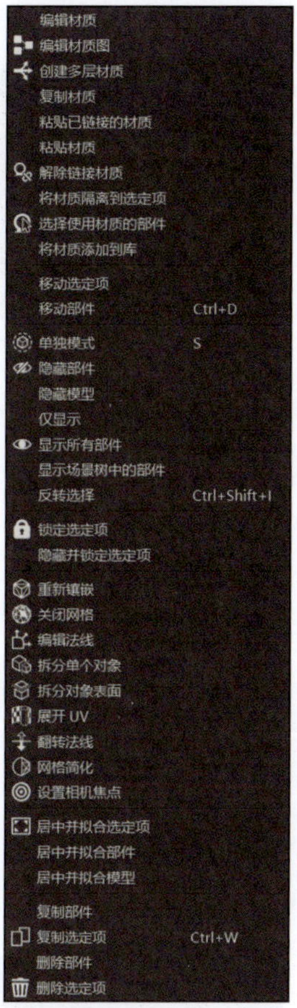

图6-54

下面讲解使用频率比较高的命令。

复制材质与粘贴材质：按住Shift键的同时单击可以复制材质，按住Shift键的同时单击鼠标右键可以粘贴材质。

解除链接材质：使用鼠标右键单击部件，在弹出的快捷菜单中选择“解除链接材质”，修改未解除链接的材质时，粘贴前后的材质都会发生变化；解除链接之后，就可以单独调整该材质了，不会影响之前复制得到的材质。

粘贴但不链接材质：复制材质（按住Shift键的同时单击）之后，按住Shift+Ctrl组合键的同时单击鼠标右键可以粘贴材质，此时与上面不同的是，修改粘贴后的材质并不会影响之前的材质，相当于已经完成了解除链接的操作。

隐藏部件与仅显示：按住Ctrl+Alt组合键的同时单击部件可隐藏部件；按住Alt键的同时单击部件可仅显示该部件。

锁定部件与解锁部件：使用鼠标右键单击部件，在弹出的快捷菜单中选择“锁定部件”，此时该部件不能被选中和编辑，再次使用鼠标右键单击该部件，即可解锁。

居中并拟合选定项与居中并拟合模型：当场景中有多个部件，想以某一部件为中心进行放大观察时，使用鼠标右键单击部件，在弹出的快捷菜单中选择“居中并拟合选定项”，就能以该部件为中心进行最大化显示。图6-55所示为居中并拟合“球体”部件前后的效果。当场景中的所有模型都在比较偏的位置时，可以使用鼠标右键单击部件或空白处，在弹出的快捷菜单中选择“居中并拟合模型”，视图中心就会回到部件。图6-56所示为居中并拟合模型前后的效果。

复制部件与删除部件：使用鼠标右键单击部件，在弹出的快捷菜单中选择“复制部件”，就可以完成部件的复制；使用鼠标右键单击部件，在弹出的快捷菜单中选择“删除部件”或按Delete键，就可以完成部件的删除。

全选与半选物体的方式：按住Shift键的同时从左往右框选部件，将部件全部框中才算选中；按住Shift键的同时从右往左框选，只要方框碰到的物体，均会被选中。

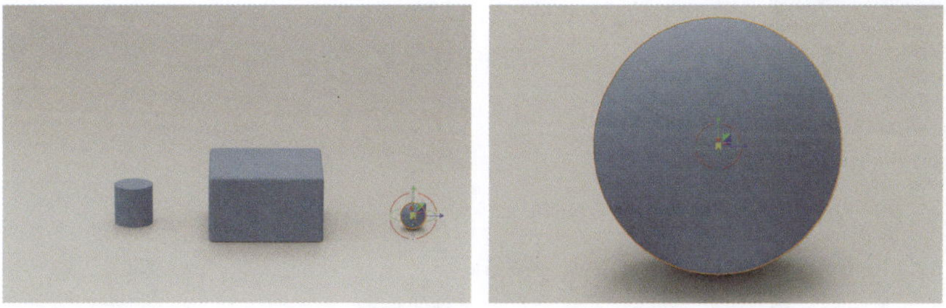
图6-55

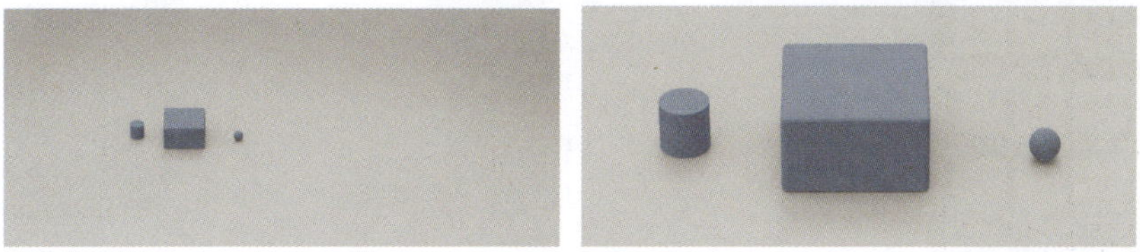
图6-56

旋转环境光：KeyShot中默认会有一个基础环境在场景中，如图6-57所示，后续会详细讲解它的作用；按住Alt键的同时拖曳鼠标，可以转动这个环境，以快速调整环境光的角度，图6-58所示为转动环境前后的效果。

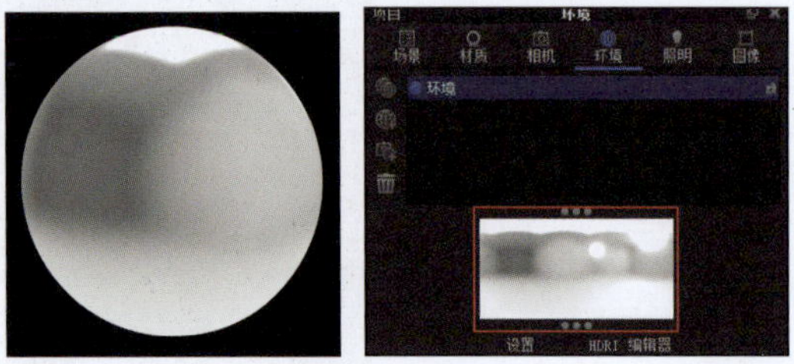

图6-57

图6-58

提示 精确移动、旋转和缩放部件，有助于模型的快速还原，特别是旋转模型时，应尽量输入精确的数值。同时为了防止坐标轴混乱，旋转操作尽量在本地轴下进行，全局轴用来辅助移动操作。

6.5 认识与调用库中的素材

KeyShot的库中存储了材质、颜色、纹理、环境、背景、收藏夹和模型，用户可以在场景中使用其中的素材。库与云库的区别在于，库中的文件是存储在本地计算机上的，可直接使用；而云库中的文件需要登录账号并从云库下载后才可使用。

调用材质：KeyShot默认提供了非常丰富的材质类型，这些材质都可以直接为用户所用，如图6-59所示。拖曳想要的材质到部件上即可应用该材质。图6-60所示为“杯子”模型添加玻璃材质前后的效果。

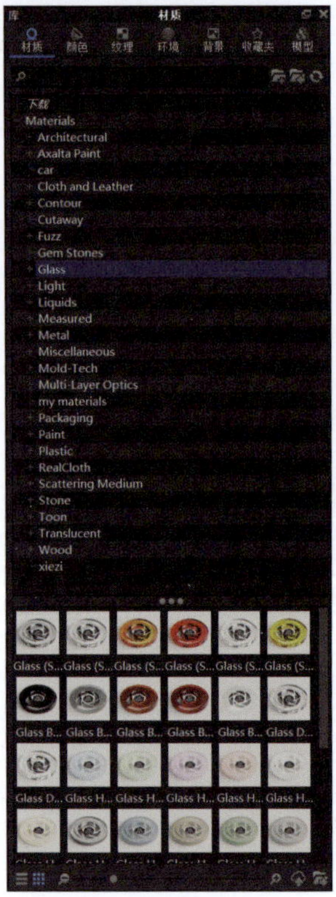

图6-59

图6-60

重命名材质：KeyShot的库中的材质的名称默认为英文，可以使用鼠标右键单击材质进行重命名，将其名称修改为中文。例如将“Glass”材质的名称修改为“玻璃”，如图6-61所示。

新建材质文件夹：单击“新建文件夹”图标，可以建立一个材质文件夹（my materials），将常用的材质保存到里面，如图6-62所示。例如，制作了一个“白色斑点”材质，单击“保存材质”图标，可以将其保存到刚刚建立的材质文件夹中，以便下次使用，如图6-63所示。

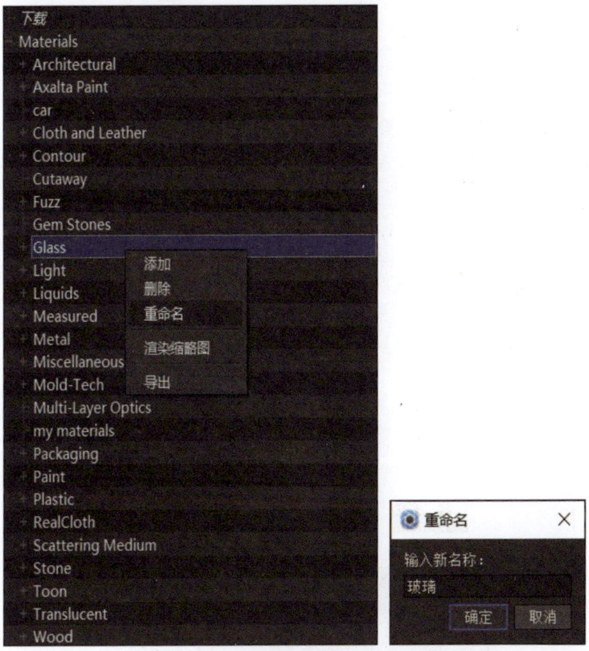

图6-61

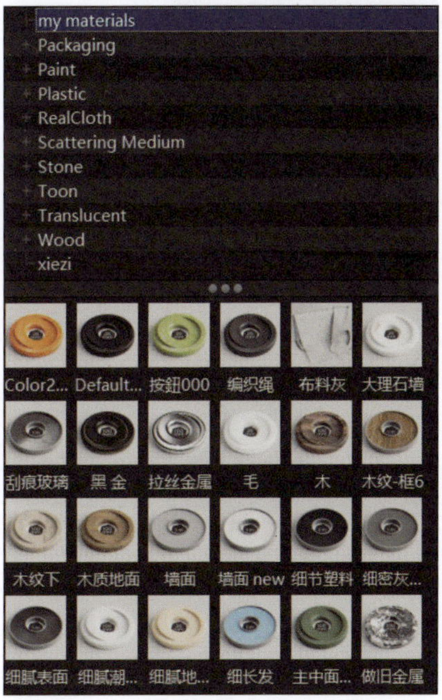

图6-62

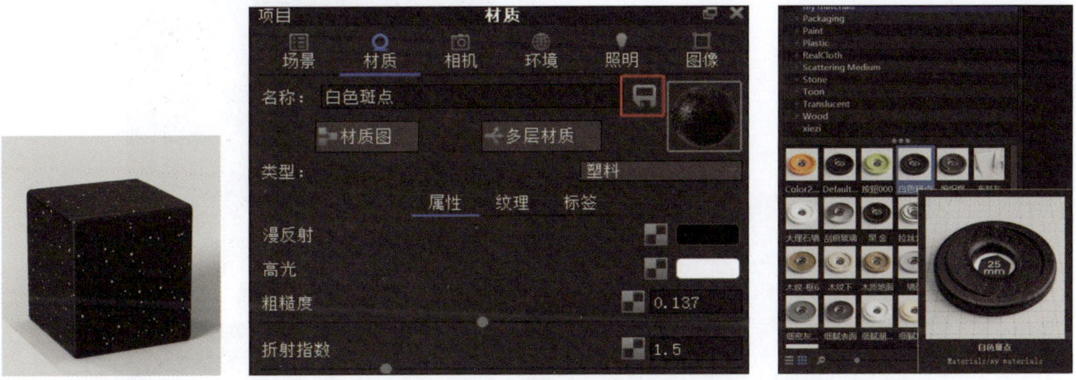

图6-63

调用颜色：与调用材质的方法类似，可以拖曳自己喜欢的颜色到部件上。

调用纹理：纹理贴图常应用于四大通道，后面会详细讲解。拖曳纹理到部件上时，会弹出图6-64所示的与通道相关的对话框。例如，将木纹贴图应用于“椅腿”部件的“漫反射”和“凹凸”两个通道，“椅腿”部件就具备了木纹的颜色和凹凸属性，显得更加真实，如图6-65所示。

调用环境：KeyShot的库中的默认环境分为四大类，分别是Interior、Outdoor、Studio和Sun＆Sky，如图6-66所示（图中其他环境为笔者后续自己创建的）。

图6-64

图6-65

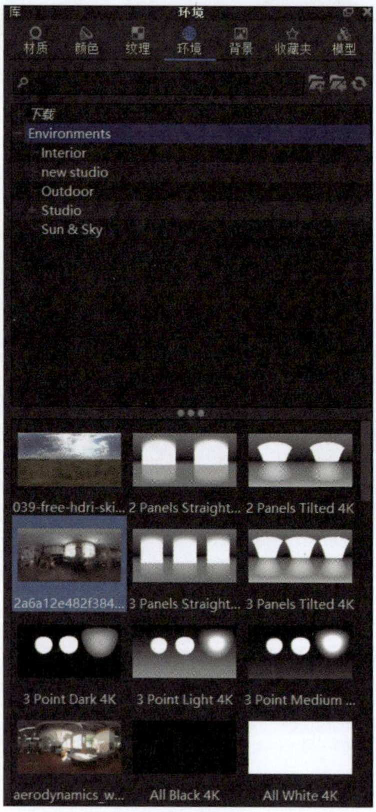

图6-66

KeyShot中照亮场景的主要方法是通过环境照明，其所有照明信息都在一个巨大的“球”

（HDRI）中完成精确的物理照明计算。拉远相机至看到环境的全貌，双击“库”窗口中的HDR文件或将其拖曳到场景中就可以快速更换照明环境，如图6-67所示（图中从左往右分别为“库”窗口、渲染实时视图和“项目”窗口）。后续会讲解KeyShot最具特色的“针”打光法。

图6-67

调用背景：KeyShot库中默认的背景分为三大类，分别是Interior、Outdoor和Studio，如图6-68所示。调用背景的方法与调用环境一样，双击“库”窗口中的背景或将其拖曳到场景中，就可以快速添加背景。需要注意的是，背景仅提供颜色信息，光照信息还是来源于环境，同时背景也会影响渲染实时视图的预览分辨率。例如，如果使用一个较暗的环境，而用了一个较亮的背景图像，那么场景中部件受到的光照还是来源于环境，再次说明背景仅提供颜色信息，如图6-69所示。

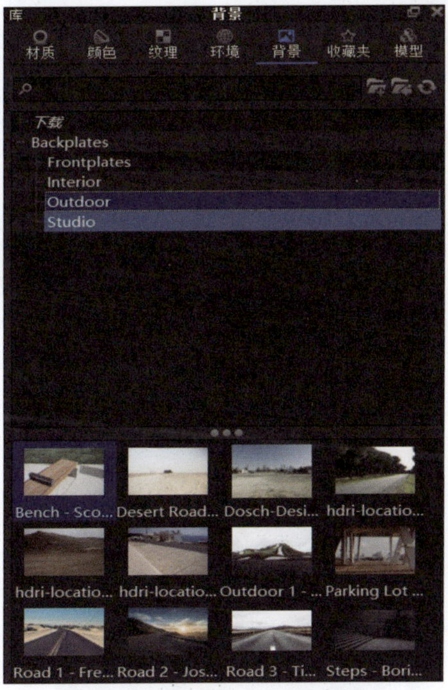

图6-68

收藏夹：对于库中的材质、环境、贴图等各类常用素材，均可以通过单击鼠标右键，在弹出的快捷菜单中选择“添加到收藏夹”将其加入收藏夹，如图6-70所示。

调用模型：KeyShot中默认的模型有Backdrops和Geometry两种类型，下载的模型都在“下载”列表中，如图6-71所示。库中的模型都可以通过双击添加到场景中，也可以直接拖曳到场景中。

图6-69

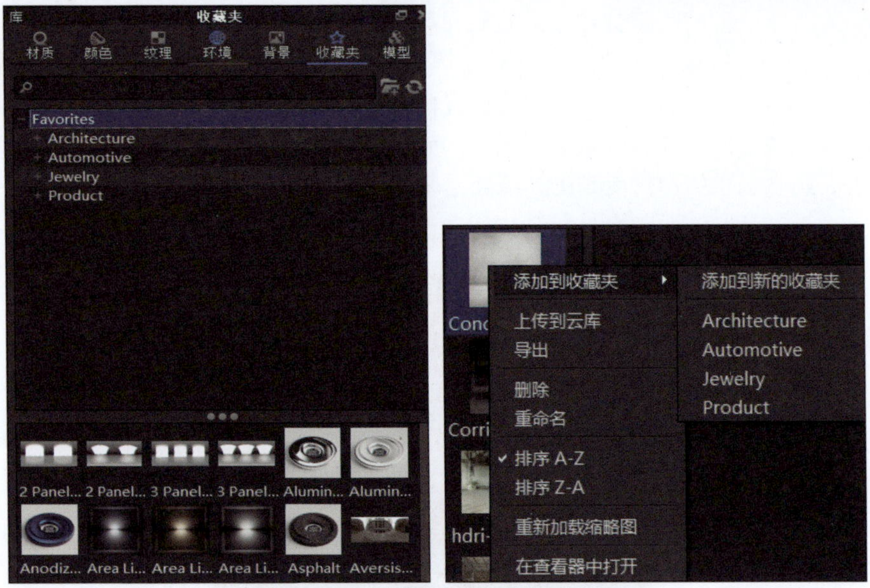

图6-70

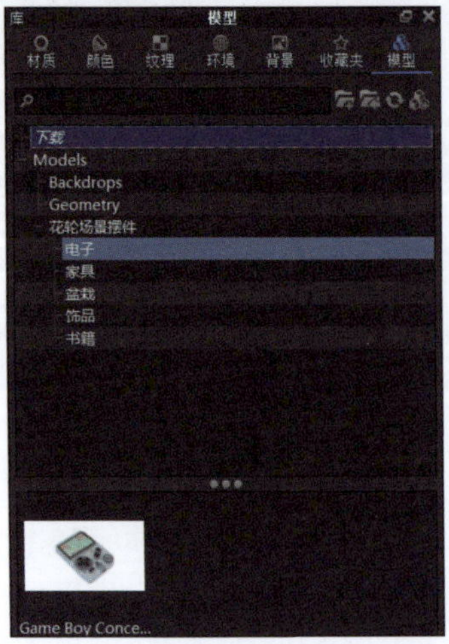

图6-71

第7章 产品渲染的常规“十步流程”

本章导读

本章以“头戴式耳机”模型为例讲解产品渲染的常规“十步流程”，该流程涉及从导入产品模型到最后的渲染输出的全部步骤，可以帮助读者快速了解常规的渲染出图流程，在熟悉渲染操作之后，可以在此基础上更换顺序或缩减步骤。

7.1 导入模型

开始渲染前，需要将模型导入场景中。

导入模型有以下两种常见的方法。

方法1：单击工具栏中的“导入”图标，弹出“导入文件”对话框，在其中选择需要的模型文件后，单击“打开”按钮，如图7-1所示。

方法2：将模型直接拖曳到渲染实时视图中，会弹出“KeyShot导入”对话框，各选项的设置如图7-2所示。如果无须打开该对话框，可以勾选下方的“启用快速导入”复选框，这样下次将会直接将模型导入场景中。

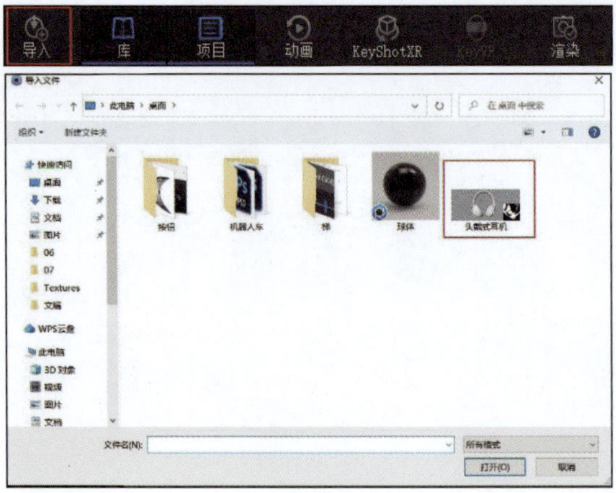

图7-1

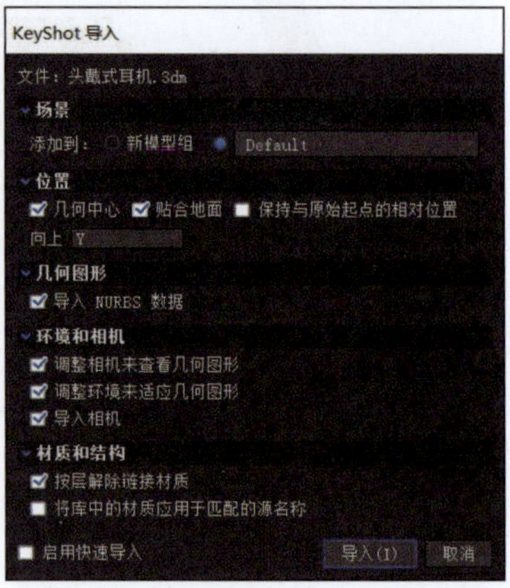

图7-2

7.2 场景设置

导入模型之后，通常需要对场景做一些基础设置，这样在后续的渲染操作中，可以更容易找到自己想要的部件，以及更好地进行渲染。“头戴式耳机”模型导入场景中后，还未进行分组和命名，如图7-3所示，下面对其进行处理。

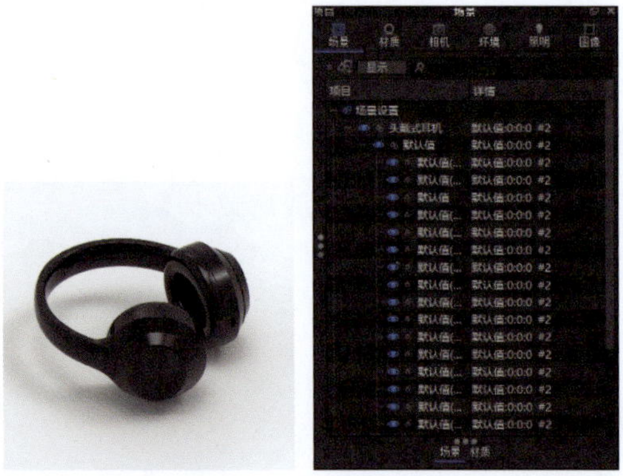

图7-3

提示 场景设置的好习惯：在建模软件中提前处理好模型的命名、分组、倒角等工作，这样导入渲染软件后，渲染工作会变得更加轻松。

7.2.1 模型的重命名、复制与删除

模型可以根据材质或部件命名，若部件特别多，可以分组设置。

重命名：选中场景中的部件，在“项目”窗口的“场景”选项卡中，可以更改部件的名称。这里修改部件的名称为“上耳带”，如图7-4所示。

复制模型：方法一，用鼠标右键单击部件，在弹出的快捷菜单中选择“复制选定项”；方法二，在“项目”窗口的“场景”选项卡中，使用鼠标右键单击需要复制的部件，在弹出的快捷菜单中选择“复制”，如图7-5所示，这两种方法可以实现模型的复制。

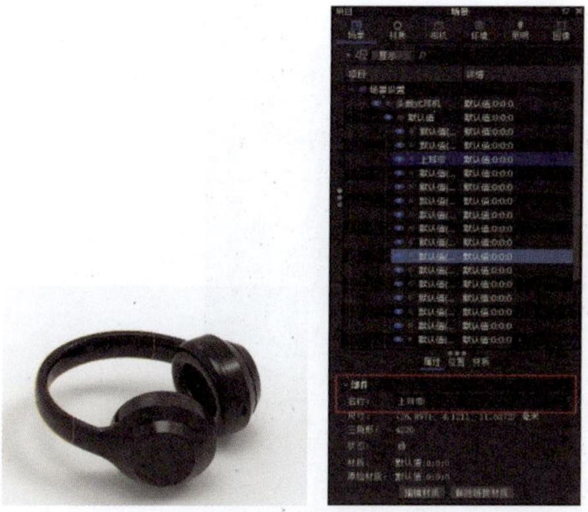

图7-4

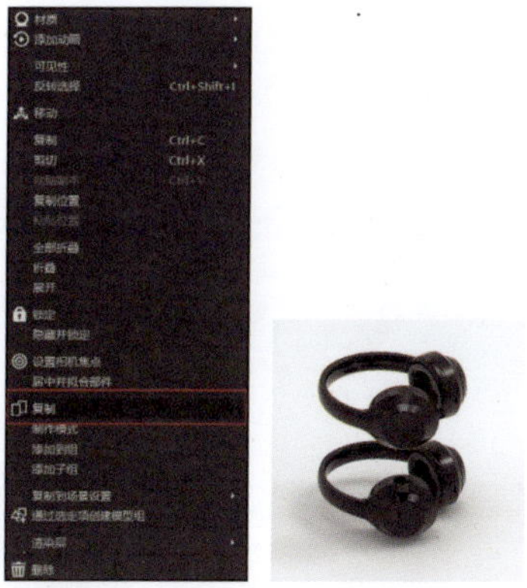

图7-5

删除模型：方法一，在渲染视图中，使用鼠标右键单击需要删除的部件，在弹出的快捷菜单中选择“删除选定项”；方法二，选中需要删除的部件，按Delete键删除；方法三，在“项目”窗口的“场景”选项卡中，使用鼠标右键单击需要删除的部件，在弹出的快捷菜单中选择“删除”，如图7-6所示。

7.2.2 模型的可见性

在渲染时，对于暂时不需要的部件，可以将其隐藏，隐藏的方法有以下两种。

方法一：在渲染实时视图中，使用鼠标右键单击需要隐藏的部件，在弹出的快捷菜单中选择“隐藏部件”，如图7-7所示；或者在按住Ctrl+Alt组合键的同时单击需要隐藏的部件，即可实现部件的隐藏。

方法二：在“项目”窗口的“场景”选项卡中，关掉部件名称前面的“眼睛”图标，即可实现部件的隐藏，再次点亮即可显示部件，如图7-8所示。

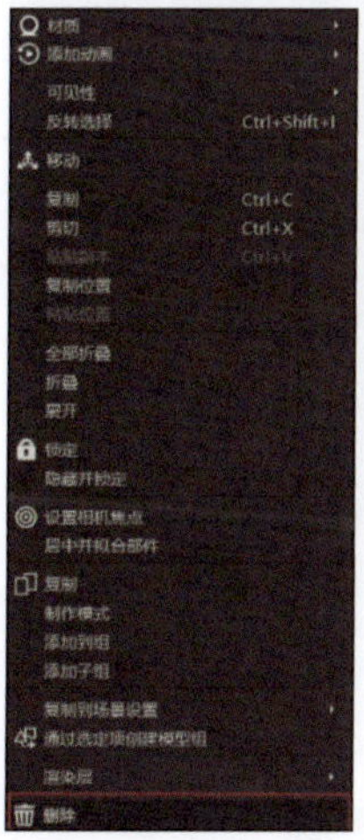

图7-6

图7-7

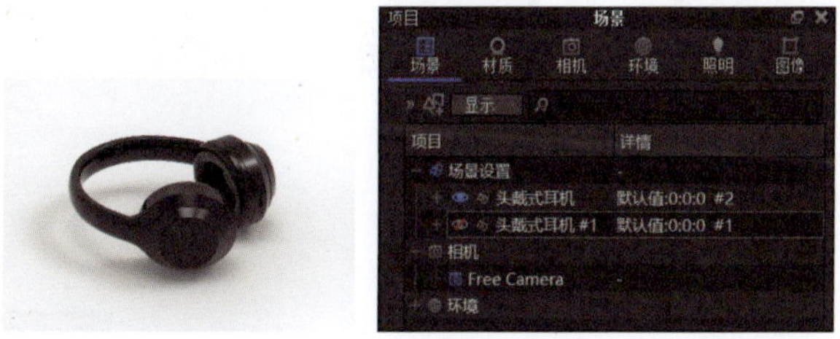

图7-8

7.2.3 模型的分组

“项目”窗口的“场景”选项卡中的部件也是有图层关系的，单击“眼睛”图标前面的“加号”图标，可以展开图层：上方图层为“父级”，下方图层为“子级”。当选中父级图层时，子级图层也会被选中，如图7-9所示。

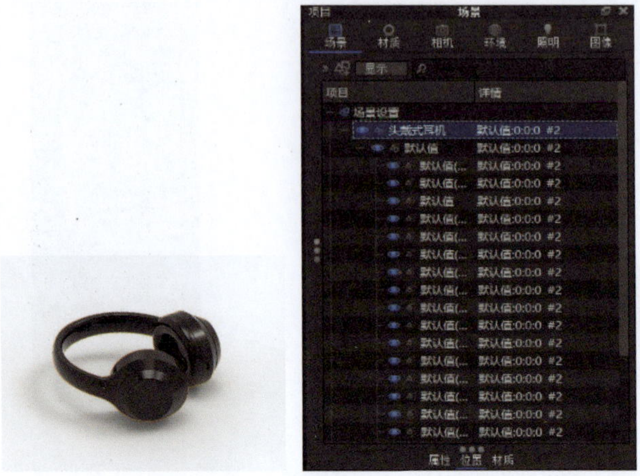

图7-9

因此模型的分组（分图层）十分重要。模型分组的具体步骤如下。

第1步：选中需要分组的部件，这里将整个“左耳”部件选中，如图7-10所示。

第2步：在“项目”窗口的“场景”选项卡中，使用鼠标右键单击渲染实时视图的空白处，在弹出的快捷菜单中选择“添加到组”，如图7-11所示。

第3步：在弹出的对话框中，单击“场景设置”，再单击“新建组”按钮，如图7-12所示，这样新建的图层就会出现在该场景中。

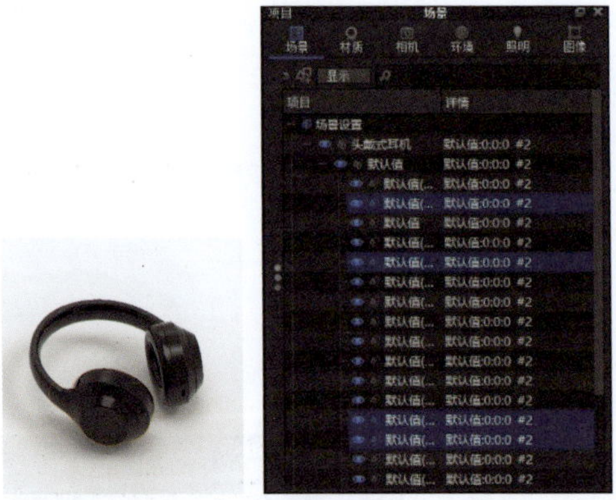

图7-10

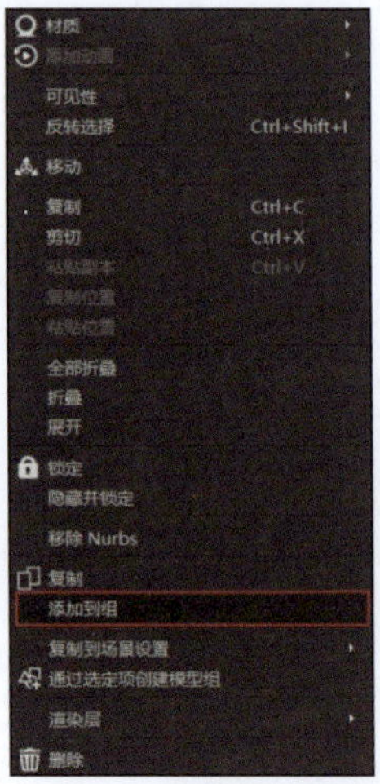

图7-11

图7-12

第4步：将新建的图层命名为“左耳”，单击“确定”按钮，如图7-13所示。
模型的分组就完成了，如图7-14所示。

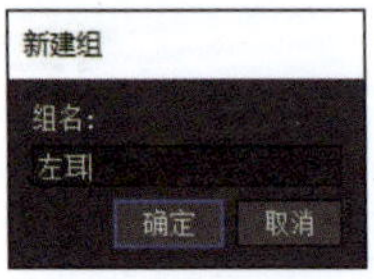

图7-13

图7-14

7.2.4 模型的拆分与圆角处理

有些模型在建模软件中是一体的，在KeyShot中，对于这样的模型，若要分开赋予材质，则需要对模型进行拆分。“耳带”的内外部分属于一个部件，如图7-15所示，如果要分开赋予材质、颜色或纹理，就需要对它进行拆分。

拆分模型需要用到“拆分对象表面”命令，该命令可以直接在渲染实时视图中使用。使用鼠标右键单击需要拆分表面的部件，在弹出的快捷菜单中选择“拆分对象表面”，如图7-16所示。

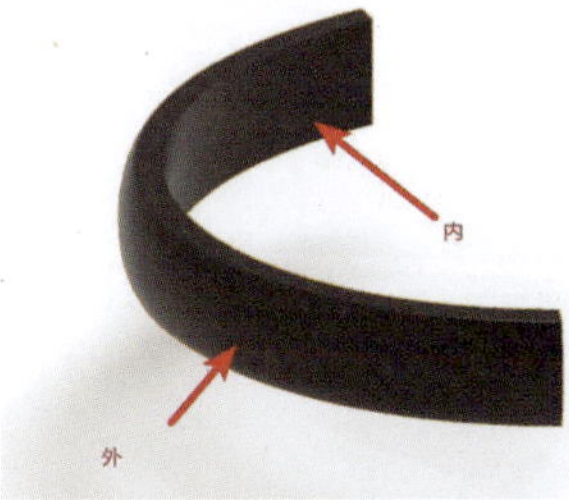

图7-15

图7-16

接下来讲解详细的拆分步骤。

第1步：在“拆分对象表面”对话框中选择要拆分的部件，拆分的方法有“拆分角度”和“多边形”两种，其中“拆分角度”使用较多，也就是根据相邻多边形的角度确定要分割部件的位置，当角度小于输入值的三角面时将会突出显示。在“拆分角度”为默认的45°时选择部件，如图7-17所示，可以看到部件还是一体的，无法拆分，可以适当缩小拆分角度。

第2步：当“拆分角度”比较小（需要不断缩小该数值来尝试）时，再次选择部件，可以发现选择的范围变小了，如图7-18所示。

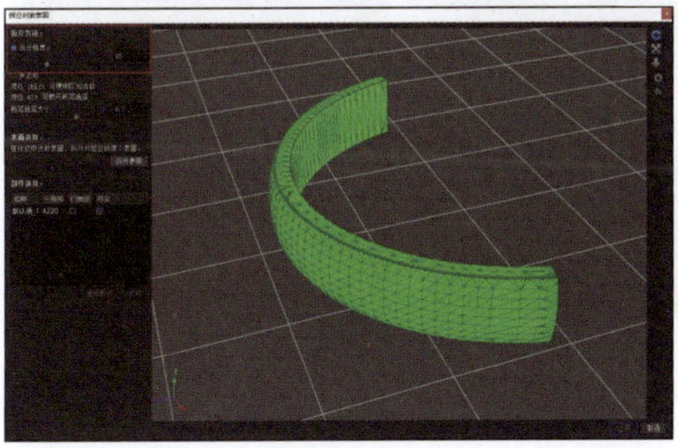

图7-17

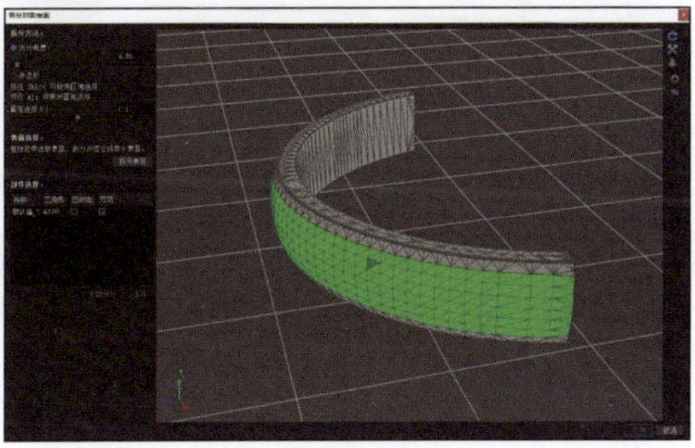

图7-18

第3步：加选所有要拆分的部件，即按住Ctrl键的同时单击加选（这里还可以按住Shift键的同时拖曳鼠标来框选），直到要拆分的部件全部被选中，如图7-19所示。

第4步：选中需要拆分的面之后，单击“拆分表面”按钮，就完成了耳带外弧面的拆分，“部件选择”选项组中也会多出一个部件，如图7-20所示。

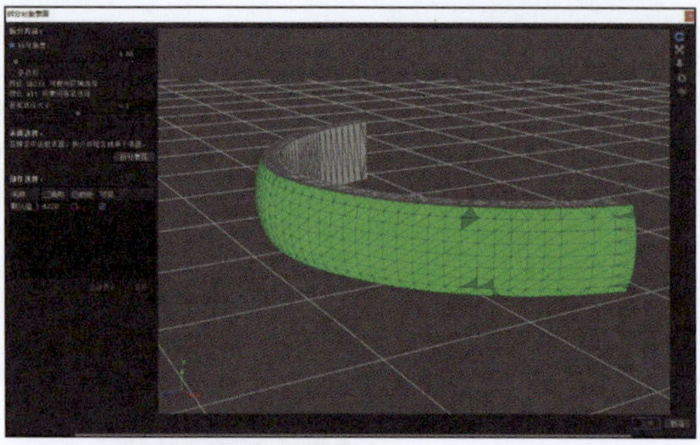

图7-19

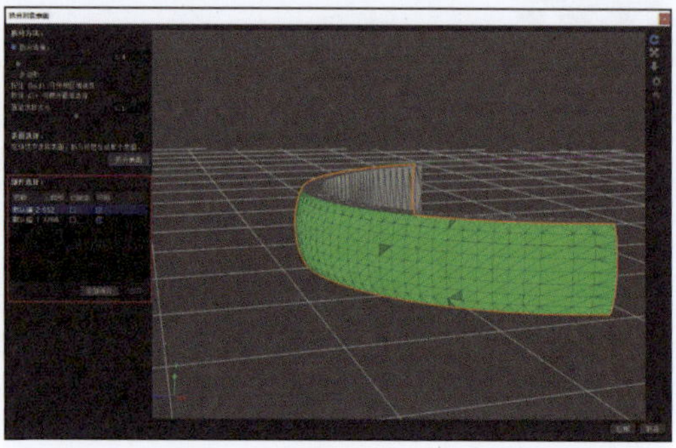

图7-20

第5步：下面按照同样的方法，选中需要拆分的耳带内弧面之后，单击“拆分表面”按钮，即可完成拆分，“部件选择”选项组中会再次多出一个部件，如图7-21所示。

第6步：单击界面右下角的“应用”按钮。此时的部件虽然已经拆分完毕，但是材质还是一体的，需要使用鼠标右键单击部件，并在弹出的快捷菜单中选择“解除链接材质”，之后才可以单独对内/外部的面分别赋予材质、颜色和纹理，如图7-22所示。

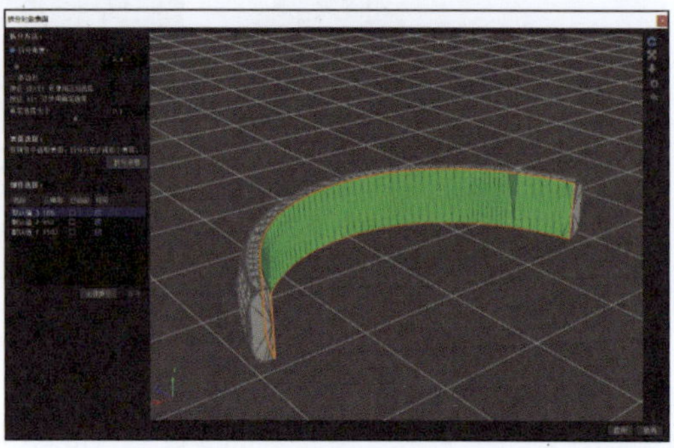

图7-21

图7-22

拆分部件除了按“拆分角度”拆分以外，还可以根据“多边形”拆分，如图7-23所示。

对模型进行圆角处理也是一个非常有必要的操作，生活中的物体大多没有绝对锐利的边缘，图7-24和图7-25所示分别为对“孔洞立方体”进行圆角处理前后的效果。

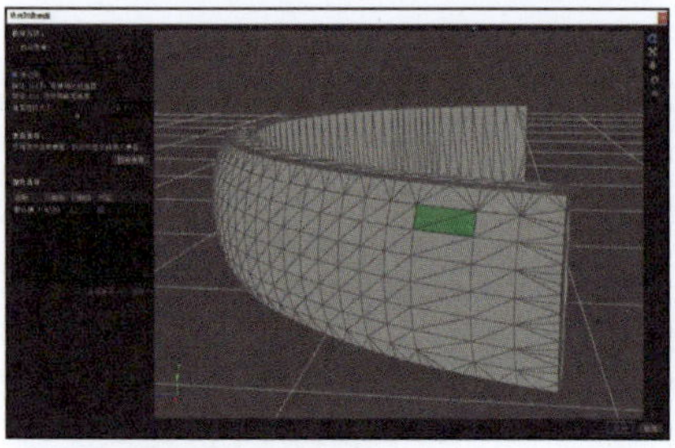

图7-23

图7-24

图7-25

一个简单的立方体造型，进行圆角处理前后有质感上的差别，复杂的造型更是如此。一定记得处理好模型的圆角，并且需要根据实物对不同的部件设置不同的圆角。在渲染中，“圆边”效果与建模中的“倒角”命令不同，圆边并未修改模型的结构，二者只是视觉上的区别，所以该数值不应设置得过大，它位于“项目”窗口的“场景”选项卡中部件下方的属性中。图7-26和图7-27所示分别为立方体圆边半径为0.01毫米和0.02毫米的效果。

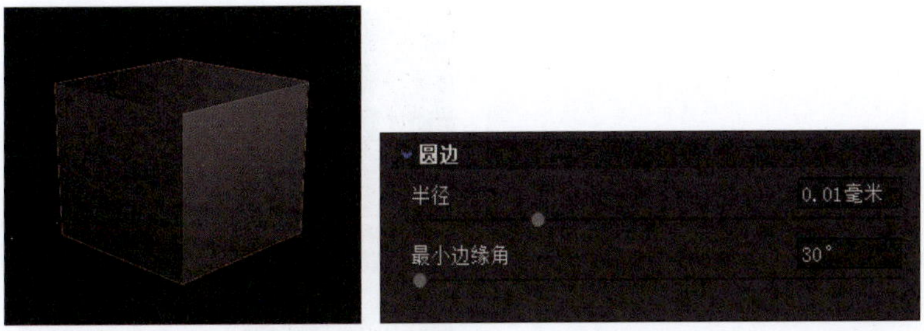

图7-26

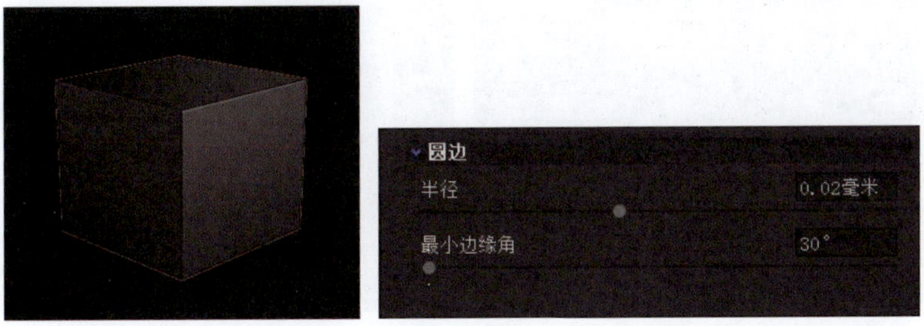

图7-27

提示 模型的圆角处理最好还是在建模软件中完成。

7.2.5 调整模型的位置

完成模型的命名、分组和圆角处理等前期工作后，下面需要用到第6章讲过的操作轴调整模型的位置。模型导入后的默认位置和调整之后的位置如图7-28所示。

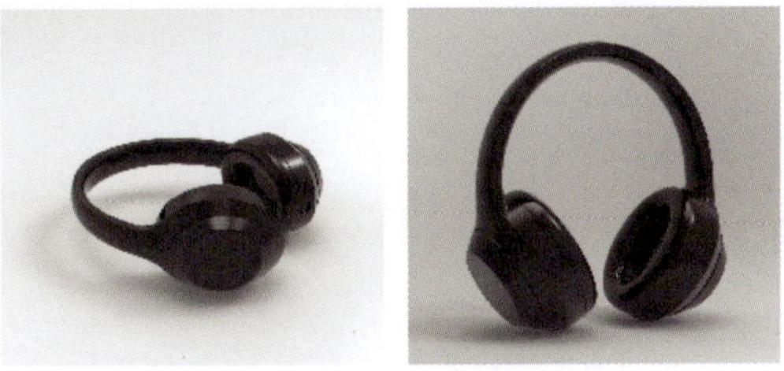
图7-28

7.3 确定图像分辨率

进入“项目”窗口的“图像”选项卡，确定图像分辨率。KeyShot默认提供了许多常用的预设比例，如图7-29所示。

这里选择1：1的图像分辨率，如图7-30所示。在选定预设的比例之后，可以输入数值等比放大渲染实时视图。需要注意的是，渲染实时视图能放大的程度取决于渲染视窗四周的灰色边缘区域的大小，若有空余量则可以继续放大。

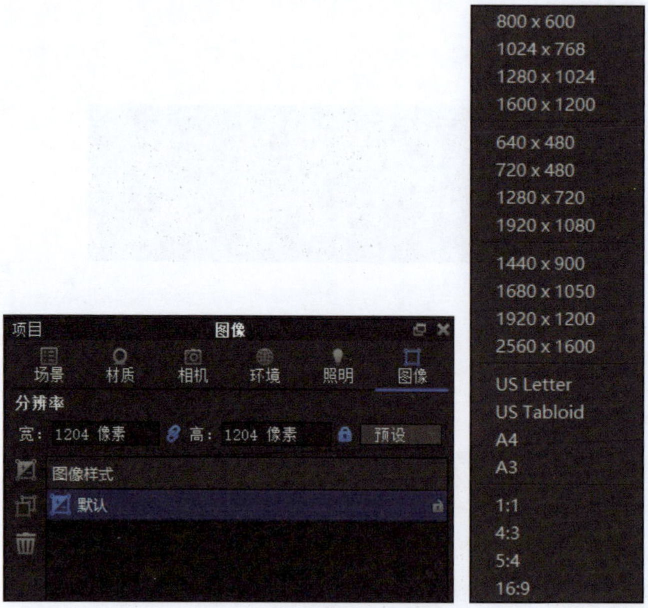

图7-29

图7-30

提示 渲染实时视图的大小仅为预览大小，所以不需要太大，方便观察即可，最终效果图的大小取决于出图分辨率的设置。

7.4 添加相机

添加相机的步骤安排在确定图像分辨率之后，是为了提高渲染效率。若先确定好了相机角度，再去修改图像分辨率，会导致开始确定的相机角度发生变化，需要重新进行调整。下面讲解相机的常用操作。

7.4.1 新增相机与重命名相机

进入“项目”窗口的“相机”选项卡，默认会有一个“Free Camera”，也就是自由相机，自由相机仅用于观察渲染画面的实时效果，它并没有保存、删除等操作。因此在确定产品渲染角度之后，需要添加一个新的相机，单击“新增相机”图标，新增相机的默认名称为“相机1”，如图7-31所示，此时可以对该相机进行重命名。

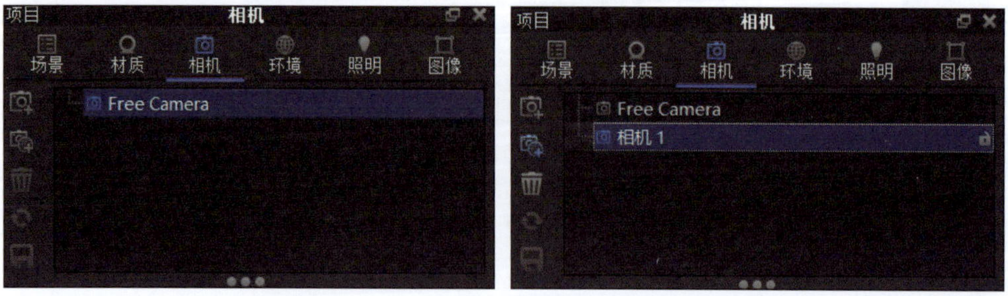

图7-31

7.4.2 删除相机

在KeyShot中删除相机有以下3种常见的方法。

方法一：选中要删除的相机，单击“删除当前相机”图标，完成对相机的删除，如图7-32所示。

方法二：使用鼠标右键单击“相机1”，在弹出的快捷菜单中选择“删除”，如图7-33所示。

方法三：选中想要删除的相机，按Delete键，完成对相机的删除。

图7-32

图7-33

7.4.3 相机的保存与锁定

保存相机：在确定新添加的相机的角度之后，单击“保存相机”图标，即可保存相机，如图7-34所示。

在需要调整相机距离和观察角度时，可以切换到自由相机来进行操作，这样可以保证之前保存的相机角度不变；若不小心移动了已确定好的相机角度（如相机1），只要我们未保存移动后的相机角度，就可以先单击自由相机，再单击相机1，切换回之前保存好的角度。

锁定相机：可以单击相机后面的锁图标，实现锁定与解锁当前相机。注意，相机锁定之后不能再被编辑。

图7-34

7.4.4 相机的位置与方向

可以通过直接在渲染实时视图中向前或向后滚动鼠标滚轮来实现推进或拉远相机；此外，还可以在“相机”选项卡中精确控制相机的“距离”“方位角”“倾斜”“扭曲角”等的数值，如图7-35所示。

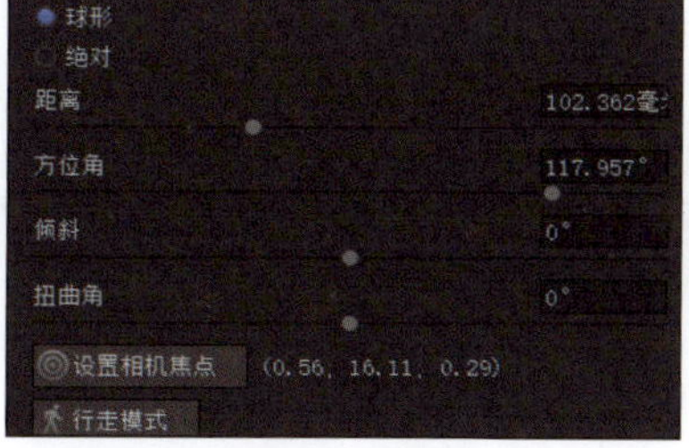

图7-35

“距离”用来控制目标与相机之间的距离（以场景为单位），远距离和近距离渲染实时视图的效果如图7-36所示。

“方位角”用于控制绕模型的y轴旋转多少度。“方位角”变化前后，渲染实时视图中的效果如图7-37所示。

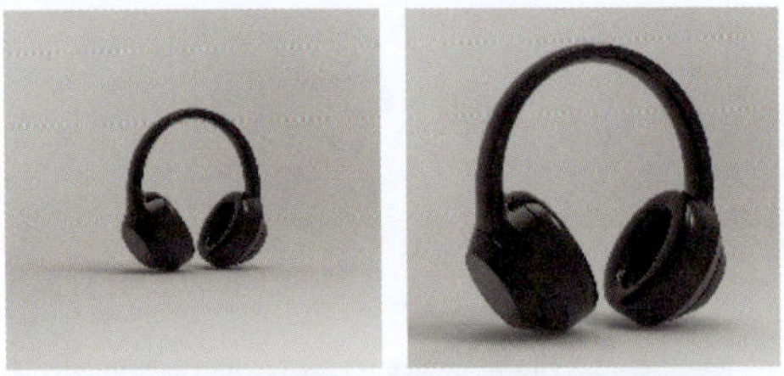

图7-36

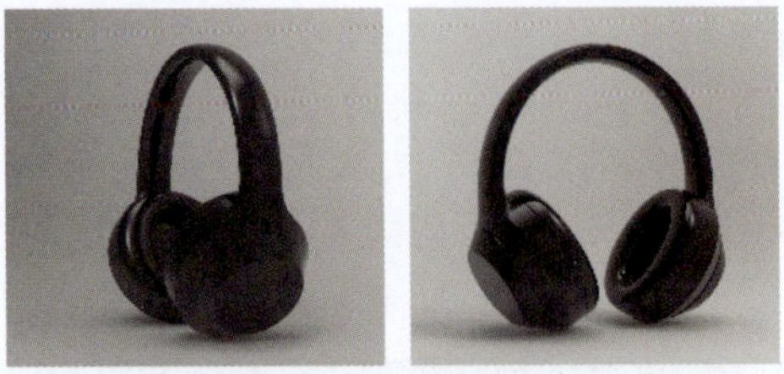

图7-37

“倾斜”用来定义相机倾斜或沿水平面垂直旋转多少度。“倾斜”变化前后，渲染实时视图中的效果如图7-38所示。

“扭曲角”用于控制绕模型的轴扭曲/旋转相机的角度。“扭曲角”变化前后，渲染实时视图中的效果如图7-39所示。

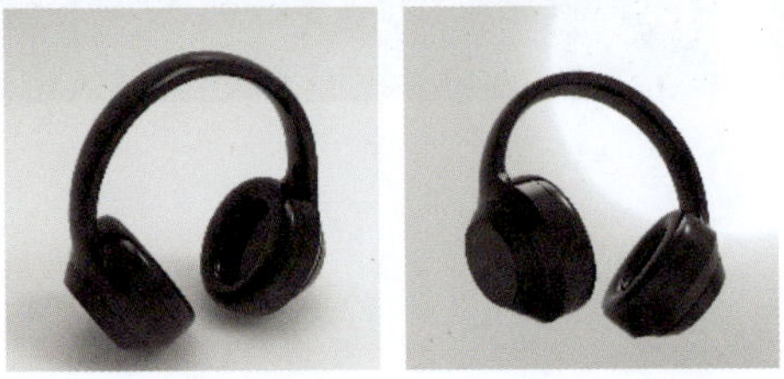

图 7-38

图 7-39

7.4.5 标准视图与网格

标准视图：提供了一些常用的相机角度，需要注意的是，这些角度存在透视效果，若想消除透视效果，可以将镜头设置为“正交”镜头。图7-40所示为前视图。

图7-40

网格：为了更好地在渲染实时视图中进行构图，可以打开“相机”下方的“网格”，网格在渲染输出时将不可见。图7-41所示为开启“四分之一”网格的效果。

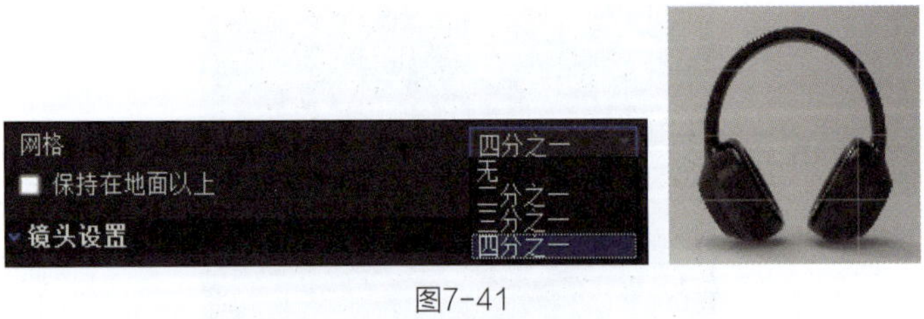

图7-41

7.4.6 相机镜头设置

相机的镜头设置参数如图7-42所示。

下面讲解其中常用的参数。

视角：用于模拟真实的相机，物体存在一定的透视效果。“视角”通常配合下方的“视角/焦距”来调整透视效果，数值越小，透视效果越明显；数值越大，透视效果越不明显。“视角/焦距”为50毫米与200毫米时，耳机模型的预览效果如图7-43所示。

正交：“正交”镜头是使用平行投影来查看场景的，无论相机的距离和位置如何，所有彼此平行的线看起来都是平行的，这意味着渲染实时视图中的相对距离对于任何平行线或垂直线都是准确的。“正交”镜头下的耳机模型在前视图中的预览效果如图7-44所示。

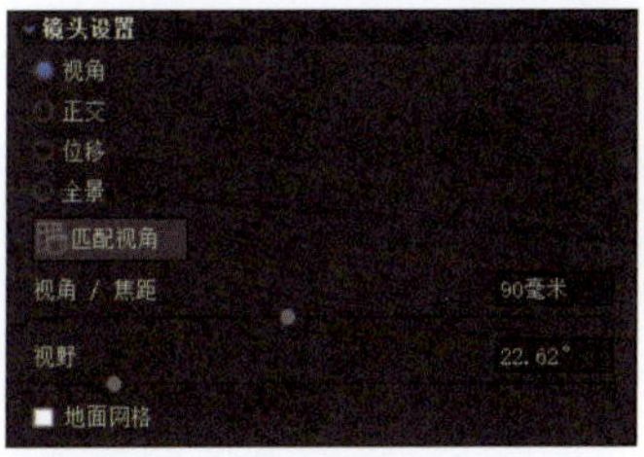

图7-42

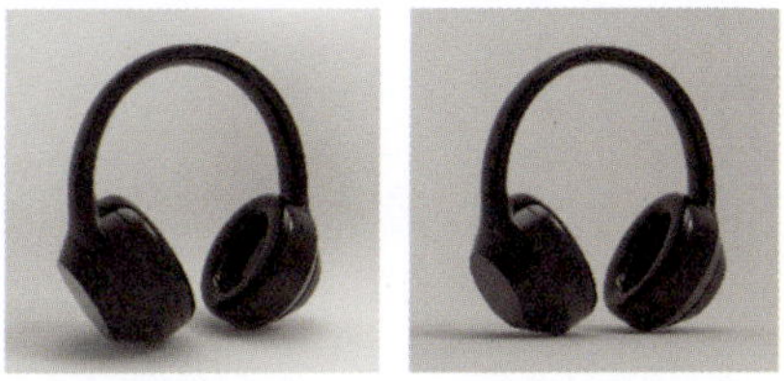

图7-43

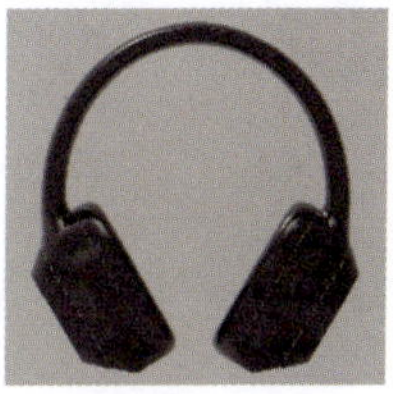

图7-44

7.4.7 相机的景深

相机的景深参数可以设置相机的焦距和光圈值，这和真实的相机一样。

启用景深需要勾选“景深”复选框，然后单击“对焦距离”右侧的靶心图标，就可以在渲染实时视图中选择相机的焦点位置，焦点以外将产生虚化效果，如图7-45所示。

按D键，可以快速开启和关闭景深功能。

相机景深功能的使用，不需要输入对焦距离数值，只需要单击“对焦距离”后的十字高亮标识，识别场景中的部件时就可以自动计算出对焦距离。其中，“光圈”数值越大，虚化效果越弱；“光圈”数值越小，虚化效果越强。“光圈”数值为10和1时的效果如图7-46所示。

图7-45

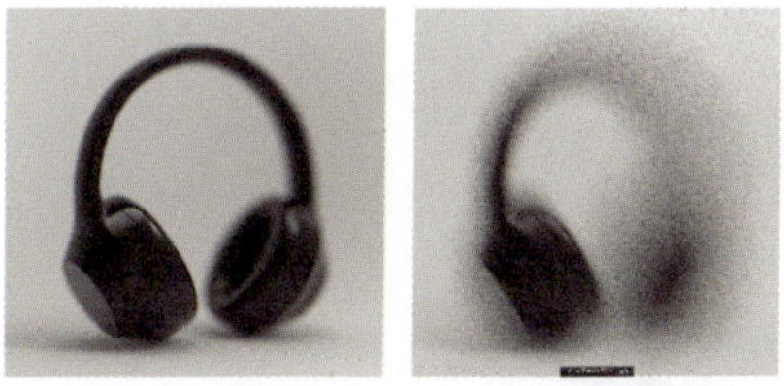

图7-46

7.5 照明设置

确定相机之后，需要对场景进行照明设置。场景中的光线来自环境和发光材质，但不同的照明设置也会影响场景的外观。针对不同的渲染需求，需要更换不同的照明设置。

7.5.1 照明预设的选择

KeyShot默认提供了图7-47所示的5种照明预设，其中“产品”预设的使用频率最高。

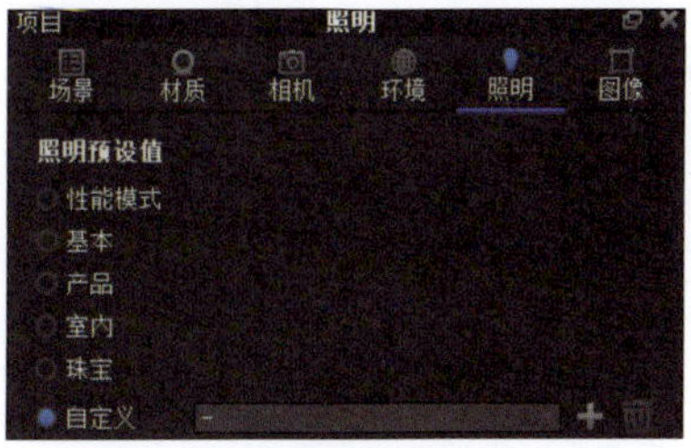

图7-47

▲ 性能模式：该预设会禁用光源材质和阴影，并减少反射，以实现尽可能高的性能，这对场景设置和快速操作非常有用；但在调整灯光和材质效果时，需要关掉性能模式，因为该模式下的预览效果并不是渲染出图的结果。

▲ 基本：该预设可为基本场景和快速操作提供简单、直接的阴影照明。

▲ 产品：该预设提供直接和间接的阴影照明，这对具有环境和局部照明的材料的产品照明很有用。

▲ 室内：该预设具有直接和间接照明功能，其阴影针对内部照明进行了优化，适用于具有间接照明的复杂室内照明场景。

▲ 珠宝：该预设和“室内”预设具有相同的设置，但添加了“地面照明”、“光线反射”和“焦散”效果。

提示　照明预设的选择可以简单地通过字面意思来确定。例如，产品渲染通常使用“产品”预设，场景渲染通常使用“室内”预设。

7.5.2 环境照明的设置

“环境照明”选项组提供了“阴影质量”“地面间接照明”“细化阴影”3个参数，如图7-48所示，通常用于提高阴影质量，并且除了玻璃类渲染需求，其余渲染都需要关掉“地面间接照明”。

图7-48

▲ 阴影质量：其数值决定了阴影的质量，也就是场景中的阴影渲染优先级有多高。

▲ 地面间接照明：当打开“地面间接照明”时，从地面反射的光线将产生间接照明。

▲ 细化阴影：开启“细化阴影”时，场景中的物体会在自身上投下阴影，否则物体只会在地面上投下阴影。

提示　在选择了一个照明预设的基础上修改下方的任意一个参数，上方的照明预设会自动切换到“自定义”模式，但这并不影响开始选择的照明预设效果。

7.5.3 通用照明的设置

“通用照明”选项组提供了“射线反弹”“全局照明”“焦散线”3个参数，这些数值通常保持默认设置，如图7-49所示。

图7-49

▲ 射线反弹：指光线在场景中反弹时计算的次数。

▲ 全局照明：控制场景中对象之间的间接光线反弹次数。

▲ 焦散线：表现玻璃在强光照射下产生的焦散效果。

7.5.4 渲染技术

“渲染技术”选项组提供了“产品模式”和“室内模式”两个参数，如图7-50所示。

图7-50

- 产品模式：适用于相机从外部“看”物体的场景。
- 室内模式：针对封闭空间进行了优化，当切换到“室内模式”时，若使用的是CPU渲染模式，“室内模式”的下方会多出一个“平滑全局照明”参数，用来消除场景中物体反射的光线产生的噪点。

7.6 环境设置

在KeyShot中，照亮场景的主要方法是通过环境照明，环境照明使用球形HDRI来表示室内或室外空间的完整、精确的物理照明。

在赋予材质之前，通常可以拖入一个环境信息更多的HDRI，这样材质的赋予才更有参考价值。图7-51所示为默认HDRI和“浴室”HDRI下的金属材质的效果。

图7-51

7.6.1 复制、新增、删除与锁定环境

复制环境：单击“复制环境”图标，复制当前环境。这样用户可以尝试对环境进行细微的更改，而无须更改原始环境，如图7-52所示。

新增环境：单击“新建环境”图标，新增一个环境，新的环境基于当前的设置产生，但没有照明信息，如图7-53所示，它通常配合后续将讲解的“针”来创建需要的照明环境。

删除环境：单击“删除”图标，删除当前的环境，也可以按Delete键直接删除当前环境。

锁定环境：单击锁图标，锁定当前环境，这样该环境将不能被编辑，如图7-54所示。再次单击锁图标，即可解锁。

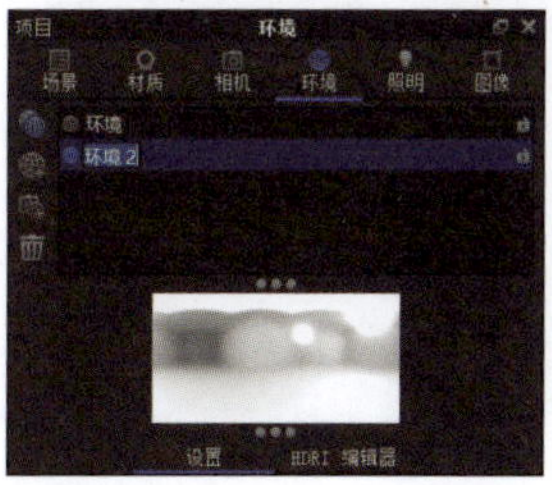

图7-52

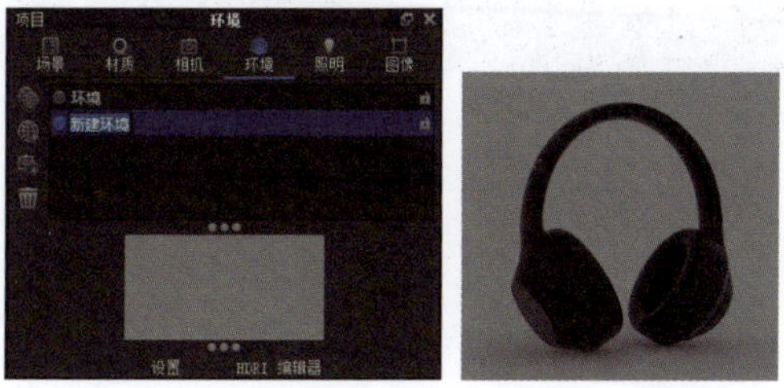

图7-53

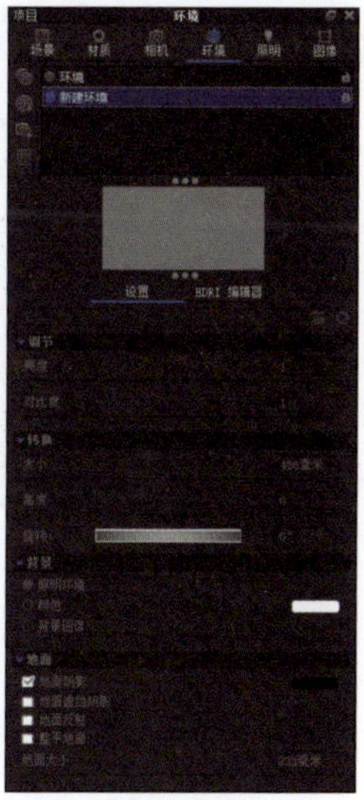

图7-54

7.6.2 设置环境

“环境”选项卡包含“调节”“转换”“背景”“地面”等选项组，可以用其中的参数快速调节场景中的环境照明。为了更直观地看到各参数对环境的影响，这里使用库中的“浴室”HDRI来演示，如图7-55所示。

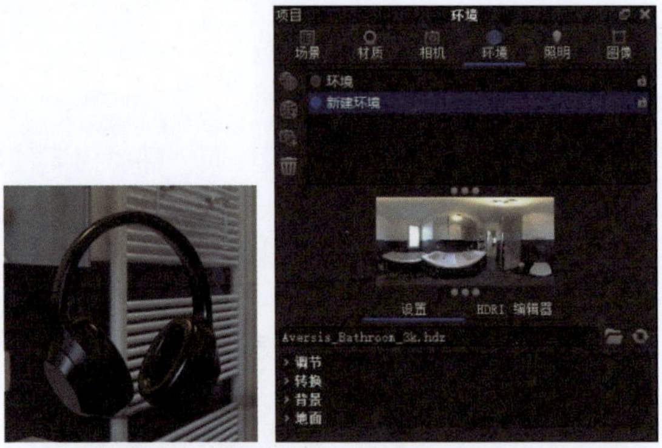

图7-55

调节：调节“亮度”会使整个HDRI从阴影区域到高光区域均匀地变亮或变暗，图7-56是“亮度”数值为1和2时的场景效果；调节“对比度”会增强暗部与亮部的对比，使得暗部更暗，亮部更亮，图7-57是“对比度”数值为1和2时的场景效果。

图7-56

图7-57

转换：“大小”决定环境的大小，“高度”用于设置环境相对于地平面的垂直位置，“旋转”用来旋转当前环境，按住Ctrl键的同时拖曳鼠标可快速旋转环境。环境旋转前后的场景效果分别如图7-58和图7-59所示。

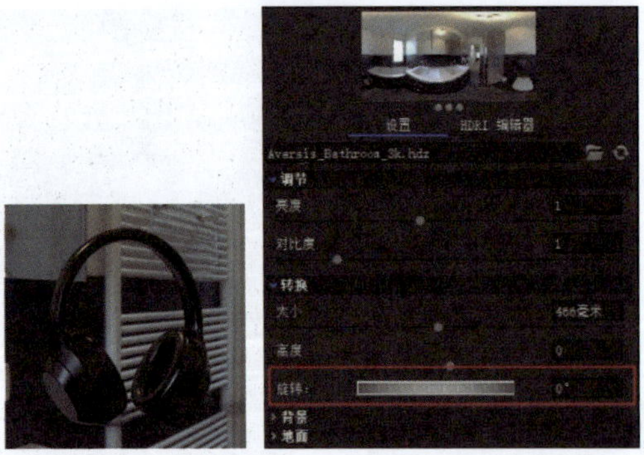

图7-58

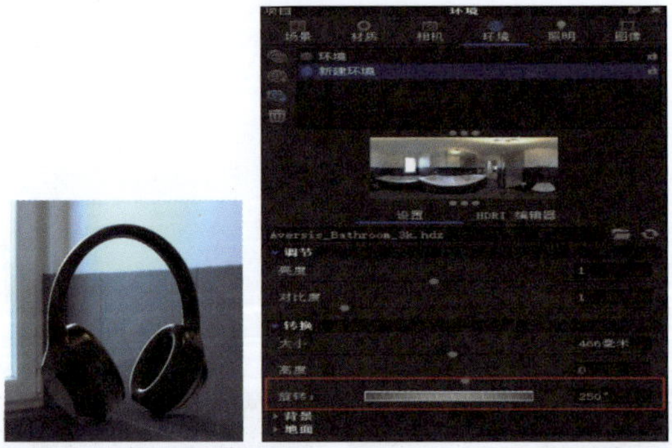

图7-59

提示 “转换”选项组中“大小”的设置十分重要，其数值为产品的3～5倍即可。环境过大，会导致产品难以被选中，影响渲染操作；环境若小于产品，会导致环境表面的灯光无法全部照射到产品上。

背景：分为“照明环境”“颜色”“图像”。

当“背景”为“照明环境”时，将使用照明环境的图像作为场景中的背景，如图7-60所示。

当“背景”为“颜色”时，可以为背景设置纯色效果，如图7-61所示。

图7-60

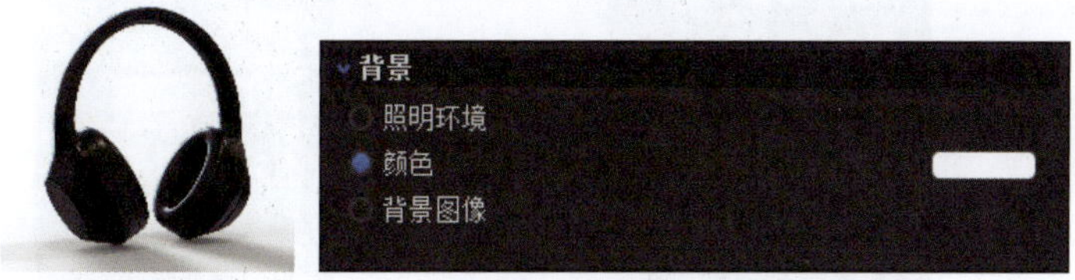

图7-61

当“背景”为“背景图像”时，可以添加和使用一幅图像作为场景中的背景，这里选择库中的“Wood Table”作为背景，如图7-62所示。

地面：包括“地面阴影”“地面遮挡阴影”“地面反射”“整平地面”4种，如图7-63所示。这里的地面并不意味着存在“地面”模型，而是虚拟地面。

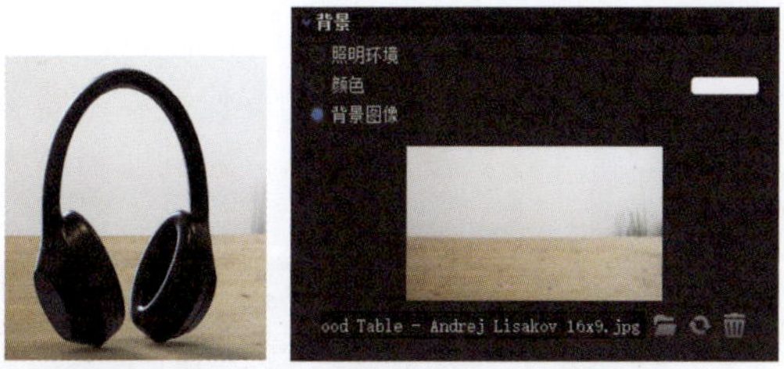

图7-62

图7-63

地面阴影：用于更改地面阴影的可见性，并且允许设置地面阴影的颜色。图7-64所示分别为开启和关闭“地面阴影”的效果。

地面遮挡阴影：用于查看遮挡阴影。

地面反射：用于更改地面反射效果的可见性。图7-65所示分别为开启和关闭“地面反射”的效果。

图7-64

图7-65

整平地面：用于将地平面以下的环境部分投影到地平面之上。

7.6.3 HDRI编辑器设置

HDRI编辑器十分重要，KeyShot的打光操作基本上都在此处进行。HDRI编辑器主要包括“HDRI编辑器针”和“HDRI编辑器背景”两个部分，如图7-66所示。

这里先讲解“HDRI编辑器背景”，它提供了4种背景，分别是“颜色”“色度”“Sun＆Sky”和“图像”。

颜色：用于设置纯色环境背景，如图7-67所示。注意，不要与前面环境设置下的纯色背景的颜色混淆，因为此处的颜色会影响场景中的照明效果。

图7-66

- 色度：在这里可以设置环境背景由一种颜色过渡到另一种颜色，如图7-68所示。此处的颜色也具有照明信息，例如在纯黑色处，环境的下半部分没有照明。
- Sun＆Sky：用于模拟真实的太阳和天空作为环境的背景，如图7-69所示。

图7-67

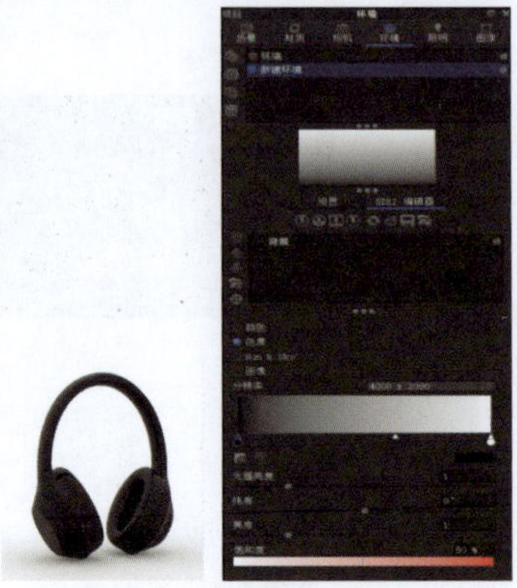
图7-68

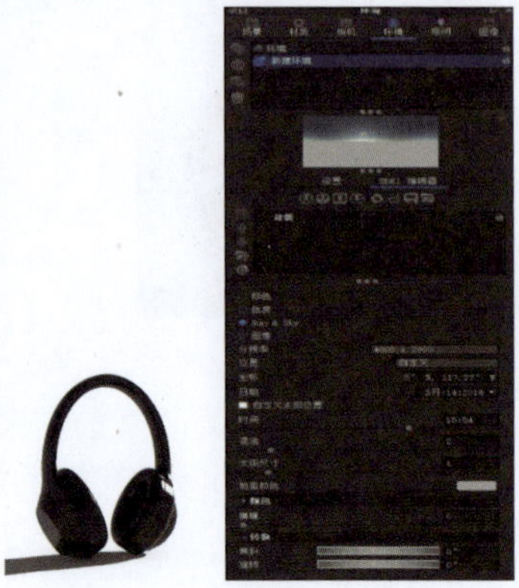
图7-69

- 图像：这里将环境HDRI作为环境的背景，如图7-70所示。

为了保留环境HDRI的亮度信息，并不让其色彩信息干扰场景，常见的操作是将“背景”设置为“颜色”，将“HDRI编辑器背景”下方的图像的“饱和度”设置为0%，并且适当增大环境的“模糊”值，为下一步赋予材质做准备，如图7-71所示。

图 7-70

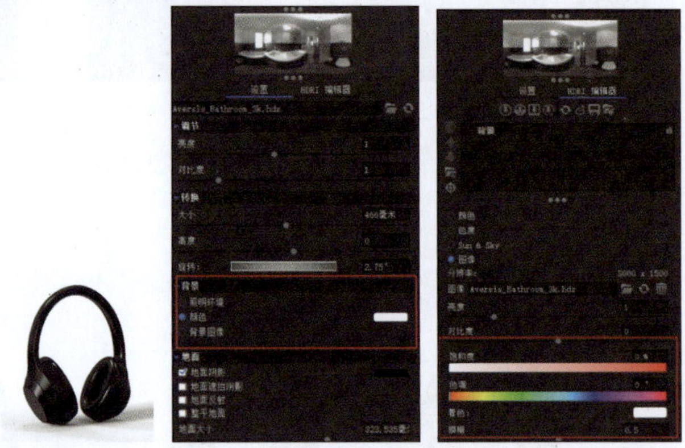
图 7-71

> **提示** 通常在添加环境HDRI之后，需要对其背景进行一些必要的设置，再赋予材质，最后使用“HDRI编辑器针”中的工具完成打光。

7.7 赋予材质

下面讲解如何给场景中的各部件赋予材质。赋予材质有以下两种常用的方法。

方法一：直接从“库”窗口中拖曳材质到场景中的部件上。

方法二：单击渲染实时视图中的部件，在“项目”窗口的“材质”选项卡中更换部件的材质，并适当调节材质下方的参数，使材质效果更符合自己的需求，如图7-72所示。

图7-73所示为赋予耳机材质后的效果。

提示 因为材质的效果与灯光息息相关，所以这一步赋予材质只做基本的区分，后续还需要根据灯光效果微调材质。

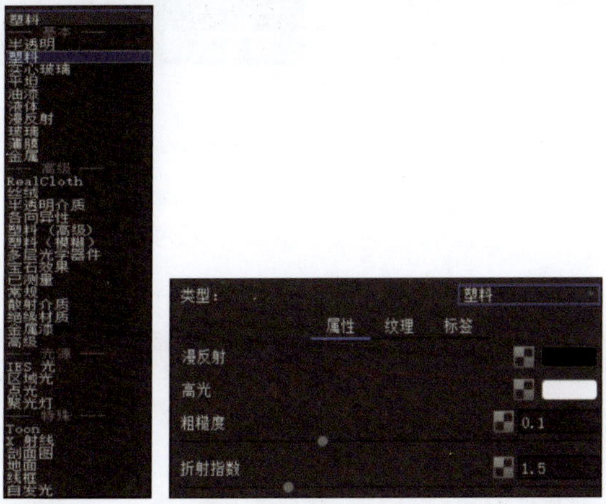

图7-72

图7-73

7.8 添加灯光

赋予材质之后，就可以进入“HDRI编辑器针”给产品打光，如图7-74所示。

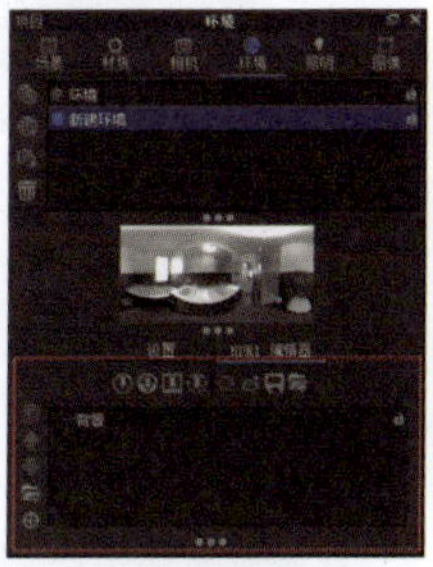

图7-74

7.8.1 “针”的常见操作

添加“针”：单击“添加针”图标，此时该编辑器下会多出一个光源（针），并且靶心图标也会高亮显示，如图7-75所示。

单击渲染实时视图中的部件，灯光将照亮该部件，如图7-76所示。

如果已经确定了灯光位置，那么需要单击靶心图标使其灰显，否则调整的将是灯光的位置。

“针”的其他操作包括“锁定”“复制”“删除”“隐藏”“隔离”“重命名”“设置高亮显示”，如图7-77所示，使用鼠标右键单击“针”，在弹出的快捷菜单中可以进行设置。

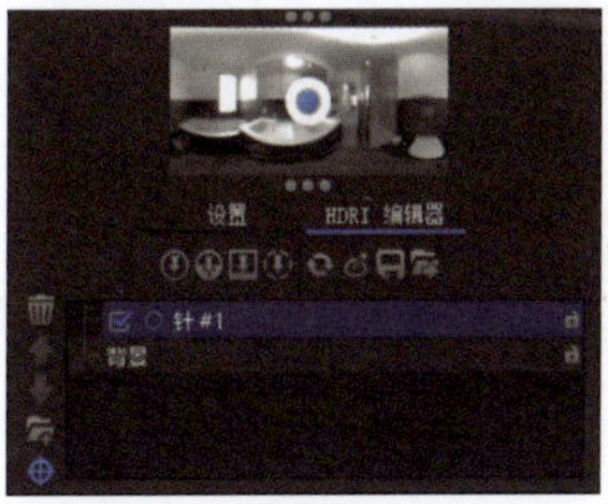

图7-75

图7-76

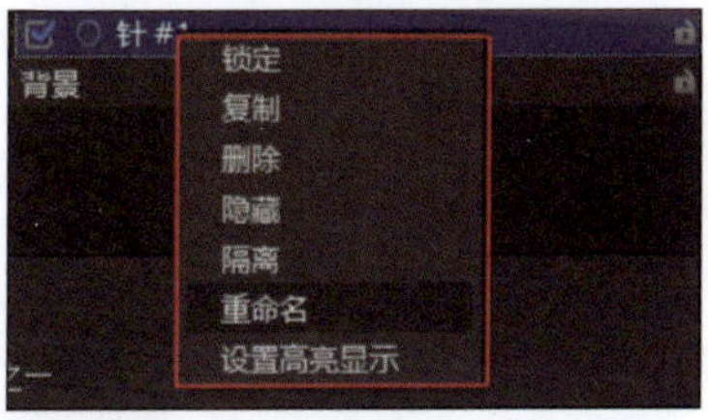

图7-77

7.8.2 “针”的位置调整

“针”的位置调整有以下两种方法。

方法一：单击靶心图标，使其高亮显示。此时，“针”的位置可以通过鼠标直接在渲染实时视图中进行调整，如图7-78所示。

方法二：通过调整“转换”选项组中的“方位角”和“仰角”的数值来改变“针”的位置，如图7-79所示。

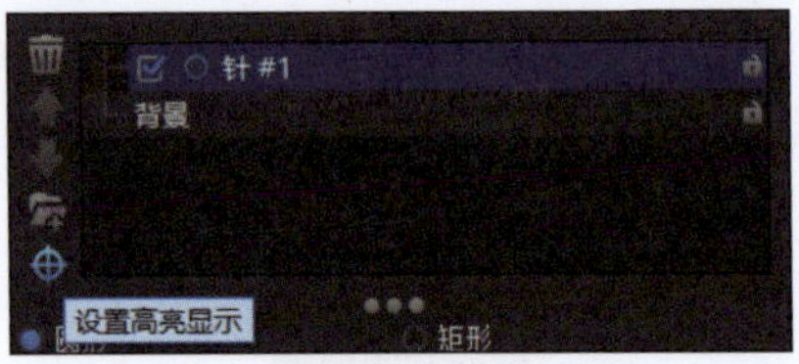

图7-78

7.8.3 “针”的形状与半径

圆形：灯光的造型为“圆形”时，可以通过调整半径来修改灯光的大小。图7-80所示为渲染实时视图中的灯光形状。

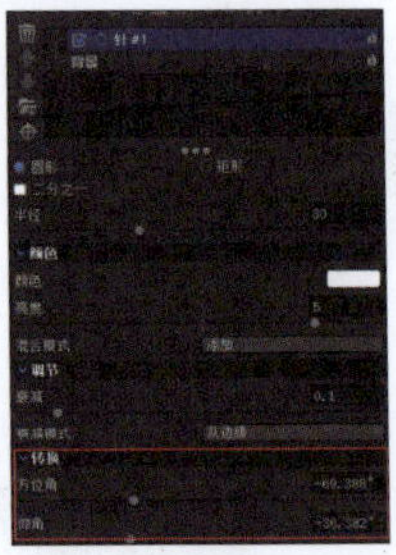

图7-79

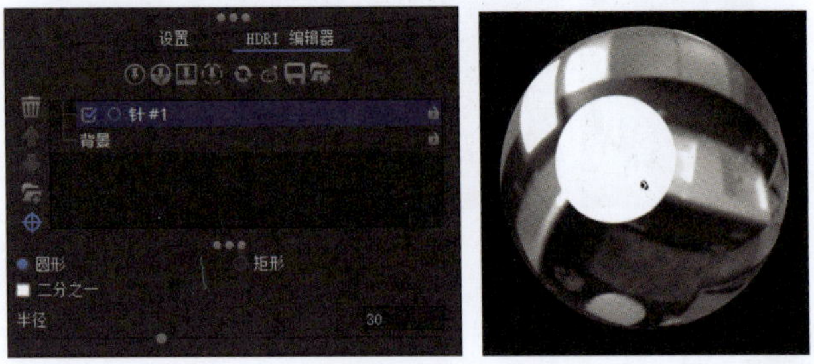

图7-80

矩形：灯光的造型为“矩形”时，可以通过调整矩形的宽度和长度来修改灯光的大小。图7-81所示为渲染实时视图中的灯光形状。

二分之一：无论灯光的造型是矩形还是圆形，都可以开启二分之一灯光的效果。图7-82所示为圆形灯光和矩形灯光开启二分之一灯光后，渲染实时视图中的效果。

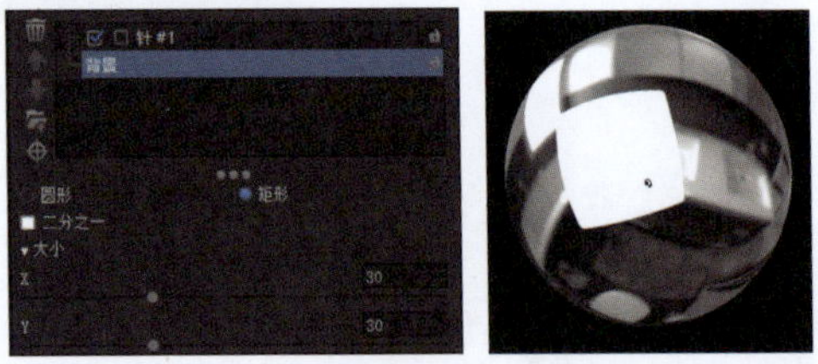

图7-81

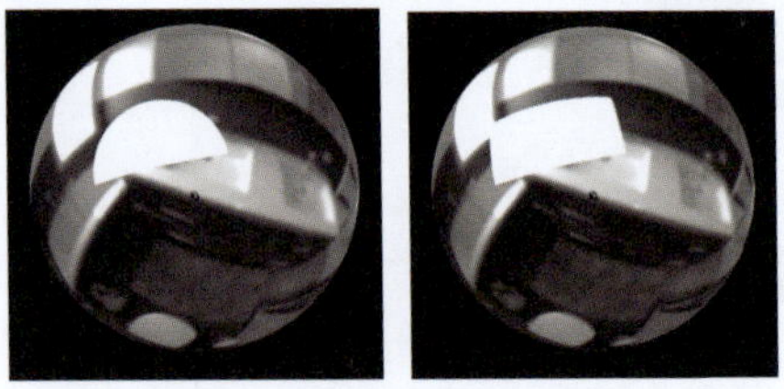

图7-82

7.8.4 “针”的颜色与亮度

“针”的颜色：可以通过单击“颜色”选项组中的色块来定义灯光的颜色。“红色”灯光效果如图7-83所示。

“针”的亮度：可以通过输入数值，或滑动下方滑块来调节灯光的亮度。图7-84所示为“亮度”数值为1和10时的灯光效果。

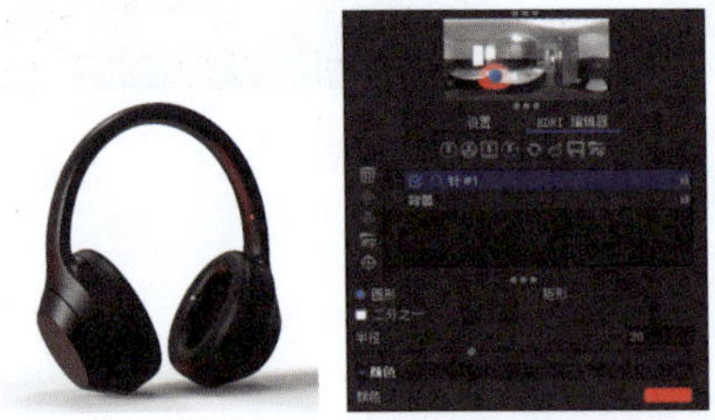

图7-83

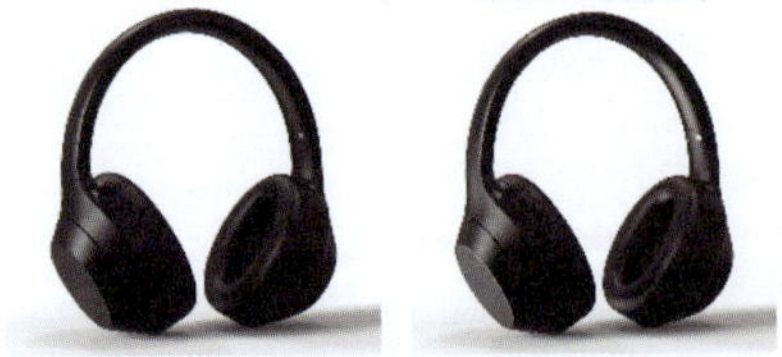

图7-84

7.8.5 “针”的衰减

“针”的衰减的相关参数在“HDRI编辑器背景”的“调节”选项组中，如图7-85所示。

衰减：控制灯的边缘的柔和度。增大“衰减”数值可以获得更加柔和的边缘效果。图7-86所示为“衰减”数值为0.1和0.5时，渲染实时视图中的灯光效果。

图7-85

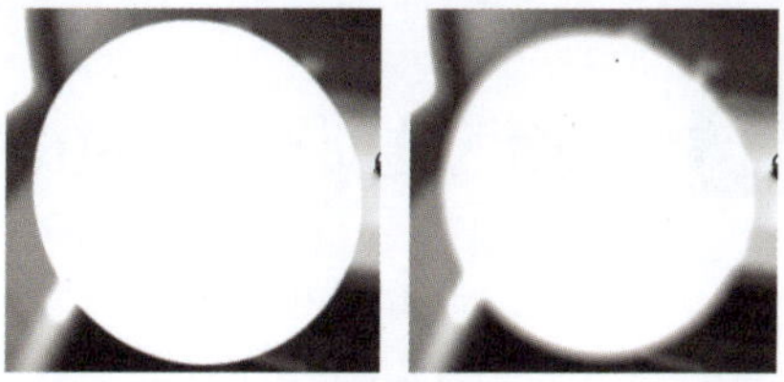

图7-86

衰减模式：控制灯光从“针”的中心向外的衰减效果。不同的衰减模式具有不同的衰减效果。

7.8.6 打光原则

在熟悉以上“针”的相关用法之后，可以新建一个空白的黑色环境给产品打光，如图7-87所示。

> **提示** 添加环境是为了借助环境HDRI中的物理信息来赋予材质，拥有更多的环境信息时，材质赋予才具有参考价值；而在基础材质赋予完成之后，新建空白的黑色环境是为了让环境尽可能纯净，没有杂光影响产品表面的效果。

给产品打光主要遵循以下4点原则。

（1）立体感：控制灯光的亮度、大小和位置，让模型更具立体感。

（2）表达结构：需要考虑主要的来光方向，在背光面补充一些相对较弱的灯光，以表达部件的倒角、转折等结构。

（3）灯光主次：切勿让场景中的所有灯光一样亮，这样会缺少主次，也难以表达产品的立体感。

（4）灯光引导：主要是指场景图，应通过灯光来引导用户抓住画面的亮点。

给耳机打光之后的效果如图7-88所示。

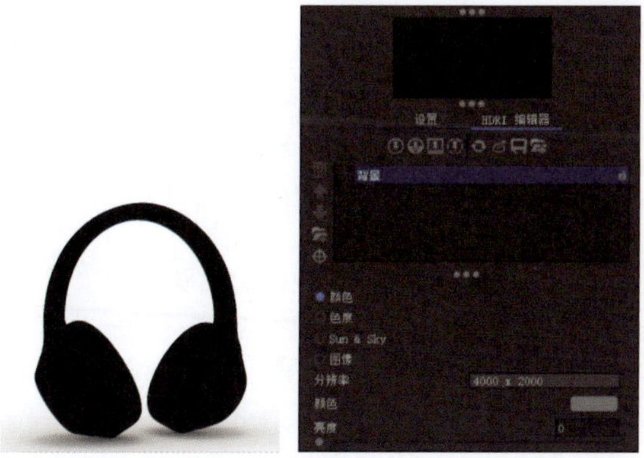

图7-87

图7-88

> **提示** 后续会通过相关的案例帮助读者巩固给产品打光的知识点。

7.9 图像处理

在最终出图前，可以借助KeyShot中“项目”窗口的“图像”选项卡来微调画面效果，如图7-89所示。

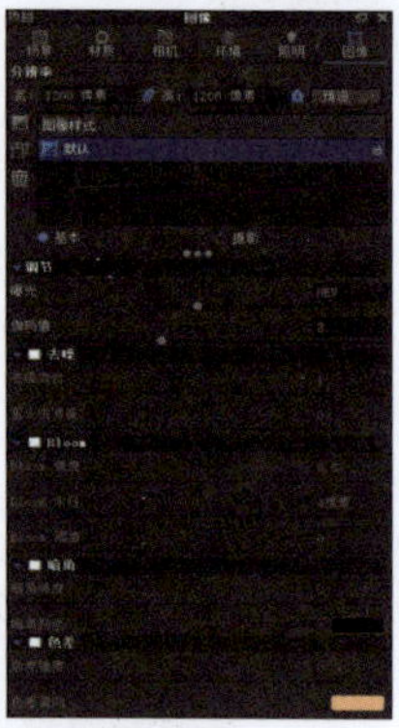

图7-89

7.9.1 “图像”选项卡中的基础操作

新增图像样式：单击“创建基本图像”图标，可以新增一个图像样式。例如，可以通过调整图像样式的相关参数，快速设置耳机在低对比度和高对比度下的效果，如图7-90所示。

图7-90

复制图像样式：单“复制”图标，可以复制当前图像样式。

删除图像样式：单击“删除”图标，可以删除当前图像样式。

图7-91

锁定图像样式：单击锁图标，可以锁定当前图像样式。

另外，图像样式的复制、删除和锁定，还可以通过使用鼠标右键单击图像样式，在弹出的快捷菜单中选择相应的命令实现，如图7-91所示。

7.9.2 “基本”模式

“图像”选项卡中提供了“基本”模式和“摄影”模式两种常见的效果。

“基本”模式包括“调节”“去噪”“Bloom”“暗角”“色差”等选项组，如图7-92所示。

调节：“曝光”用来控制场景受光线影响的程度；EV（曝光值）增加1，将使图像中的光量增加一倍；“伽马值”用来调整图像中的对比度。

去噪：均匀图像中的噪点（无论是在渲染实时视图中还是在最终渲染中）。“降噪混合”用来创建与渲染图像混合的降噪图像。拖曳“降噪混合”滑块可以控制降噪的强弱。若场景中有一些细节纹理，把“降噪混合”设置得过大会消除细节，可以适当减小“降噪混合”值。“萤火虫滤镜”有助于减少图像中突出的高亮像素，拖曳滑块可以控制该效果的强度，同样，数值过大会消除场景中的细节，应适当减小数值。

Bloom：也就是光晕，可以用来模拟发光材质的辉光效果。发光材质开启Bloom之后的效果如图7-93所示。

图7-92

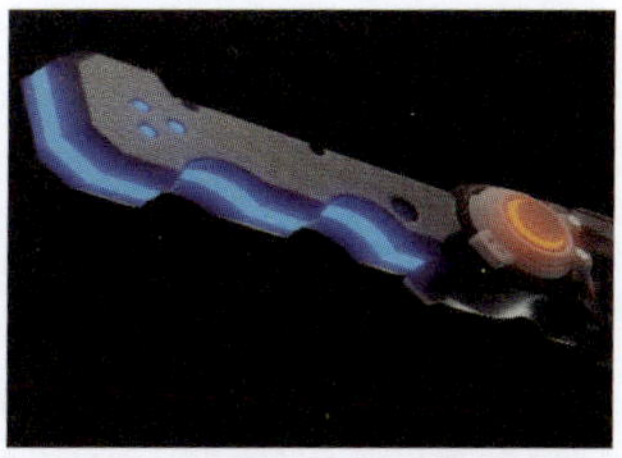

图7-93

■ 光晕强度：用来控制光边或发光的亮度。“光晕半径”用来控制光晕发光的范围。

■ 光晕阈值：用来裁切过亮的像素，设置较大的数值可将光晕聚焦在最亮的像素上。

暗角：“暗角强度”的数值越大，暗角看起来就越趋于纯色。“暗角颜色”用来定义暗角的颜色，默认为黑色。图7-94所示为开启暗角时的效果。

色差：在现实生活中，当相机镜头无法将所有颜色聚焦到同一点时，就会产生色差，这会导致对象边缘有彩色纹理。“色差强度”用来确定该效果的强度。“色差偏向”用来控制畸变的颜色，使用频率不高。

图7-94

7.9.3 “摄影”模式

“摄影”模式包括“色调映射”“曲线”“颜色”“去噪”“Bloom”“暗角”“色差”“层”等选项组，如图7-95所示。下面讲解与“基本”模式中不一样的知识点。

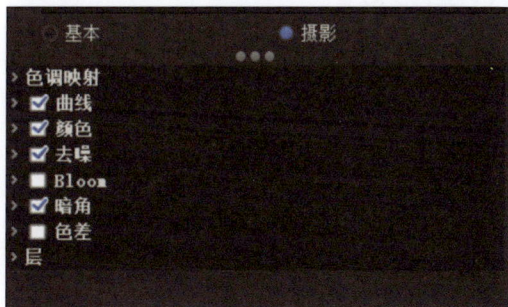

图7-95

色调映射：该选项组中的“曝光”和“对比度”与“基本”模式中的“曝光”和“伽马值”的效果一样。

■ 白平衡：用来调整图像的色温，如图7-96所示。负值表示调节为较暖的色调，正值表示调节为较冷的色调。图7-97所示为白平衡为负值和正值时的画面效果。

图7-96

图7-97

响应曲线：提供“线性”“低对比度”“高对比度”3种映射类型，如图7-98所示。

图7-98

线性：线性与“基本图像”样式一致。

低对比度：适用于光照对比较强的场景。

高对比度：适用于光照对比较弱的场景。

颜色：“饱和度”用来控制画面中的色彩饱和度，数值越大，图像饱和度越高；数值越小，图像饱和度越低。“鲜艳度”用于在不调整饱和颜色的情况下，增加颜色的柔和度。

层：勾选“背景颜色”复选框后，设置的颜色将优先于前面在“环境”选项卡中设置的背景颜色。在“环境”选项卡中设置背景颜色为红色，在“层”选项组中设置背景颜色为白色，最终渲染显示的是白色，如图7-99所示。

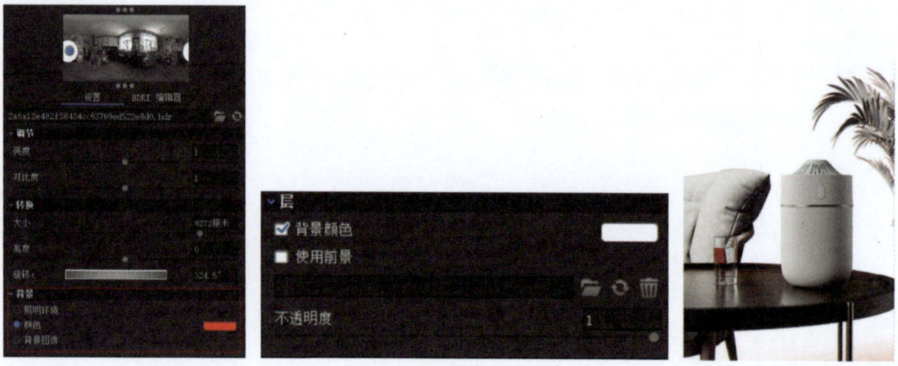

图7-99

7.10 渲染出图

7.10.1 输出设置

输出图像名称：可以在“名称”文本框中输入文件的名称，如图7-100所示。

输出图像位置：单击文件夹图标，可以设置输出图像的位置，如图7-101所示。

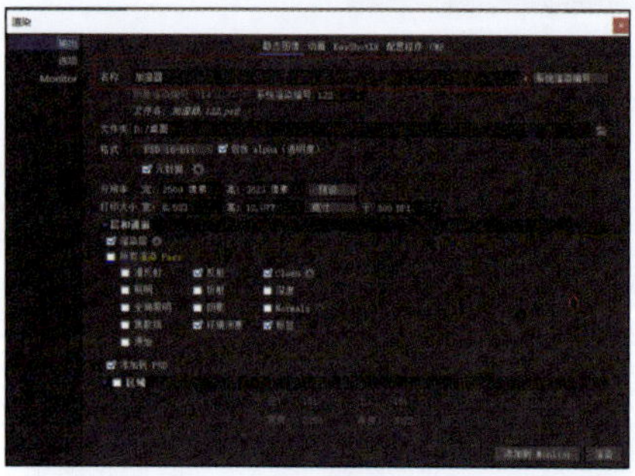

图7-100

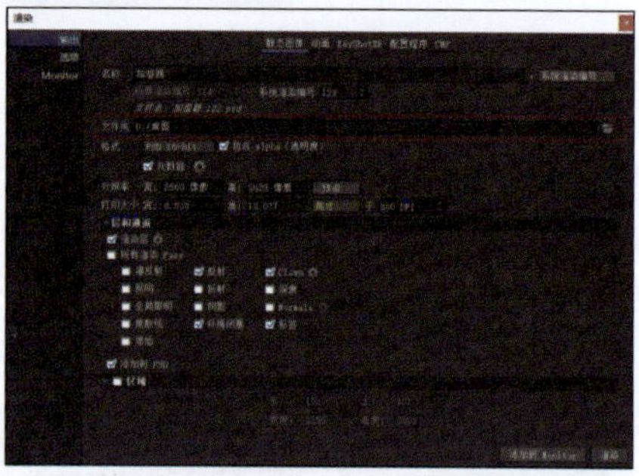

图7-101

输出格式：在“格式”下拉列表中可以选择输出格式，其中比较常用的是PNG、JPEG和PSD格式，如图7-102所示。

图像分辨率设置：“预设”下拉列表默认提供了多种分辨率预设，如图7-103所示。图像的最终清晰度将由此处的分辨率大小以及选项设置中的采样共同决定。

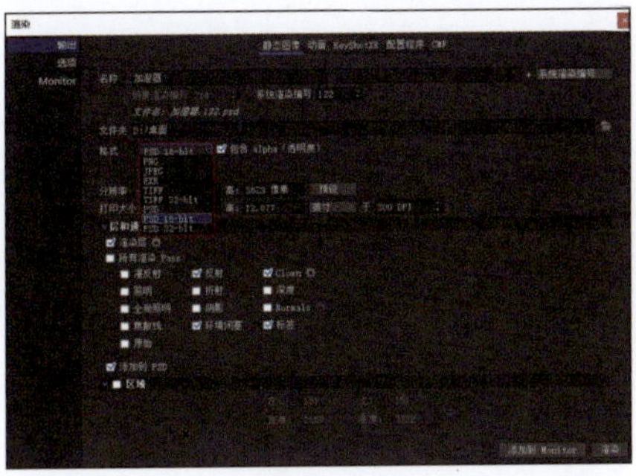

图7-102

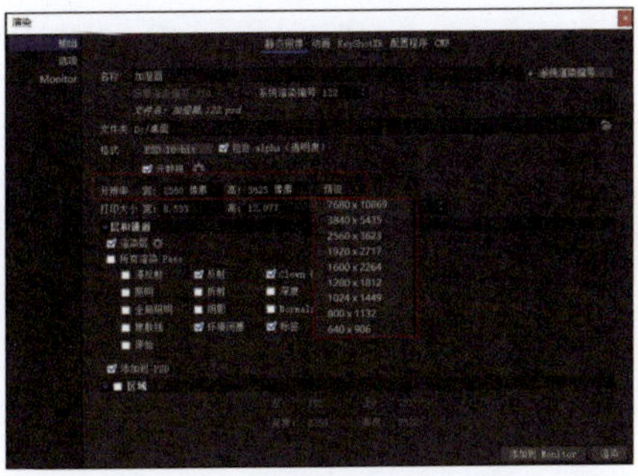

图7-103

7.10.2 通道的选择

合适的通道可以帮助用户在后期软件中更加便捷地调整图像。

例如，可以启用“Clown”通道，以便进行后期的抠图操作，如图7-104所示。

图7-104

7.10.3 选项设置

KeyShot有“最大采样”“最大时间”“自定义控制”3种质量输出选项，如图7-105所示。

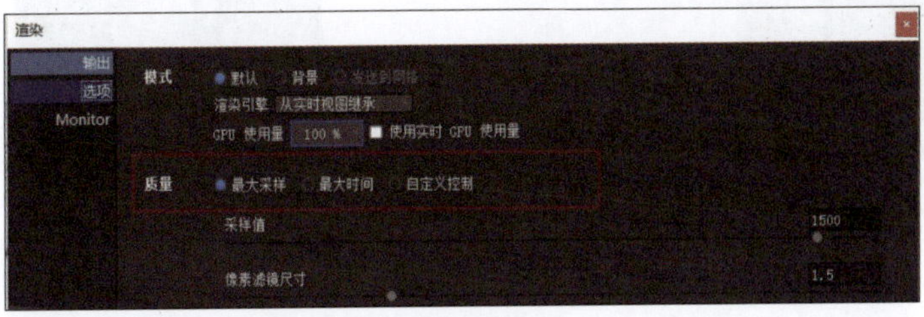

图7-105

最大采样：控制计算和优化图像或动画帧的次数。每增加一个样本，就会进一步消除图像中的噪点/颗粒。此选项使用的渲染技术与渲染实时视图中的相同。这种渲染技术也用于“最大时间”选项，但与“自定义控制”选项中使用的方法不同。

最大时间：用于根据设置的时间逐步优化渲染。

自定义控制：用于控制KeyShot中所有可用的质量设置。此模式通常可以在高噪点或阴影区域产生更平滑的结果。

一般来说，简单的场景需要较少的样本，而复杂的场景需要较多的样本。从低处开始，如果仍然能看到噪点或画面看起来有颗粒感，则增加样本。在使用“最大样本”渲染动画之前，请先使用静止图像来测试样本量。

还可以在渲染实时视图中设置渲染区域，观察需要多少采样率画面才能看起来令人满意。打开抬头显示器（H热键），让渲染实时视图静置，直到该区域看起来没有噪点。记下HUD中的样本数量，并在设置最大样本时使用该信息。

7.11 课堂案例：手柄的渲染

微课视频

下面完成手柄的渲染，效果如图7-106所示。

第1步：导入模型，按效果图摆放各部件，如图7-107所示。

图7-106

图7-107

第2步：在“图像”选项卡中，调整图像分辨率，切换到“摄影”模式，将“响应曲线”设为“高对比度”，如图7-108所示。

第3步：添加相机，调整相机的“视角/焦距”为90毫米，并勾选“景深”复选框，对焦到前方手柄上，如图7-109所示。

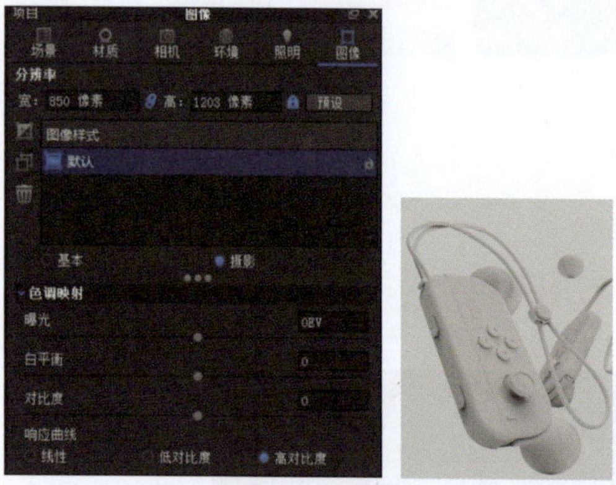

图7-108

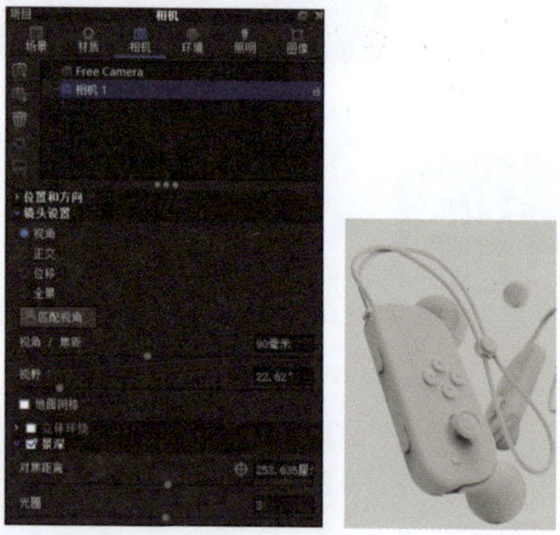

图7-109

第4步：调整“照明预设值”，如图7-110所示。

第5步：添加一个室内环境，调整环境来光方向，并将其“饱和度”设置为0%，适当增大“模糊”值，如图7-111所示。

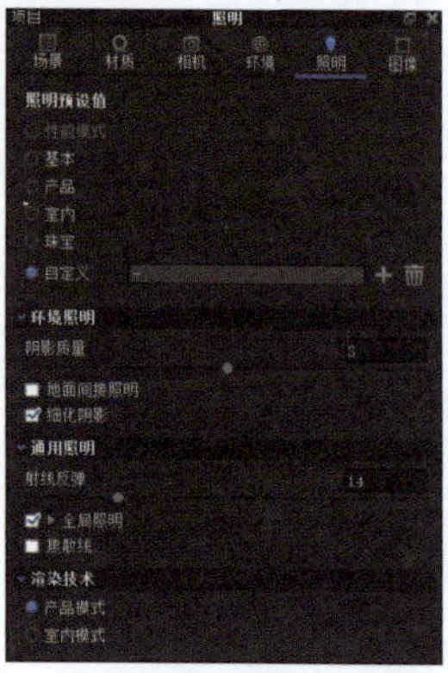

图7-110

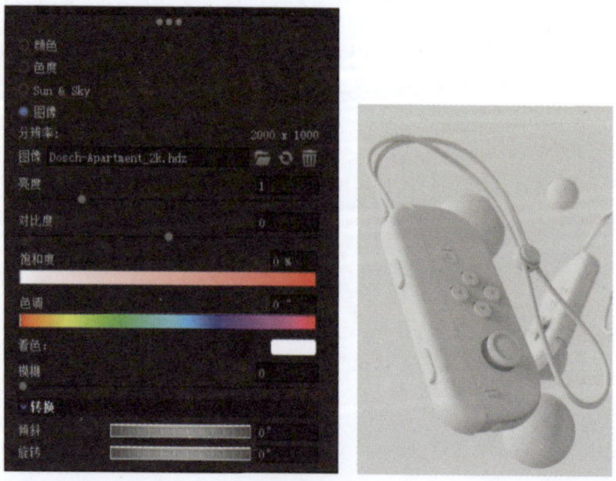

图7-111

第6步：赋予部件塑料材质（注意区分不同部件的塑料材质的粗糙度），如图7-112所示。

第7步：赋予绳子材质，并加载编织线贴图，如图7-113所示。

图7-112

图7-113

第8步：给环境添加“针”，注意根据产品结构打光，区分亮部、灰部、暗部，如图7-114所示。

第9步：给环境添加背景色，并适当调整图像颜色，如图7-115所示。

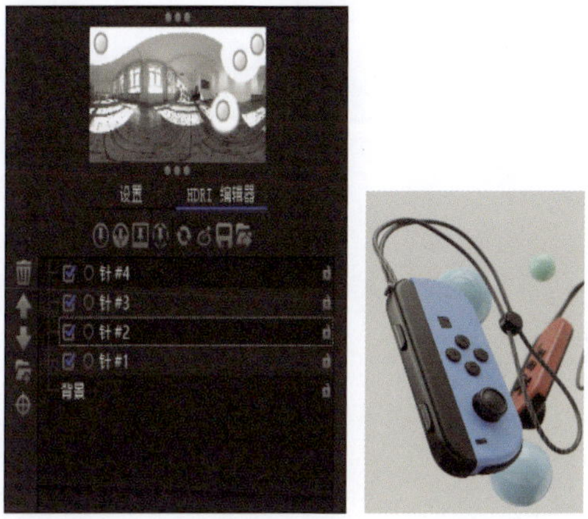

图7-114

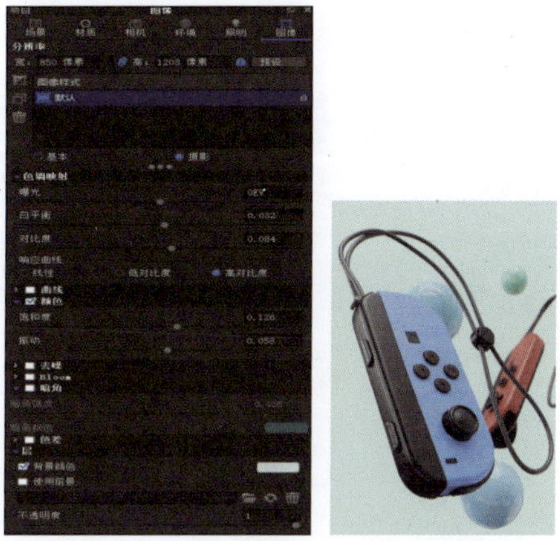

图7-115

7.12 课后练习：鼠标的渲染

微课视频

根据所学知识，自主完成鼠标的渲染，效果如图7-116所示。

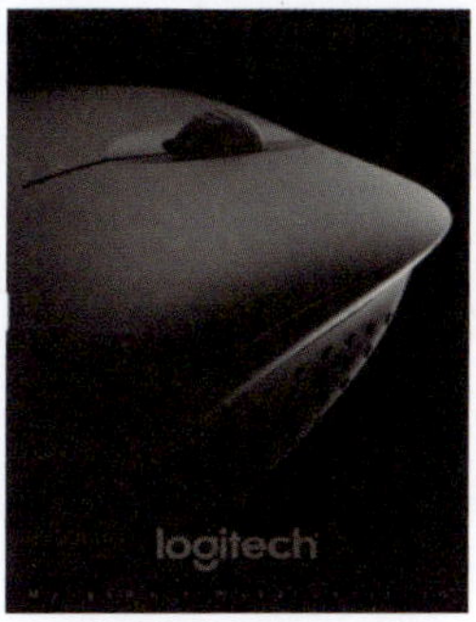

图7-116

第 8 章

材质详解

本章导读

本章讲解KeyShot中与材质相关的常用知识，包括常用的三大材质类型、材质纹理的四大通道、材质标签的应用和多层材质的应用，最后通过课堂案例和课后练习，帮助读者掌握材质的相关知识点。

8.1 常用的三大材质类型

物体的材质可以通过视觉和触觉综合感受，读者可以多观察生活中的物体在光照下材质表面的细微变化，以便制作出更真实的材质效果。

单击“类型”下拉按钮，在弹出的下拉列表中可以看到不同的材质类型，KeyShot默认将其分为了四大部分，分别是“基本”“高级”“光源”“特殊”，如图8-1所示。

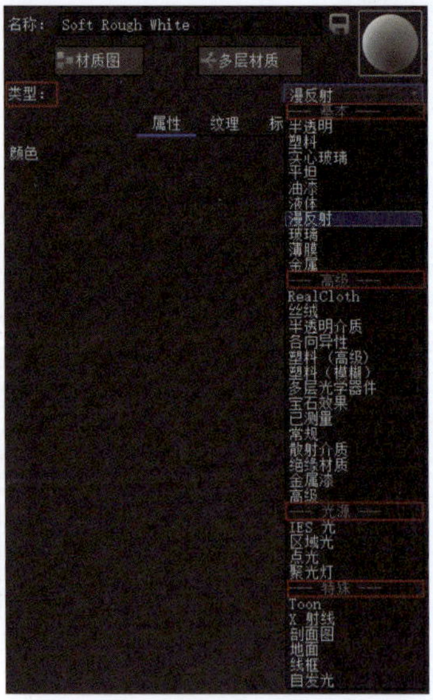

图8-1

虽然在现实生活中和渲染器里有许多类型的材质，但最常用的还是塑料、金属和透明类材质，它们可以满足大多数的渲染工作的要求，下面逐个讲解。

8.1.1 塑料材质

塑料材质类型用于创建简单塑料材质，是一种通用的材质类型。

不同材质的“属性”栏中可调节的参数是不一样的。例如，刚导入的模型默认为漫反射材质，该材质只有一种参数可以调节，也就是“颜色”；而修改成塑料材质之后，“属性”栏中就有4个参数可以调节，分别是“漫反射”“高光”“粗糙度”“折射指数”，如图8-2所示。这4个参数也是所有材质里面使用频率最高的。

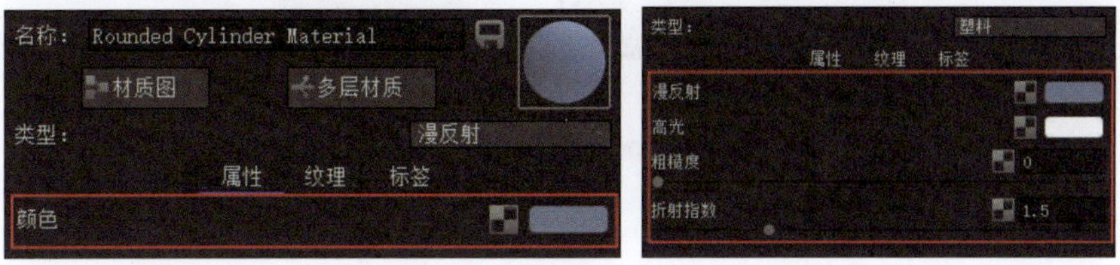

图8-2

塑料材质的“属性”栏中的重要参数介绍如下。

漫反射：用于定义材质的整体颜色。单击“漫反射”右侧的色块，弹出“颜色拾取工具-漫反射”对话框，如图8-3所示。此时可以通过单击或拖曳鼠标的方式来修改材质的漫反射颜色，从而改变材质表面的颜色，如图8-4和图8-5所示。

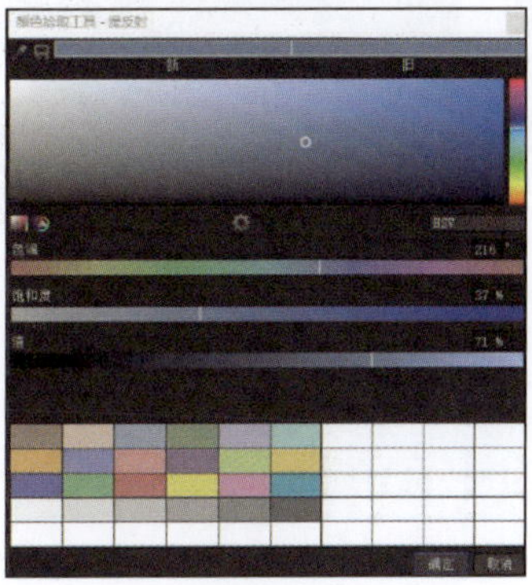

图8-3

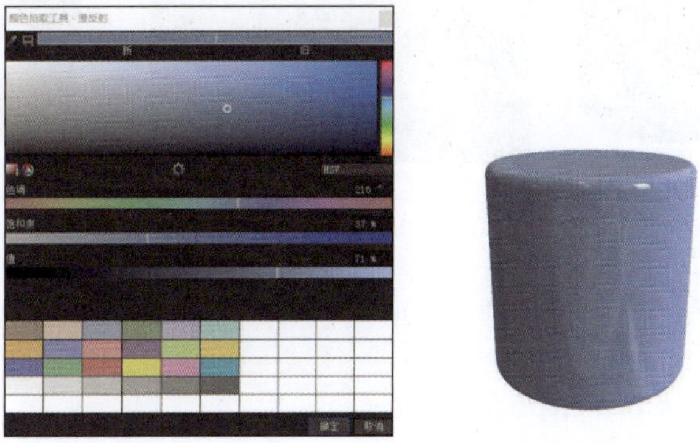

图8-4

“颜色拾取工具”默认使用的是RGB颜色模式，在该颜色模式下可以单独调整“红色”“绿色”“蓝色”3个通道。在颜色模式下拉列表中，用户可以根据个人习惯选择其他的颜色模式，如图8-6所示。建议使用HSV颜色模式，因为该模式通过调整颜色的“色调”“饱和度”“值”来定义材质的颜色。

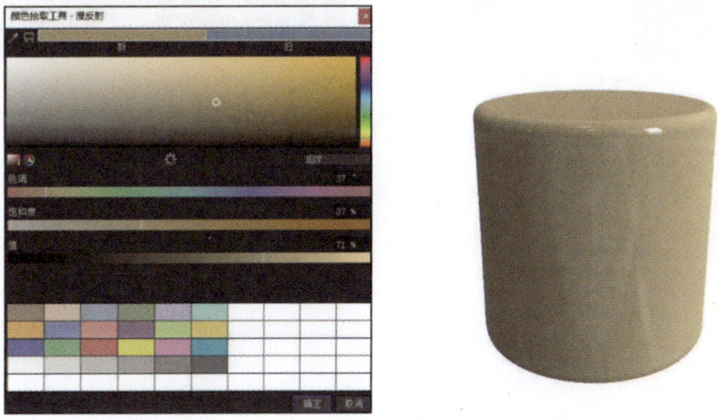

图8-5

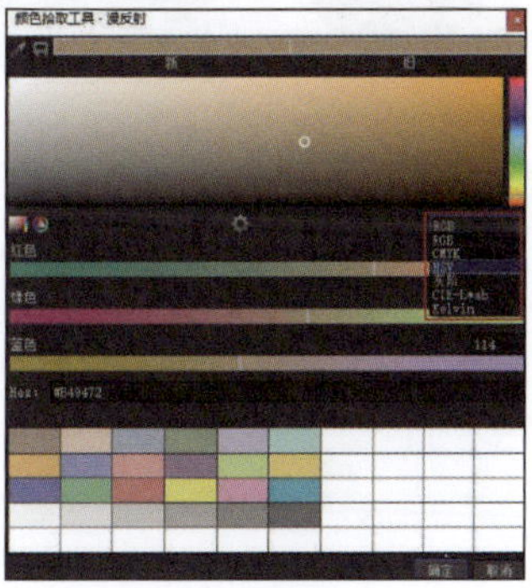

图8-6

例如，需要一个灰度值为10的黑色塑料，就可以将“色调”修改为0，“饱和度”修改为0%，“值”修改为10%，以精确地调出所需的颜色，单击“确定”按钮，如图8-7所示。

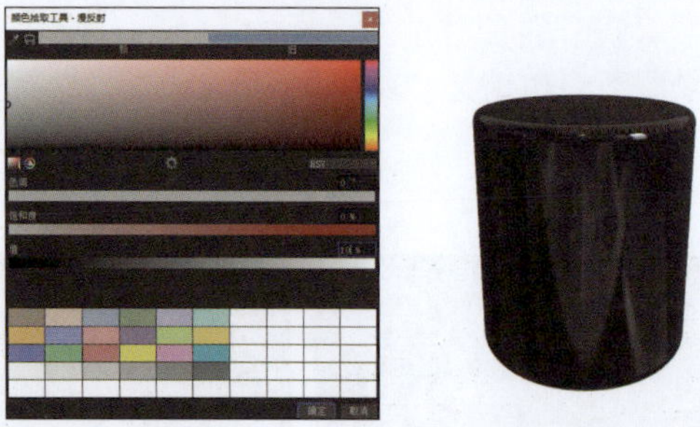

图8-7

高光：用于定义材质的反射强度，白色表示完全反射，黑色表示不反射，一般材质多使用一定程度的灰度值。图8-8和图8-9所示分别为“高光”灰度值为50%和100%时的塑料材质的效果。

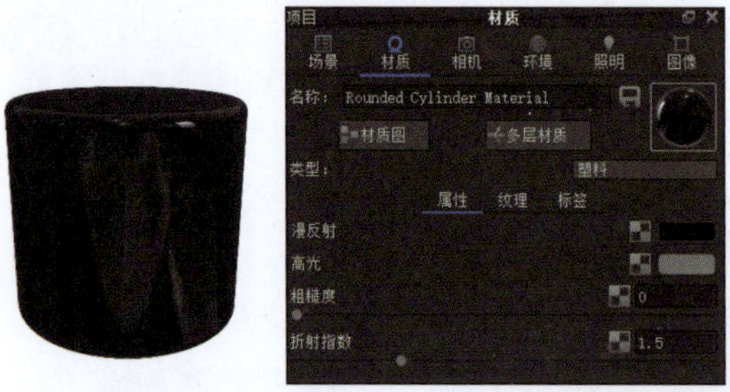

图8-8

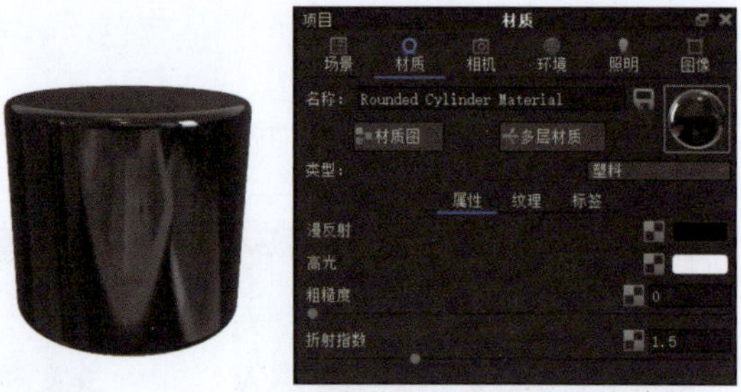

图8-9

粗糙度：用于控制反射中微小缺陷的数量。当“粗糙度”数值为0时，材质表现为完全光滑的表面，增大“粗糙度”数值，可以增强材质表面的缎纹感或亚光感。“粗糙度”通常以0.1为分界点，当数值大于0.1时，材质表现为明显的亚光效果。图8-10和图8-11所示分别为“粗糙度”数值为0和0.1时的塑料材质的效果。

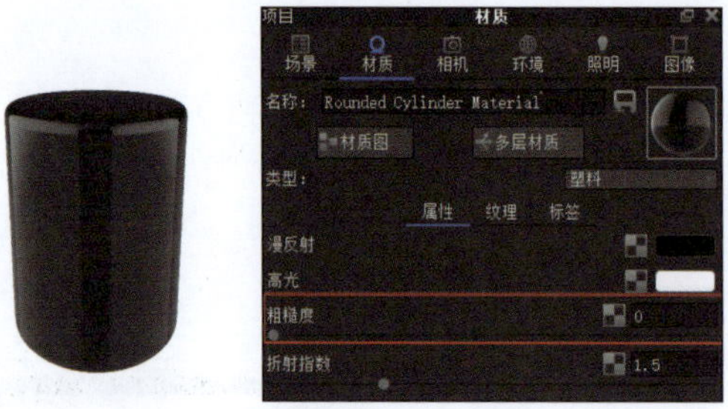

图8-10

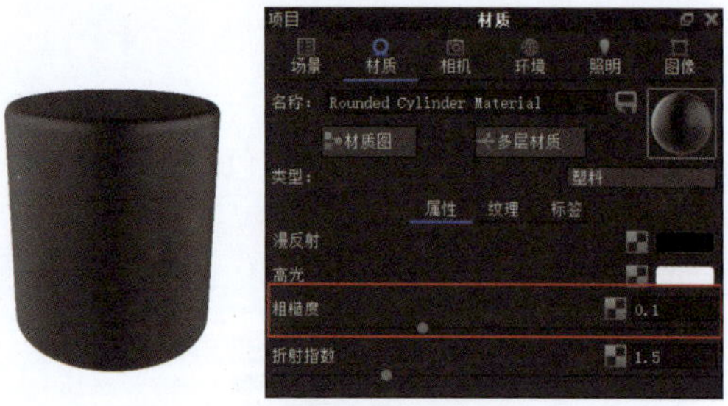

图8-11

折射指数：用于定义反射时的光弯曲量。以实际材质的折射指数为基础，例如塑料材质的折射指数为1.46，玻璃材质的折射指数为1.50等，图8-12所示为常见的材质折射指数表。

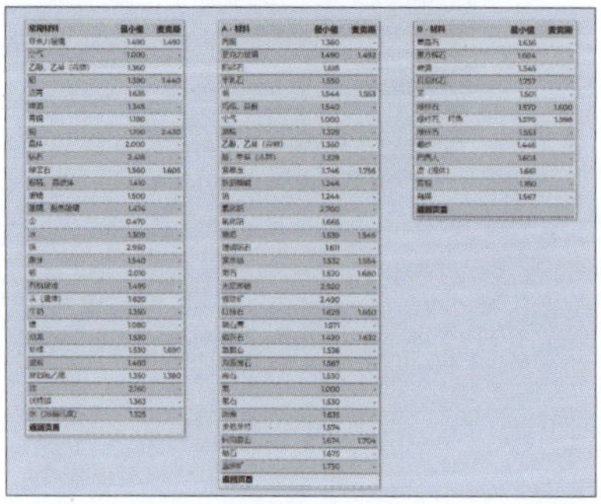

图8-12

折射指数在现实世界中是有具体数值定义的，若脱离这个参数，材质的属性会发生明显变化。例如，当塑料材质的“折射指数”由默认的1.5提高至10时，材质表面会呈现明显的金属质感，如图8-13和图8-14所示。

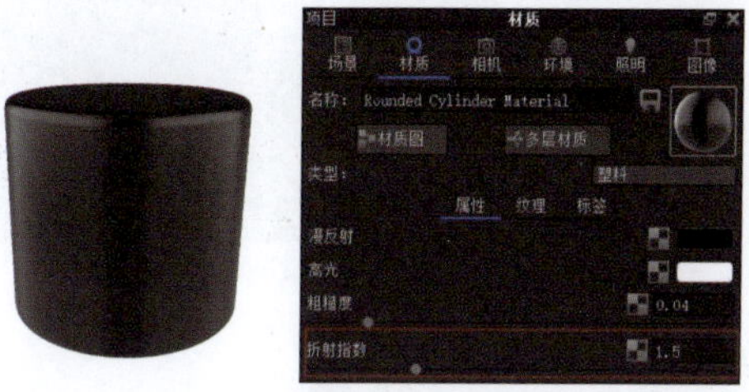

图8-13

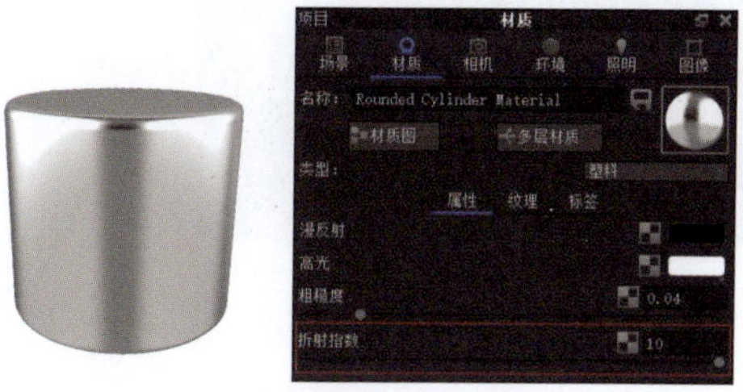

图8-14

提示 以上4个参数非常重要，注意观察在调整这些参数时，材质表面的细微变化。学会调整以上4个参数，可以模拟许多材质的效果。例如，橡胶材质表现为低对比度、表面粗糙，可以适当减小“高光”与“折射指数”数值并增大“粗糙度”数值；再如，金属材质表现为高反射、强高光，可以通过大幅增大“折射指数”与“高光”数值以模拟金属的质感。

8.1.2 金属材质

金属材质类型用于创建各种金属材质。

在“类型”下拉列表中选择“金属”，“属性”栏中主要的参数有“金属类型”“颜色”“粗糙度”等，如图8-15所示。

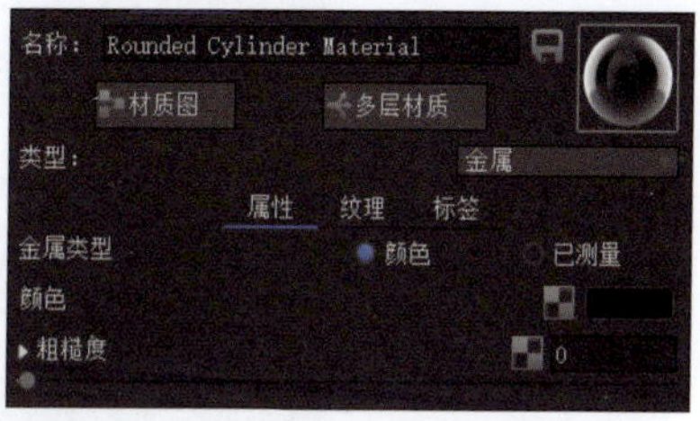

图8-15

颜色：用于控制金属表面反射的颜色。当“金属类型”为“颜色”时，可调整此参数。单击右侧的色块将打开“颜色拾取工具—颜色”对话框，然后选择所需的颜色，单击“确定”按钮即可，如图8-16所示。

已测量：当“金属类型”为“已测量”时，下方的“金属预设值”下拉列表中有13个金属预设，分别为“金”“铂”“钛”“铁”“铌”“铜”“铝”“铬”“银”“锌”“镁”“镍”“黄铜(70/30)”，如图8-17所示。单击右侧的文件夹图标可以加载IOR文件(扩展名为.ior、.nk、.csv)。所有的金属预设和加载的自定义IOR文件都提供了添加阳极电镀的附加功能，可以通过调整“涂层折射率”“涂层吸光系数”“涂层厚度”等参数改变金属材质的表面颜色和反射强度。图8-18和图8-19所示分别为调整金属材质“阳极电镀”参数前后的效果。

图8-16

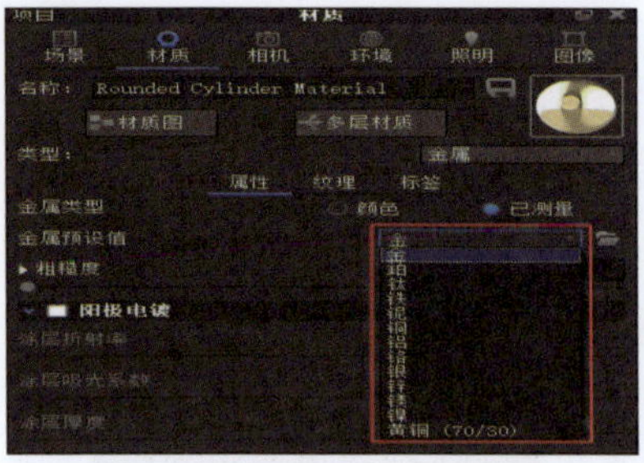

图8-17

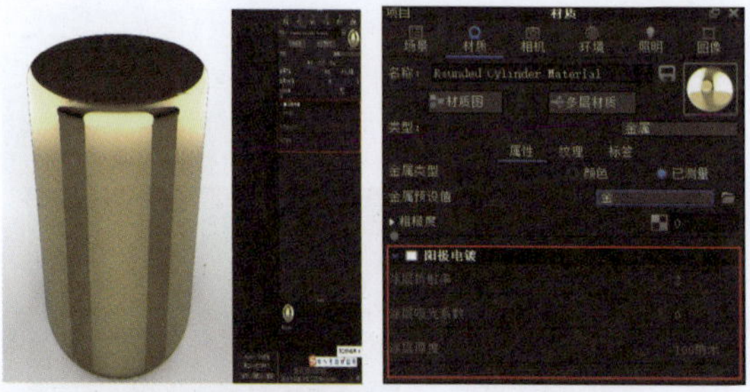

图8-18

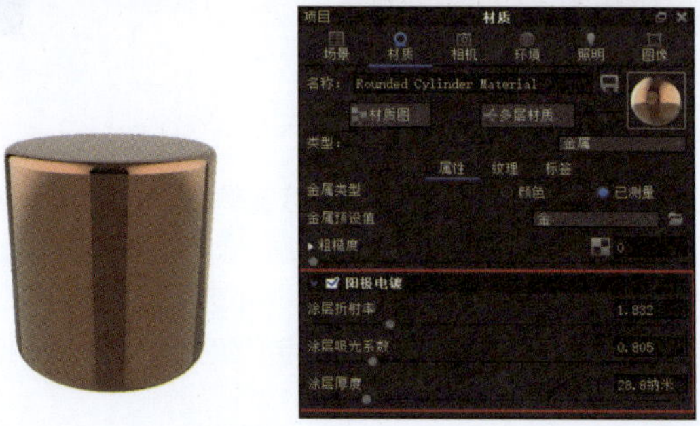

图8-19

粗糙度：与前面讲到的一样，这里不赘述。在金属材质中，此参数用于创建抛光金属材质和磨砂金属材质。图8-20和图8-21所示分别为铁在"粗糙度"数值为0.02和0.12时的效果。

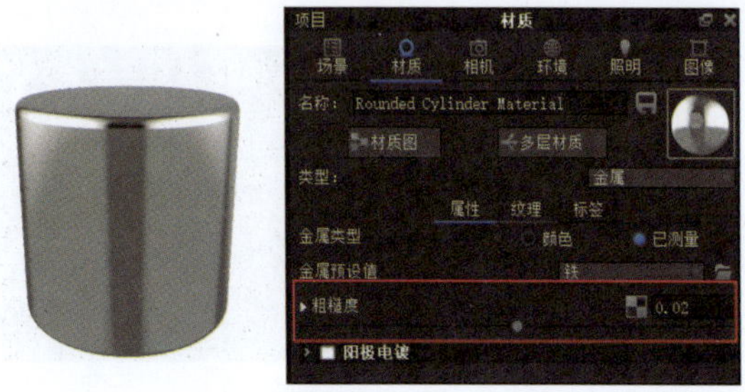

图8-20

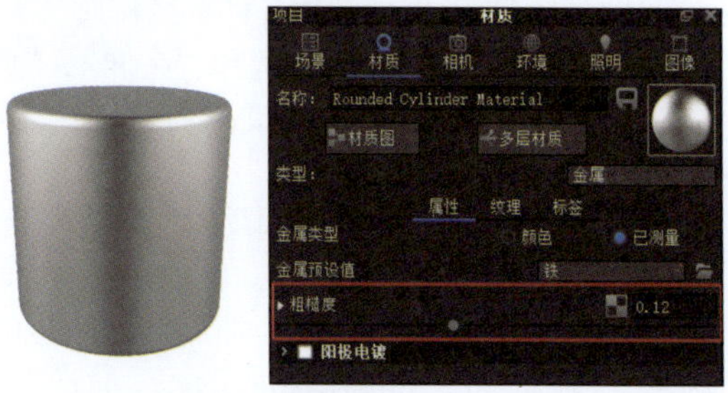

图8-21

提示

单击"粗糙度"左侧的三角形图标，会弹出"采样值"参数。在很多材质，甚至是出图的设置中都有这个参数，该参数的数值越大，材质表面计算次数越多。随着该数值的增大，噪点将变得更加均匀，并提供分布更均匀的粗糙效果，但同时计算机的运行速度也会变得相对较慢，数值设置得过大，计算机可能会出现明显的卡顿。如果不清楚如何设置该参数，可以将鼠标指针悬停在数值上，将弹出提示：粗糙材料设置为4~8、简单材料设置为9~12，纹理材料设置为16~24。一般情况下，采样值不需要进行修改。

8.1.3 透明类材质

在KeyShot中能实现透明或半透明效果的材质类型非常多，例如"玻璃""实心玻璃""高级""塑料（高级）""液体""半透明"等材质，它们之间有很多相同的材质属性。下面将以实心玻璃材质为代表讲解透明类材质的相关知识点。

颜色：用于定义材质的整体颜色。因为考虑到了模型的厚度，实心玻璃材质能够准确地模拟玻璃效果的颜色。图8-22和图8-23分别展示了"透明"和"茶色"效果的玻璃杯。

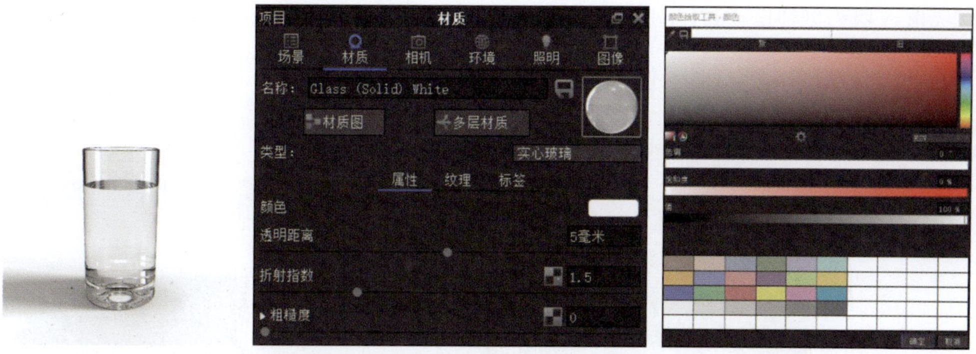

图8-22

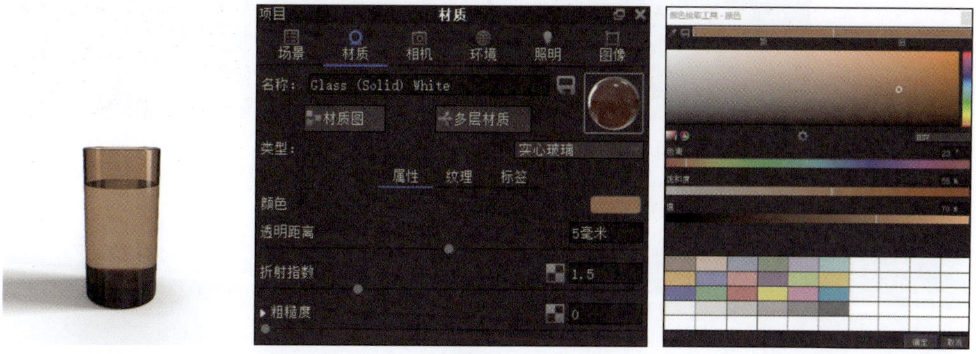

图8-23

透明距离：数值越大，颜色越浅。该数值的设置需要考虑模型的厚度。图8-24和图8-25所示分别为“茶色”玻璃杯的“透明距离”为5毫米和50毫米时的效果。

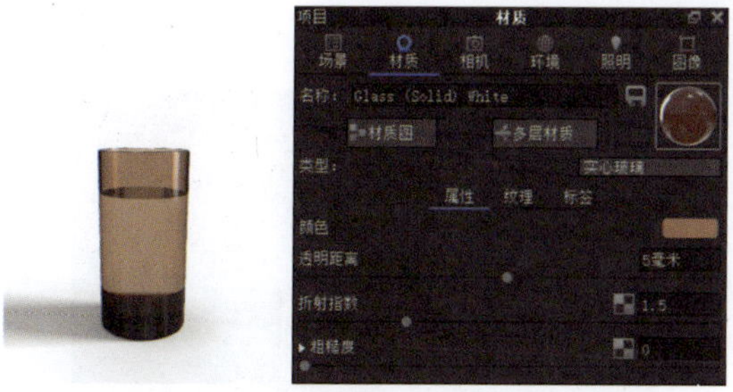

图8-24

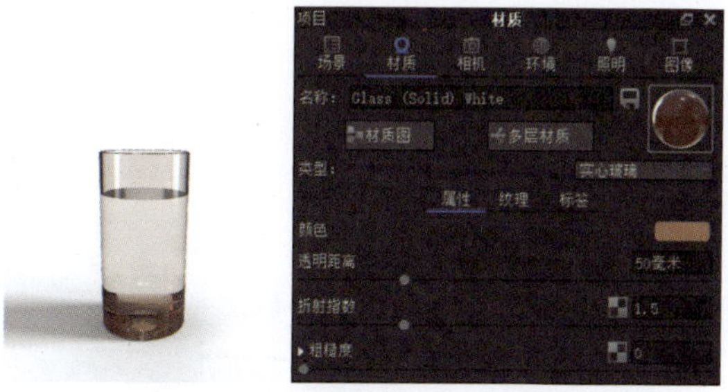

图8-25

折射指数：以实际材质的折射指数为基础，玻璃的折射指数为1.5，这意味着默认值（即1.5）对于模拟大多数类型的玻璃是准确的，但也可以增大该数值，使得材质表面有更明显的折射效果。图8-26和图8-27展示了“透明”玻璃杯的“折射指数”分别为1.5和3时的效果。

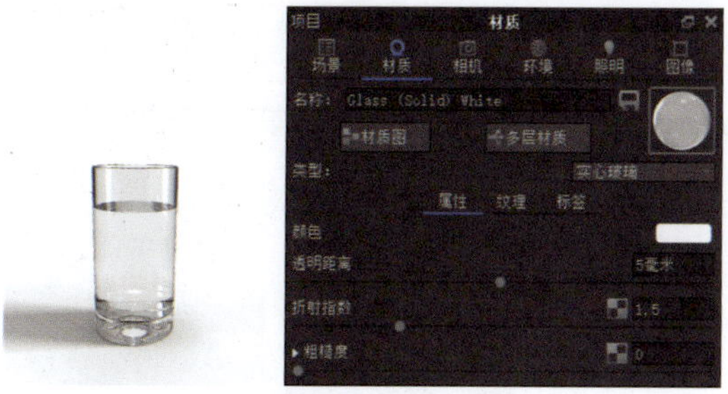

图8-26

图8-27

粗糙度：用于创建磨砂玻璃外观。“粗糙度”为0.05时的“透明”玻璃的效果如图8-28所示。

> **提示** 玻璃材质与实心玻璃材质的关系：当勾选下方“折射”复选框时，玻璃材质的效果与实心玻璃材质的效果几乎无异，如图8-29所示；当没有勾选“折射”复选框时，两者的区别在于玻璃材质不会考虑模型的厚度，而实心玻璃材质会考虑模型的厚度，并且实心玻璃材质有“粗糙度”参数，可以创建磨砂玻璃效果。读者需要根据产品真实的材质效果选择合适的透明材质。

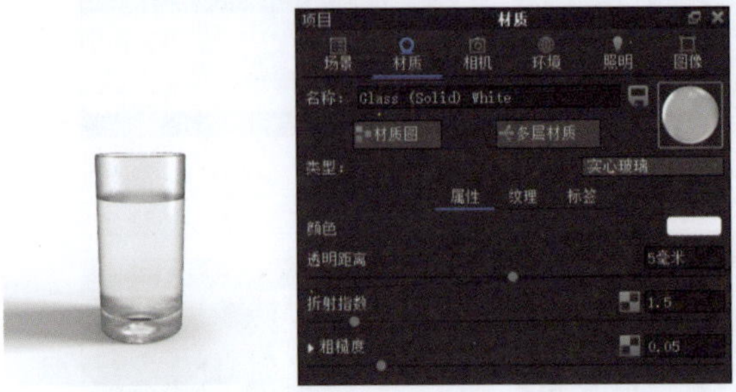

图8-28

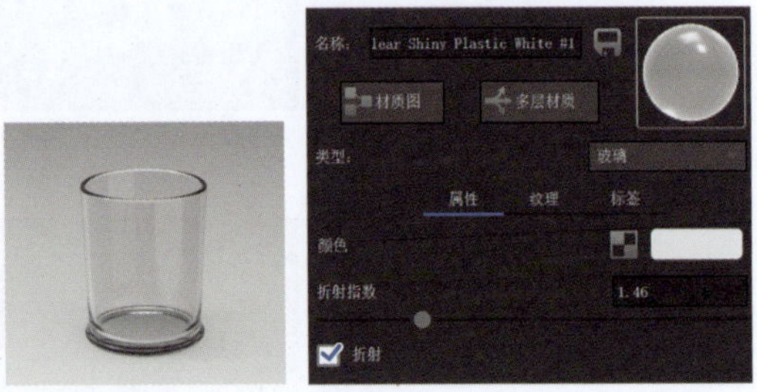

图8-29

8.2 材质纹理的四大通道

本节讲解材质纹理的应用。对于KeyShot中的任意材质的参数，只要其右侧出现棋盘格图标▣，都意味着可以加载纹理贴图来定义该参数。例如，塑料材质的“漫反射”“高光”“粗糙度”“折射指数”等参数的右侧都有棋盘格图标，代表这些参数都可以通过贴图来定义。例如，在“漫反射”中加载一张“渐变3D波浪纹”纹理贴图，该纹理贴图会替代原先设定的颜色，如图8-30所示。

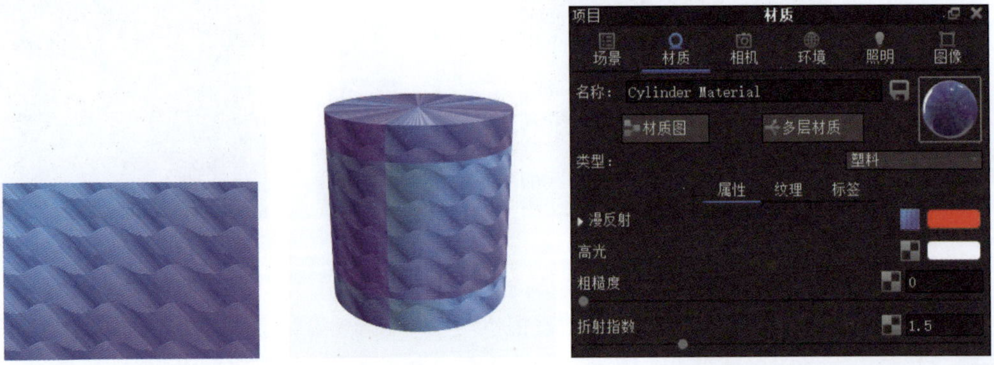

图8-30

同时，“属性”栏会自动跳转到“纹理”栏，如图8-31所示。并且，再次切换回“属性”栏时，不能再对颜色进行编辑，因为纹理贴图已经替代颜色显示漫反射信息。

在材质中加载纹理贴图最常用的通道就是“漫反射”“粗糙度”“凹凸”“不透明度”。这4个通道也是绝大多数材质都具有的。下面以塑料材质为例进行讲解。

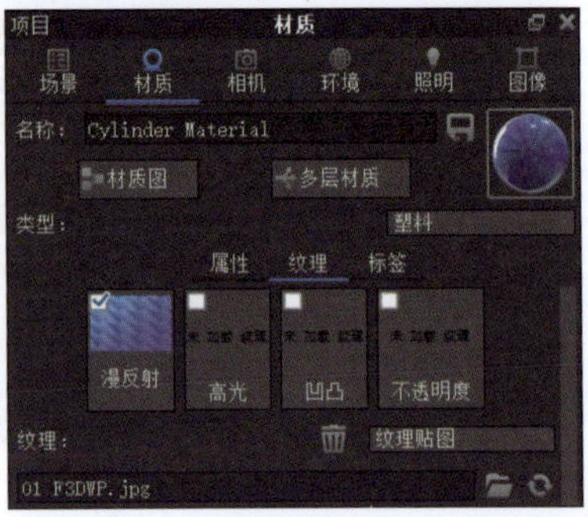

图8-31

8.2.1 “漫反射”通道

在“漫反射”通道中加载纹理贴图意味着以该纹理贴图定义材质的漫反射效果。在“桌子”模型的“漫反射”通道中加载纹理贴图的操作步骤如下。

第1步：单击“漫反射”参数右侧的棋盘格图标，图标由灰色变为蓝色，如图8-32所示。

第2步：在弹出的“打开纹理”对话框中选择合适的纹理贴图，如图8-33所示，单击“打开”按钮。

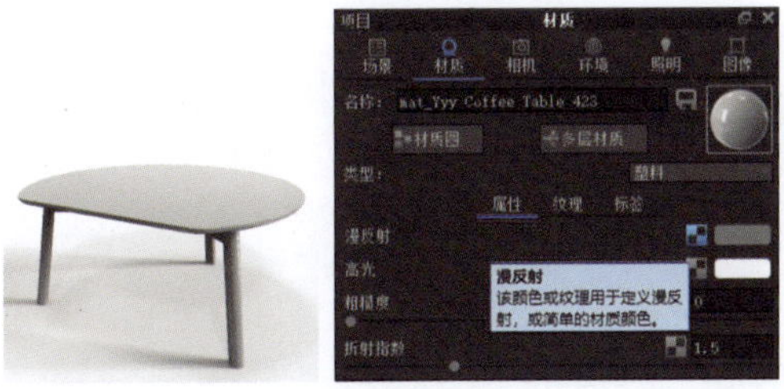

图8-32

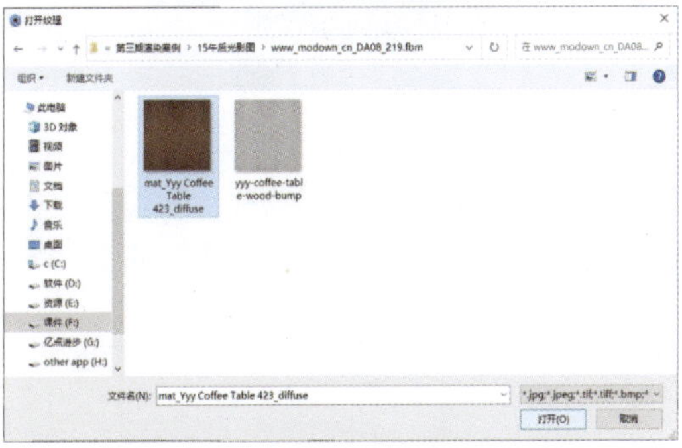

图8-33

此时，木纹纹理贴图已经替代原来的颜色，材质的“属性”栏也会自动切换到“纹理”栏，在“纹理”栏中，可以控制纹理贴图的大小、位置和方向，如图8-34所示。

图8-34

> **提示** 当纹理贴图应用于“漫反射”通道时，常配合节点材质图中的“色彩调整”实用工具来改变纹理贴图的亮度、对比度、色相等。相关内容将在第9章中展开讲解。

8.2.2 “粗糙度”通道

“粗糙度”参数的右侧也有棋盘格图标，可以利用纹理贴图替代“粗糙度”数值来显示材质的粗糙度信息，纹理贴图的深色区域具有光滑的外观效果，纹理贴图的浅色区域具有粗糙的外观效果。

例如，图8-35所示的黑白贴图存在深色区域a与浅色区域b，该贴图在“粗糙度”通道下表现的结果为a区域相对光滑，而b区域相对粗糙，如图8-36所示。

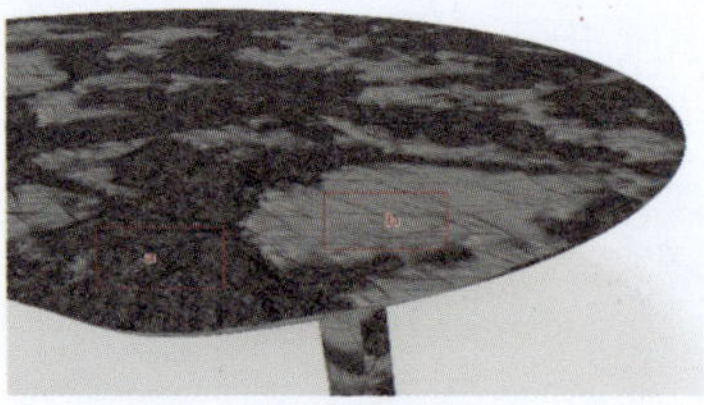

图8-35

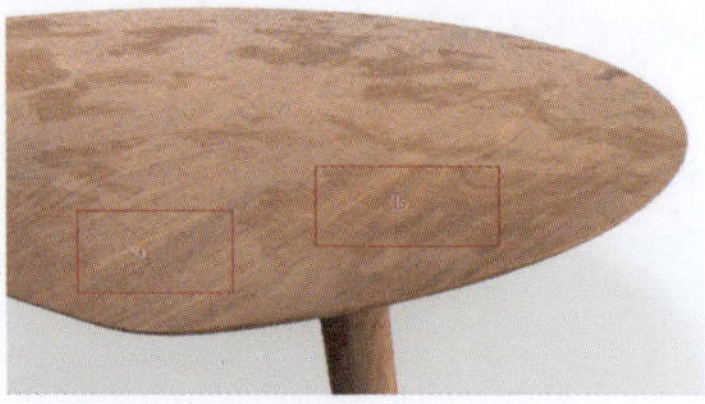

图8-36

在现实世界中，材料表面的粗糙度变化是比较丰富的。例如，鼠标的塑料材质表面，经常被手触摸的部分会相对光滑，而其余部分会比较粗糙，若只是通过数值表达材质的粗糙度信息，则该材质各部分的粗糙度会是一致的，并没有现实世界中那么多的变化。在追求更真实的材质效果时，常常会把纹理贴图应用于“粗糙度”通道来表现材质的粗糙度信息。

提示 纹理贴图应用于“粗糙度”通道时，常配合节点材质图中的“要计数的颜色”实用工具来改变纹理贴图局部亮度的强弱，从而达到自由调整和控制材质表面粗糙度的目的。相关内容将在第9章中展开讲解。

8.2.3 “凹凸”通道

“属性”栏中并未显示“凹凸”通道与“不透明度”通道，它们位于“纹理”栏中，如图8-37所示。

凹凸贴图用于在材质表面创建细节，这些细节并非真正修改了模型本身，而是该纹理贴图在“凹凸”通道中所呈现的视觉效果。例如，在“凹凸”通道中给木纹添加“划痕”纹理贴图的效果如图8-38所示。

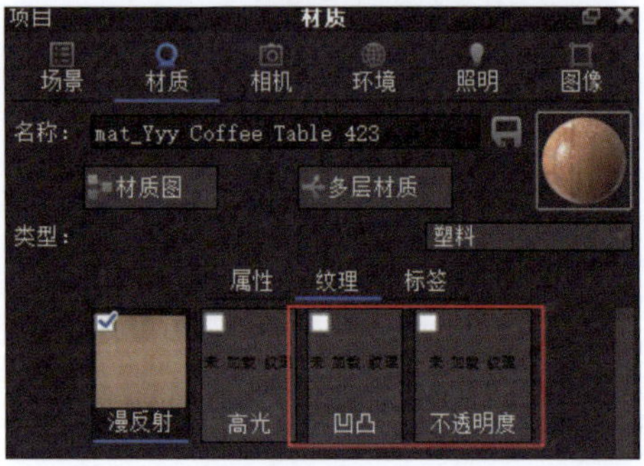

图 8-37

图 8-38

凹凸贴图有两种类型：一种是黑白纹理贴图，另一种是法线贴图。

黑白纹理贴图应用于“凹凸”通道时，黑色值被计算为较低值，白色值被计算为较高值。这意味着颜色越深，表面凹陷效果越强；而颜色越浅，表面越趋近于平坦。

法线贴图包含的颜色比黑白纹理贴图多，这些附加的颜色表示x、y和z坐标轴上的不同失真级别，可以创建更复杂的凹凸效果，这也意味着法线贴图应用于“凹凸”通道时会有更好的材质凹凸效果。法线贴图的特征是“蓝紫色”，在KeyShot纹理库中归类于“Normal Maps”，在使用该类贴图的时候，需要勾选“纹理”栏中“凹凸”选项组的“法线贴图”复选框，如图8-39所示。

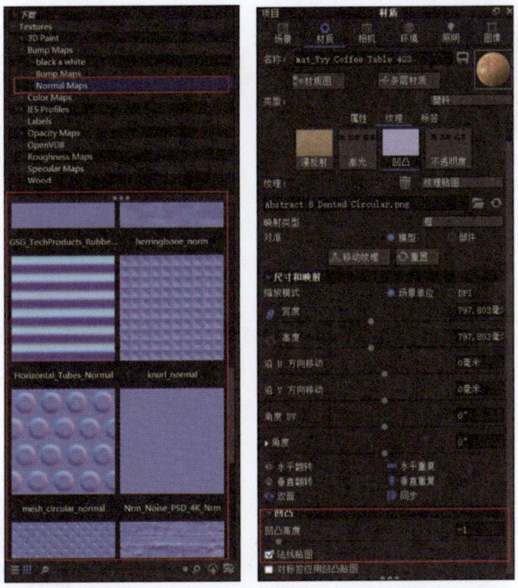

图8-39

凹凸高度：该参数用于控制贴图的凹凸效果。增大此数值会提高凸起的峰值，凹凸效果也会更加强烈。这里的正负仅代表凹凸方向，不代表数值大小，法线贴图的“凹凸高度”通常使用负值才会显示正确的信息。图8-40和图8-41分别展示了“凹凸高度”为-0.2和-1时，皮革的法线贴图在布料模型表面的凹凸效果。

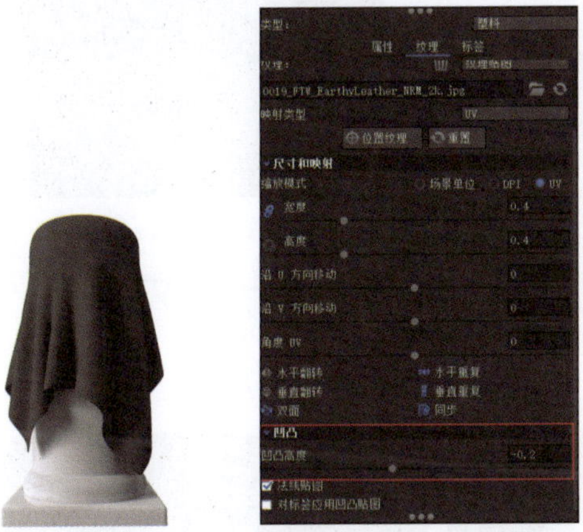

图8-40

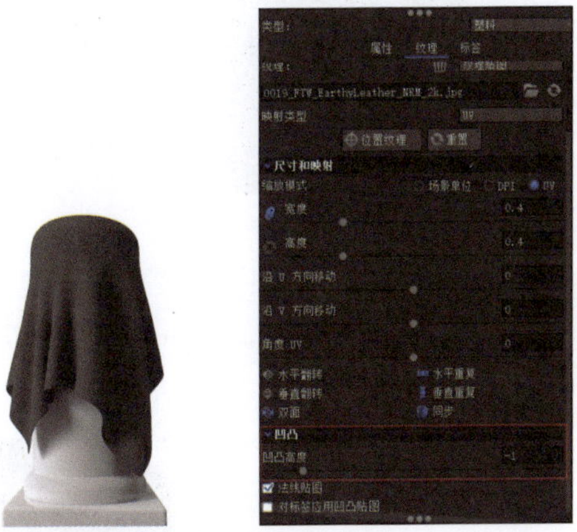

图8-41

提示

当纹理贴图应用于“凹凸”通道时，常配合节点材质图中的“凹凸添加”实用工具来进行调整。该工具用于叠加多种类型的凹凸效果在一个物体表面。例如，要使桌面上既有原本木纹的凸起效果，还有一些小的划痕效果，此时就会用到该工具，叠加两种凹凸效果。相关内容将在第9章中展开讲解。

8.2.4 “不透明度”通道

当黑白纹理贴图应用于“不透明度”通道时，会使得贴图的黑色部分变得完全透明，白色部分变得完全不透明，其中的灰色部分将显示为不同程度的半透明效果。

例如，将一张黑白纹理贴图应用于桌子模型的“不透明度”通道，观察贴图的a部分（纯黑）、b部分（灰色）和c部分（纯白）的效果，如图8-42所示。

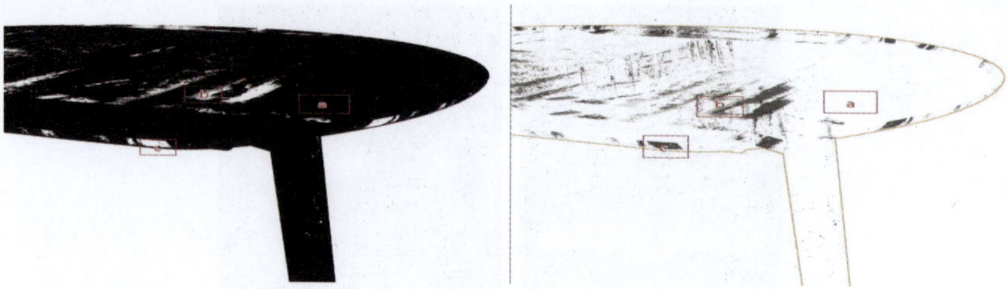

图8-42

当带有Alpha通道信息的纹理贴图应用于“不透明度”通道时，需要将“不透明贴图模式”由默认的“色彩”更改为“Alpha”，这会使得贴图的Alpha通道部分消失，其余部分保留。

例如，在桌子模型的“不透明度”通道中加载一张有Alpha通道信息的KeyShot 标志（Logo）图片，此时通道信息会全部透明，只有Logo部分保留，如图8-43所示。

图8-43

若要制作网孔效果，无须修改模型，只要将一张黑白网孔贴图应用于模型的“不透明度”通道即可，应用前后的效果如图8-44所示。

图8-44

提示

纹理贴图应用于“不透明度”通道时，常配合节点材质图中的“色彩反转”实用工具来进行调整，相关内容将在第9章展开讲解。在渲染中，Alpha图片是指带有透明信息的图片。例如，在Photoshop中绘制一个图形，背景保持透明，并将其导出为PNG格式的图片，该图片就是具备Alpha通道信息的，这在给产品添加Logo时比较常用。

以上4个通道就是KeyShot中最常用的，也有用户习惯使用“漫反射”“高光”“凹凸”“不透明度”这4个通道。其中，“高光”通道也非常好理解，与“粗糙度”通道的效果恰恰相反，贴图的白色部分呈现光滑的外观，黑色部分呈现粗糙的外观。

为了方便大家理解，下面总结了3个通道的记忆口诀。

“高光”通道：“黑糙白滑”。

“粗糙度”通道：“黑滑白糙”。

“不透明度”通道：“黑透白不透”。

8.3 材质标签的应用

标签主要有两大用途，本节主要讲解第一种用途，第二种用途将在第9章中详细讲解。

第一种用途是在3D模型表面放置徽标、Logo、贴纸、图案等。将KeyShot的Logo置于充电宝模型表面的效果如图8-45所示。

第二种用途是在主材质之上创建另一种材质外观，将多种材质效果叠加到一个3D模型表面。本质上，标签是在材质之上具有材质/纹理的图层。例如，使金属材质与塑料材质均在一个部件表面显示，效果如图8-46所示。

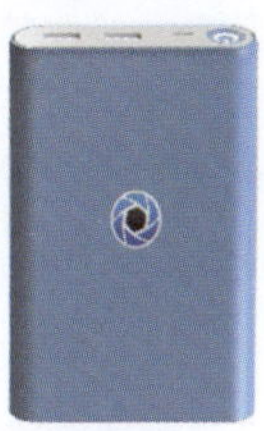

图8-45

图8-46

8.3.1 标签的添加与删除

添加标签有以下两种方式。

方式一：标签位于“库”窗口的“纹理”选项卡的“Labels”列表中，将标签直接拖放到渲染实时视图的模型部件或图层列表中，在弹出的“纹理贴图类型”对话框中选择“添加标签”选项，如图8-47所示。

图8-47

方式二：在“项目”窗口的“材质”选项卡中的“标签”栏中单击“添加标签”图标，选择“添加标签（纹理）”，如图8-48所示。

删除标签有以下两种方式。

方式一：选中“标签”栏中的图片纹理，按Delete键删除。

方式二：选择标签，单击“标签类型”文字左侧的垃圾桶图标，即可完成删除标签的操作，如图8-49所示。

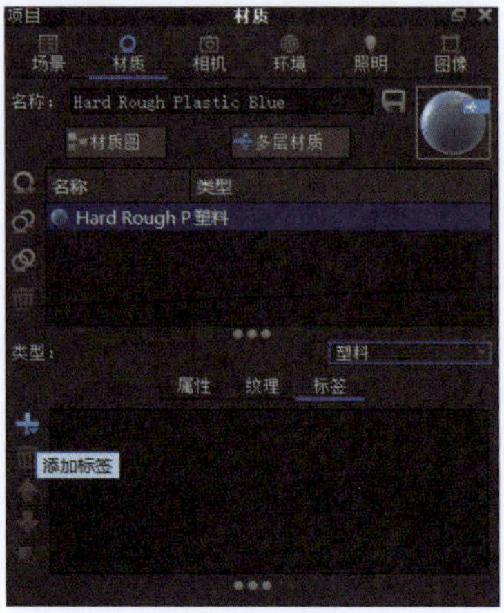

图8-48

图8-49

8.3.2 标签的映射类型

在KeyShot中，标签具有7种映射类型：平面、框、圆柱形、球形、UV、相机和节点，如图8-50所示。不同的映射类型将影响标签的显示方式，对于不同的3D部件，需要选择合适的映射类型，才能更好地调整贴图。

平面：将在x、y或z轴上投影纹理，并以一个平面映射贴图，如图8-51所示，该映射类型比较常用。

框：将纹理从立方体的6个面投影到3D模型上，如图8-52所示，常用于方体造型。

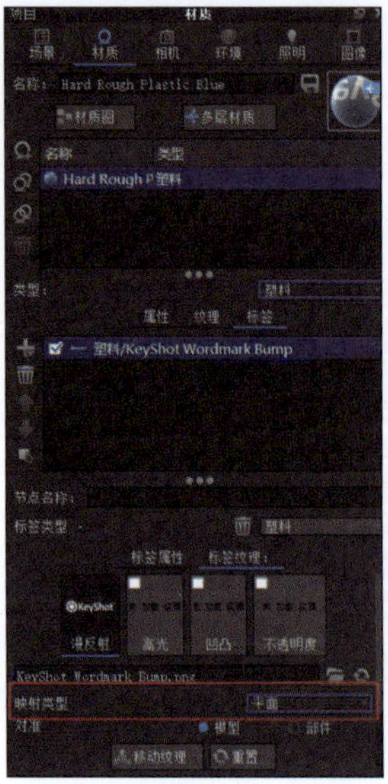

图8-50

图8-51

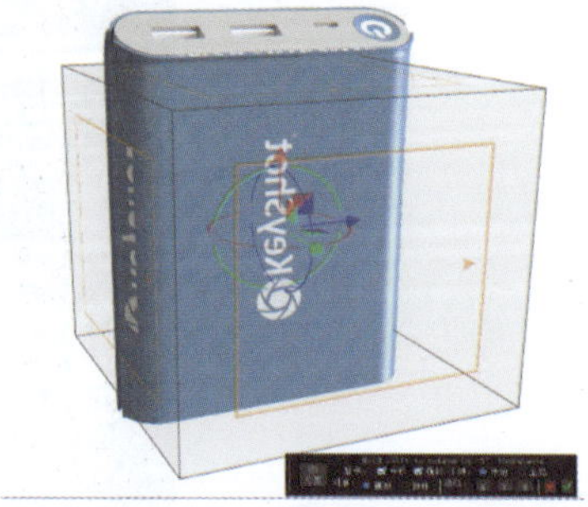

图8-52

圆柱形：从圆柱体向内投影纹理，如图8-53所示，常用于柱体造型。

球形：从球体向内投影纹理，纹理将在到达球体的两极时开始收敛，如图8-54所示，常用于球体造型。

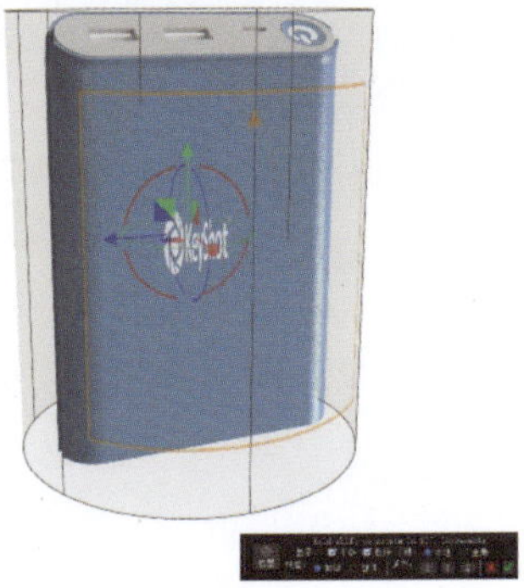

图8-53

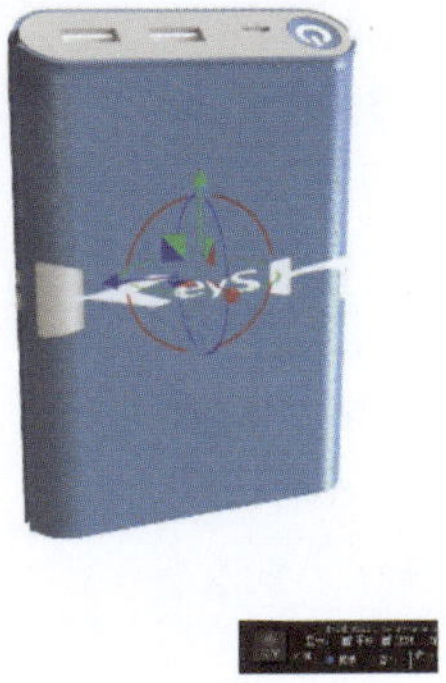

图8-54

UV：UV映射类型可以设计如何将纹理贴图应用于模型的每一个面上。进行UV映射前需要提前将模型的UV展开，展开UV可以借助专业的展UV软件或KeyShot工具中自带的展UV功能实现。

相机：可以保持纹理始终面对相机的方向。这使得无论相机的位置如何，都将在模型表面提供一致的纹理外观，如图8-55所示。

节点：允许驱动纹理与另一个节点的映射，使用频率不高。

图8-55

8.3.3 标签的位置与方向

使用“移动纹理”工具可以实现对标签中纹理贴图的移动。单击“移动纹理”图标，该图标由默认的灰色 移动纹理 变成蓝色 移动纹理，代表已启用对应工具，此时渲染预览视窗下方会出现一个用于调整标签纹理贴图的操作栏，同时模型表面也会出现对应的操作轴，如图8-56所示。

图8-56

接下来对标签中纹理贴图的操作栏进行讲解。

位置：单击“位置”，点亮该图标，此时单击模型的任意一个位置，纹理就会自动以单击的位置为中心进行映射，便于更改纹理的投影位置。

平移：在操作栏中勾选“平移”复选框，就能够通过拖曳箭头来移动*x*、*y*、*z*轴上的纹理映射位置。要平移时，拖曳任意轴向即可。红色、绿色和蓝色的箭头分别对应*x*、*y*轴和*z*轴。除此之外，渲染预览视窗中的操作轴上还有双色方块图标，按住这类图标，可以完成同时沿两个轴向的移动。例如示例中的红蓝方块，按住此图标可以实现纹理同时朝*x*轴和*z*轴两个方向进行移动，如图8-57所示。

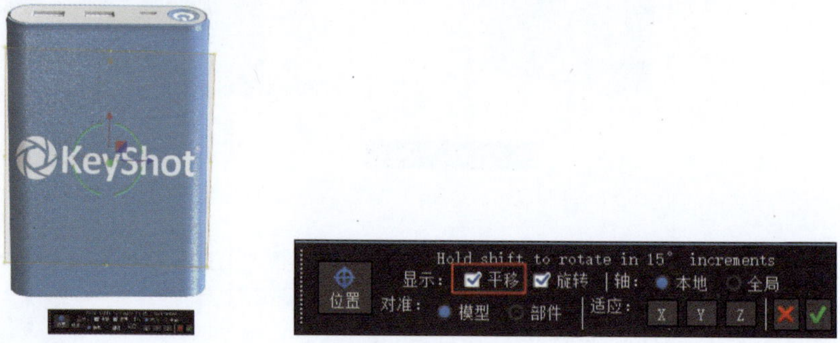

图8-57

旋转：在操作栏中勾选“旋转”复选框，能够拖动圆弧手柄旋转纹理。按住Shift键可将旋转增量限制为15°，如图8-58所示。

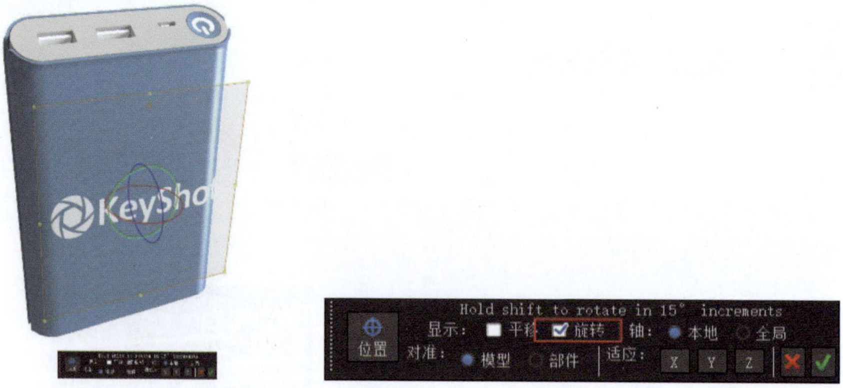

图8-58

在调整完纹理之后，需要单击绿色对钩图标，以应用对纹理的调整；若纹理位置调整出错，可单击红色叉号图标，不应用对纹理的调整。

8.3.4 标签的尺寸与映射

缩放模式：一般有3个选项可供选择，具体取决于所选的映射类型。大部分映射类型中的“缩放模式”只包含“场景单位”与“DPI”这两个选项，而UV映射类型还包含“UV”选项，如图8-59所示。

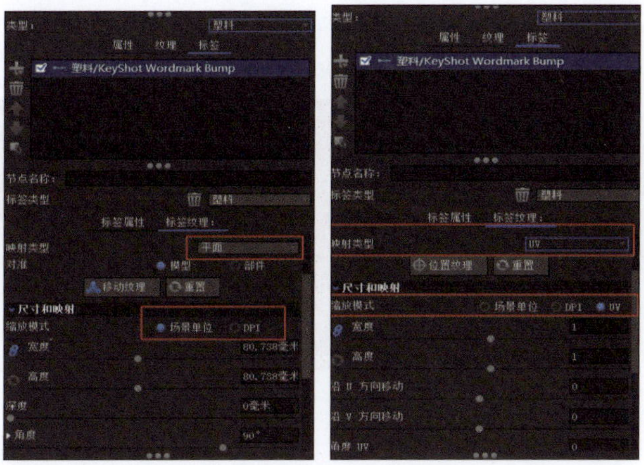

图8-59

▲ 使用"场景单位"时，能够设置场景中的宽度与高度，这也是使用频率最高的缩放模式。

▲ 使用"DPI"时，场景中的纹理大小相当于图像大小和DPI集。

▲ 使用"UV"时，场景中的纹理由UV坐标中的宽度与高度定义。

宽度与高度：使用"场景单位"或"UV"时可设置纹理的宽度与高度；若使用"DPI"，则此处的"宽度"和"高度"变为"大小"。图8-60和图8-61所示分别为KeyShot Logo的宽度与高度均为40毫米和均为80毫米的效果。

图8-60

图8-61

锁定：单击锁定图标，将保持纹理贴图的宽高比不变，可同时调整宽度与高度；若不锁定，则可以单独调整纹理贴图的宽度或高度。

角度：将围绕局部y轴旋转整个纹理贴图。这与"移动纹理"工具中的"旋转"相同，只是此处可以通过输入数值来控制角度，结果会更加精确，整个框将围绕绿色轴旋转，Logo旋转45°的效果如图8-62所示。

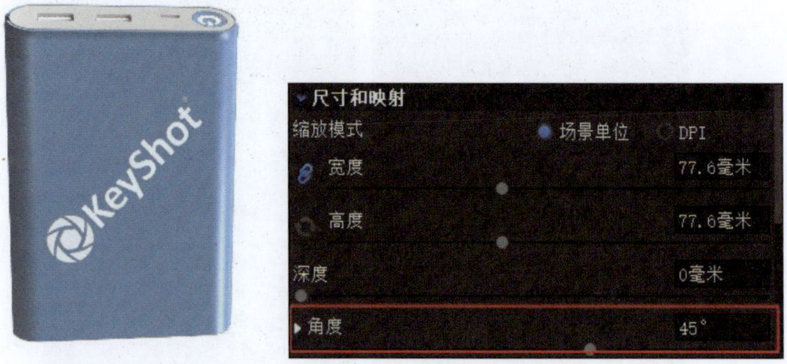

图8-62

翻转："水平翻转"将纹理贴图按y轴镜像，"垂直翻转"将纹理贴图按x轴镜像，如图8-63所示。

重复：启用"水平重复"后，纹理将沿水平方向平铺阵列；开启"垂直重复"后，纹理将沿垂直方向平铺阵列，如图8-64所示。

图8-63

图8-64

双面：只对平面与框这两种映射类型有影响，并且两者的影响效果不同。若在平面映射类型下，开启"双面"后，纹理将在模型的两侧显示；若在框映射类型下，开启"双面"后，纹理将在模型的背面显示，如图8-65所示。

图8-65

同步：启用"同步"之后，材质节点上的所有纹理将同时缩放/移动/调整。例如，在没有启用"同步"的情况下，在"漫反射"通道与"凹凸"通道中分别调整纹理的宽度与高度，就会出现凹凸效果与纹理大小不对应的效果。一般情况下保持"同步"的开启。

8.4 多层材质的应用

大多数材质都可以转换为多层材质，以便进行材质的交换、变化或颜色研究。多层材质允许在单个“容器”中循环尝试各种材质效果，这大大提高了渲染工作的效率。下面讲解多层材质的相关知识点。

8.4.1 单材质转换为多层材质

在KeyShot中，将单材质转换为多层材质有以下3种方式。

编辑材质时，在“项目”窗口的“材质”选项卡中单击“多层材质”图标多层材质，可将单材质转换为多层材质，如图8-66所示。

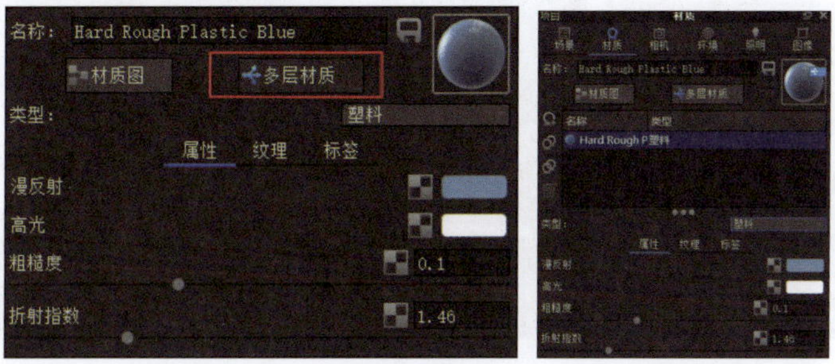

图8-66

在渲染实时视图中，使用鼠标右键单击相关材质的部件，在弹出的快捷菜单中选择“创建多层材质”，如图8-67所示。

从库中拓展材质并添加到渲染实时视图的部件上时渲染视窗上方会弹出提示栏，如图8-68所示，按住Shift键以添加子材质，此时单材质会自动转换为多层材质。

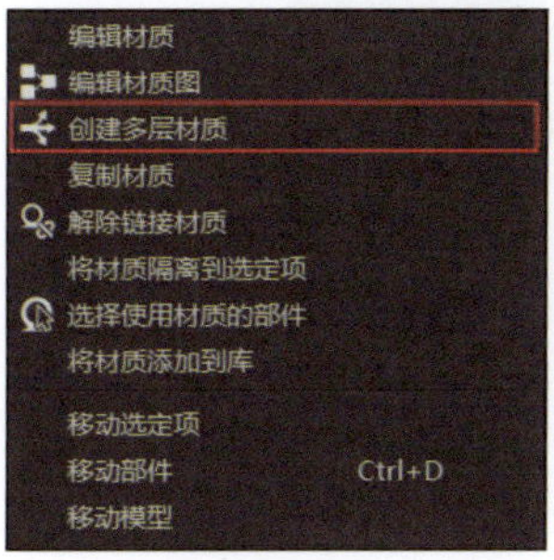

图8-67

图8-68

8.4.2 为多层材质添加子材质

在KeyShot中，为多层材质添加子材质有多种方法。

拖放：只需将材质从库中拖放到多层材质列表中（红框区域）即可，如图8-69所示。

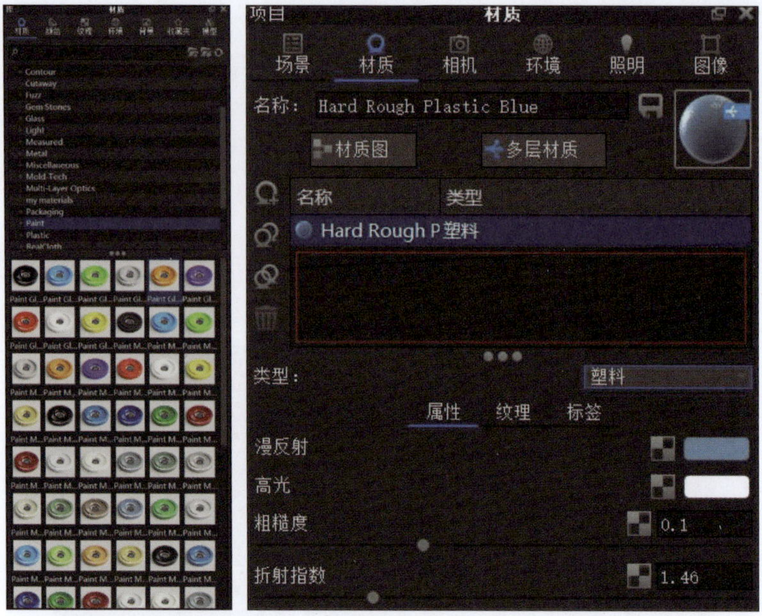

图8-69

渲染实时视图：按住 Shift 键的同时将材质从库中拖放到渲染实时视图的部件上，会将材质添加为子材质，如图8-70所示。

图8-70

通过列表添加：单击“新塑料”图标，将添加一个新的标准塑料材质；单击“重复材质”图标，将复制所选材质以及材质上的纹理或标签，但纹理与标签处于未链接状态；单击“重复材质与链接纹理”图标，将复制所选材质以及材质上的纹理和标签，并保持纹理和标签的链接状态，如图8-71所示。

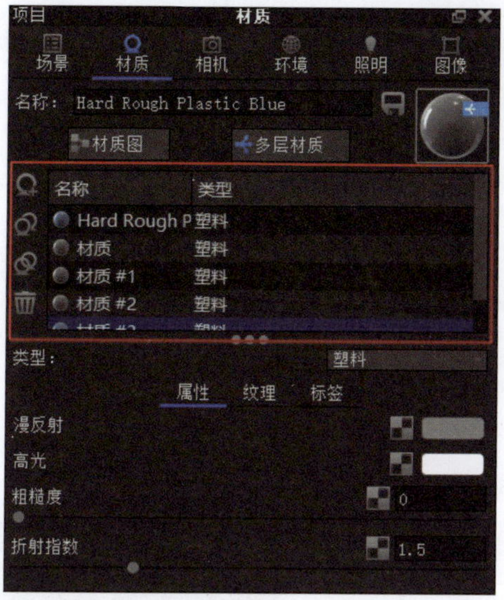

图8-71

8.4.3 多层材质的查看与编辑

查看多层材质：要查看或编辑多层材质列表中的不同材质，只需单击该列表中的任意一种材质，就可以使其在渲染实时视图中处于活动状态。项目内库中的缩略图将显示活动材质名称，并带有表示该材质是多层材质的标签。选中多层材质列表中的灰色金属材质，渲染预览视窗中就会显示灰色的金属材质，同时右侧的“材质”选项卡也会显示与金属材质相关的参数信息，如图8-72所示。

图8-72

删除子材质：要从多层材质列表中删除子材质，单击“删除”图标或按Delete键即可。

8.5 课堂案例：咖啡机的渲染

微课视频

应用本章所学的知识，完成图8-73所示的咖啡机的渲染。

第1步：导入模型。导入模型文件，并将模型调至正确的方向，如图8-74所示。

图8-73

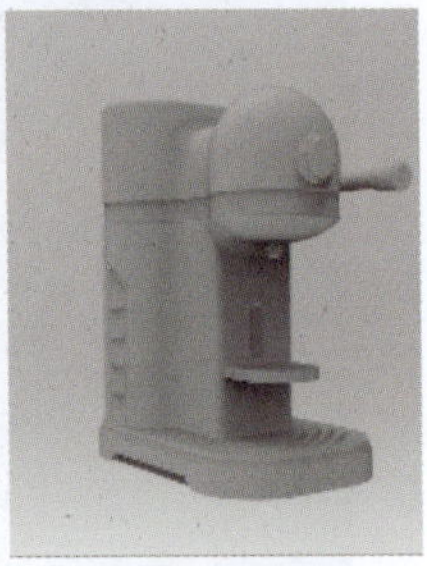

图8-74

第2步：修改预览分辨率。将图像分辨率修改为A4，如图8-75所示。

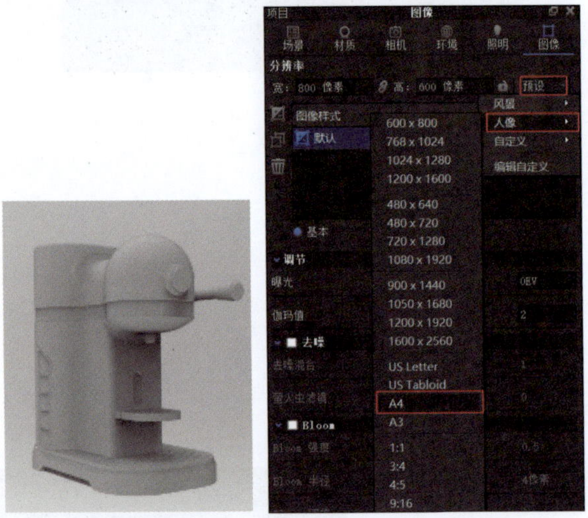

图8-75

第3步：调整渲染预览视窗的大小。为了方便观察渲染实时视图中的物体，将渲染预览视窗等比放大，将图像分辨率中的“宽”和“高”分别修改为850像素、1203像素，如图8-76所示。

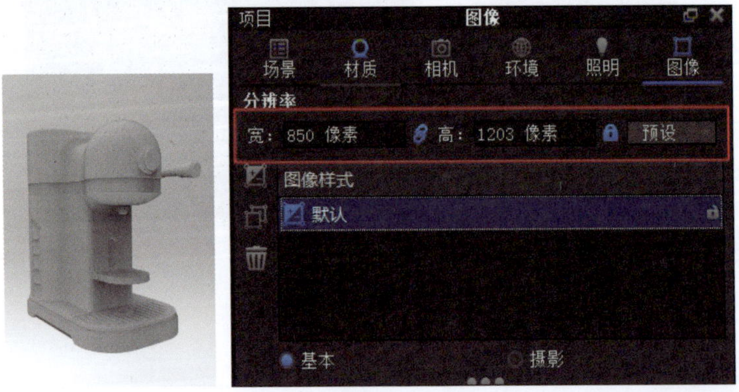

图8-76

第4步：添加相机。添加一个新的相机，将相机的“视角/焦距”修改为90毫米，并调整相机角度与距离，确定最终的渲染角度，如图8-77所示。

第5步：照明设置。先将“照明预设值”由默认的“基本”修改为“产品”，并且适当增大“阴影质量”的值，取消勾选“地面间接照明”复选框，因为调整了相关参数，所以“照明预设值”会自动切换为“自定义”，但并不影响最终渲染结果，如图8-78所示。

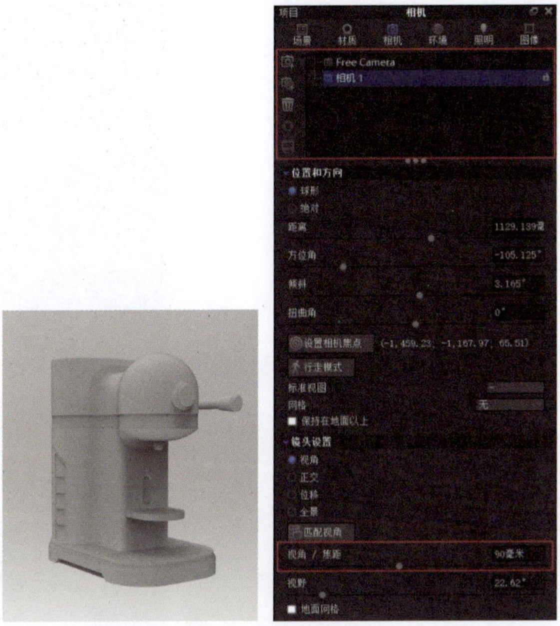

图8-77

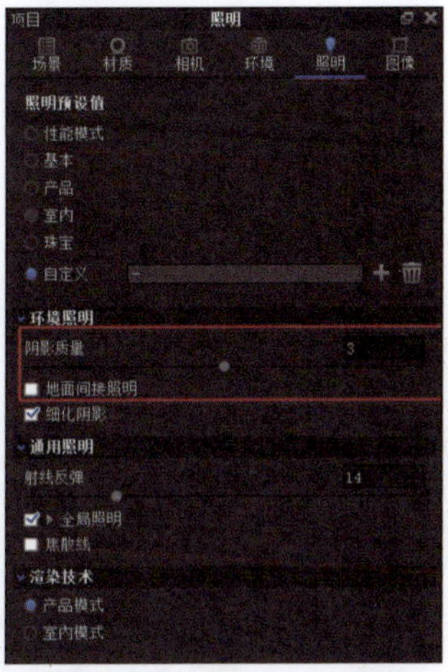

图8-78

第6步：添加环境。从库中拖曳“浴室”环境HDRI到渲染预览视窗中，并且将“饱和度”设置为0%、“模糊”设置为1，这是为了后面赋予材质时，灯光能够最大程度地体现材质特征，如图8-79所示。

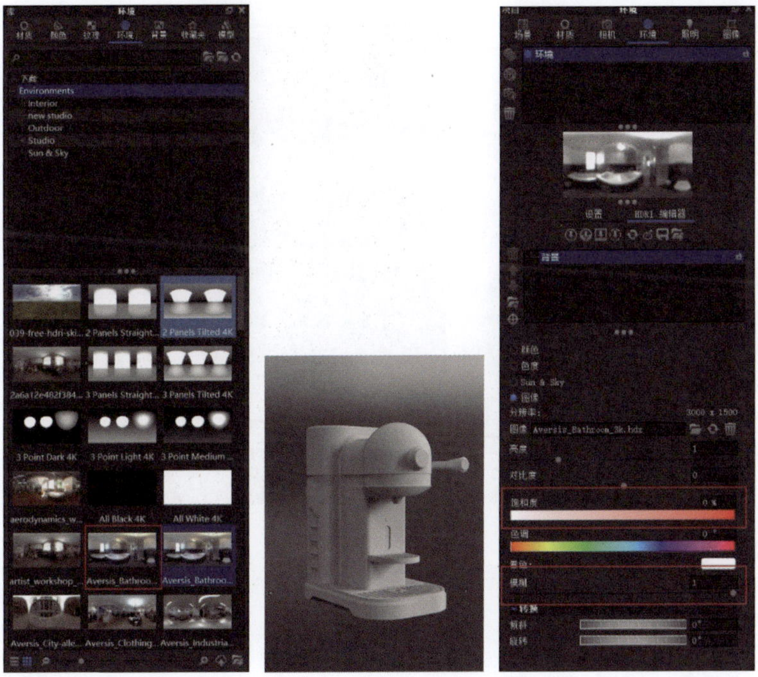

图8-79

第7步：添加背景。给产品添加背景，从库中将“Backdrop Ramp”（曲形板）模型拖曳到渲染预览视窗中，并使模型位于曲形板之上，如图8-80所示。

第8步：调整环境光。在“环境”选项卡中，通过调整“旋转”参数来修改环境光方向，将环境旋转至画面左侧来光，如图8-81所示；同时也可以通过按住Ctrl键拖曳的方式，在渲染预览视窗中实现快速旋转环境的操作。

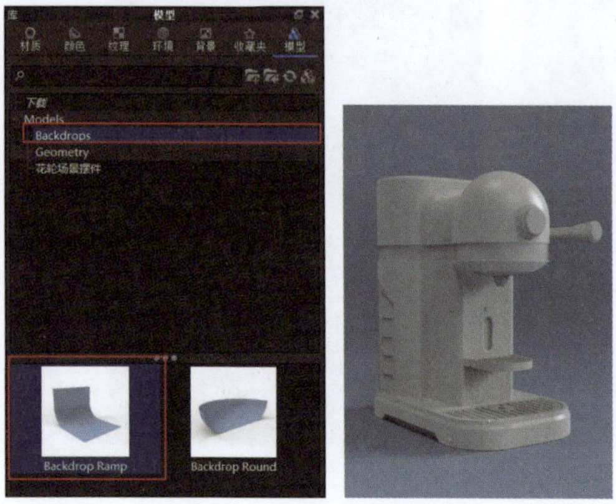

图8-80

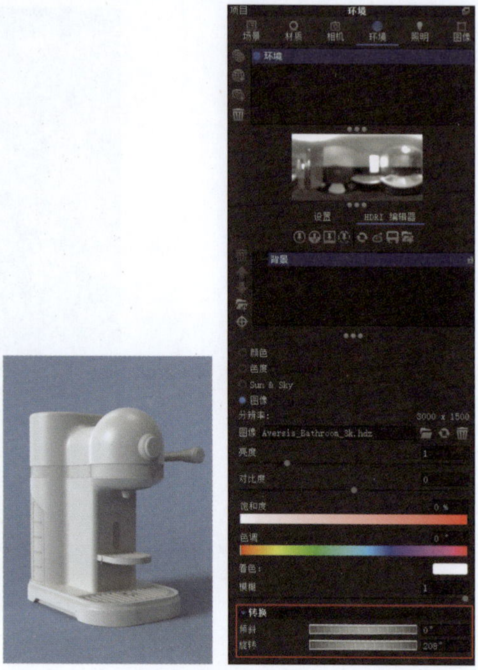

图8-81

第9步：调整图像模式。在赋予材质之前，可以调整一个自己习惯的图像模式，这样更容易调出自己想要的材质颜色效果。图8-82所示为调整为“摄影”模式中的“高对比度”模式。

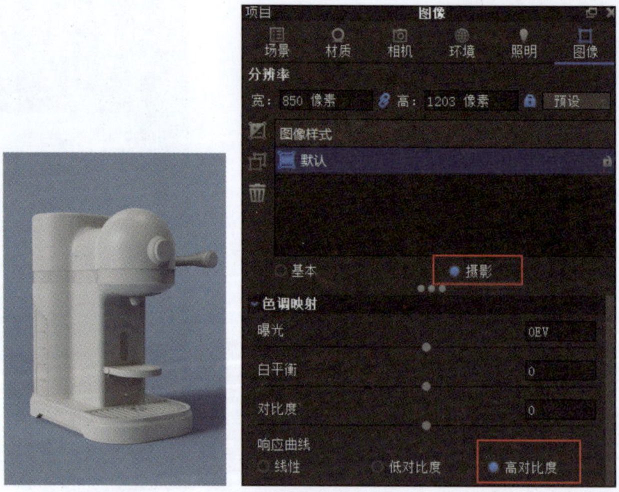

图8-82

第10步：赋予材质1。快速赋予场景中的所有塑料材质，注意根据不同的塑料特性，调整出不同颜色和粗糙度的塑料材质，如图8-83所示。

第11步：赋予材质2。赋予场景中的曲形板背景塑料材质，如图8-84所示。

第12步：赋予材质3。赋予金属材质，注意根据不同的金属特性，调整出不同粗糙度的金属材质，如图8-85所示。

图8-83

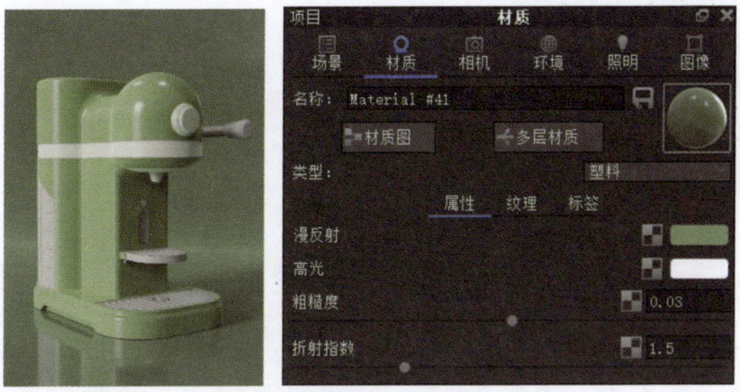

图8-84

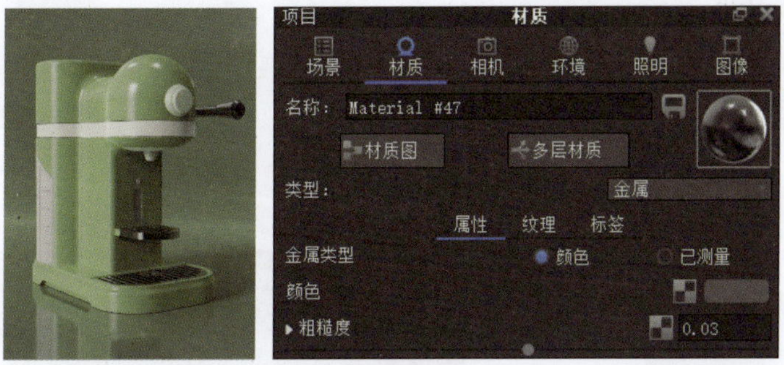

图8-85

第13步：赋予材质4。赋予场景中剩下的部件实心玻璃材质与自发光材质，如图8-86所示。

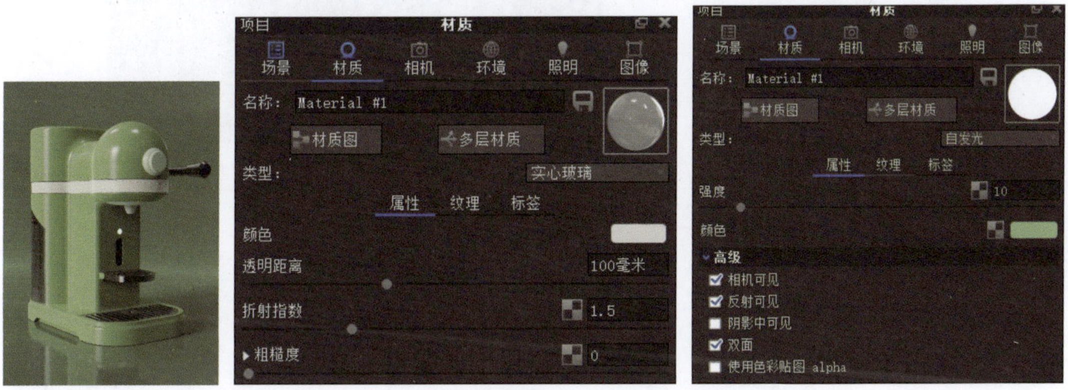

图8-86

第14步：添加标签。将库中的“KeyShot”纹理标签添加至模型表面，并调整其位置和方向，如图8-87所示。

第15步：补光。在画面较暗处适当地添加“针”，添加灯光的过程中，注意保持画面协调，如图8-88所示。

第16步：微调画面。根据渲染需求微调画面中各部分的效果，注意材质与灯光要配合调整，如图8-89所示。

第17步：渲染出图。设置好输出图像的路径与大小，如图8-90所示，后续可以用Photoshop继续优化画面效果。

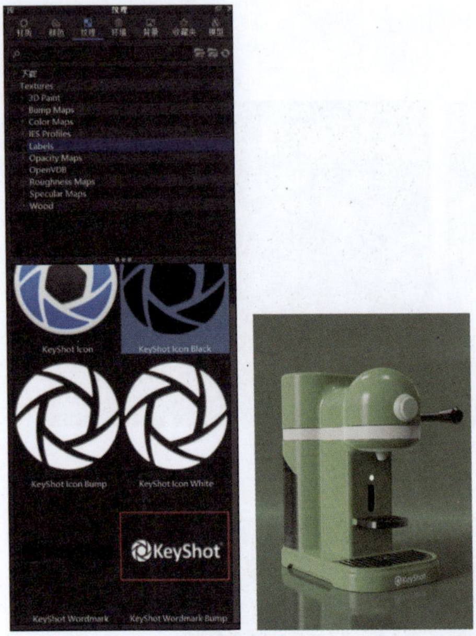

图8-87

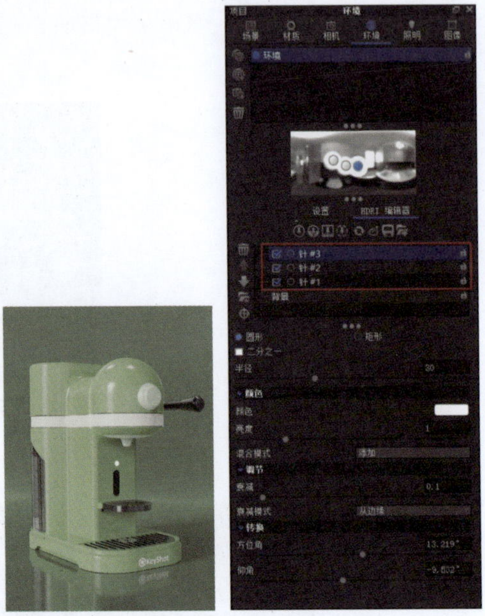

图8-88

图8-89

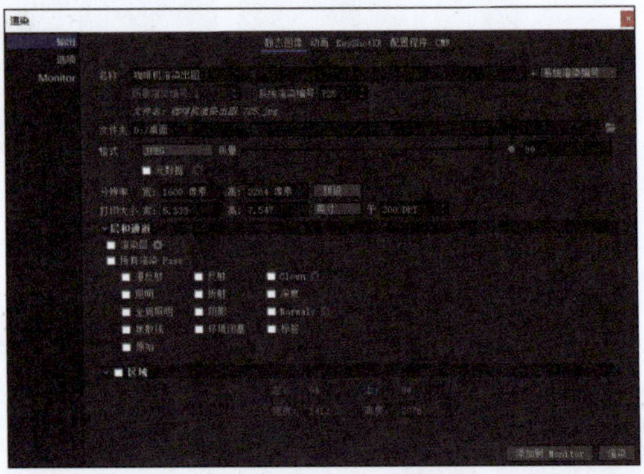

图8-90

8.6 课后练习：暖手袋的渲染

微课视频

应用本章所学的知识完成暖手袋的渲染，效果如图8-91所示。

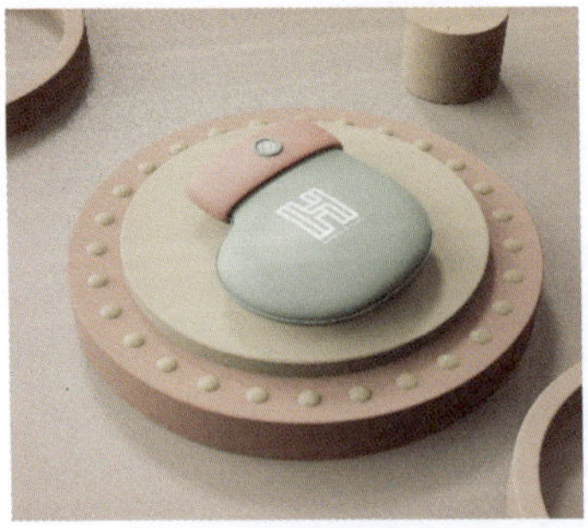

图8-91

第9章 节点材质图

本章导读

节点材质图用于创建高级/复杂的材质，它会在单独的窗口中打开，并且将原材质下方的材质、纹理和标签显示为节点，以可视化复杂材质之间的联系和关系，可以说，掌握这些材质节点是通向高级渲染师的必经之路。本章将系统学习节点材质图的相关知识，并通过实战案例让大家学会并掌握这部分内容。

9.1 节点材质图的界面

KeyShot中的节点材质图用于创建高级/复杂的材质。单击“材质图”图标材质图以启动材质图，它会在单独的窗口中打开，并且原材质下方的材质、纹理和标签将显示为节点，使复杂材质之间的连接和关系可视化。图9-1所示为“书本”材质下方的纹理呈现形式。图9-2所示为进入节点材质图之后纹理的呈现形式。

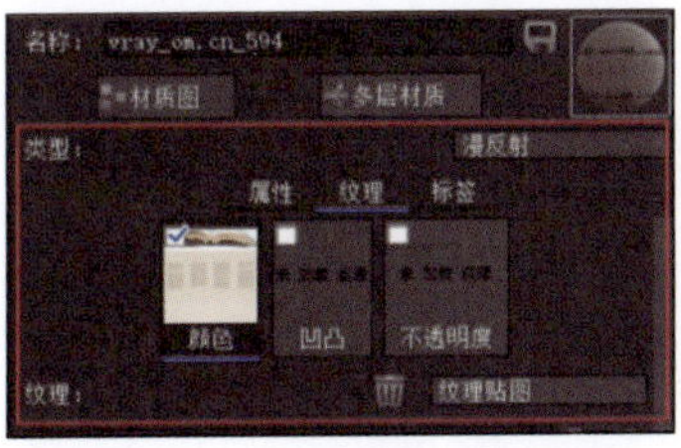

图9-1

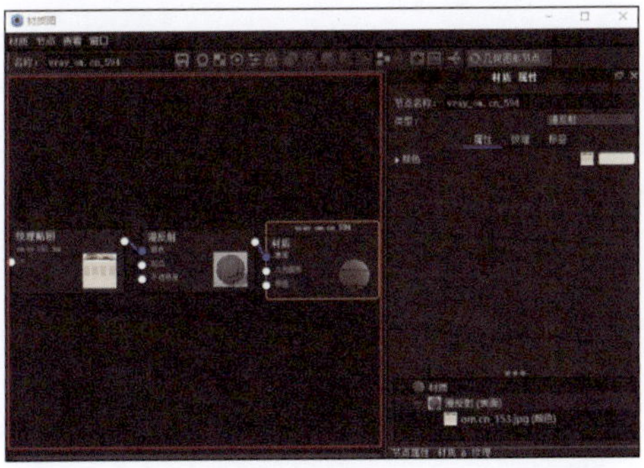

图9-2

节点材质图的界面主要包括菜单栏、材质图功能区、材质和纹理库、材质属性、材质图库5个部分，如图9-3所示。

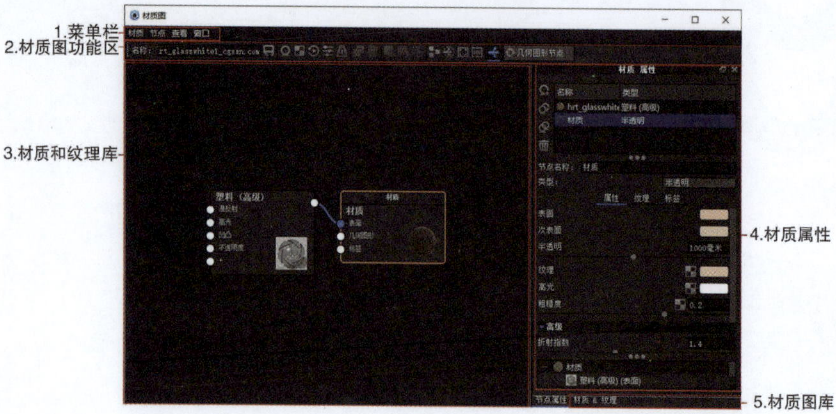

图9-3

9.1.1 菜单栏

节点材质图中的菜单栏包括以下4个菜单。

1. “材质”菜单

“材质”菜单如图9-4所示。

- 新：将用基本的漫反射材质替换当前工作材质和任何纹理。
- 新的标准油漆：将用一个已测量的油漆材质替换当前工作材质和任何纹理。
- 保存至库：将工作材质保存到材质库的指定文件夹中。

2. “节点”菜单

“节点”菜单包括“材质”“几何图形”“纹理”“动画”“实用工具”5个常用工具组。可以直接在材质和纹理库中的空白处单击鼠标右键，快速打开对应的快捷菜单，如图9-5所示。

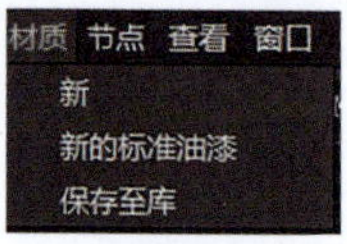

图9-4

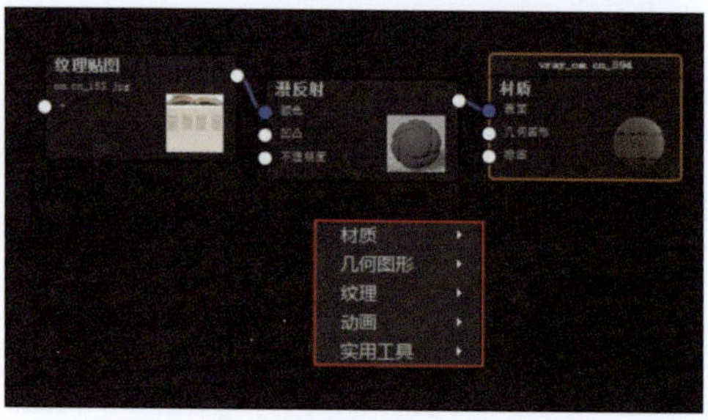

图9-5

3. “查看”菜单

“查看”菜单包括以下命令。

对齐节点：自动将工作区中的节点重新对齐。

缩放：对于复杂的材质，工作区会变得很拥挤，该命令可以快速调整材质节点以适应当前的工作区。

预览：用于在渲染实时视图中预览单个节点的设置，如颜色、Alpha和凹凸设置等。

保存图表截图：将当前材质节点以PNG格式保存到指定的位置中。

4. “窗口”菜单

该菜单用于隐藏/显示“材质属性”“材质＆纹理”“显示/隐藏常用功能”等命令。

9.1.2 材质图功能区

材质图功能区如图9-6所示。

图9-6

保存到库:将当前材质保存到材质库中。

将材质节点添加到工作区：快速添加一个新的“塑料”材质节点。

添加纹理节点：将打开“打开纹理”对话框以选择纹理文件，如图9-7所示。

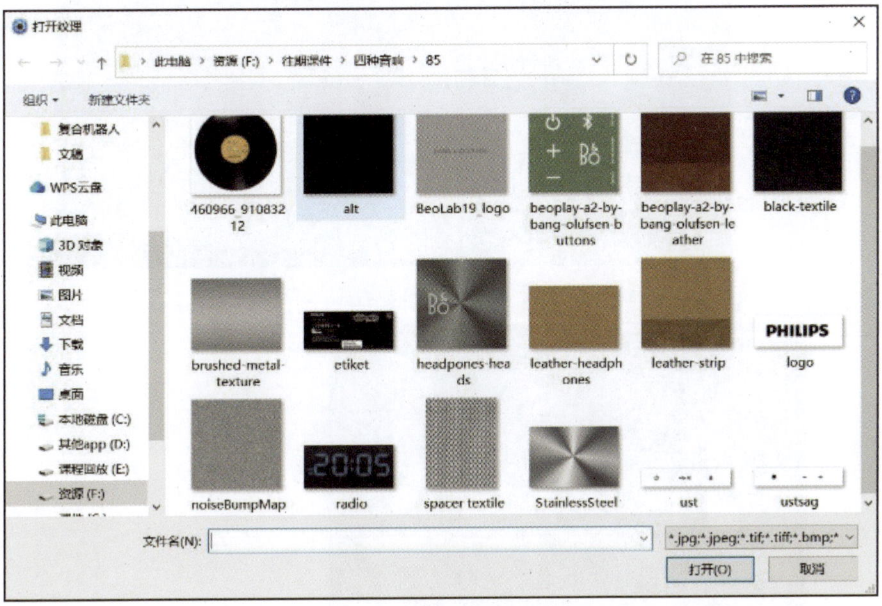

图9-7

添加动画节点：快速添加一个“颜色淡入淡出”动画节点。

添加实用工具节点：快速添加一个“凹凸添加”实用工具节点。

添加几何图形节点：快速添加一个“移位”几何图形节点。

复制所选节点：复制当前节点，也可以通过按住Alt键的同时单击来快速复制当前节点。

删除选定节点：移除材质图中当前选定的节点，也可以通过按Delete键快速删除当前节点。

预览颜色：单独预览所选节点的“颜色”通道，快捷键为C。图9-8所示为书本模型开启“预览颜色”前后的效果。

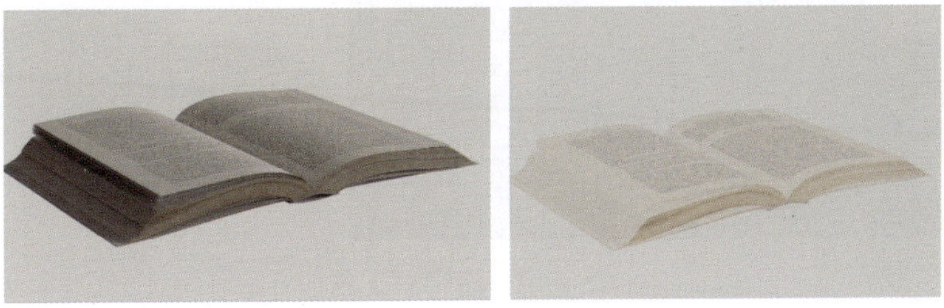

图9-8

提示

选中节点后，节点框会变为橙色。“预览颜色”是对纹理贴图的快速预览，需要先选中纹理贴图的节点。图9-9中选中的是材质节点，将无法开启纹理贴图的“颜色”通道；而图9-10中选中的是纹理贴图节点，可打开“颜色”通道单独观察该纹理贴图的效果。“预览Alpha”与“预览凹凸”也是同理。

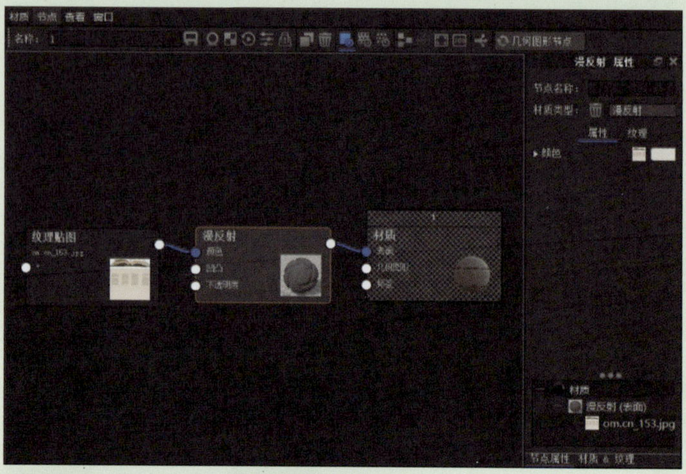

图9-9

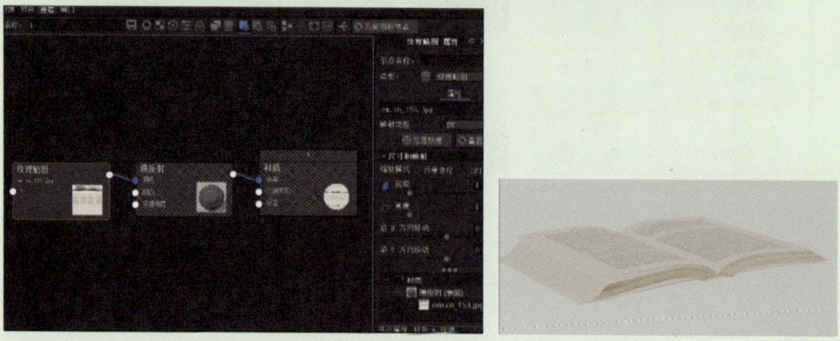

图9-10

预览Alpha：单独预览所选节点的Alpha通道，快捷键为A，如图9-11所示。

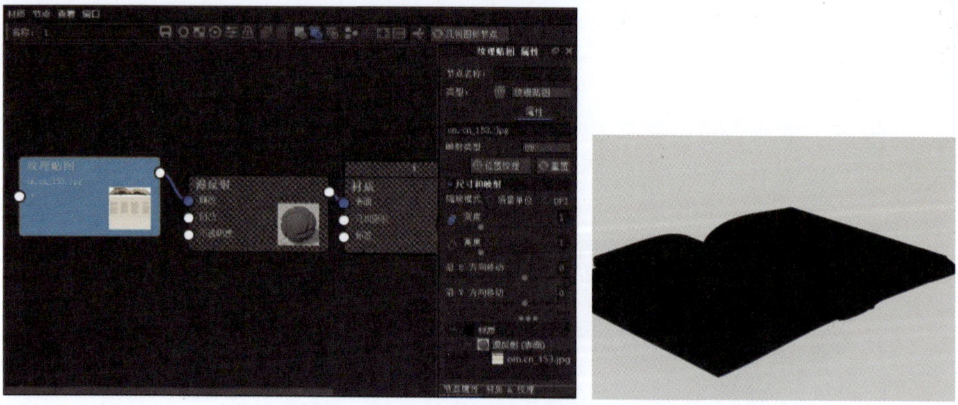

图9-11

预览凹凸：单独预览所选节点的“凹凸”通道，快捷键为B，如图9-12所示。

对齐节点：与菜单栏中的“对齐节点”功能一致，可快速对齐工作区内的所有节点。

缩放到合适大小：将工作区内的所有节点缩放到合适大小。

缩放到100%：将以100%的缩放级别查看节点。

创建多层材质：将当前材质转换为多层材质。

执行几何图形节点：刷新几何图形节点（移位、气泡、薄片和模糊），才能在渲染实时视图中显示相应效果。

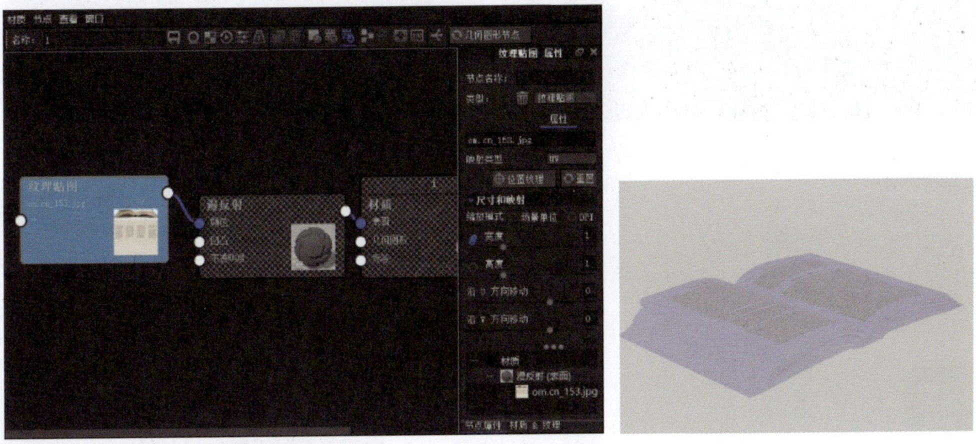

图9-12

> **提示** 几何图形节点若未刷新，渲染场景的右上角会出现执行几何图形节点指示器图标，提醒用户需要刷新几何图形节点才能产生效果。

9.1.3 材质和纹理库

材质和纹理库是节点材质图中使用频率最高的部分，涵盖节点材质图的所有功能，它以图形显示所有节点及它们之间的连接关系。木勺模型的材质节点及效果如图9-13所示。

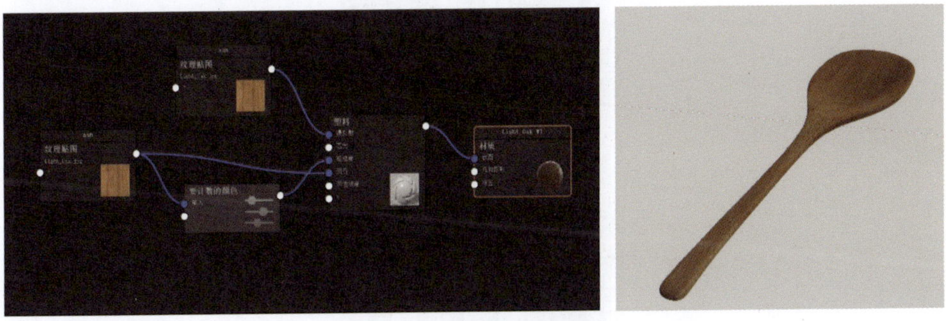

图9-13

接下来讲解材质和纹理库中的基础操作。

选择和连接节点：单击可实现节点的选择，节点之间的连接可以通过拖曳节点一侧的白色小圆圈实现，如图9-14所示。

多选节点：按住Ctrl键的同时单击即可完成节点的加选，或按住Shift键的同时框选节点。

复制和删除节点：使用鼠标右键单击节点，在弹出的快捷菜单中选择“复制”或“删除”；按住Alt键的同时单击可以快速复制节点，按Delete键可以快速删除节点。

删除和禁用连接：使用鼠标右键单击节点之间的蓝色连接线，在弹出的快捷菜单中可选择“删除”或“禁用”等，如图9-15所示。

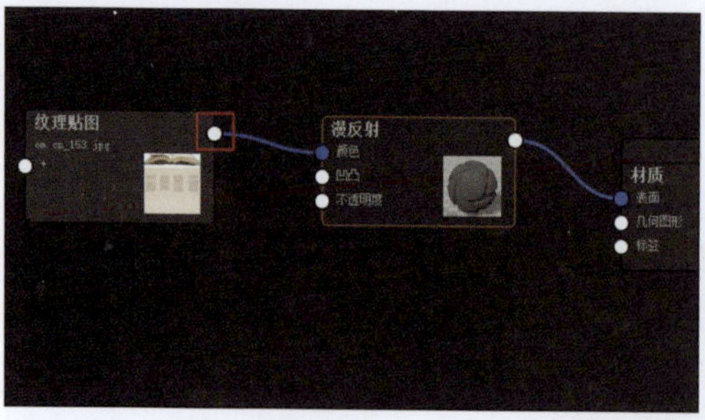

图9-14

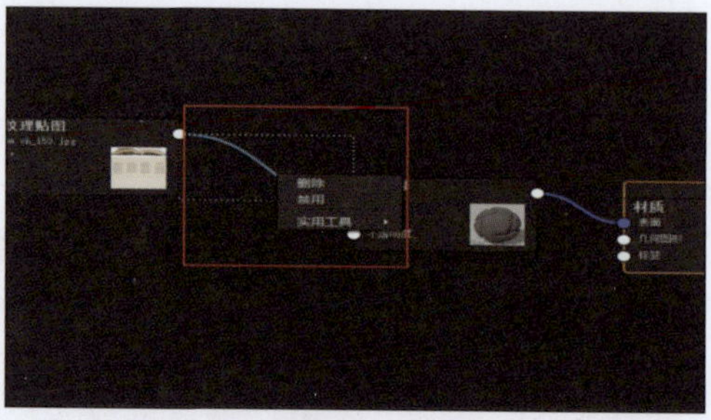

图9-15

放大或缩小工作区：向前滚动鼠标滚轮可放大工作区，向后滚动鼠标滚轮可缩小工作区。

移动工作区：在空白处拖曳画面可以实现工作区的平移。

9.1.4 材质属性

材质属性窗口显示了当前节点可编辑的参数，类似于“项目”窗口中的“材质”选项卡。图9-16所示为“书本”纹理贴图的参数。

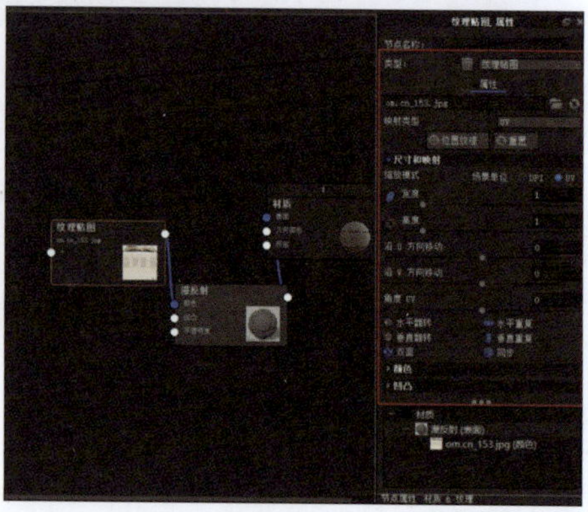

图9-16

提示 不同的节点具有不同的参数，但大多数参数都是一致的，相关内容会在9.2节中详细讲解。

9.1.5 材质图库

材质图库包含所有的可用节点，这些节点以缩略图的形式进行显示，如图9-17所示。

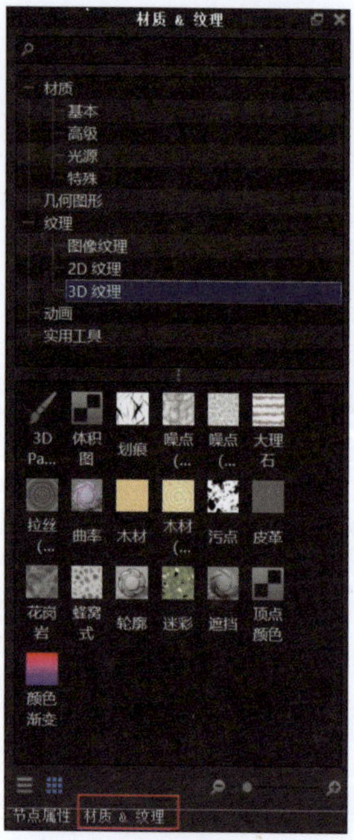

图9-17

9.2 常用的纹理节点及其参数

使用鼠标右键单击材质和纹理库中的空白处，可以调出KeyShot默认的纹理节点，如图9-18所示。

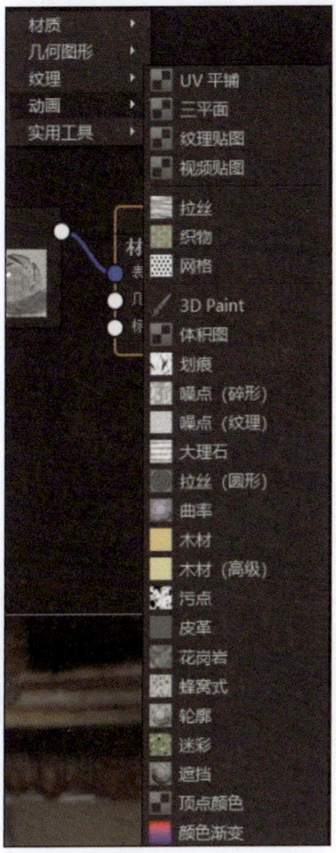

图9-18

接下来介绍其中使用频率较高的几个纹理节点。

9.2.1 网格

在场景中添加一个立方体模型，并在节点材质图中添加一个“网格”纹理节点，连接到材质的“颜色”通道上，如图9-19所示。

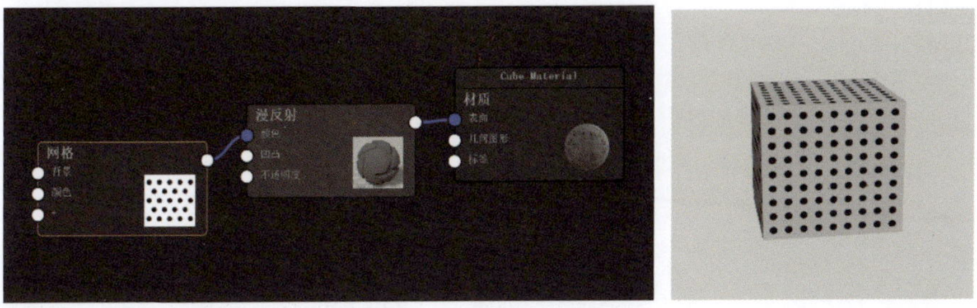

图9-19

添加“网格”纹理节点之后，在右侧的“形状和图案”栏中可以定义网格的大小、形状、图案和间距等，如图9-20所示。

缩放网格：用于调整网格的大小。图9-21和图9-22所示分别为网格大小调整前后的效果。

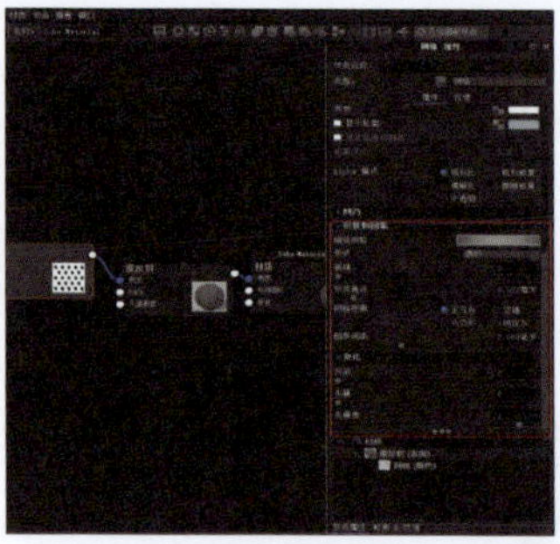

图9-20

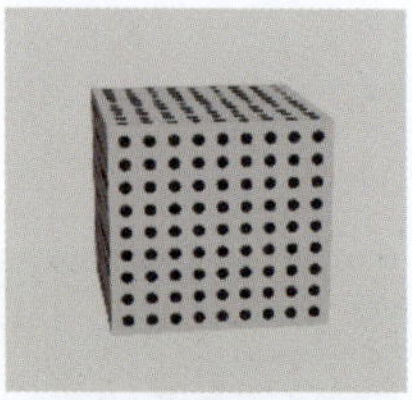

图9-21

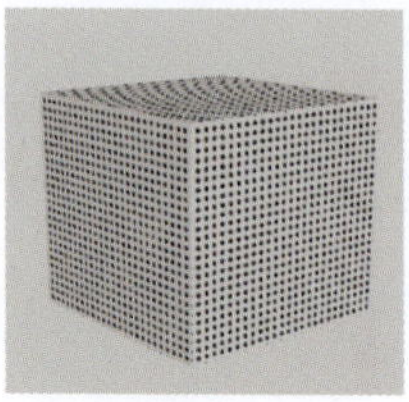

图9-22

提示　当默认的纹理作用于模型上显示为黑色或大面积纯色时，一般是因为纹理的映射大小或映射方式出错了，此时应当适当调整纹理的映射大小以及映射方式。

形状：提供了“圆形”“椭圆”“三角形”“正方形”“五边形”“六边形”“直线”7种常见的形状。图9-23和图9-24所示分别为圆形网格与正方形网格的效果。

衰减：控制形状边缘的羽化效果，数值为0时等于无衰减。图9-25所示为正方形网格增大“衰减”值之后的效果。

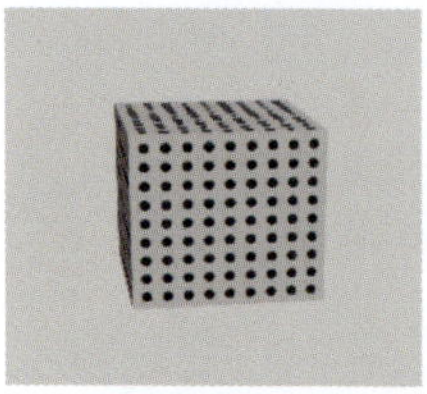

图9-23

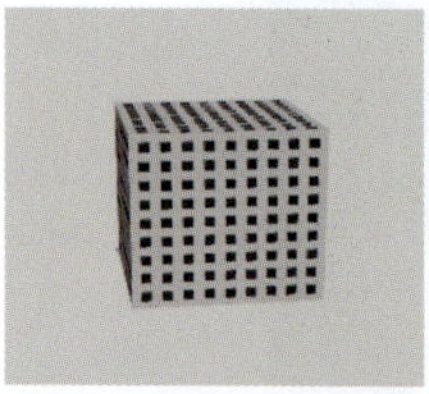

图9-24

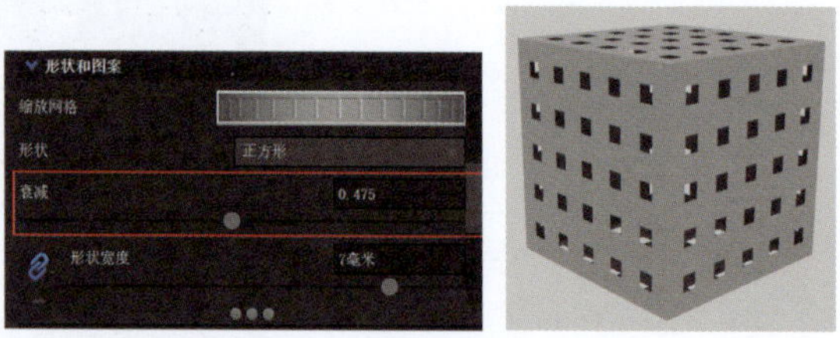

图9-25

形状角度：用于旋转网格。图9-26、图9-27所示分别为“形状角度”为0°、45°时的效果。

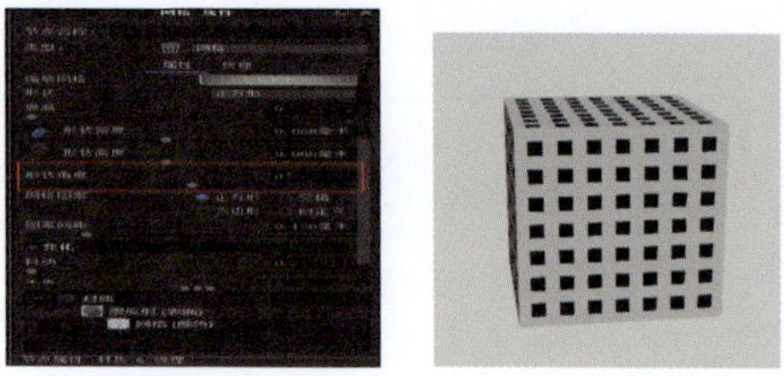

图9-26

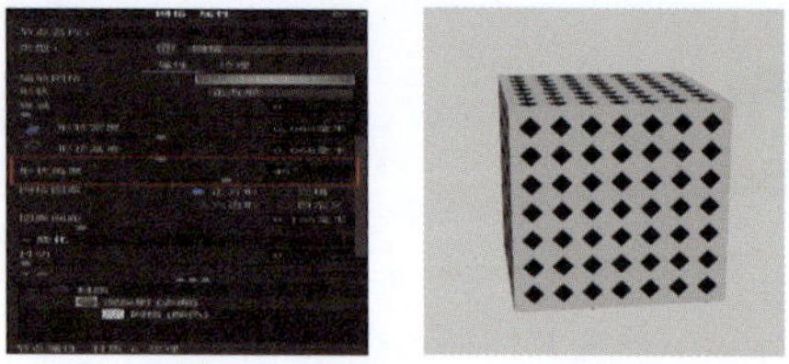

图9-27

网格图案：提供了“正方形”“交错”“六边形”“自定义”4种类型。图9-28和图9-29所示为正方形网格图案和交错网格图案的效果。

图案间距：用于调整网格图案的间距。

“变化”选项组用于使网格图案变得更加丰富，提供了“抖动”“失真”“失真度”3个参数，如图9-30所示。

图9-28

图9-29

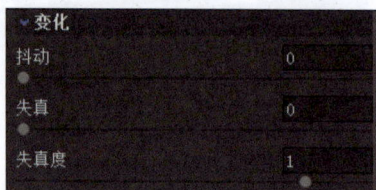

图9-30

抖动：增大此数值会使得图案的位置更加随机。图9-31所示为正方形网格增大“抖动”值后的效果。

失真：增大此数值会使得图案产生随机的变形。图9-32所示为正方形网格增大“失真”值后的效果。

失真度：此数值大于1会减小失真比例，小于1则会增大失真比例。图9-33所示为“失真度”为0.2时的网格效果。

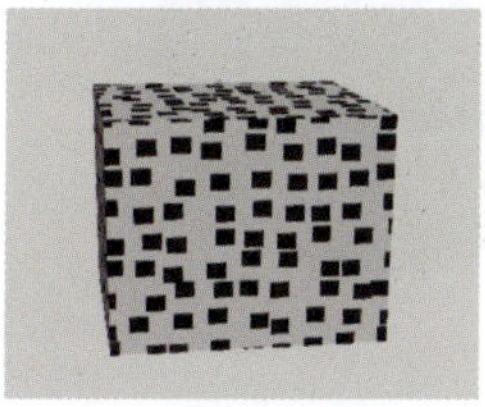
图9-31

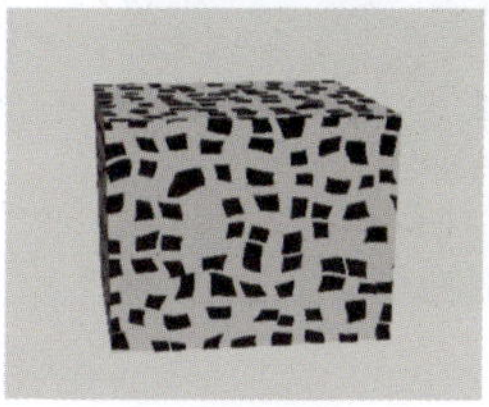
图9-32

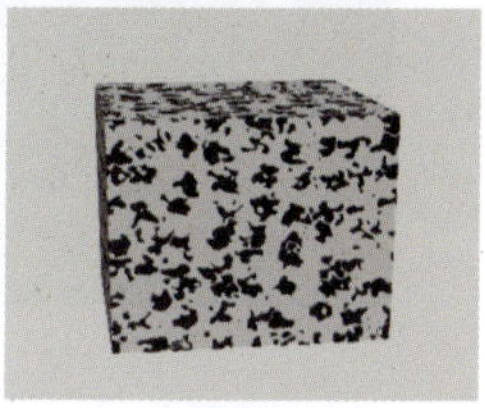
图9-33

提示　纹理节点中的许多参数都具有代表性，例如“衰减”“抖动”“失真”等参数在许多其他纹理贴图中也具有同样的调节功能，在后续的纹理节点介绍中将不会重复讲解这部分内容。

图9-34所示为网格纹理同时作用于立方体的“凹凸”通道和“不透明度”通道的效果。

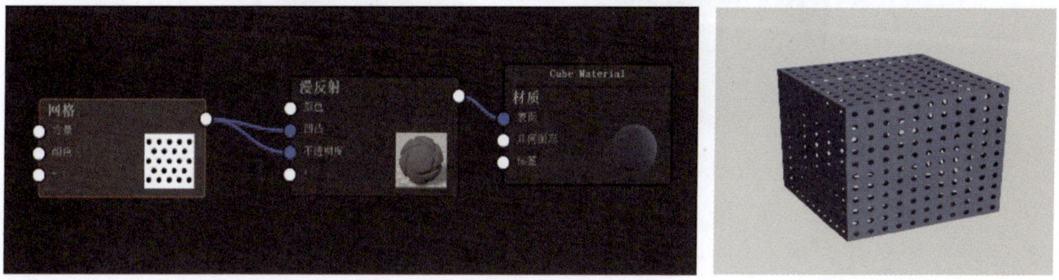

图9-34

9.2.2 噪点（碎形）和噪点（纹理）

使用鼠标右键单击空白处，添加“噪点（碎形）”或“噪点（纹理）”纹理节点，这两种纹理节点在“凹凸”通道下的使用频率非常高，适用于创建产品表面的凹凸肌理感。图9-35、图9-36所示分别为“噪点（碎形）”和“噪点（纹理）”两种贴图纹理应用于黑色塑料小球的“凹凸”通道下的效果。

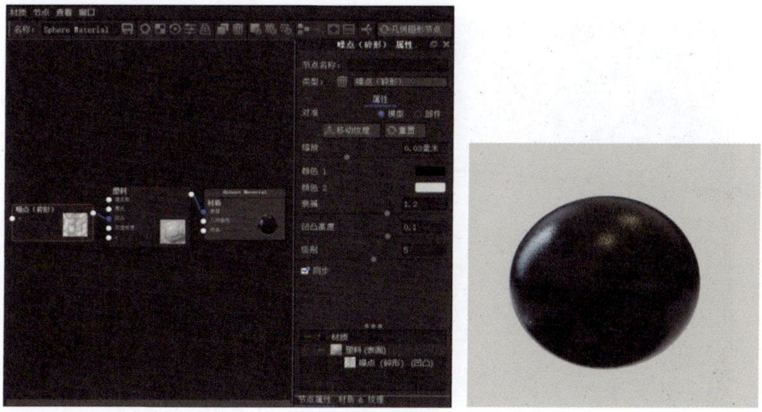
图9-35

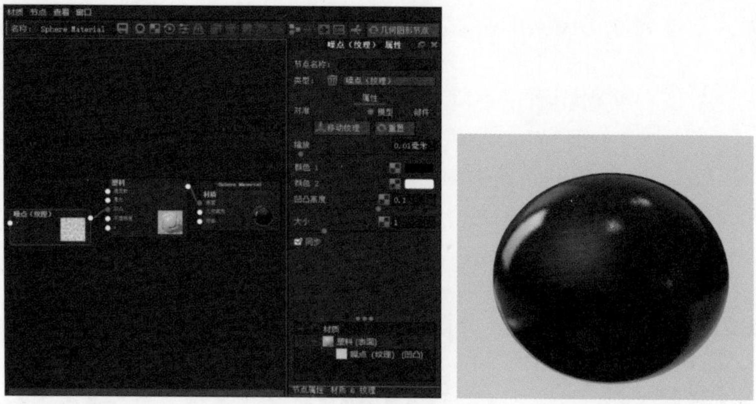

图9-36

接下来以“噪点（纹理）”纹理节点为例讲解常用的参数。

缩放：控制噪点的大小。图9-37和图9-38所示为噪点“缩放”数值为0.01和0.03时的效果。

图9-37

图9-38

颜色：为了方便观察，将“噪点（纹理）”纹理节点连接到“漫反射”通道，如图9-39所示。噪点纹理默认有黑色和白色，可以更改这两种颜色以实现不同的效果。图9-40所示为默认的黑白噪点的效果，图9-41所示为红蓝噪点的效果。

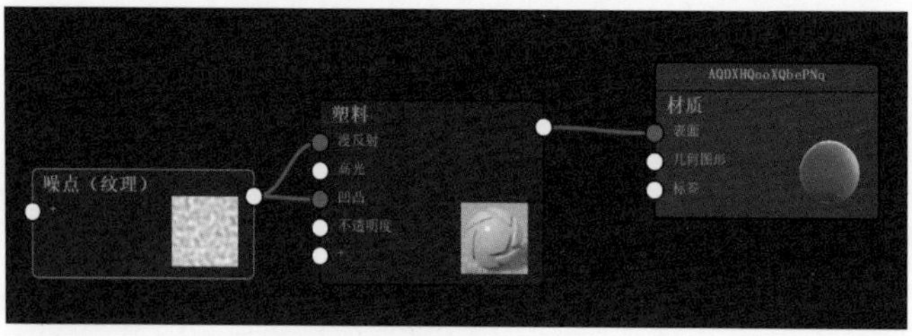

图9-39

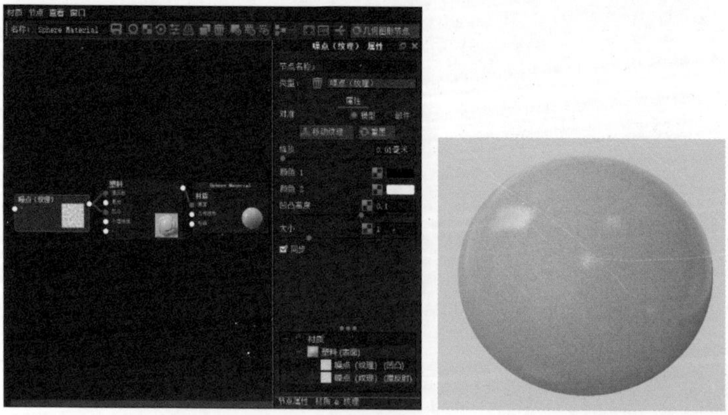

图9-40

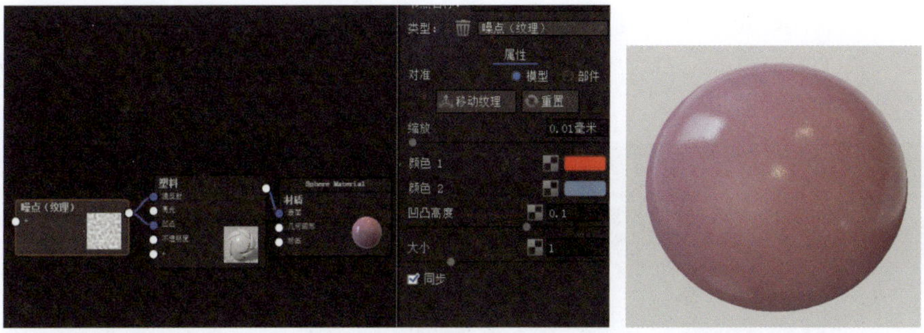

图9-41

凹凸高度：控制纹理贴图在“凹凸”通道下的强度。图9-42和图9-43所示分别为“凹凸高度”数值为0.1和0.5时小球表面的凹凸效果。

大小：控制噪点的大小。图9-44和图9-45所示分别为噪点“大小”为1和2时小球表面的效果。

图9-42

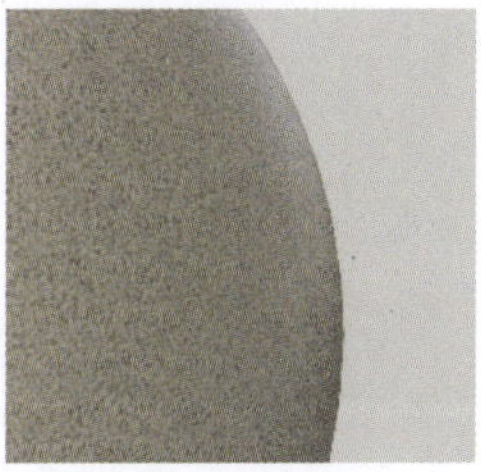

图9-43

图9-44

图9-45

> **提示** 不同类型的产品，其表面纹理也有所不同。例如，重工业类产品表面的凹凸纹路和强度通常较大；轻量级产品表面的凹凸纹路和强度通常较小。为了能更好地模拟现实生活中的材质效果，请注意观察这些细节，灵活地调整以上参数以模拟更真实的材质效果。

9.2.3 颜色渐变

使用“颜色渐变”纹理可在物体上混合两种不同的颜色。使用鼠标右键单击空白处，添加“颜色渐变”纹理节点，并将其应用于圆柱体，如图9-46所示。

单击“移动纹理”图标 移动纹理 ，调整颜色渐变纹理到合适的位置和方向，如图9-47所示。

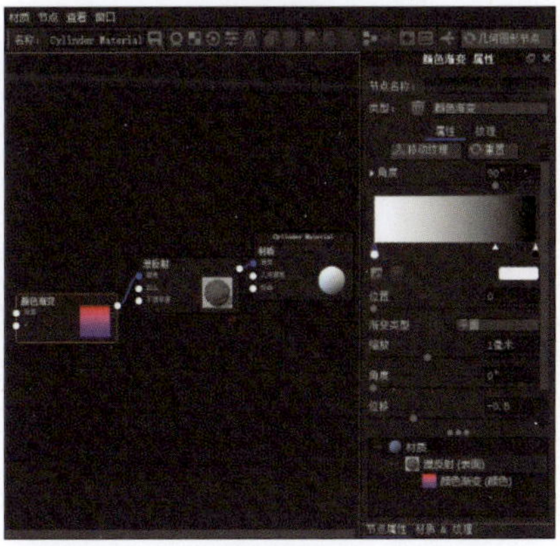

图9-46

图9-47

角度（第一个）：用于旋转模型上的纹理。

色条：选择或添加颜色，拖曳滑块可以设置颜色渐变效果。单击图标，可以添加其他颜色；如果需要删除某个颜色滑块，可以选中该滑块并单击图标。调整色条后，圆柱体表面的纹理颜色渐变效果如图9-48所示。

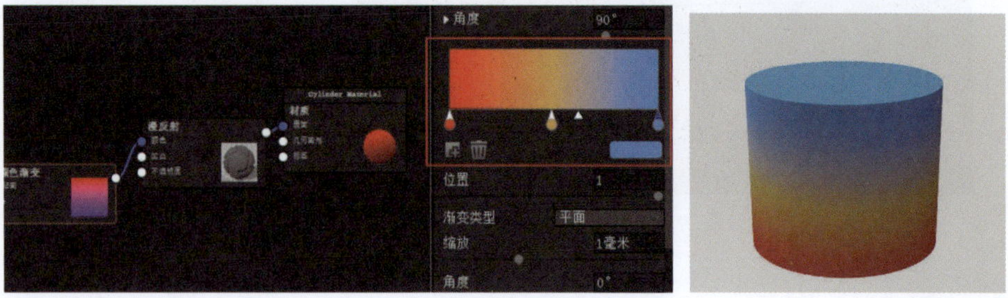

图9-48

位置：用于以数字的方式控制选定的颜色滑块，取值范围为0～1。

渐变类型：在其下拉列表中可选择合适的渐变类型，默认有8种渐变类型，如图9-49所示。

图9-49

缩放：用来设置纹理的比例。

角度（第二个）：用于控制纹理的角度。

位移：用于增量移动模型上的纹理。

反转、重复与混合："反转"用于反转渐变的方向，图9-50和图9-51所示分别为黑白渐变反转前后的效果；"重复"用于启用颜色渐变的重复；"混合"用于控制颜色之间是否混合，图9-52和图9-53所示分别为开启和关闭"混合"时的渐变效果。

图9-50

图9-51

图9-52

图9-53

提示 KeyShot中的许多纹理贴图的应用场景非常广泛，其参数都与上面提到的大同小异，读者可以尝试查看一下这些纹理贴图的效果。

9.3 实用工具

实用工具包括"2D映射""凹凸添加""曲面颜色随机化""色度键屏蔽""色彩反转""色彩复合""色彩调整""要计数的颜色"，如图9-54所示。使用实用工具能够实现更加丰富的材质效果。

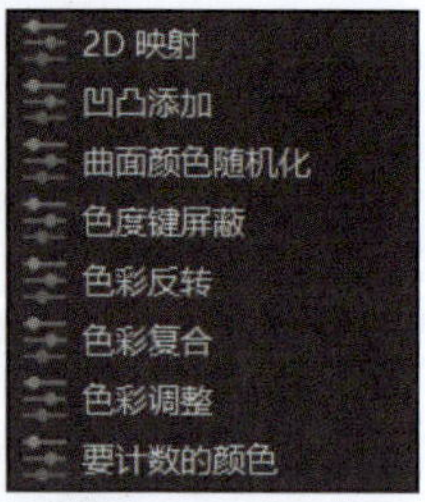

图9-54

9.3.1 凹凸添加

"凹凸添加"实用工具用于混合两张凹凸纹理贴图，通过定义两张凹凸贴图的比率和重量来控制它们的相互作用效果。"划痕"和"污点"两张纹理贴图混合后的材质效果如图9-55所示。

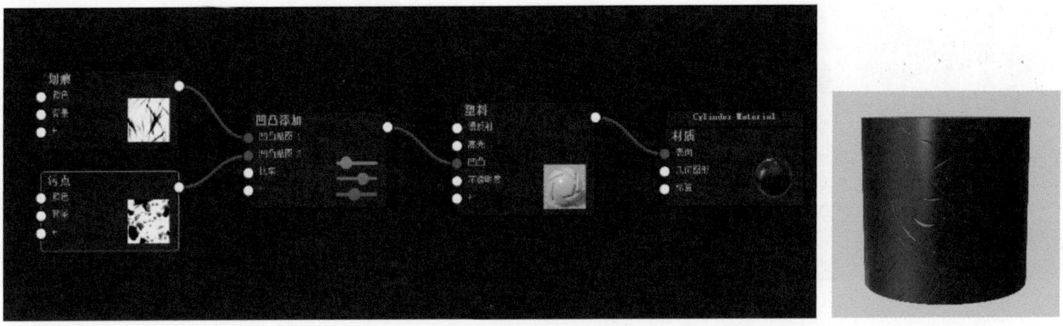

图9-55

使用鼠标右键单击纹理贴图与材质之间的蓝色连接线，添加“凹凸添加”实用工具，如图9-56所示。

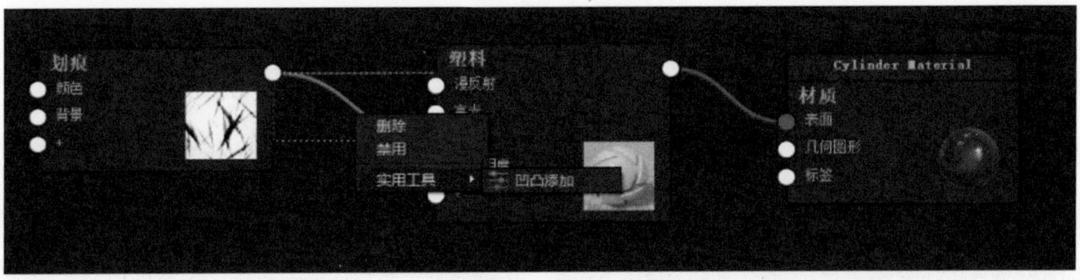

图9-56

选中“凹凸添加”，它具有“比率”“重量1”“重量2”这3个参数。

比率：通过滑块来控制两张凹凸纹理贴图的占比。默认值为0.5，此时两张凹凸纹理贴图的占比一致。若数值为0，将只有凹凸纹理贴图1会影响材质的凹凸效果；若数值为1，将只显示凹凸纹理贴图2。图9-57和图9-58所示分别为“比率”为0和1时的材质效果。

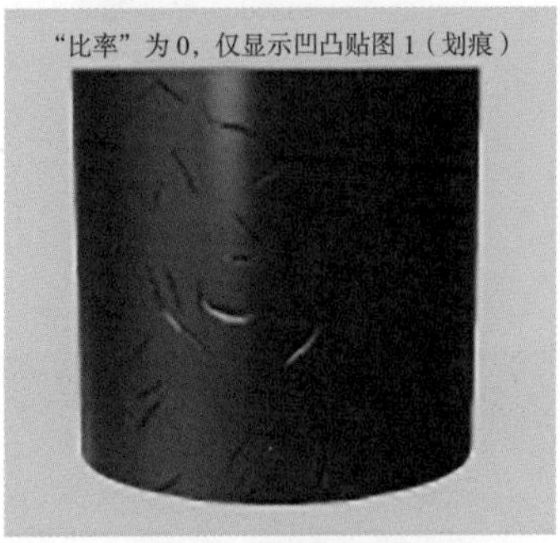

图9-57

图9-58

重量：默认值为1，此时将保持纹理定义的凹凸强度。为了方便观察效果，这里只保留“污点”凹凸纹理贴图。“重量2”为1时，圆柱体的凹凸效果如图9-59所示。“重量2”为2时，可以看到其凹凸强度大了一倍，如图9-60所示。

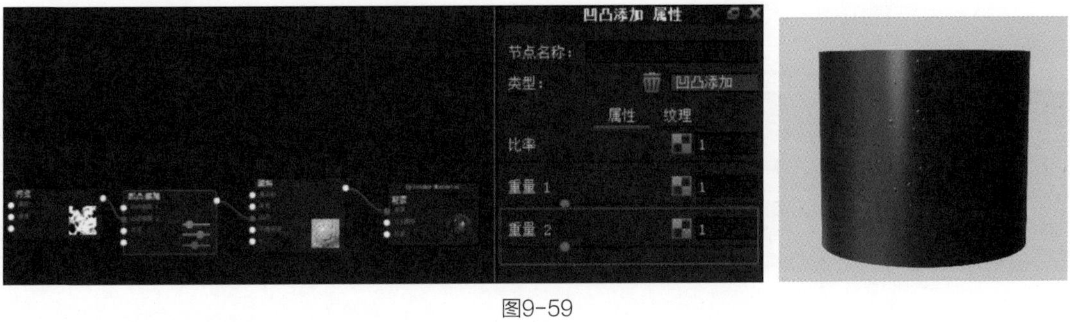

图9-59

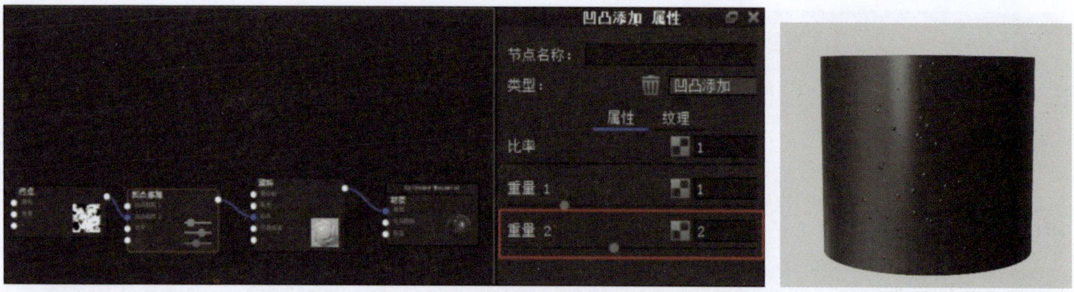

图9-60

9.3.2 色彩反转

“色彩反转”实用工具用于反转纹理贴图的颜色。黑白贴图作用于“粗糙度”通道时，立方体的材质效果如图9-61所示。

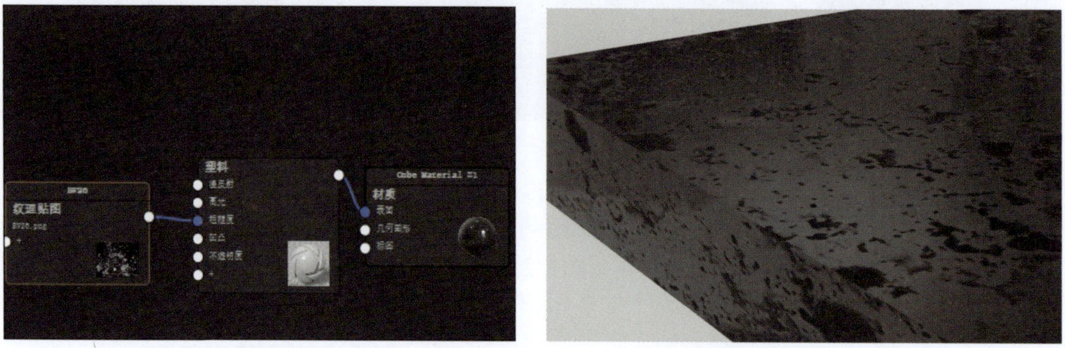

图9-61

提示

KeyShot中的许多材质并不会直接显示所有通道。例如在“塑料”材质下，需要将蓝色连接线拖曳到“塑料”材质节点的空白区域，才会弹出通道列表，如图9-62所示。

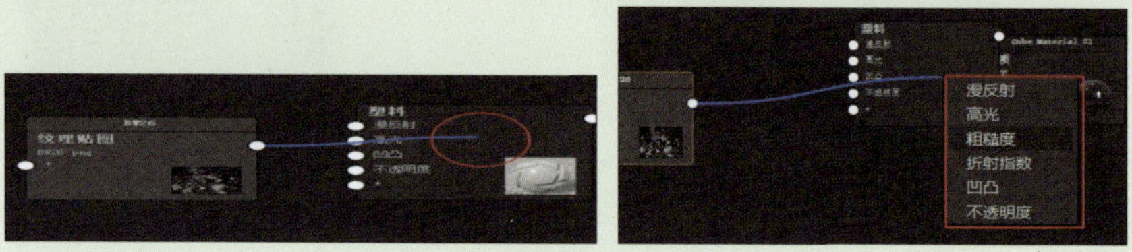

图9-62

可以看到图9-63中的a区域是黑色的，b区域是白色的，a区域相对光滑，b区域相对粗糙；当在“粗糙度”通道中加入“色彩反转”实用工具之后，a区域变得相对粗糙，b区域变得相对光滑，如图9-64所示。

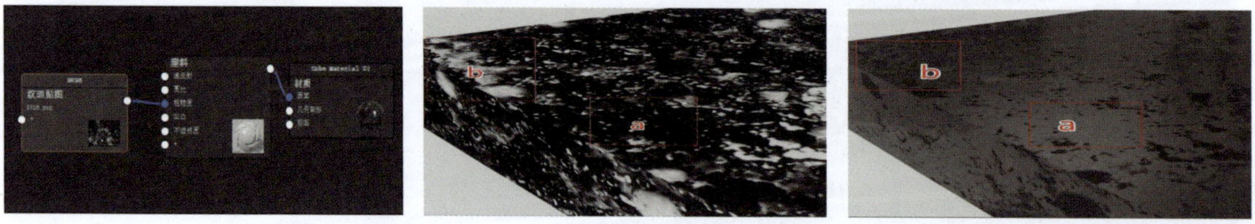

图9-63

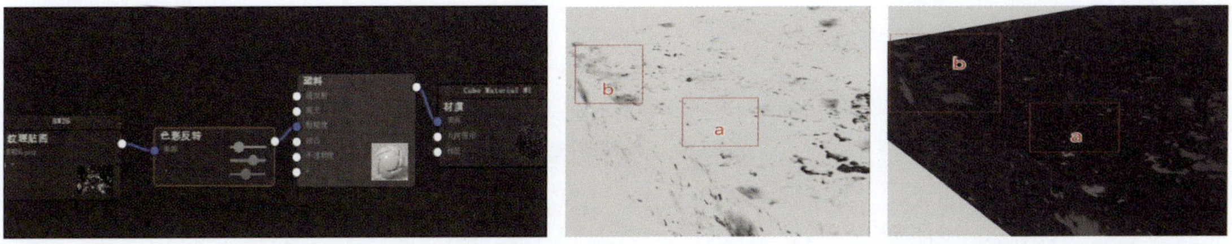

图9-64

9.3.3 色彩调整

“色彩调整”实用工具用于对纹理贴图的现有颜色进行着色或修改。图9-65所示为木纹贴图作用于“塑料”材质的“漫反射”通道的默认效果，并在该通道下添加了“色彩调整”实用工具（未调整参数）。

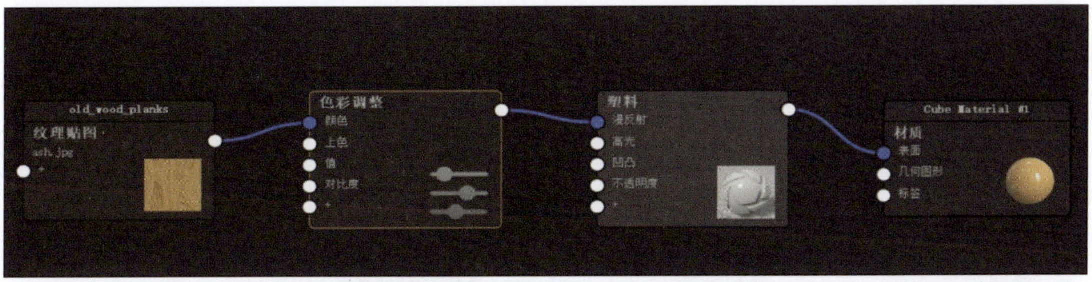

图9-65

上色：用于给纹理上色。“白色”为默认不上色的效果。为木纹上红色的效果如图9-66所示。
色调：用于调整纹理的色调。为木纹调整色调的效果如图9-67所示。
饱和度：用于调整纹理的饱和度。降低木纹饱和度的效果如图9-68所示。

图9-66

图9-67

图9-68

值：用于调整纹理的亮度。降低木纹亮度的效果如图9-69所示。
对比度：用于调整纹理的对比度。增强木纹对比度的效果如图9-70所示。

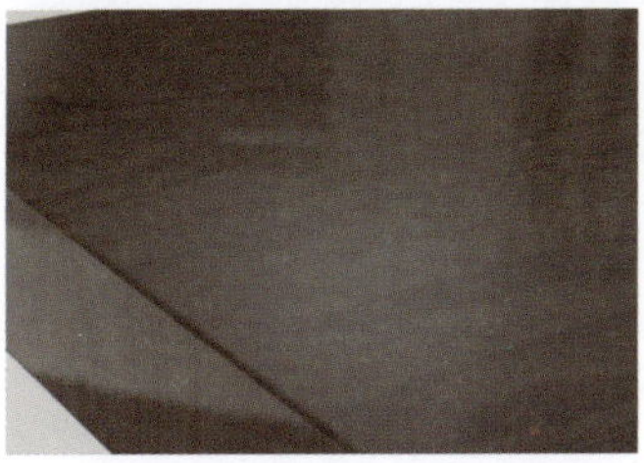

图9-69

图9-70

9.3.4 要计数的颜色

“要计数的颜色”实用工具用来控制纹理贴图中黑白占比的多少。

加载黑白纹理贴图到金属小球“粗糙度”通道的默认效果如图9-71所示。在该通道下添加“要计数的颜色”实用工具，通过调整相关数值，使得贴图中的黑色区域变大，从而使材质的光滑范围变大，如图9-72所示。

输入来源：默认值为0。图9-73所示为该参数调整前后，贴图黑白区域的变化效果。

图9-71

图9-72

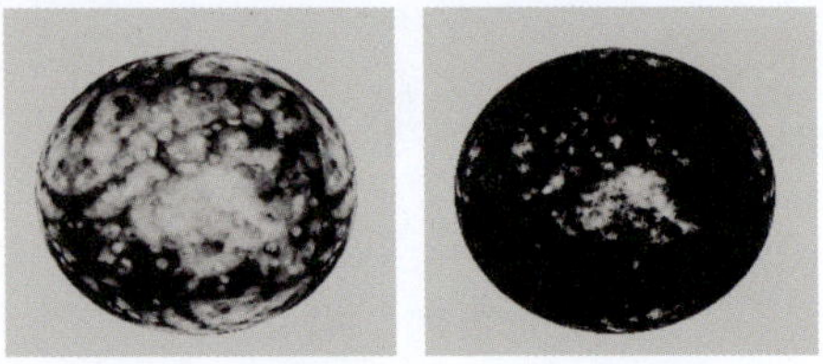

图9-73

输入目标：默认值为1。图9-74所示为该参数调整前后，贴图黑白区域的变化效果。

输出来源：默认值为0。图9-75所示为该参数调整前后，贴图黑白区域的变化效果。

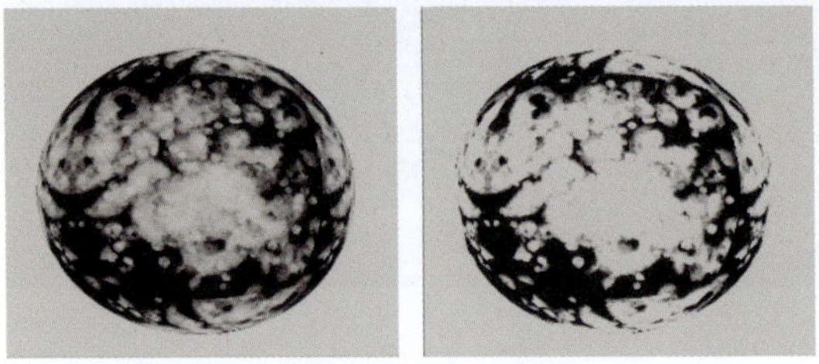

图9-74

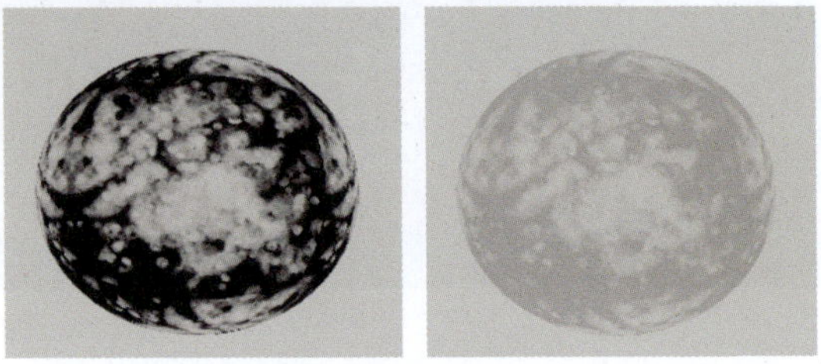

图9-75

输出目标：默认值为1。图9-76所示为该参数调整前后，贴图黑白区域的变化效果。

平滑：默认不勾选。图9-77所示为勾选和不勾选“平滑”复选框时，贴图黑白区域的变化效果。

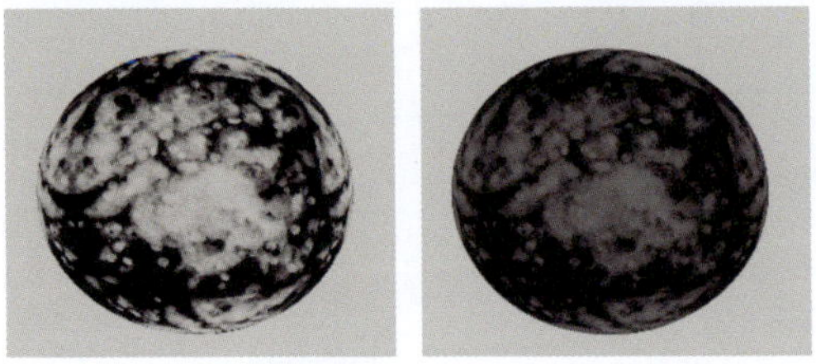

图9-76

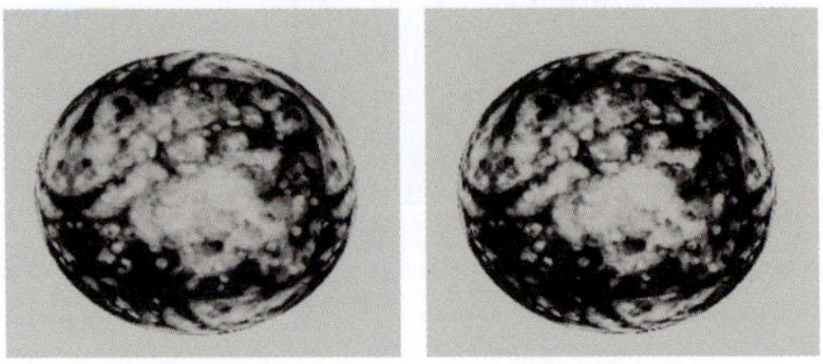

图9-77

> **提示** 总结各参数的效果对比图，可以发现“输入来源”与“输入目标”控制局部变亮/变暗，“输出来源”与“输出目标”控制整体变亮/变暗。“要计数的颜色”实用工具能控制纹理的黑白范围，这意味着可以控制材质的粗糙度、不透明度以及凹凸范围。

9.4 几何图形节点

在KeyShot中，几何图形节点一共有4种，分别是“模糊”“气泡”“移位”“薄片”。几何图形节点较为特殊，它是在编辑或设置材质时不会实时更新的节点，对材质进行编辑后，必须单击“执行几何图形节点”，才能在渲染实时视图中查看对应的效果，并且几何图形节点直接连接到材质下的“几何图形”通道，如图9-78所示。

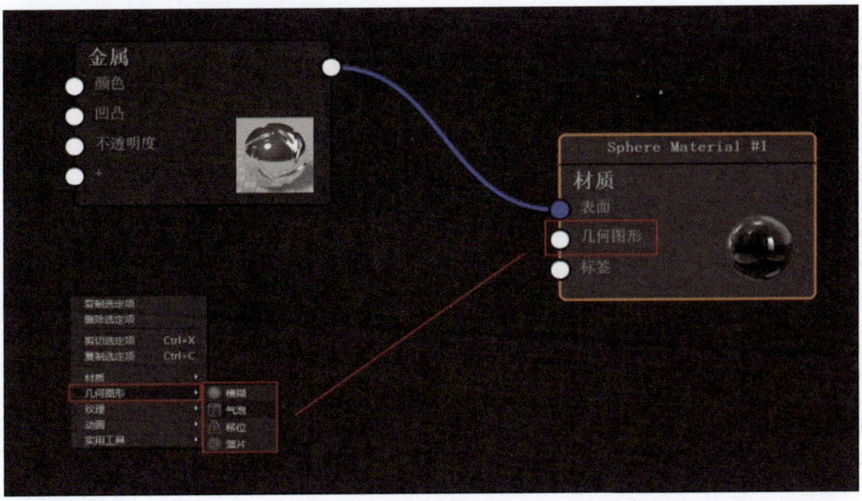

图9-78

几何图形节点将以非破坏的方式变换几何图形，这样可以随时让几何图形恢复原始造型。图9-79所示为默认的金属小球的效果。图9-80所示为加载“移位”节点之后的金属小球效果。

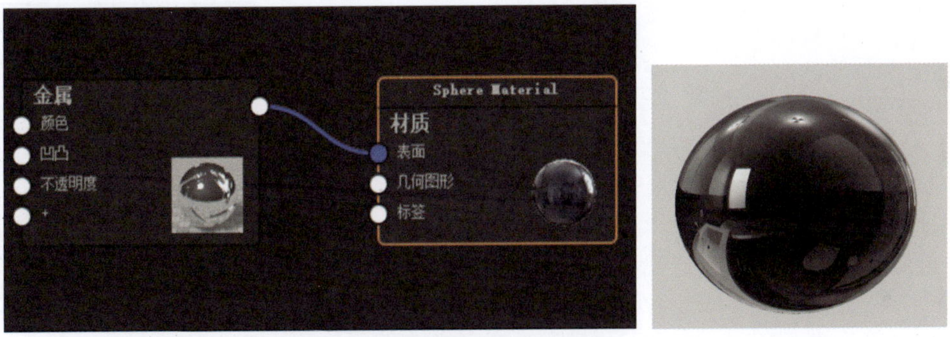

图9-79

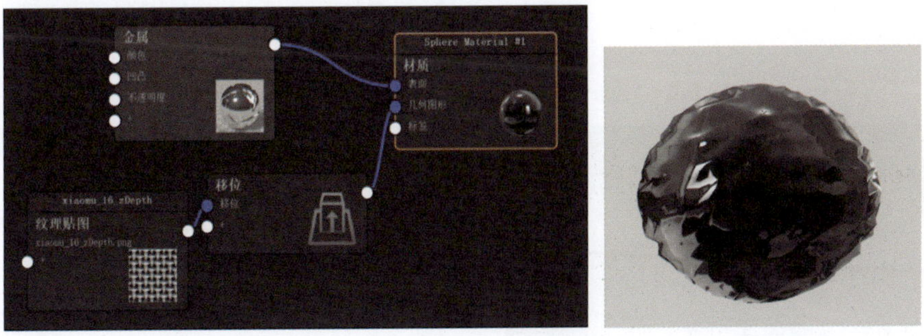

图9-80

提示 几何图形节点的添加会使得整个场景的运算速度变慢，所以切勿添加过多的几何图形节点，防止计算机崩溃。

9.4.1 模糊

使用“模糊”节点可以在任何材质表面添加随机的毛发状生长效果。图9-81所示为塑料小球添加“模糊”节点后的效果。

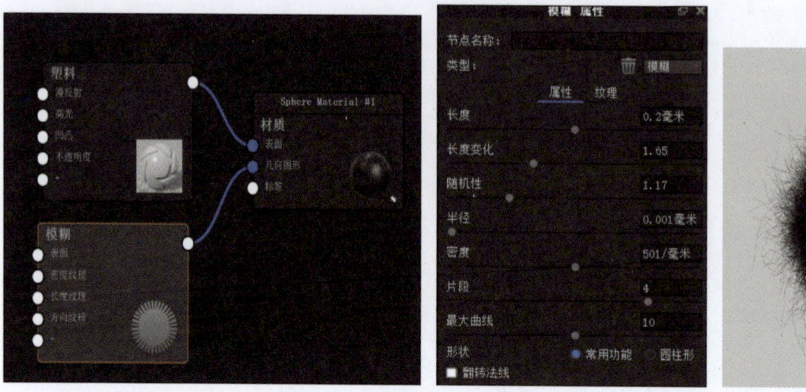

图9-81

“模糊”节点的常用参数如下。

- 长度：决定绒毛纤维的长度。
- 长度变化：增加绒毛纤维长度的变化。
- 随机性：默认情况下，绒毛纤维是直的；增大“随机性”值，将增强每根绒毛纤维的流动变化效果。
- 半径：设置每根绒毛纤维的大小。
- 密度：调整一个单位内添加的绒毛纤维数量。
- 片段：确定每根绒毛纤维由几段组成。增加段数将产生更光滑的效果。
- 最大曲线：限制模糊材质可以为每个部件生成的曲线量。添加大量曲线会使场景变得非常沉重。曲线的数量受“密度”“长度变化”“片段”值的影响。最大曲线值以百万为单位，是一个近似值。通常此参数保持默认设置即可。
- 形状：设置绒毛纤维是否具有常用功能或为圆柱形。

除以上参数外，还可以通过调整“外观”选项组中的参数，以得到更丰富的材质效果，如图9-82所示。这些参数仅影响绒毛纤维，不影响基本几何形状。

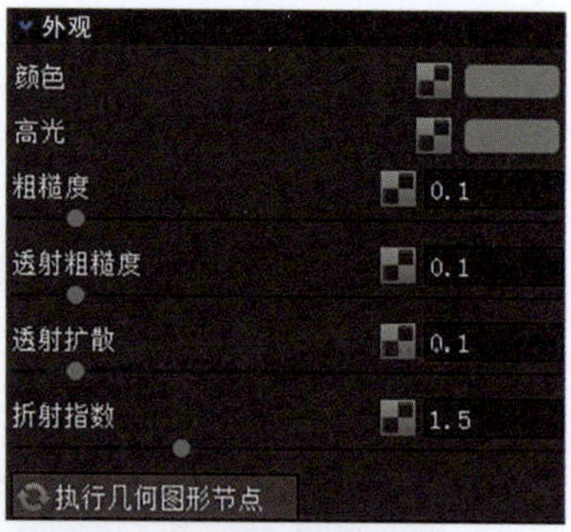

图9-82

还可以通过纹理贴图控制密度纹理、长度纹理及方向纹理。在“密度纹理”通道中加载一张颜色渐变纹理贴图，其深色区域具有较少的绒毛纤维，白色区域绒毛纤维的数量与参数数值匹配，如图9-83所示。

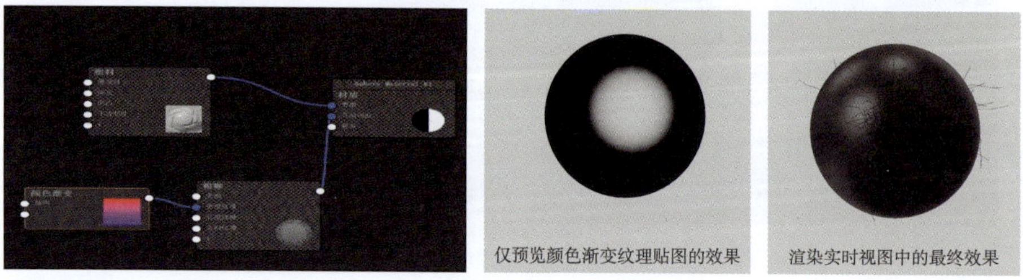

仅预览颜色渐变纹理贴图的效果
渲染实时视图中的最终效果

图9-83

提示　长度纹理以及方向纹理的控制与上方密度纹理的控制相同。

9.4.2 气泡

“气泡”节点用于在对象材质内添加气泡效果。它需要保证材质在一定程度上是透明的，否则气泡将不可见。给玻璃材质添加气泡的效果如图9-84所示。

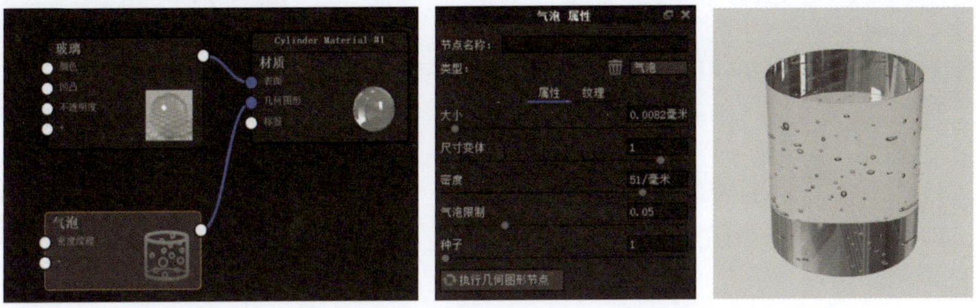

图9-84

“气泡”节点的常用参数如下。

- 大小：设置气泡的大小。
- 尺寸变体：设置气泡的大小变化。
- 密度：设置气泡的数量。
- 气泡限制：限制使用的气泡量。
- 种子：可随机化几何体中气泡的分布情况。

与其他几何图形节点一样，可以通过纹理贴图控制气泡的分布情况。在“密度纹理”通道中加载一张颜色渐变纹理贴图，其深色区域具有较少气泡，白色区域的气泡数量与参数设置一致，如图9-85所示。

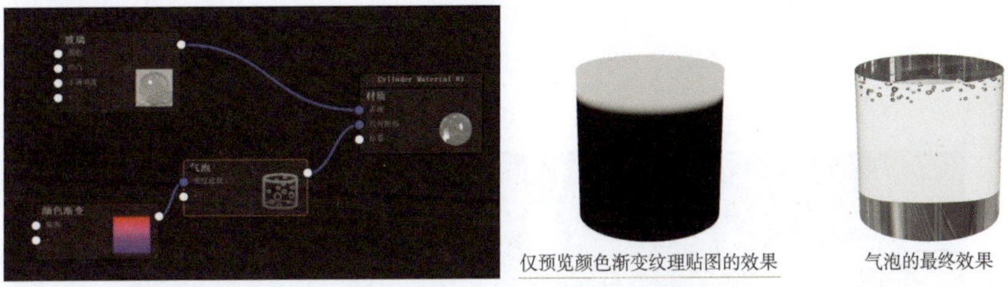

图9-85

提示　使用“气泡”节点时，几何体必须是闭合的，如果中间有间隙，则无法应用该节点。

9.4.3 移位

“移位”节点用于变换对象的曲面，是使用频率最高的几何图形节点。图9-86所示为小球添加“移位”节点后的效果。

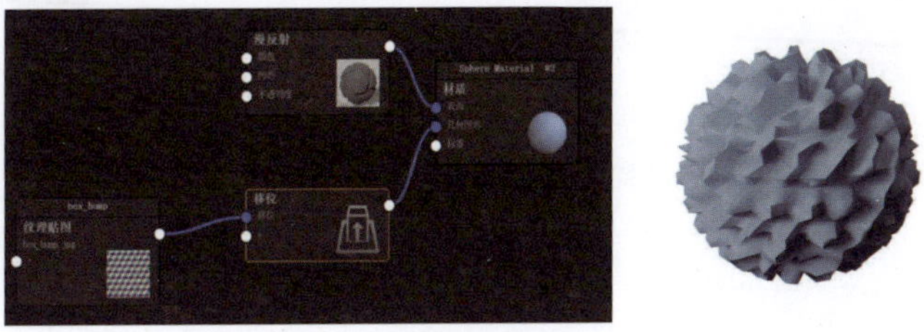

图9-86

“移位”节点的常用参数如图9-87所示。

- 移位高度：纹理的白色区域将使用“移位高度”数值进行移位，黑色区域将不会移位。
- 偏移：调整移位的原点。
- 三角形尺寸：数值越小，将产生越精细和光滑的移位效果（但同时会使计算机的运算速度变慢）。
- 最大三角形数：限制用于移位每个部分的三角形数量（以百万为单位）。请注意，该数值是目标最大值，实际数量可能会略多。

默认立方体使用黑白纹理贴图控制移位的结果如图9-88所示，纹理的浅色区域将抬高几何体的表面，黑色区域则保留原模型的高度。

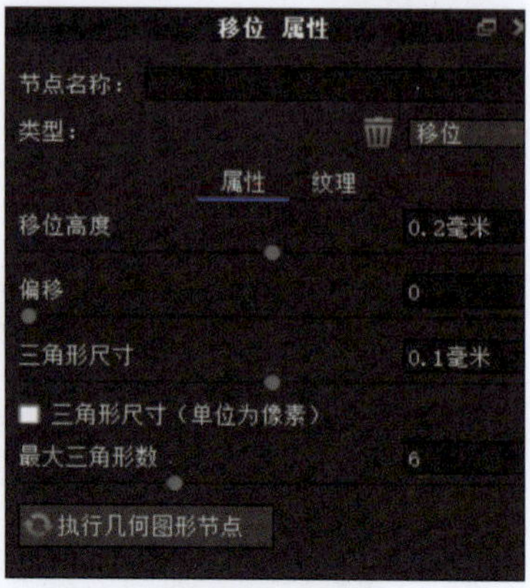

图9-87

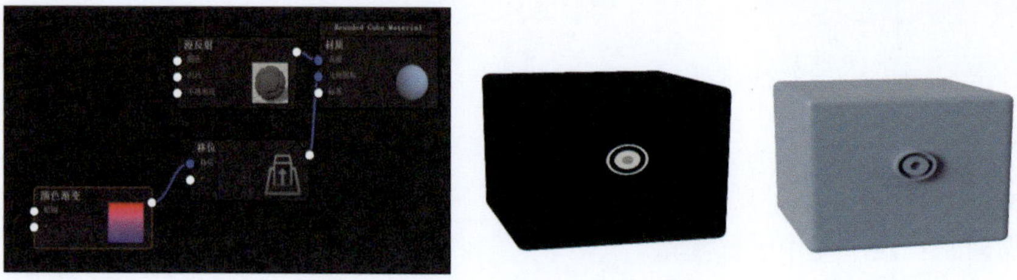

图9-88

9.4.4 薄片

使用“薄片”节点可将特定材质修改为由薄片组成的形式。默认立方体加载“薄片”节点的效果如图9-89所示。

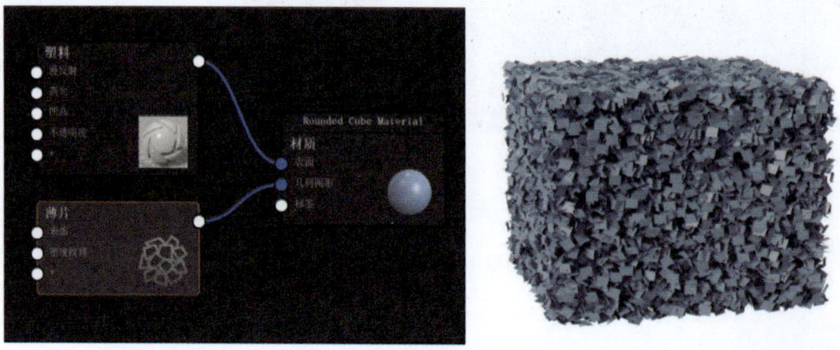

图9-89

“薄片”节点的常用参数如图9-90所示。

- 薄片形状：设置薄片是正方形的还是球形的。
- 大小：控制薄片的大小。
- 尺寸变体：设置薄片的大小变化。
- 密度：调整薄片的数量。
- 薄片限制：限制薄片的数量。
- 种子：随机化几何体中薄片的分布情况。

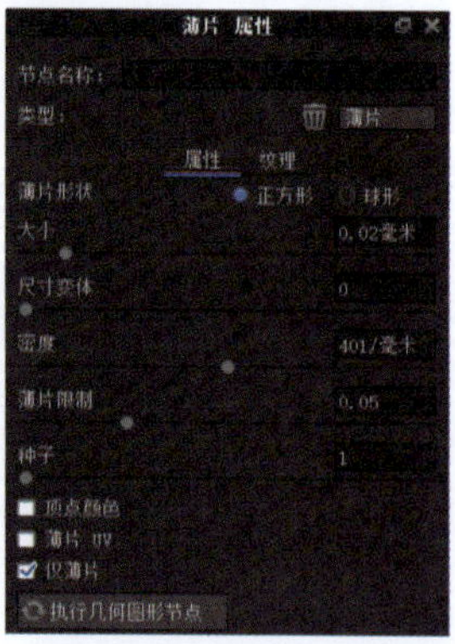

图9-90

9.5 复合材质

复合材质通过标签将多种材质效果叠加到一个部件上，以实现更真实的材质效果。图9-91所示为油漆桶模型的节点材质图及效果。

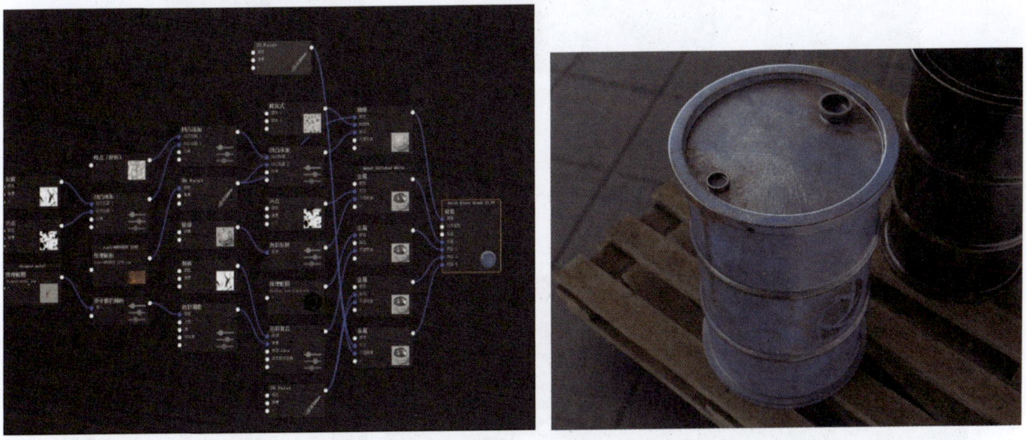

图9-91

提示 不要被复杂的节点材质图迷惑，只要弄清楚各层级的逻辑关系，就可以轻松地制作出复杂的材质效果。

对该节点材质图进行分类，可以发现它由一个原材质层和4个标签层组成，标签层都用到了“不透明度”通道，如图9-92所示。

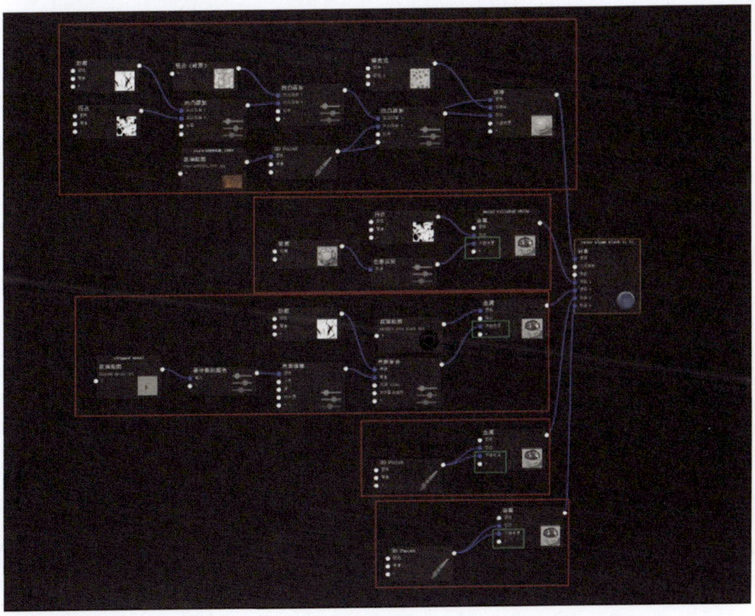

图9-92

添加的标签层会覆盖原材质层，可以在原材质层上叠加多个标签层。例如，白色的塑料材质添加了金色金属材质标签层，小球最后只呈现金属效果，如图9-93所示。这就是标签的叠加原理——“后来居上”。

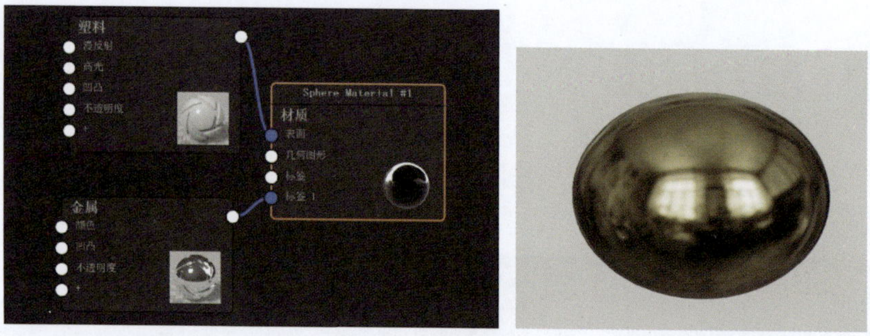

图9-93

为了实现材质之间的混合，需要让标签层的一部分"消失"，可以使用前面讲到的"不透明度"通道。例如，给金属材质的"不透明度"通道加载一张黑白贴图，小球表面将既有白色的塑料效果，也有金色的金属效果，如图9-94所示。利用此原理，可以在该部件上快速叠加多层效果。

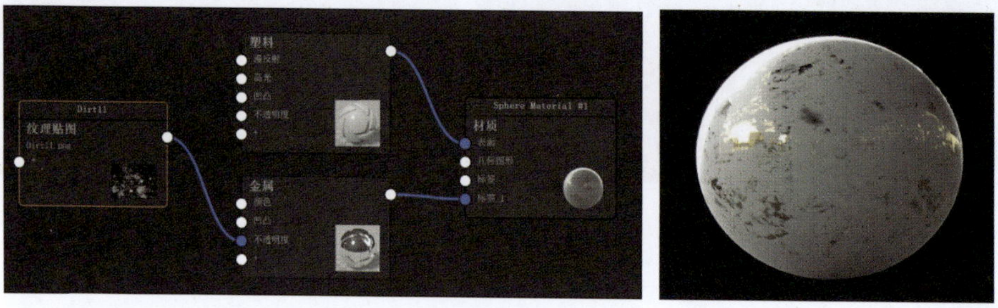

图9-94

以上是复合材质的底层逻辑。在单个材质的基础上，又可以对"粗糙度""凹凸""高光"等各个通道添加纹理效果，再结合实用工具对单一通道中的效果进行多次叠加。例如利用"凹凸添加"实用工具可以使多种凹凸效果出现在一个部件上。

9.6 课堂案例：水杯的渲染

微课视频

为了帮助读者巩固本章所学知识点，下面练习水杯的渲染，效果如图9-95所示。

第1步：导入模型，并摆放在合适的位置，如图9-96所示。

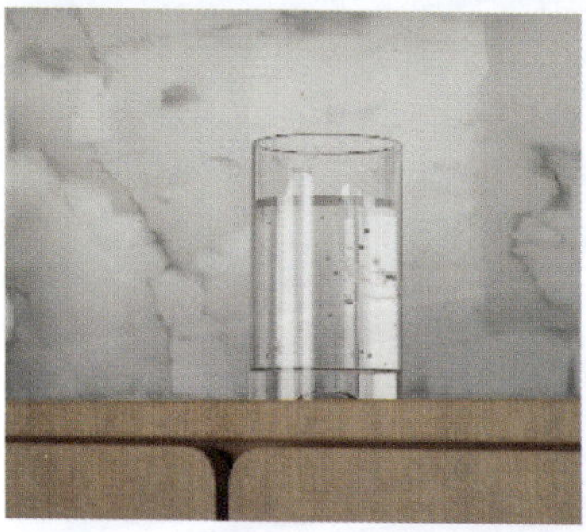
图9-95

图9-96

第2步：在"图像"选项卡中调整图像分辨率，选择"摄影"模式，将"响应曲线"调整为"低对比度"；添加相机，适当调整相机的"视角/焦距"值，如图9-97所示。

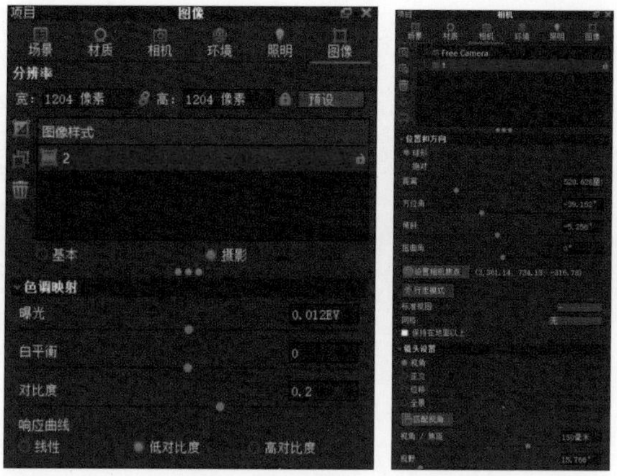

图9-97

第3步：调整“照明预设值”，如图9-98所示。

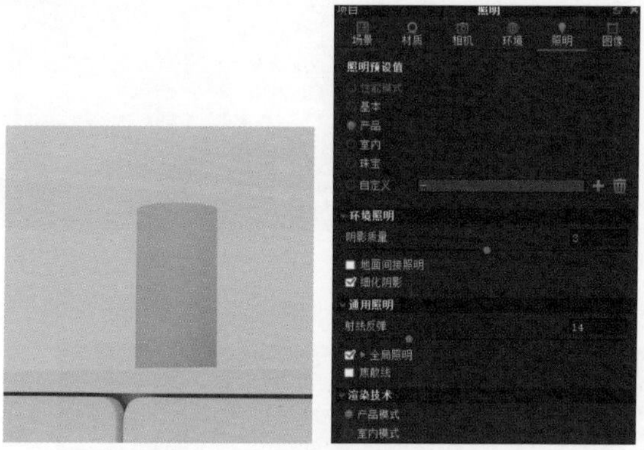

图9-98

第4步：添加一个“浴室”环境HDRI，将环境的“饱和度”设置为0%，并适当增大“模糊”值，如图9-99所示。这一步是为了仅保留环境的灯光信息。

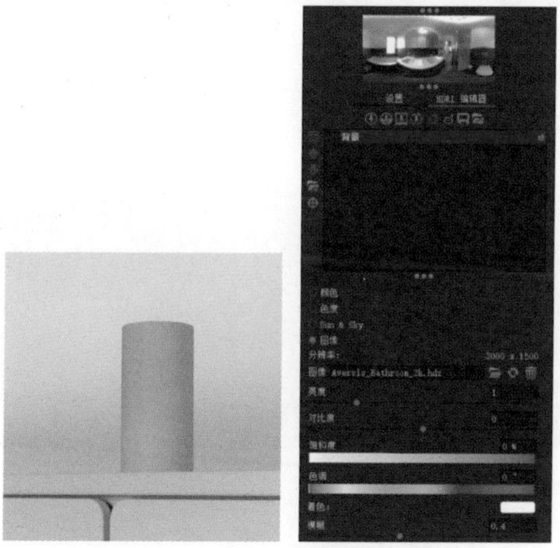
图9-99

第5步：赋予杯子内外实心玻璃材质，如图9-100所示。

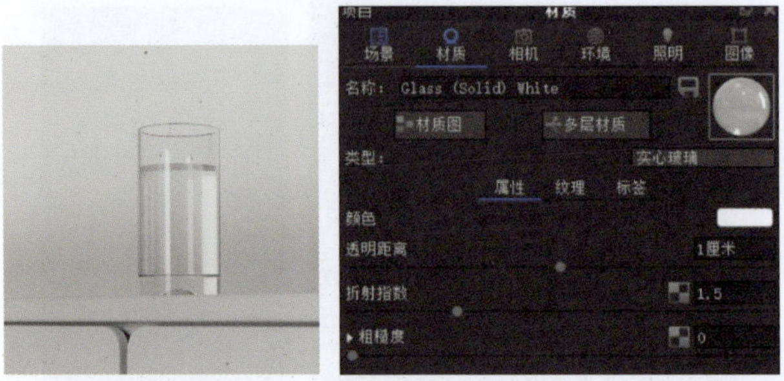

图9-100

第6步：为桌子设置塑料材质并添加纹理贴图，在“漫反射”通道加载“色彩调整”实用工具以更改木纹的颜色；在“粗糙度”通道加载“要计数的颜色”实用工具以更改纹理贴图的黑白范围，从而更改粗糙度信息；在“凹凸”通道添加“凹凸添加”实用工具，叠加多种凹凸效果，如图9-101所示。

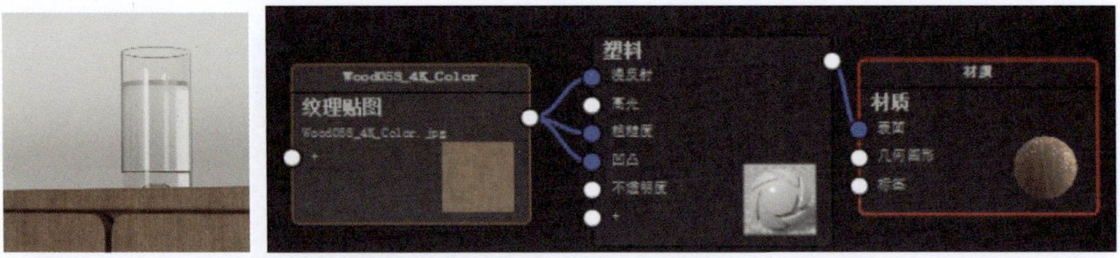

图9-101

第7步：为背景设置塑料材质，并添加一张黑白纹理贴图到“漫反射”通道下，如图9-102所示。

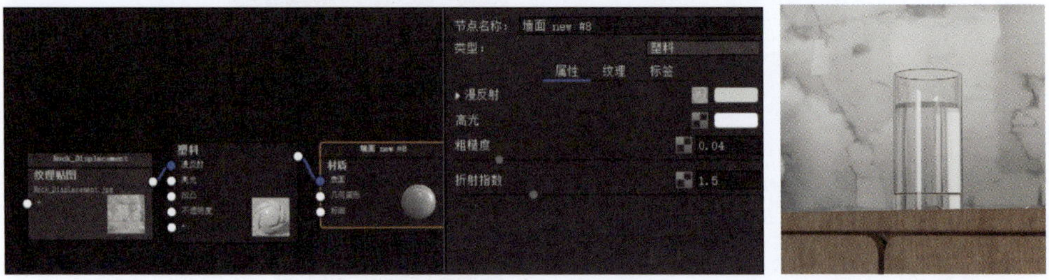

图9-102

第8步：给玻璃杯的“粗糙度”通道添加一张黑白纹理贴图，实现做旧效果，如图9-103所示（上图为节点材质图，左下图为仅预览黑白纹理贴图的效果，右下图为渲染预览效果）。

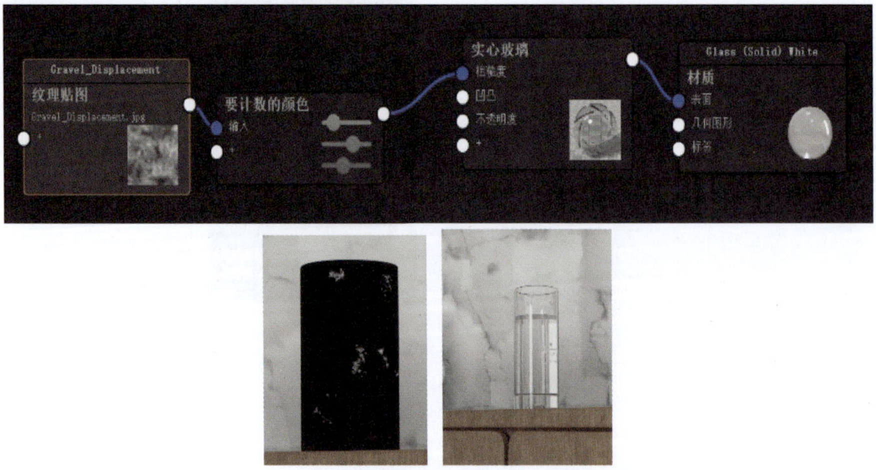

图9-103

第9步：给玻璃杯的部件赋予液体材质，并添加“气泡”节点，如图9-104所示。

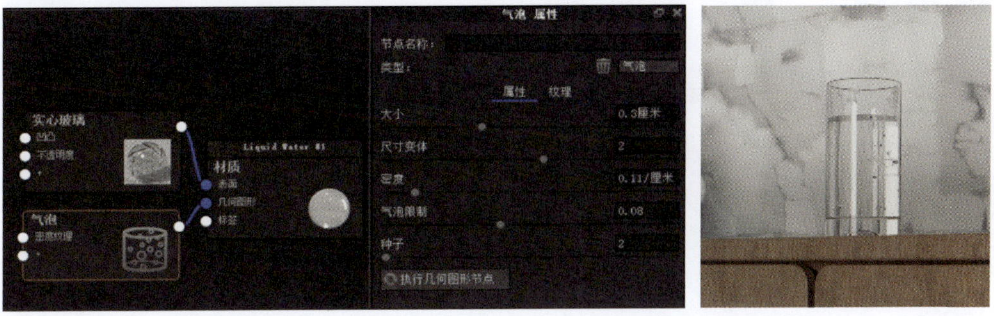

图9-104

第10步：添加“针”，以照亮桌面前方，如图9-105所示。

第11步：微调“图像”选项卡中的参数。对整体画面颜色进行调整后即可渲染出图，效果如图9-106所示。

图9-105

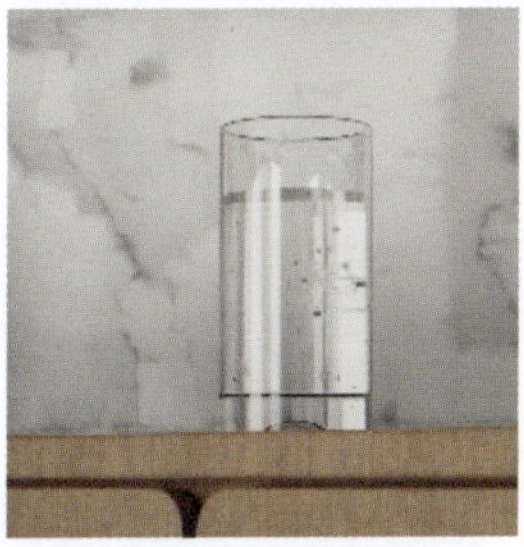

图9-106

9.7 课后练习：音响的渲染

微课视频

根据所学知识点，自主完成音响的渲染，效果如图9-107所示。

图9-107

第10章 渲染综合案例

本章导读

本章属于综合练习，首先学习渲染场景图时较为常用的灯光系统——物理灯光，然后完成3个渲染综合案例，以巩固所学的渲染知识。

10.1 物理灯光

本节将介绍KeyShot中的另一种灯光类型，包括区域光、IES光、点光和聚光灯，如图10-1所示。这些灯光被称为“物理灯光”，常用于场景图的制作。物理灯光可以控制灯光到物体的距离，而不像“针”那样都在环境HDRI的球体表面。

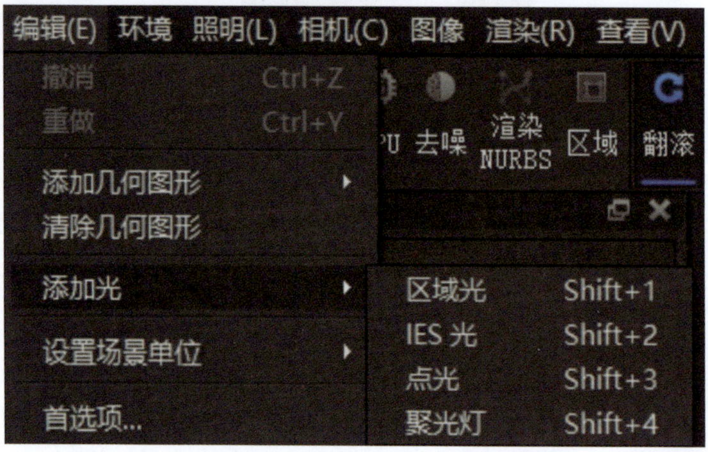

图10-1

10.1.1 区域光

区域光照亮立方体的效果以及区域光的相关参数如图10-2所示。

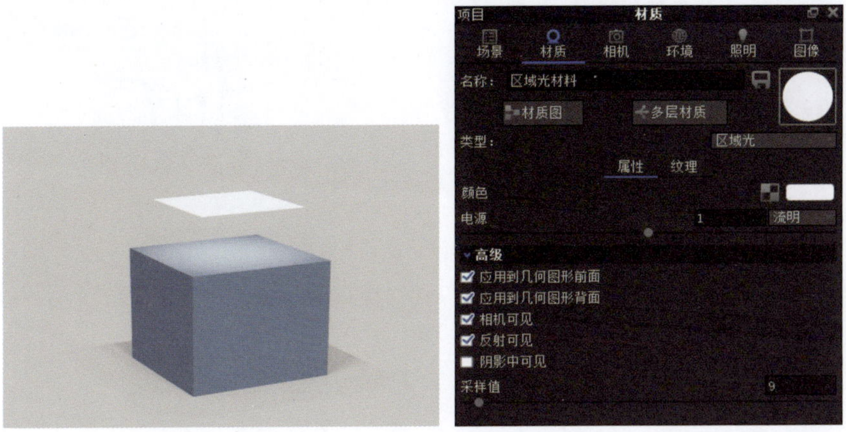

图10-2

- 颜色：设定灯光的颜色，并且可以在其中加载纹理贴图，对发射的光进行着色和遮罩，如图10-3所示。

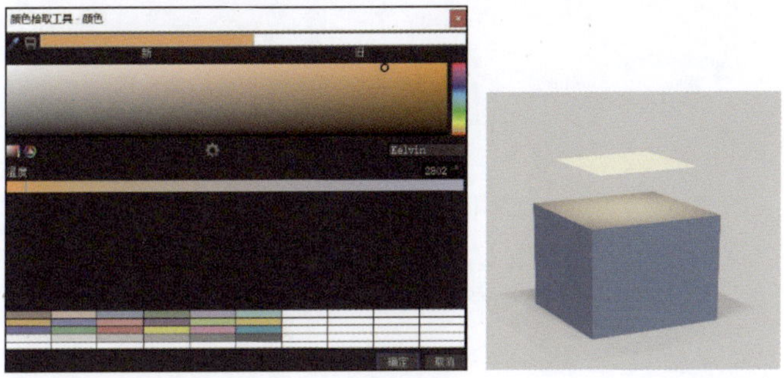

图10-3

- 电源：提供了3种计量单位，分别是“瓦特”“流明”“Lux”。通常1瓦特的亮度效果等于1000流明。“白光”在1流明和10流明时，灯光的亮度效果对比如图10-4所示。

图10-4

- 应用到几何图形前面/应用到几何图形背面：设置光线从几何体的正面、背面或两侧发出。图10-5所示为勾选“应用到几何图形前面”和“应用到几何图形背面”复选框的效果。图10-6所示为仅勾选“应用到几何图形前面”复选框的效果。

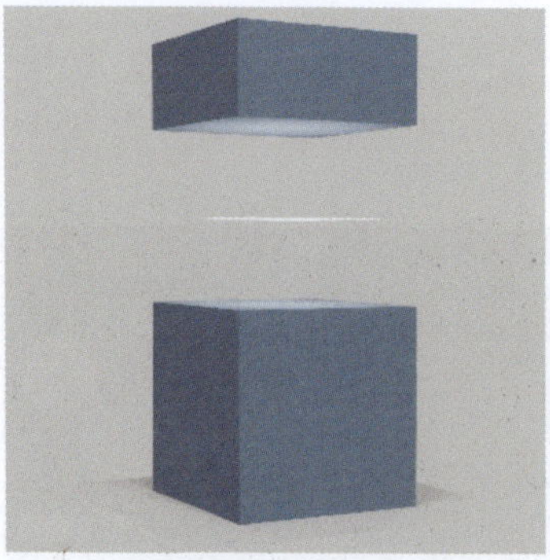

图10-5

图10-6

- 相机可见：设置该光源是否出现在渲染实时窗口和渲染图中。图10-7所示为勾选和不勾选“相机可见”复选框的效果对比。

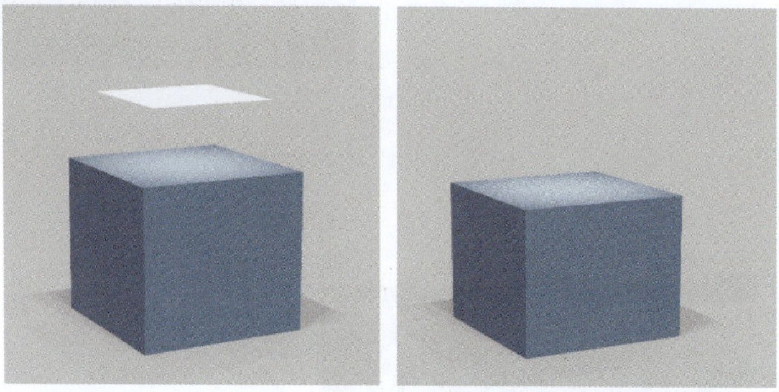

图10-7

- 反射可见：设置是否在渲染实时窗口和渲染图中显示光源的反射效果。图10-8所示为勾选和不勾选“反射可见”复选框时，金属材质的表面效果。

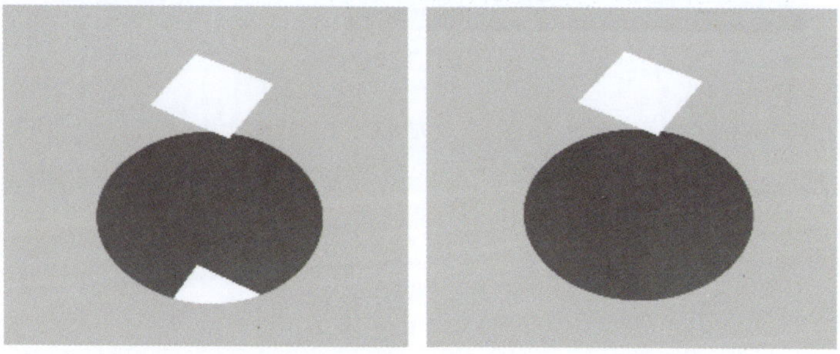

图10-8

- 阴影中可见：决定光源是否在渲染实时窗口中投射阴影。默认未勾选。
- 采样值：控制渲染中使用的样本量，通常无须调整。

提示 物理灯光的亮度跟场景大小有关。物理灯光的指示线可以通过按快捷键L快速开启和关闭。

10.1.2 IES光

IES光照亮立方体的效果以及IES光的相关参数如图10-9所示。

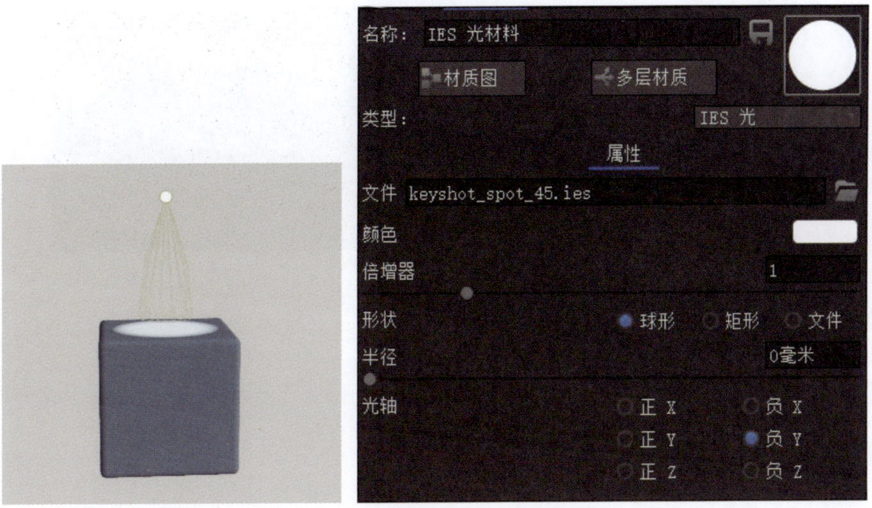

图10-9

- 文件：显示正在使用的IES配置文件的名称，如图10-10所示，单击文件夹图标，可以选择其他IES配置文件。

图10-10

- 颜色：设置光线的颜色（与区域光中的“颜色”一致）。
- 倍增器：调整光线的强度。
- 形状：可以使用IES配置文件中的默认形状，也可以通过在 IES 光源材质的形状设置中选择“球形”或“矩形”来自定义形状。
- 半径：更改灯光范围的半径。大半径会产生柔和的阴影，而小半径会产生较生硬的阴影（边缘会变得清晰、锐利）。图10-11所示为“半径”为0和500时，立方体的受光效果。

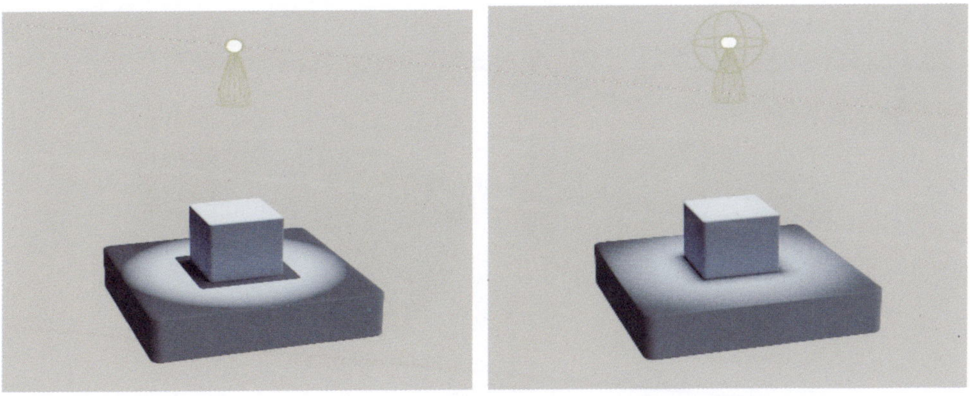

图10-11

10.1.3 点光

点光照亮曲形板的效果以及点光的相关参数如图10-12所示。

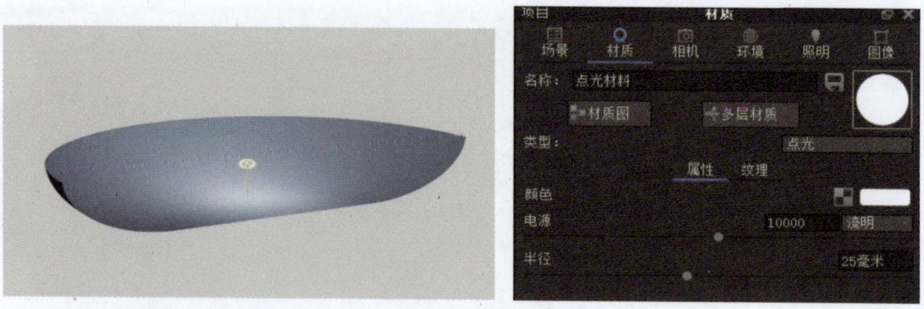

图10-12

- 颜色：设定灯光的颜色。
- 电源：调整光线的强度。
- 半径：更改灯光的半径。大半径会产生柔和的阴影，而小半径会产生较生硬的阴影。

10.1.4 聚光灯

聚光灯是使用频率最高的物理灯光。聚光灯照亮曲形板的效果以及聚光灯的相关参数如图10-13所示。

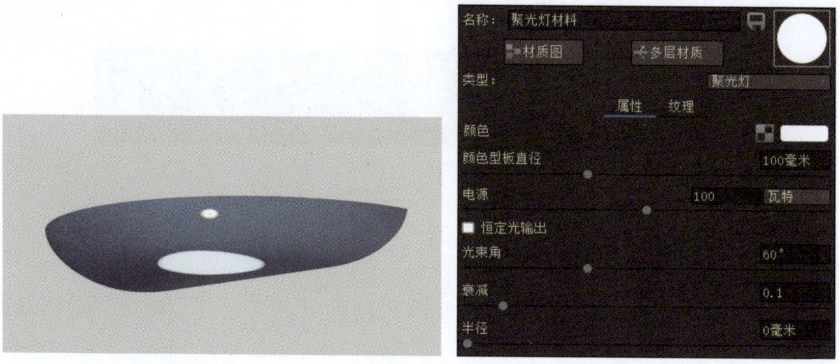

图10-13

- 颜色：设定灯光的颜色。
- 颜色型板直径：如果在聚光灯的“颜色”通道中加载纹理，此滑块将用于控制纹理的大小。图10-14所示为加载纹理后，“颜色型板直径”为100毫米和300毫米时的光束效果。

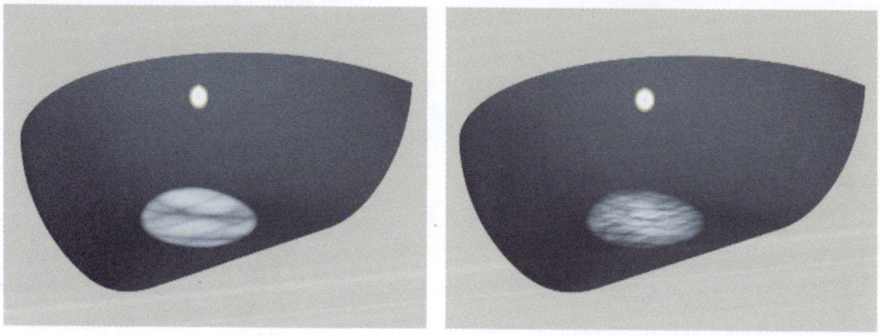

图10-14

- 电源：调整光线的强度。
- 恒定光输出：勾选此复选框后，灯光将不具备衰减效果。此复选框通常不勾选。
- 光束角：决定光束宽窄的角度，光束角越大，光束越宽。“光束角”为60° 和90° 时，聚光灯的光照效果如图10-15所示。

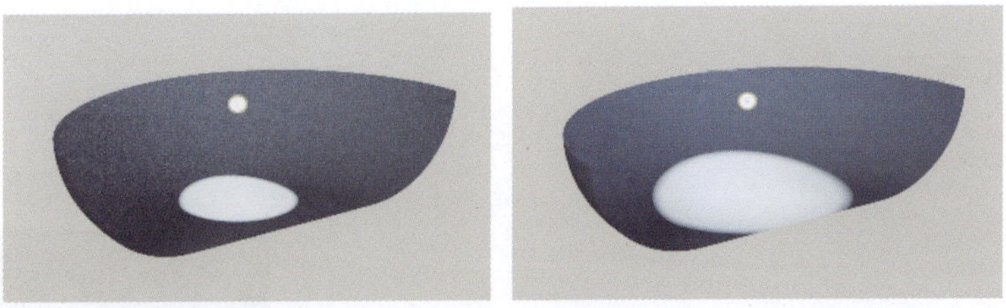

图10-15

▟ 衰减：灯光从中心到边缘的强度变化。"衰减"为0.1和1时，聚光灯的光照效果如图10-16所示。

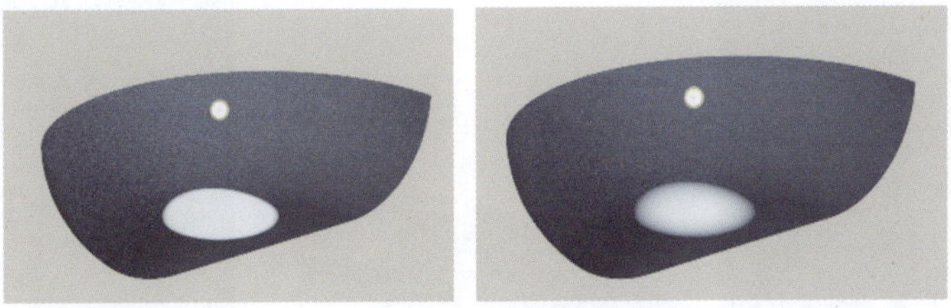

图10-16

▟ 半径：更改灯光范围的半径。大半径会产生柔和的阴影，而小半径会产生较生硬的阴影。

微课视频

10.2 吸尘器白底渲染

根据以下步骤完成吸尘器的白底渲染，效果如图10-17所示。通过此案例，读者可以熟悉白底图的打光流程和渲染技巧。

第1步：导入模型，调整模型角度，如图10-18所示。

图10-17

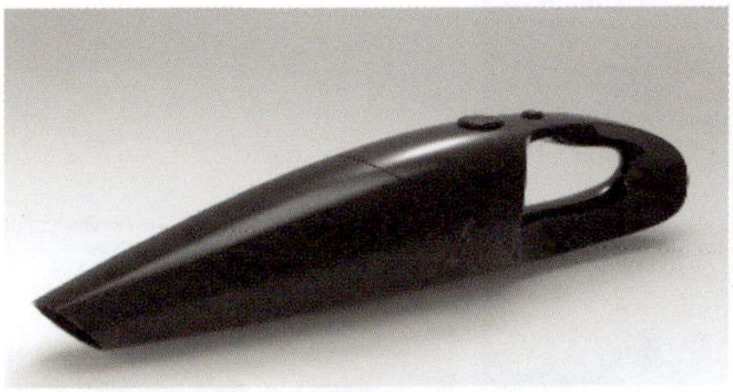

图10-18

第2步：调整图像分辨率为1204像素×1204像素，如图10-19所示。

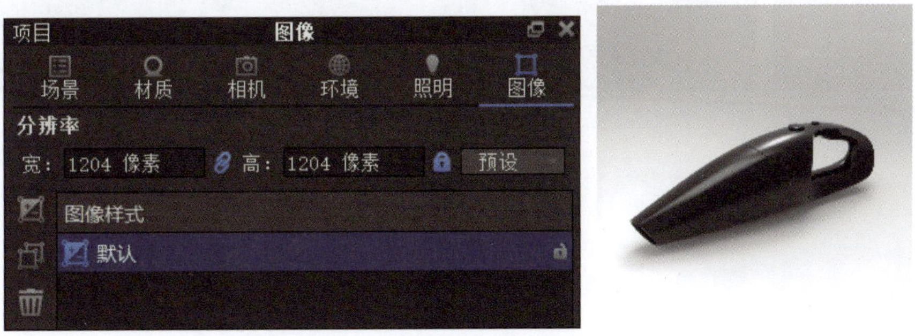

图10-19

第3步：添加相机，将相机的“视角/焦距”设为90毫米，并调整相机角度和距离，保存该相机，如图10-20所示。

第4步：修改“照明预设值”为“产品”模式，并且取消勾选“地面间接照明”复选框，如图10-21所示。

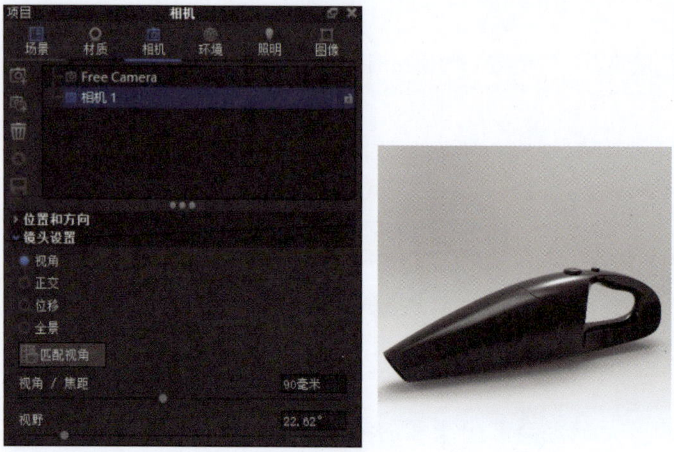

图10-20

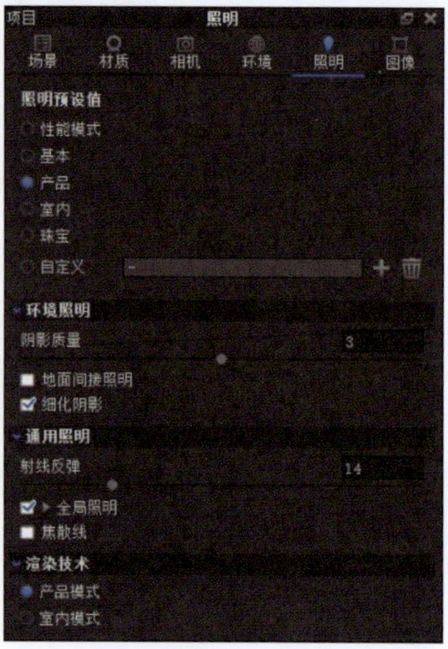

图10-21

第5步：添加“浴室”环境HDRI，将其“饱和度”设置为0%，并适当增大“模糊”值，如图10-22所示。该环境用于辅助材质的赋予。

第6步：赋予主体光滑的塑料材质，可以适当增大“折射指数”值，让材质表面的光泽感更强，如图10-23所示。

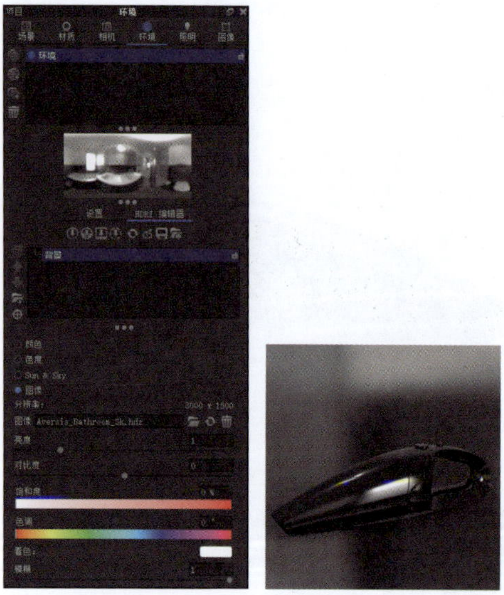

图10-22

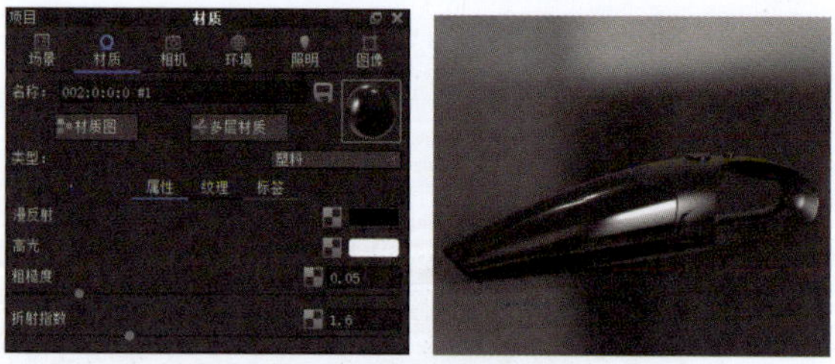

图10-23

第7步：赋予透明的部分玻璃材质，如图10-24所示。

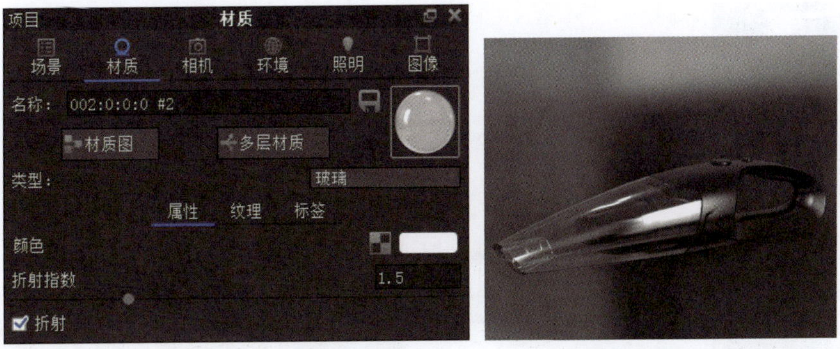

图10-24

第8步：隐藏外部的透明部分，赋予内部的部件塑料材质，如图10-25所示。

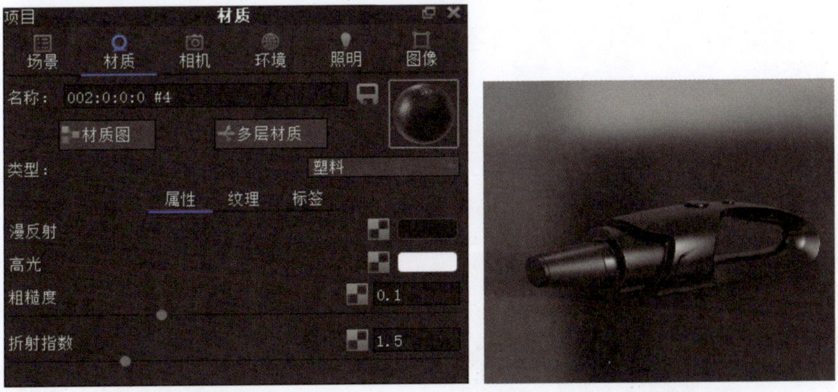

图10-25

第9步：使用鼠标右键单击显示所有的部件，并新建纯色环境。在纯色环境下打光是为了减少反射到物体上的杂光，如图10-26所示。

第10步：将该纯色环境的“亮度”设置为0（即纯黑环境），并将“环境”选项卡“设置”栏中的“背景”更改为“颜色”，将对应颜色设为白色，效果如图10-27所示。

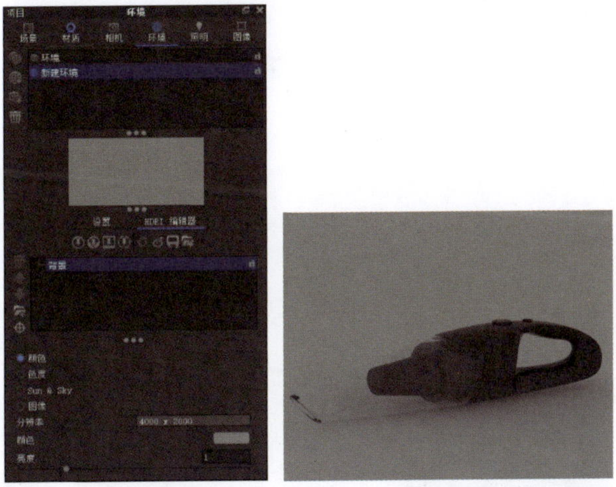

图10-26

图10-27

第11步：添加第1个“针”，设置光源的“半径”为44.64、“亮度”为5，如图10-28所示。

第12步：添加第2个“针”，确定辅助光的位置、大小和亮度，如图10-29所示。

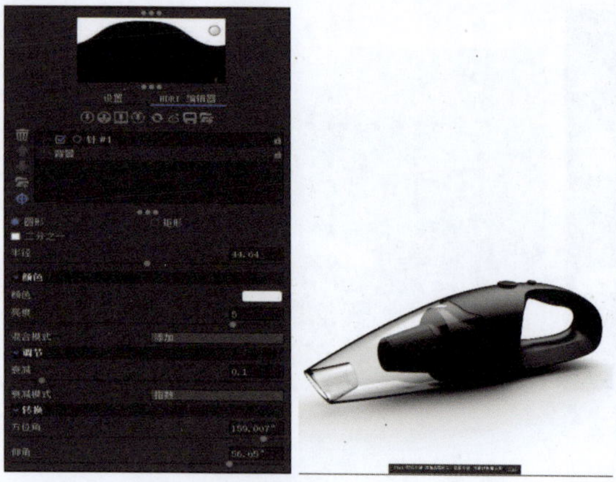

图10-28

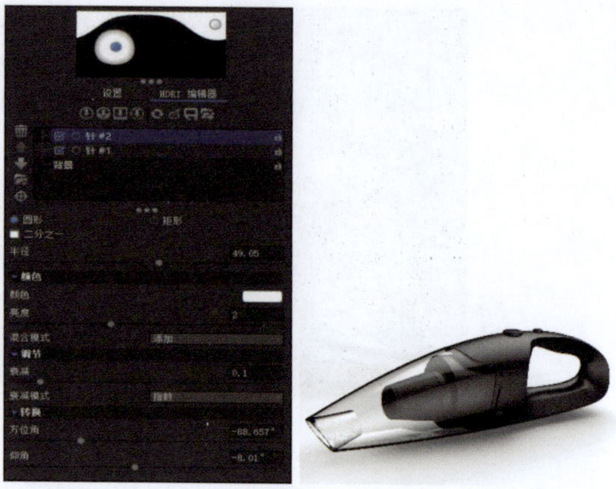

图10-29

第13步：添加第3个和第4个“针”，分别在轮廓处打光，不要让轮廓呈现纯黑状态，效果如图10-30所示。

第14步：添加第5个“针”，照亮手持部分过黑的地方，注意手持部分仍属于背光处，其亮度不要超过亮部，效果如图10-31所示。

图10-30

图10-31

第15步：给主体的塑料材质添加“凹凸”（噪点）纹理，为材质添加一些细节，如图10-32所示。

第16步：微调所有“针”的亮度和位置，区分主次，并微调整个图像的亮度、对比度，渲染出图，效果如图10-33所示。

图10-32

图10-33

10.3 投影仪极简场景渲染

微课视频

根据以下步骤完成投影仪极简场景的渲染，效果如图10-34所示。通过此案例，读者可以熟悉物理灯光的应用场景。

第1步：导入模型并调整模型的位置，如图10-35所示。

第2步：调整图像分辨率，更改为1676像素×942像素的图像预设，如图10-36所示。

图10-34

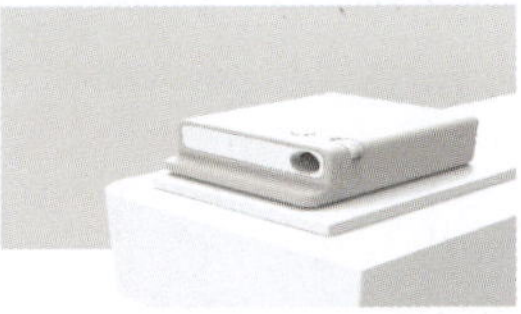

图10-35

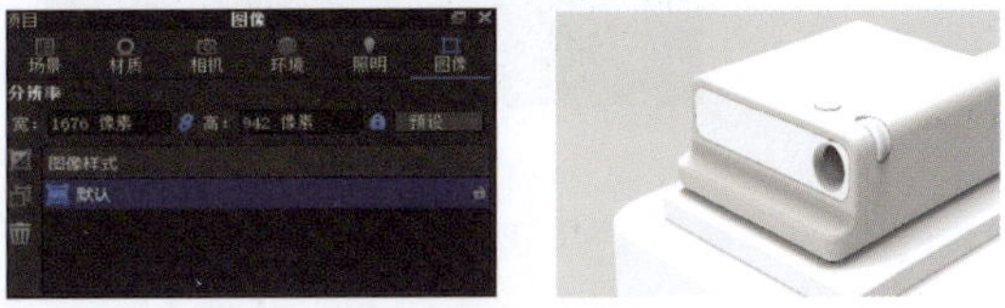

图10-36

第3步：添加相机，将“视角/焦距”修改为70毫米，如图10-37所示。

第4步：更改“照明预设值”为“产品”模式，并且取消勾选“全局照明”复选框（可使产品的明暗对比更突出，同时也会导致暗部过黑，根据渲染需求决定是否勾选），如图10-38所示。

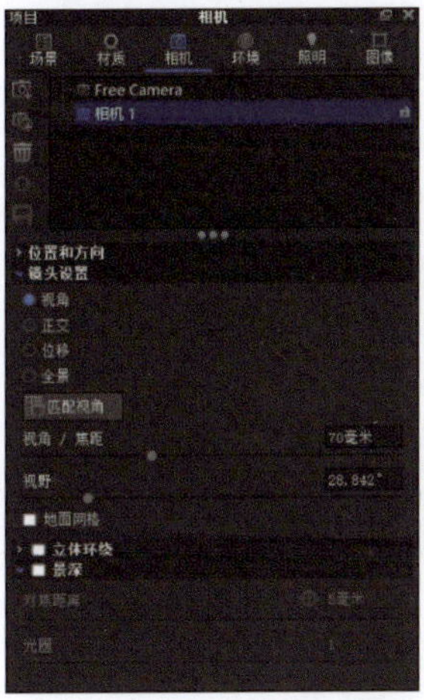

图10-37

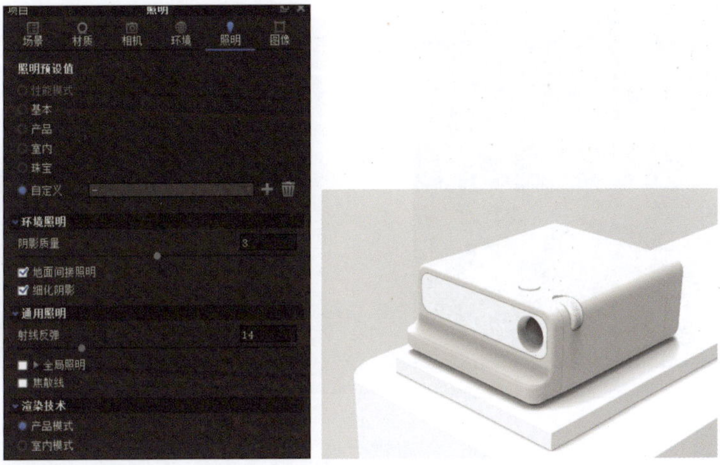

图10-38

第5步：在“图像”选项卡中选择“摄影”模式，将“响应曲线”更改为“低对比度”，以实现弱对比度的图像效果，如图10-39所示。

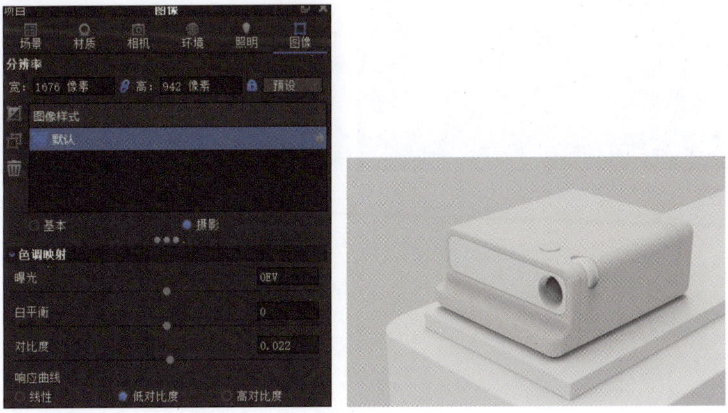

图10-39

第6步：赋予台面白色的塑料材质，为了防止曝光过度，可以将该材质的“高光”改为浅灰色，同时使“漫反射”带有一定的黄色倾向，如图10-40所示。

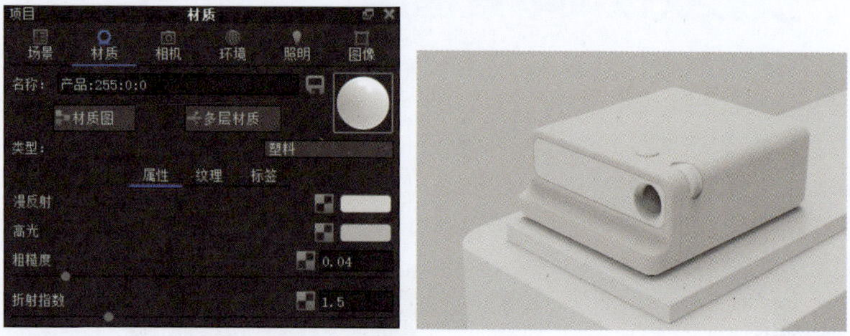

图10-40

第7步：赋予旋钮黄色的塑料材质（这里可以使用高级材质制作）。高级材质可以调节“氛围”值，使彩色更加纯粹，并使暗部具有一定的颜色倾向，如图10-41所示。

第8步：赋予摆件塑料材质，这里可以将摆件的“粗糙度”值调得较大，以衬托投影仪的质感，如图10-42所示。

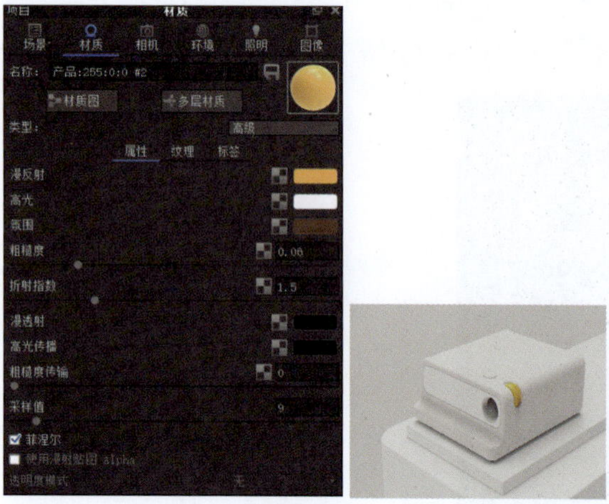

图10-41

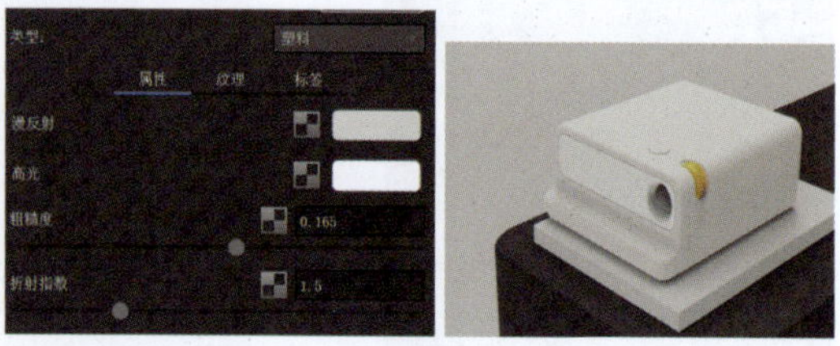

图10-42

第9步：赋予镜头部分薄膜材质，如图10-43所示。

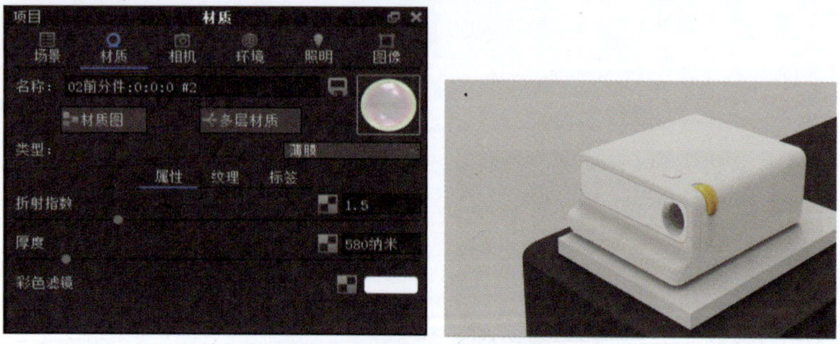

图10-43

第10步：为了使场景中的材质具有更丰富的反射信息，这里添加一个室内环境，并将其“饱和度”设置为0%，适当增大“模糊”值，如图10-44所示。

第11步：赋予镜头的底座面板黑色的塑料材质，同时在该材质的“凹凸”通道下添加一张纹理贴图，如图10-45所示。

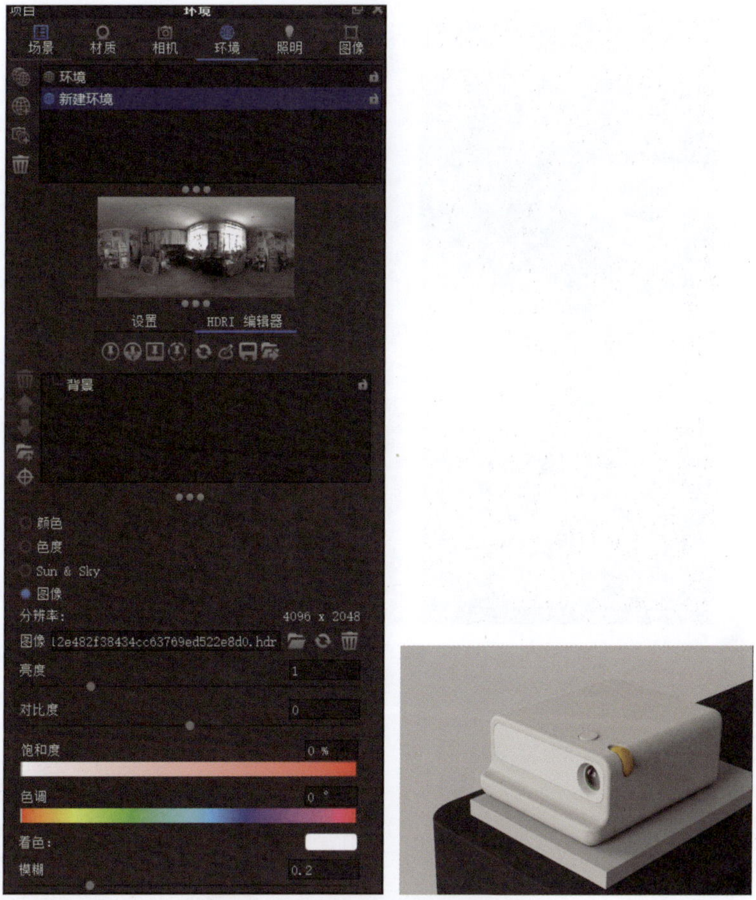

图10-44

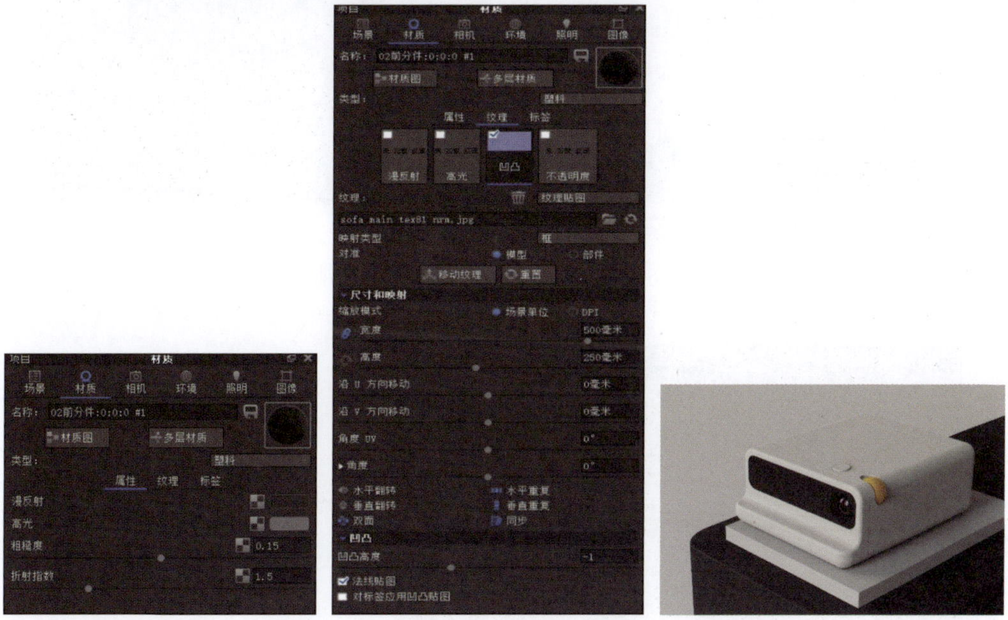

图10-45

第12步：给白色的塑料主体添加标签纹理。从库中拖出一个KeyShot图标并置入主体材质的“标签”通道下，调整图标的大小和位置，如图10-46所示。

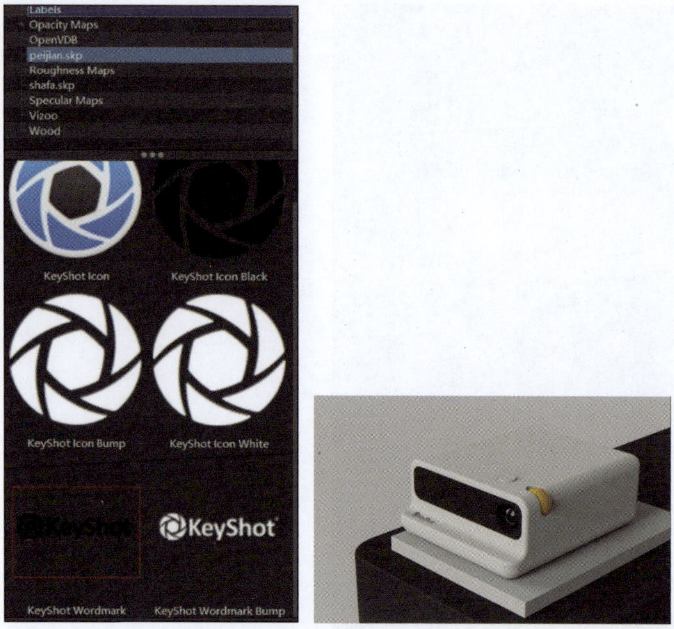

图10-46

第13步：在投影仪的左上角添加一个聚光灯，作为画面的主要光源，并适当调整该灯光的参数，如图10-47所示。

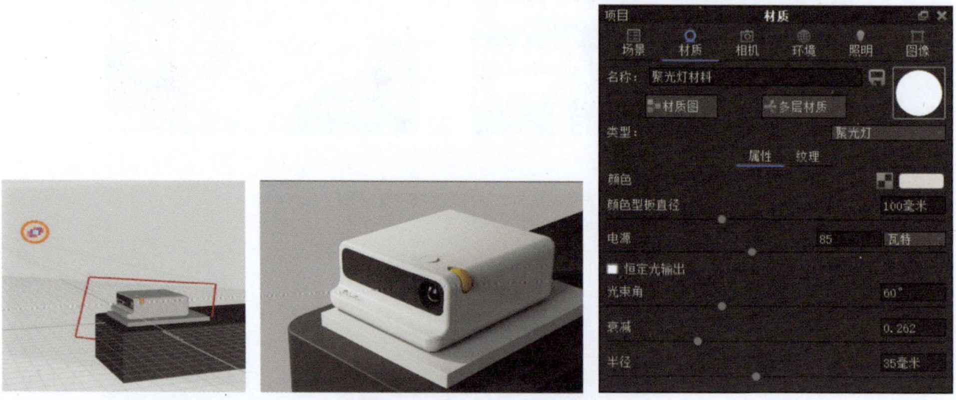

图10-47

第14步：此时KeyShot标签有强烈的反射效果，导致看不清标签内容。将标签下塑料材质的“粗糙度”值增大，并关掉其高光，如图10-48所示。

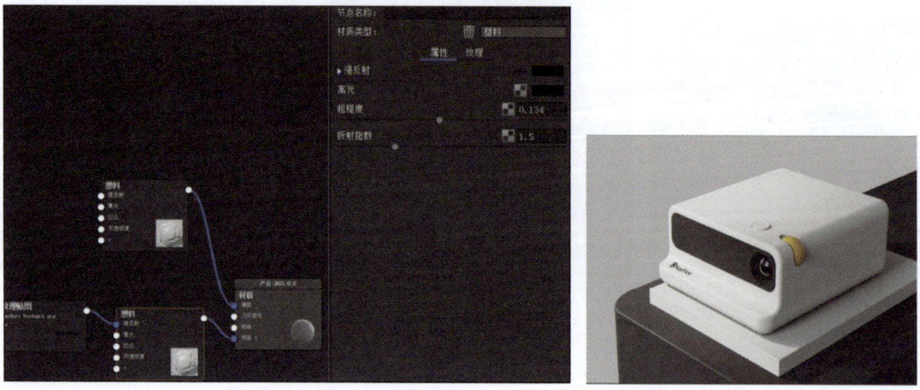

图10-48

第15步：根据画面效果，适当调节“项目”窗口“图像”选项卡中“色调映射”和“曲线”选项组的相关参数，然后即可渲染出图，如图10-49所示。

最终效果如图10-50所示。

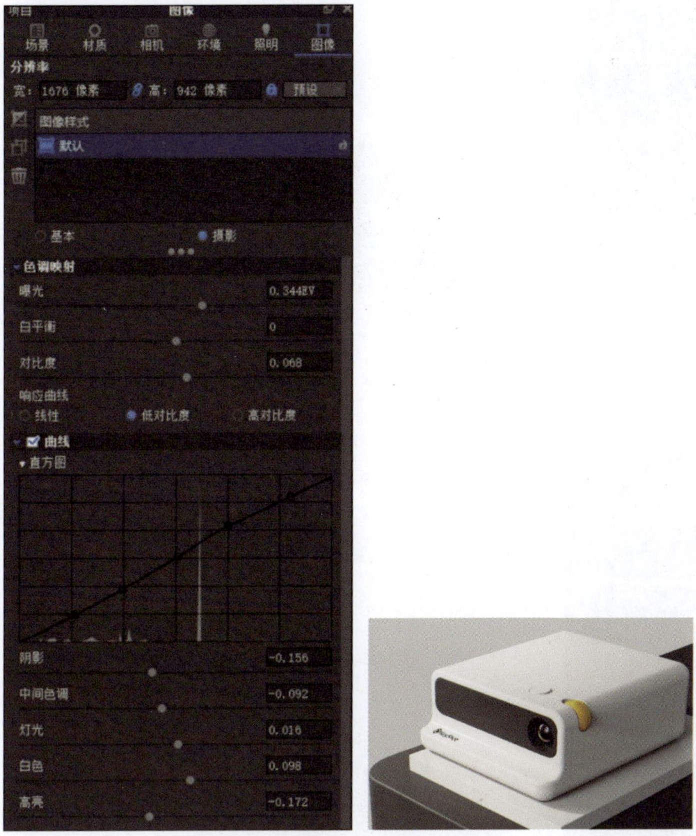

图10-49

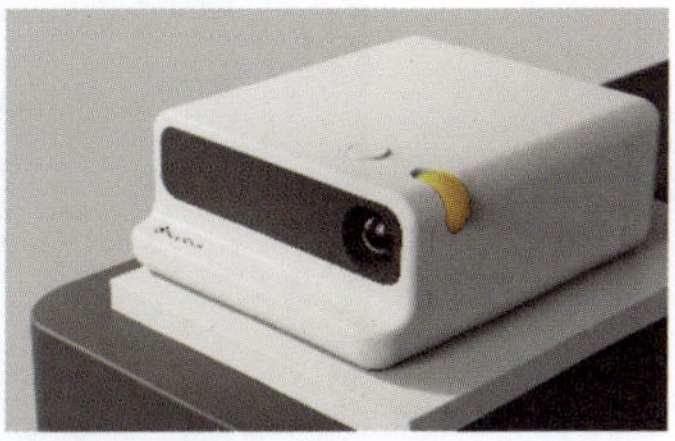

图10-50

10.4 小恐龙故事机场景渲染

微课视频

根据以下步骤完成小恐龙故事机的场景渲染，效果如图10-51所示。

第1步：导入模型到场景中，并调整模型的位置和角度，如图10-52所示。

图10-51

图10-52

第2步：在“图像”选项卡中，调整图像的分辨率为1280像素×720像素，选择“摄影”模式，将“响应曲线”更改为“低对比度”，如图10-53所示。

图10-53

第3步：添加相机，将相机的“视角/焦距”修改为90毫米，并调整相机的角度和距离，保存该相机，如图10-54所示。

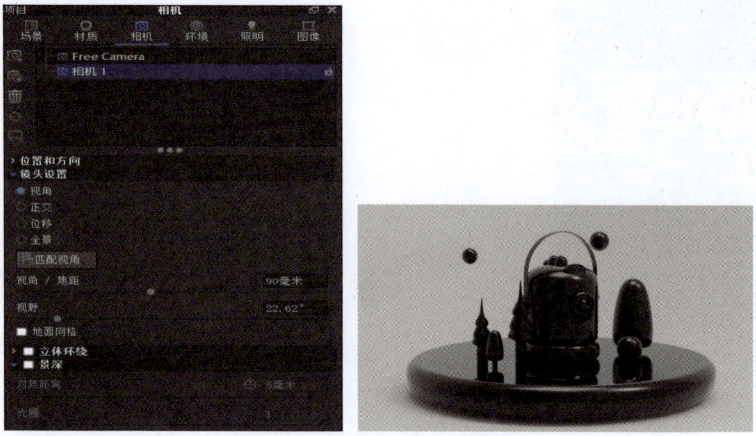

图10-54

第4步：修改“照明预设值”为“产品”模式，如图10-55所示。

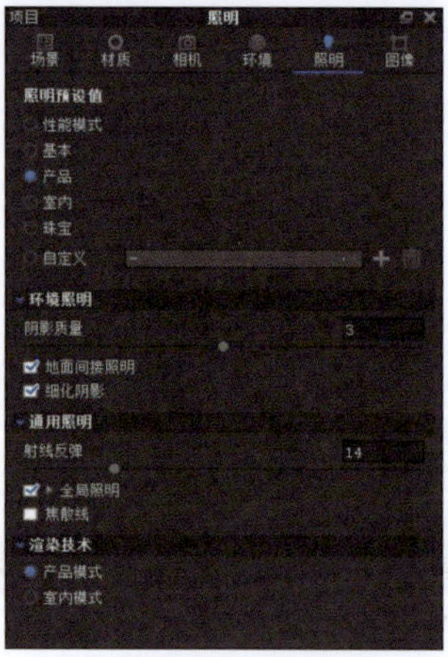

图10-55

第5步：添加一个室内环境，并将其“饱和度”设置为0%，适当增大“模糊”值，并将“环境”选项卡“设置”栏中的“背景”更改为“颜色”，将对应颜色设为白色，如图10-56所示。

第6步：赋予各部件塑料材质，注意区分颜色和粗糙度，如图10-57所示。

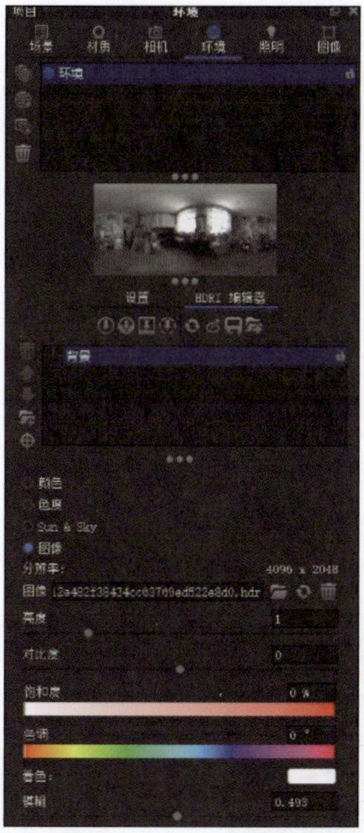

图10-56

图10-57

第7步：将“图像”选择卡的“层”选项组中的“背景颜色”更改为浅黄色，如图10-58所示。

图10-58

第8步：从库中拖曳毛发材质赋予地面，并适当调整毛发的参数，如图10-59所示。

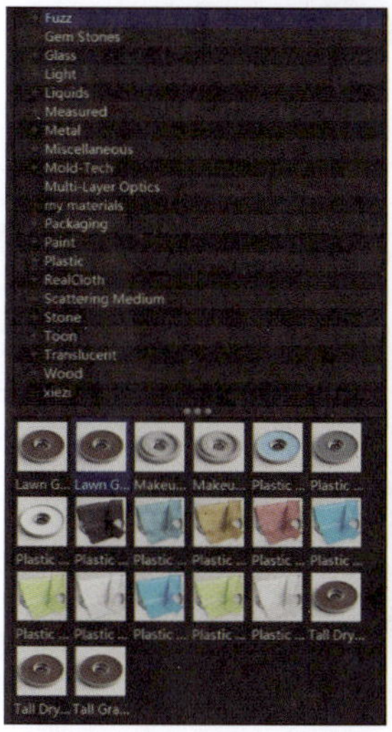

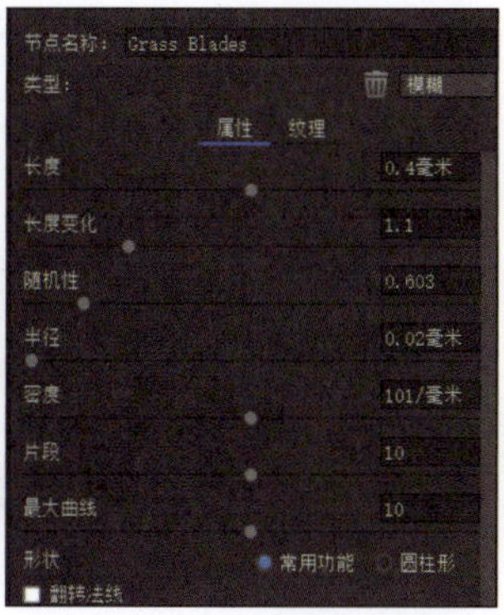

图10-59

第9步：适当缩放场景中的各部件，并调整相机位置，如图10-60所示。

图10-60

第10步：在画面的右上角添加聚光灯，并适当调整聚光灯的参数，让其作为画面的主要光源，如图10-61所示。

图10-61

第11步：在产品顶部添加区域光，并让其光线颜色偏暖，如图10-62所示。

第12步：微调场景中各部分的材质颜色，图像效果如图10-63所示。

图10-62

图10-63

第13步：给场景适当增加景深效果，并再次微调整个场景中各部件的大小，如图10-64所示。

第14步：渲染出图，并在Photoshop中进行整体调色，最终效果如图10-65所示。

图10-64

图10-65